天然化妆品
原料与配方工艺手册

余丽丽　主　编
姚　琳　副主编
李仲谨　主　审

化学工业出版社
· 北京 ·

本书主要是从天然化妆品中的主要有效成分及其相关功效，化妆品配方组成和设计，皮肤、毛发与指甲的生理结构，化妆品基本检测和功效性评价等方面出发，介绍化妆品的配方、工艺、有效天然组分、功效性等，以满足化妆品行业的生产、销售人员对天然原料基本知识以及天然化妆品配方的需求，同时也能提高普通消费者对化妆品中“天然”概念的正确认识，帮助其解读日常使用的天然化妆品中天然组分的准确功效。

本书主要面向于化妆品行业的生产和销售人员，对相关专业的在校学生、教师也具有参考价值。

图书在版编目（CIP）数据

天然化妆品原料与配方工艺手册/余丽丽主编. —北京：化学工业出版社，2020.6（2023.7 重印）

ISBN 978-7-122-36228-5

Ⅰ. ①天… Ⅱ. ①余… Ⅲ. ①化妆品-原料-技术手册②化妆品-配方-技术手册 Ⅳ. ①TQ658-62

中国版本图书馆 CIP 数据核字（2020）第 028514 号

责任编辑：张 艳 宋湘玲　　文字编辑：陈 雨
责任校对：刘曦阳　　装帧设计：王晓宇

出版发行：化学工业出版社（北京市东城区青年湖南街 13 号 邮政编码 100011）
印　　装：北京建宏印刷有限公司
710mm×1000mm 1/16 印张 24½ 字数 453 千字 2023 年 7月北京第 1 版第 2 次印刷

购书咨询：010-64518888　　售后服务：010-64518899
网　　址：http：//www.cip.com.cn
凡购买本书，如有缺损质量问题，本社销售中心负责调换。

定　　价：149.00 元

前言

天然化妆品是应用现代科学技术，通过对天然物质的合理选择并与其他原料合理调配而成的一类化妆品。有人类历史记载以来便有天然化妆品的使用记录。在传承历史的基础上，天然化妆品的研究发展从粗糙走向精致、从无序走向规范、从概念走向实效。随着其不断地发展，天然化妆品获得了越来越多消费者的青睐。天然化妆品研发是现今化妆品领域的重点发展方向之一。

本书主要是从天然化妆品中的主要有效成分及其相关功效，化妆品配方组成和设计，皮肤、毛发与指甲的生理结构、化妆品基本检测和功效性评价等方面出发，介绍化妆品的配方、工艺、有效天然组分、功效性等，以满足化妆品行业的生产、销售人员对天然原料基本知识以及天然化妆品配方的需求，同时也能提高普通消费者对化妆品中“天然”概念的正确认识，帮助其解读日常使用的天然化妆品中天然组分的准确功效。本书主要面向于化妆品行业的生产和销售人员，对相关专业的在校学生、教师也具有参考价值。

全书共 7 章。第 1 章主要对天然化妆品的发展趋势、分类、相关法规政策、安全性等进行概述；第 2 章阐述皮肤、毛发和指甲的基本生理结构以及和化妆品之间的关系；第 3 章详细阐述化妆品中基础天然原料的应用、化妆品配方设计的基本原则、化妆品中禁用和限用的天然组分；第 4 章详细阐述植物来源的化妆品原料的功效、常用配方和生产工艺；第 5 章详细阐述动物来源的化妆品原料的功效、常用配方和生产工艺；第 6 章详细阐述微生物相关和海洋来源的化妆品原料的功效、常用配方和生产工艺；第 7 章介绍了化妆品基本检测和功效性评价。

本书由余丽丽任主编，姚琳任副主编，李仲谨任主审，参加单位有西安医学院、陕西科技大学、西安市北轻铭硕环保新材料有限公司等，参编作者均为高校或企业中具有多年生产和研究经历的中青年一线专家和学者。

本书各章编写人员分工如下：余丽丽负责编写第 3 章、第 4 章、第 7 章、附录；邓文婷负责编写第 1 章；王荣负责编写第 2 章；姚琳负责编写第 5 章；余丽丽、姚琳、邓文婷负责编写第 6 章。全书最后由余丽丽、李仲谨、刘少静、李立统稿和审阅定稿。

本书在产品配方筛选、审核、编排过程中，得到了西安医学院药学院各位老师的帮助；在本书的编写过程中，西安医学院药学院的同婉莹、李栋、朱小桂、王旭臻、王芮、申婷婷、李濛等在书稿的电子化和校核中做了大量的工作，在此一并表示诚挚的感谢。

由于作者水平所限，书中难免有疏漏和不妥之处，恳请读者提出宝贵意见，以便完善。

主编

2020 年 8 月

目录

第 1 章　天然化妆品概述　/ 001
1.1　天然化妆品的含义和发展　/ 002
1.1.1　天然化妆品的定义　/ 002
1.1.2　天然化妆品的发展　/ 003
1.1.3　天然化妆品的趋势　/ 004
1.2　天然化妆品的分类　/ 005
1.2.1　按化妆品的作用分类　/ 005
1.2.2　按化妆品的外部基本形态分类　/ 005
1.2.3　按化妆品的作用部位分类　/ 006
1.2.4　按化妆品的使用者分类　/ 006
1.2.5　按天然物质的来源分类　/ 006
1.3　天然化妆品的技术概况　/ 007
1.3.1　现代生物技术　/ 007
1.3.2　提取和分离精制技术　/ 007
1.3.3　有效成分稳定化技术　/ 008
1.3.4　现代化妆品制造技术　/ 008
1.4　化妆品的法规和监管体系　/ 008
1.4.1　法规标准体系　/ 009
1.4.2　化妆品监督管理体系　/ 010
1.5　化妆品的安全性　/ 010
1.5.1　天然化妆品的安全性　/ 010
1.5.2　化妆品安全评价体系　/ 011
1.6　天然化妆品的风险监测和风险控制　/ 013
1.6.1　天然化妆品的风险监测　/ 013
1.6.2　天然化妆品的风险控制　/ 014

第 2 章　皮肤、毛发与指甲　/ 016
2.1　皮肤　/ 016
2.1.1　皮肤的结构　/ 016
2.1.2　皮肤的特征　/ 024
2.1.3　皮肤的功能　/ 025

2.1.4　皮肤的分类、健康的标准和影响因素　/ 035
2.2　毛发　/ 040
2.2.1　毛发的分类、颜色和生长状态　/ 040
2.2.2　毛发的结构　/ 042
2.2.3　毛发的生理功能　/ 044
2.2.4　毛发的化学成分和物理性质　/ 045
2.3　指甲　/ 047
2.3.1　指甲的构造和功能　/ 047
2.3.2　指甲的物理性质　/ 050

第 3 章　化妆品的基质和配方设计　/ 051

3.1　油质原料　/ 051
3.1.1　天然油质和配方举例　/ 051
3.1.2　天然蜡类原料　/ 064
3.1.3　合成和半合成的蜡类和油脂类原料　/ 065
3.2　天然胶质类原料　/ 066
3.2.1　明胶　/ 066
3.2.2　果胶　/ 067
3.2.3　变性淀粉　/ 069
3.2.4　黄原胶　/ 070
3.3　化妆品用天然香精　/ 072
3.3.1　植物香料　/ 072
3.3.2　动物香料　/ 077
3.4　化妆品用天然防腐剂　/ 079
3.4.1　植物源防腐剂　/ 080
3.4.2　微生物源防腐剂　/ 082
3.5　化妆品配方设计原则　/ 083
3.5.1　化妆品配方设计的基本原则　/ 083
3.5.2　功能性化妆品的配方设计　/ 084
3.6　法定禁用和限用组分　/ 091
3.6.1　法定禁用　/ 091
3.6.2　限用组分　/ 094
3.6.3　原料配伍原则和禁忌　/ 094

第 4 章　含植物成分化妆品及其配方举例　/ 095
4.1　植物来源活性成分　/ 095
4.1.1　植物多酚　/ 095
4.1.2　黄酮类　/ 098
4.1.3　多糖　/ 104
4.2　人参　/ 108
4.2.1　人参的主要功效　/ 108
4.2.2　人参化妆品配方精选　/ 110
4.3　花粉　/ 115
4.3.1　花粉的主要成分和功效　/ 115
4.3.2　花粉化妆品配方精选　/ 118
4.4　芦荟　/ 122
4.4.1　芦荟的主要成分和功效　/ 122
4.4.2　芦荟化妆品配方精选　/ 123
4.5　当归　/ 131
4.5.1　当归的主要功效　/ 131
4.5.2　当归化妆品配方精选　/ 132
4.6　甘草　/ 140
4.6.1　甘草的主要成分和功效　/ 140
4.6.2　甘草化妆品配方精选　/ 140
4.7　花瓣　/ 145
4.7.1　花瓣中的主要成分和功效　/ 145
4.7.2　花瓣化妆品配方精选　/ 145
4.8　果实　/ 152
4.8.1　枸杞　/ 152
4.8.2　柑橘　/ 156
4.8.3　黄瓜　/ 157
4.8.4　牛油果　/ 163
4.8.5　苹果　/ 167
4.8.6　樱桃　/ 171
4.8.7　其他果实　/ 174
4.9　何首乌　/ 177
4.9.1　何首乌的主要成分和功效　/ 177
4.9.2　何首乌化妆品配方精选　/ 178
4.10　其他天然植物原料在化妆品中的应用　/ 181

第 5 章　含动物成分化妆品及其配方举例　/ 187
5.1　胎盘　/ 187
5.1.1　胎盘的活性成分与功效　/ 187
5.1.2　胎盘化妆品配方精选　/ 188
5.2　蜂胶、蜂王浆、蜂蜜　/ 195
5.2.1　蜂胶　/ 195
5.2.2　蜂王浆　/ 202
5.2.3　蜂蜜　/ 206
5.3　动物油脂　/ 211
5.3.1　羊毛脂及其改性产品　/ 211
5.3.2　水貂油　/ 219
5.3.3　马油　/ 225
5.4　卵磷脂　/ 233
5.4.1　卵磷脂的结构、提取和功效　/ 234
5.4.2　卵磷脂化妆品配方精选　/ 234
5.5　珍珠　/ 242
5.5.1　珍珠的组成和功效　/ 242
5.5.2　水解珍珠　/ 243
5.5.3　珍珠化妆品配方精选　/ 243
5.6　鹿茸　/ 251
5.6.1　鹿茸的组成和功效　/ 251
5.6.2　鹿茸化妆品配方精选　/ 251
5.7　胶原蛋白　/ 258
5.7.1　胶原蛋白和水解胶原蛋白　/ 258
5.7.2　胶原蛋白化妆品配方精选　/ 259
5.8　其他　/ 265
5.8.1　地龙　/ 265
5.8.2　蚕丝提取物　/ 270

第 6 章　菌类化妆品和海洋产物化妆品　/ 277
6.1　灵芝　/ 277
6.1.1　灵芝的主要功效　/ 277
6.1.2　灵芝化妆品配方精选　/ 278
6.2　茯苓　/ 284

6.2.1 茯苓的成分和功效 / 285
6.2.2 茯苓化妆品配方精选 / 286
6.3 银耳 / 290
6.3.1 银耳的成分和功效 / 290
6.3.2 银耳化妆品配方精选 / 290
6.4 发酵类 / 294
6.4.1 曲酸及其衍生物 / 294
6.4.2 微生物酵素 / 297
6.5 海藻 / 301
6.5.1 海藻的主要成分和功效 / 301
6.5.2 海藻化妆品配方精选 / 303
6.6 海洋动物 / 311
6.6.1 虾壳、蟹壳系列 / 311
6.6.2 牡蛎 / 320
6.7 其他海洋物质成分 / 322
6.7.1 深层海洋水 / 322
6.7.2 海盐 / 324
6.7.3 海洋淤泥 / 325

第 7 章 化妆品的检测 / 326
7.1 化妆品的行业标准 / 326
7.2 化妆品的理化性质测定 / 326
7.2.1 稳定性评价 / 327
7.2.2 相对密度 / 327
7.2.3 黏度、pH 值和浊度 / 328
7.2.4 耐热耐寒性评价 / 329
7.3 有害物质和微生物的检测 / 329
7.3.1 有害物质的检测 / 329
7.3.2 微生物检测 / 335
7.4 功能性检测 / 341
7.4.1 防晒功能性评价 / 342
7.4.2 保湿性能评价 / 343
7.4.3 抗皱性能评价 / 343
7.4.4 美白性能评价 / 346

7.4.5 发用化妆品普通功效评价 / 348
7.4.6 抗粉刺功效评价 / 350
7.4.7 育发性能评价 / 351
7.4.8 美乳效果评价 / 351

附录 / 353

附录 1 化妆品理化性质检验标准 / 353
附录 2 化妆品常规有害物质和微生物检验标准 / 353
附录 3 化妆品药理毒理标准 / 355
附录 4 化妆品中其他物质的相关标准 / 355

参考文献 / 362

第1章 天然化妆品概述

化妆品的生产与应用有悠久的历史。历史文献记载及古代文物考证都已证明，自从有了人类文明便有了化妆品。我国是世界文明古国之一，具有悠久的历史和文化传统，也是较早应用化妆品的国家之一。如古籍《汉书》中就有画眉、点唇的记载；北魏贾思勰的《齐民要术》中记述了将丁香粉加入香粉中，使之具有芳香气味的做法；明代李时珍《本草纲目》记载“白旃檀涂身亦取其清爽可爱，香味隽永”的说法。中华人民共和国成立前，化妆品的应用和生产在我国仍然较为落后。1949 年后，虽然化妆品有了初步的发展，但由于长期受封建落后思想的影响，人们在思想上还是把化妆品看作是一种奢侈品，加之人民生活水平不高，使化妆品的发展十分缓慢。进入 20 世纪 80 年代以来，随着改革开放的不断深入，国民经济快速发展，人民的生活水平不断提高，化妆品从奢侈品逐步转变为人们日常生活的必需品。因此，我国的化妆品生产、应用、销售便得以快速发展。

伴随着化妆品行业的发展与成熟、科学技术的进步与人们生活水平的提高，人们对美容和化妆提出了新的质量内涵及需求。目前，“天然”已经成为化妆品广告宣传的最大卖点。人们对健康和养生重视程度的提高，对绿色环保消费的提倡，都直接推动了天然化妆品市场的发展。从市场发展形势和消费心理看，化妆品正在向天然化、功能化的新趋势发展。“组分天然化”“回归大自然”的呼声已成为世界化妆品工业的潮流。当今国际化妆品的品位目前基本已由天然成分所占的比例来决定，高级化妆品无一不是以其产品化学合成成分含量少为荣。未来人们消费更加倾向追求天然物质，排斥化学合成物质。受当前绿色天然植物和中国博大精深的中医文化影响，以及人们对生命科学理解的深化，站在绿色天然的角度，满足自身对美的需求已经成为新时期中国化妆品消费者关注的焦点。由此，引发了化妆品界的一个全新发展方向——天然化妆品的开发。

1.1 天然化妆品的含义和发展

1.1.1 天然化妆品的定义

(1) 化妆品化学　化妆品化学（cosmetic chemistry）又称为化妆品学(cosmetic)，是一门以化学为基础的交叉学科。包含化妆品原料制备、精制与提纯，组分的结构与性能，质量分析；各种化妆品的配方、制备、产品质量监控，化妆品的作用机制、应用、储存等。化妆品化学与有机化学、分析化学、生物化学、染料化学、香料化学及药物化学等的理论和实验方法密切相关。

(2) 化妆品的定义　化妆品对人体的作用必须缓和、安全、无毒、无副作用，并且主要以清洁、保护、美化为目的。针对化妆品，每个国家给出了不同的定义。

我国《化妆品卫生监督条例》中给化妆品下的定义为：化妆品是指以涂擦、喷洒或者其他类似的方法，散布于人体表面任何部位（皮肤、毛发、指甲、口唇等），以达到清洁、消除不良气味、护肤、美肤和修饰目的的日用化学工业产品。

美国食品药品监督管理局（FDA）对化妆品的定义为：用涂擦、喷洒或其他方法施用于人体的物品，能起到清洁、美化、增添魅力或改变外观的作用。

日本医药法典中对化妆品的定义为：化妆品是为了清洁和美化人体、增添魅力、改变容貌、保持皮肤及头发健美而涂擦、散布于身体或用类似方法使用的物品。

综上，化妆品的定义可做如下概述：化妆品是指以涂擦、揉擦、喷洒等不同方式施于人体皮肤、毛发、口唇、口腔和指甲等部位，起到清洁、保护、美化（修饰）等作用的日常生活用品。化妆品是日常生活用品，而不是药品。

(3) 天然化妆品　目前我国政策法规尚未对“天然化妆品”有一个明确的定义。通常市场将天然化妆品定义为：应用现代科学技术，通过对天然物质的合理选择，对其中有效成分进行分离、提纯、改性，再与其他原料合理调配而成，且以涂擦、揉擦、喷洒等不同方式施于人体皮肤、面部、毛发、口唇、口腔和指甲等部位，起到清洁、保护、美化（修饰）等作用的日常生活用品。

一般来说，化妆品中天然的概念来自其原料，其中涉及的“天然”可分为三类。

第一类为“纯天然”，是指没有经过化学改性，直接从天然产物获得，并通过物理手段提取得到的一类产物。其中主要包含蛋白质、多肽、氨基酸、核酸、各种酶类、单糖、寡糖、多糖、糖蛋白、树脂、胶体物、木质素、维生素、脂肪、油脂、蜡、生物碱、挥发油、黄酮、糖苷类、萜类、苯丙素类、有机酸、酚类、醌类、内酯、甾体化合物、鞣酸类、抗生素类等天然存在的化学成分。这些提取物通常有植物油、草药粉末、精油、酊剂和浸渍油等，是最简单的种类，也是每个认证机构认可的天然原料。

第二类为“天然衍生”。这些都是来自植物或矿物有效成分的化学改性，通常按照化学名称或俗名列出，如硬脂酸甘油酯、辛酸/癸酸三酰甘油、黄原胶和癸基葡糖苷等。对于“天然衍生”的界定并不明确。如，来源于玉米的生物成分丙二醇，在有机化学角度是一种合成成分。

第三类为“半合成或混合天然”。这些通常是天然原料连接了如环氧乙烷和酰胺等化学合成结构所形成的衍生物，或者天然原料与上述结构经过一定配比而形成的混合物。如聚乙二醇或椰油酰胺丙基甜菜碱等。这类物质不能归类为完全天然，它们区别于前两类，通常比纯天然或天然衍生物的价格便宜。

目前，天然物质并没有明确的标准，市场上也缺少公平的竞争环境，因此也限制了真正绿色化妆品品牌的发展。

1.1.2 天然化妆品的发展

天然化妆品的历史几乎可以推算到自人类的存在开始。

公元前 5 世纪到公元 7 世纪期间，有不少关于制作和使用化妆品的传说和记载。如，古埃及人在宗教仪式上、干尸保存上以及个人的护肤和美容上使用了动植物油脂、矿物油和植物花朵，他们用黏土卷曲头发，铜绿描画眼圈，驴乳浴身；古希腊美人亚斯巴齐用鱼胶掩盖皱纹；中国古代女性用胭脂抹腮，用头油滋润头发。此阶段的化妆品是使用天然的动植物油脂对皮肤做单纯的物理防护，即直接使用动植物或矿物来源的不经过化学处理的各类油脂等。

7 世纪到 12 世纪，阿拉伯国家在化妆品生产上取得了重要的成就。代表性突破是发明了用蒸馏法加工植物花朵，该发明大大提高了香精油的产量和质量。与此同时，我国化妆品也有了长足的发展，在古籍《汉书》中就有画眉、点唇的记载；《齐民要术》中介绍了有丁香芬芳的香粉。其中，我国宋朝韩彦直著《枯隶》是世界上有关芳香方面较早的专门著作。但由于人体皮肤的结构特性，原始天然化妆品的营养成分只能到达角质层，无法深入皮肤。

自工业革命后，随着化学、物理学和机械工业的发展，化妆品开始由小作坊式的制作转变为工业化的生产，形成了合成化学品时期。许多化学合成原料开始取代天然原料用于化妆品制造，如白矿油、凡士林、石蜡以及化学合成的香料、着色剂、防腐剂和油性原料等。而化学合成化妆品中含有大量添加剂，比如色素、脱色剂、着色剂、防腐剂、香料等，如长期使用，会引起皮肤过敏反应或累积中毒现象，并有可能造成人体生理系统失衡，导致肌肤过早衰老，甚至引起恶性病变。

进入 20 世纪 70 年代，大量的皮肤健康学研究发现，在化妆品中添加各种天然原料，对皮肤和毛发具有多样化的功效，如美白、抗衰老、补水、祛痘、乌发、育发、丰胸等功效。此外，在此阶段，大规模的天然萃取分离工业发展较为成熟，为天然化妆品的发展提供了原料基础。

随着科学技术的发展，对天然物质的改性技术和天然物活性成分提取技术不断提升，合格的天然化妆品中添加的天然组分能够兼顾安全性、稳定性和使用性，形成了现代的天然化妆品工业。现代天然化妆品有别于原始的天然化妆品，从性能、稳定性、安全性等方面都大为改观。当然在此阶段，很多化妆品产品中“天然”的概念还仅仅是噱头，其组分中大部分底料还是沿用矿物油时代的成分，偶有天然成分的添加。

1.1.3 天然化妆品的趋势

(1) 从粗糙走向精致　随着天然化妆品市场规模扩大，上游天然植物加工生产技术的完善和产业链的形成，而形成技术进步和市场发展相互促进关系，品质较差的提取物被市场淘汰，品质优良的天然化妆品原料逐渐占领市场；科学技术的发展和新技术在这一领域的应用及新产品不断开发，推动产业规模增长，同时带动相关产业发展和技术的进步。

(2) 从无序走向规范　不同国家之间技术交流以及国际标准法规对国内生产企业的推动作用，使得我国天然化妆品逐步与国际接轨，走向规范发展的方向。政府部门和行业组织对市场起规范作用，对于市场的无序现象起到制约作用。国际化大公司的加入对消费者及市场规则的影响，以及植物类化妆品标准化技术的成熟，为天然化妆品市场的规范提供了必要的手段。

(3) 从概念走向实效　随着各种化妆品评价方法的成熟，通过概念炒作的行为受到制约，评价机制的完善，以及消费者消费观念的不断成熟，要求企业开发出具有确实功效的产品。市场的扩大，竞争提高，也要求企业自身加大研发力度，不断开发出具有真正实际功效的天然化妆品。

1.2 天然化妆品的分类

天然化妆品的种类繁多，但国内外对天然化妆品并没有统一的分类方法，一般常见的分类方法有：按化妆品的作用分类；按化妆品的外部基本形态分类；按化妆品的作用部位分类；按化妆品的使用者分类；按天然物质的来源分类等。

1.2.1 按化妆品的作用分类

清洁作用：去除皮肤、毛发、口腔和牙齿上面的脏物以及人体分泌与代谢过程中产生的污物等。如，清洁霜、清洁乳液、清洁面膜、磨砂膏、清洁用化妆水、泡沫浴盐、洗发水、牙膏等。

保护作用：保护皮肤及毛发等处，使其滋润、柔软、光滑、富有弹性，以抵御风寒、烈日、紫外线辐射等伤害，并具有增加分泌机能，防止皮肤皲裂、毛发枯断等作用。如，爽肤水、乳液、面霜、眼霜、润肤乳、防晒霜、护发素等。

营养作用：用来补充皮肤及毛发的营养，增加组织活力，保持皮肤角质层的含水量，具有减缓皮肤衰老、促进生发、防止脱发等功效。如，人参霜、蜂王浆霜、维生素霜、珍珠霜及其他各种营养霜，还有营养面膜、发蜡等。

美化作用：美化面部及毛发，使其增加魅力或发散香气。如，粉底液、粉饼、香粉、BB霜、胭红、唇膏、发胶、染发剂、卷发剂、眉笔、睫毛膏、眼影、香水、指甲油等。

防治作用：预防和治疗皮肤、毛发、口腔和牙齿等部位的影响外表或功能的生理、病理现象。如，雀斑霜、粉刺霜、抑汗剂、除臭剂、生发水、药性发乳、痱子水、药物牙膏等。

1.2.2 按化妆品的外部基本形态分类

乳剂类：如清洁霜、雪花霜、冷霜、润肤霜、营养霜、清洁乳液、按摩乳等。

油剂类：如防晒油、浴油、按摩油、发油等。

水剂类：如爽肤水、化妆水、香水、花露水、营养洗发水等。

粉状类：如香粉、爽身粉、痱子粉等。

块状类：如粉饼、胭红、眼影等。

凝胶类：如面膜、晒后修护凝胶、染发胶、抗水性保护膜等。

膏状类：如洗发膏、睫毛膏、剃须膏、染发膏等。

气溶胶类：如喷发胶、摩丝等。

笔状类：如唇线笔、眉笔等。

锭状类：如唇膏、眼影膏等。

1.2.3 按化妆品的作用部位分类

皮肤用化妆品：如，面霜、浴剂、精华液、化妆水等。

毛发用化妆品：如，洗发水、摩丝、喷雾发胶等。

美容用化妆品：指面部美容产品，也包括指甲、头发的美容品。

1.2.4 按化妆品的使用者分类

婴儿用化妆品：婴儿皮肤娇嫩，抵抗力弱。配制时应选用低刺激性原料，香精也要选择低刺激的优制品。

少年用化妆品：少年皮肤处于发育期，皮肤状态不稳定，且极易长粉刺。可选用调整皮脂分泌作用的原料，配制弱油性化妆品。

男用化妆品：男性多属于脂性皮肤，应选用适于脂性皮肤的原料。剃须膏、须后液是男性专用化妆品。

孕妇化妆品：女性在孕期内，因雌性激素和黄体素分泌增加，肌肤自我保护与修复的能量不足以应付日益增加的促黑素，进而引起黑色素增多，导致皮肤色素加深，此时的皮肤最惧怕紫外线辐射。紫外线辐射会迅速击垮皮肤防御能力，令皮肤能量骤降，引起孕斑。同时，衰减的皮肤能量也无法对抗由此产生的肌肤储水能力及细胞新陈代谢能力下降的威胁，进而导致缺水、干燥、出油、粉刺、痘痘、敏感甚至炎症等一系列肌肤问题。孕期内的化妆品使用尤为重要。孕妇化妆品应该能在有效改善孕产期皮肤问题的同时，具有天然性、安全性、专业性、有效性、基础性五个基本特征，产品不可含有重金属、酒精、激素、矿物油、化学防腐剂和化学香料，对胎儿和孕妇无伤害。

1.2.5 按天然物质的来源分类

动物成分化妆品：由动物体内成分或代谢物等加工制成的化妆品。典型动物性原料成分有动物性黏多糖、胎盘提取物、蚕丝水解物、蜂产品（蜂蜜、蜂胶、蜂王浆和蜂蜡）、水貂油、蚯蚓提取物、胶原蛋白等。

陆地植物化妆品：由陆地植物提取物加工制成的化妆品。该类化妆品主要利用植物提取物中的有效组分来实现化妆品的功效。如，熊果苷、植物类黄酮，能起到祛斑美白的作用；原花青素、植物多酚、茶多酚、葡萄多酚、苹果多酚等能起到抗衰老的作用；透明质酸、维生素等能起到保湿修复作用；还有果酸、芦荟、甘草、紫草、桂皮、沙棘、白芝等能起到防晒的作用。

微生物成分化妆品：由微生物体内成分或代谢物等加工制成的化妆品。例如灵芝、虫草等真菌类资源。在灵芝中，主要含有的灵芝多糖类物质和三萜类化合物是关键药效成分，具有调节免疫力、抵抗肿瘤的功能。

海洋产物化妆品：由海洋产物提取物加工制成的化妆品。海洋产物化妆品主要取材于三大类群，即海洋植物、海洋动物和海洋非生物资源。海洋植物富含多糖、维生素和海洋矿物等成分，与传统植物提取物和人工合成原料相比更天然、更健康、更易吸收。海洋动物胶原蛋白是应用较多的化妆品成分，由于富含羟基、氨基而具有良好的保湿性，可作为高效保湿剂。海洋生物中含有的甲壳素、壳聚糖及其衍生物是化妆品中优良的保湿剂。其他海洋物质，例如深层海洋水、海洋矿物质、深海淤泥等可应用于清洁、保湿等功效的化妆品中。

1.3 天然化妆品的技术概况

天然化妆品涉及化学化工、生物化学、药理学、皮肤科学、植物学、中医化学、化妆品科学等多种学科。天然活性物质（如中草药）成分的复杂性、不稳定性和价格高等因素一直阻碍着天然化妆品的发展。如何从复杂的中药成分中提取分离出有效稳定的成分，并降低天然活性物的价格是开发和研究天然化妆品的关键。现代生物技术、提取和分离精制技术、有效成分稳定化技术和现代化妆品制造技术的发展已逐步解决了天然活性化妆品这一技术难题。

1.3.1 现代生物技术

现代生物技术为化妆品开发提供了许多功能性天然活性原料。例如，借基因重排开发具有新功能的化妆品原料；借细胞融合优化椰子油中脂肪酸组成获得含大量皂角苷的朝鲜人参；发酵工程生产透明质酸取代传统从鸡冠提取的方法；利用组织培养提取紫草宁色素；利用丝状菌培养提取 γ-亚麻酸；表皮生长因子和核酸等生物技术制剂在化妆品配方设计中的应用；香料的酶法生产；生物技术开发的新型防腐剂等。

1.3.2 提取和分离精制技术

目前经常采用的天然有效成分的提取方法有水提法、醇提法、有机溶剂提取法、水蒸气蒸馏和超临界 CO_2 提取法，均被广泛应用于中医药行业。这几种提取方法各有优缺点，对于不同的对象可选用不同的方法，其中前四种提取方法已是很成熟的技术。超临界 CO_2 提取技术是近十几年来发展起来的一种新型提取技术，具有低温、节能、分离能力高、污染少的特点，在国内外均已应用于中草药、香料等的提取。

提取液中成分比较复杂，仍然需要进行进一步的分离精制。目前常用的分离方法有系统溶剂分离法、萃取法、结晶法和分子蒸馏法等，这些方法在化工和医药行业均已得到广泛应用，已经是非常成熟的技术。

1.3.3 有效成分稳定化技术

天然活性物质最大的缺点就是稳定性不够好，如何提高活性物质的稳定性一直是化妆品工作者研究的重点，其中微胶囊技术、脂质体技术是化妆品生产过程应用较为广泛的稳定化技术。

微胶囊技术（microencapsulation）是指将微量物质包裹在聚合物薄膜中的技术，是一种储存固体、液体、气体的微型包装技术。微胶囊能提高产品的稳定性，防止各种成分之间相互干扰；能使液体添加剂变成固体，降低其挥发性；能控制有效成分的释放速度，提高药效期和产品货架寿命。目前，微胶囊技术已广泛应用于医药和化妆品行业，能够一定程度解决生物活性物质稳定性问题。

脂质体（liposomes）是一种采用人工方法形成的磷脂双层膜封闭胶囊，具有生物膜的功能和特性，在药物剂型中应用较为广泛。近年来，将脂质体应用于化妆品方面的研究较为活跃，例如研究者制备了脂质体包裹的超氧化物歧化酶（SOD)，解决了 SOD 分子量大不易渗入皮肤角质层以及稳定性较差易失活的问题。有人将维生素、保释剂等生理活性物质制成脂质体，以达到定时释放、缓慢释放的功效。

1.3.4 现代化妆品制造技术

乳化是化妆品工业的基本制造技术，良好的化妆品制品应该是细腻、光滑且稳定的膏体。近年来国内外对乳化技术进行了深入全面的研究，开发了一系列新的乳化工艺，主要有转相乳化法、D 相乳化法、HLB 温度乳化法、微乳化法、凝胶乳化法、液晶乳化法、活性黏土乳化法、SPG 膜乳化法等。这些新型乳化法对于生物活性化妆品的发展具有良好的促进作用。例如液晶技术，是将维生素等天然活性物质和液晶复合后再加入化妆品中，液晶可使复合物中的活性成分缓慢地释放，使其被皮肤充分吸收，从而提高功效。

另外，现代测试手段的发展为天然活性化妆品提供了质量保证。

总的来说，现代科技的发展，解决了天然活性的原料来源、原料稳定性和天然活性化妆品的制造技术和质量问题，为天然活性化妆品的发展提供了技术保证。

1.4 化妆品的法规和监管体系

化妆品安全关系到人们的身体健康，备受消费者和社会各界关注。国家政府部门非常重视化妆品行业的法规建设和监督管理，相继发布了一系列法规和管理规定。这些法规和管理规定的实施，规范了企业的生产经营行为，强化了依法监督管理，逐步建立起对化妆品的安全评价制度，为保障化妆品的质量安全起到了重要的作用。我国目前尚未对天然化妆品颁布独立的法规和管理规定，天然化妆品的法规和监管工作按照化妆品的相应政策执行。法规和监管环境需要不断完善，以适应和促进化妆品行业的发展。

1.4.1 法规标准体系

2011 年 8 月 25 日，为做好化妆品监管工作，充分发挥专家在化妆品监管工作中的作用，国家食品药品监督管理局组建了化妆品安全专家委员会，下设安全风险评估专家委员会。

2013 年 1 月 5 日，针对化妆品监管信息化建设滞后、生产企业信息透明度较低的问题，国家食品药品监督管理局在其网站上发布《化妆品生产企业监管信息系统需求（征求意见稿）》，拟建立化妆品生产企业监管信息系统，实现卫生许可、产品审批、日常监管、监督检验、风险监测、信用评级和不良反应监测等监管信息数据共享。这些规定的实施和制定、修订可以看出国家层面对化妆品安全的重视。

2013 年 2 月 1 日，由国家食品药品监督管理局制定的《儿童化妆品申报与审评指南》正式实施。

2014 年 1 月 21 日，国家食品药品监督管理总局（CFDA，简称“总局”）发布了《已使用化妆品原料名称目录（征求意见稿）》。为进一步加强化妆品原料管理，在原国家食品药品监督管理局发布的第 1 批、第 2 批《已批准使用的化妆品原料名称目录》的基础上，国家食品药品监督管理总局药品化妆品注册管理司对已使用的化妆品原料目录做了进一步梳理工作，形成了《已使用化妆品原料名称目录（征求意见稿）》。

2014 年 1 月 23 日，CFDA 发布了关于征求调整化妆品新原料注册管理有关事宜的意见函。

2014 年 4 月 11 日，总局发布了关于进一步明确化妆品注册备案有关执行问题的意见函。指出了关于备案检验机构增补工作、关于美白化妆品注册管理相关工作、关于美白化妆品过渡期安排、关于国产非特殊用途化妆品备案衔接。

2014 年 4 月 28 日发布的《食品药品行政处罚程序规定》已于 2014 年 3 月 14 日经国家食品药品监督管理总局局务会议审议通过。对违反食品、保健食品、药品、化妆品、医疗器械管理法律、法规、规章的单位或者个人实施行政处罚须遵守该规定。

2014 年 5 月 12 日，总局发布了关于增加指定国产非特殊用途化妆品备案检验机构的公告。

2015年12月23日发布《化妆品安全技术规范》(2015年版)(以下简称"安全规范"),"安全规范"中纳入了总局已发布实施的所有检测方法和风险物质的最新风险评估结果,是我国开展化妆品安全监管的主要技术依据。

1.4.2 化妆品监督管理体系

我国对化妆品的监督管理主要是采取上市前许可和上市后监督相结合的管理模式。自国家总局履行化妆品监管职能以来,紧紧围绕"保障化妆品安全"这条主线,创新监管方式,逐步探索许可备案方式,以监督抽检为抓手,及时发现和处置化妆品质量安全问题,督促企业落实主体责任,引领公众科学消费,营造化妆品质量安全社会共治格局,中国食品药品检定研究院、国家中药品种保护审评委员会、国家药品不良反应监测中心、食品药品审核查验中心和化妆品标准专家委员会共同构建起化妆品法规修订、许可审批、监督抽检和风险防控技术支撑体系,在我国的化妆品监管中发挥着重要的作用。

其中,中国食品药品检定研究院主要负责化妆品监管相关的技术支撑,包括技术规范的制定、实验室的管理与考核、监督抽检方案的制定、监管工作中检验检测技术支撑等;国家中药品种保护审评委员会主要承担化妆品技术评审工作,包括相关文件的制定、开展审评工作及相关咨询工作;国家药品不良反应监测中心主要职能是制定化妆品不良反应监测的技术标准和规范,组织开展不良反应监测工作;食品药品审核查验中心主要负责化妆品审核查验工作技术规范等技术文件的制定,组织开展质量管理规范相关的飞行检查和境外核查工作等;化妆品标准专家委员会主要负责提出拟定化妆品标准发展规划、评审化妆品标准,为化妆品政策法规制定和决策、突发事件处理、重大疑难问题的解决提供建议和技术咨询等。

1.5 化妆品的安全性

1.5.1 天然化妆品的安全性

化妆品是很多人每天都使用的日常生活用品,因此其安全性尤为重要。天然化妆品与外用药物不同,外用药物即使具有某些暂时性的副作用,只要与主要治疗作用相比是微不足道的,也可以在一定条件下暂时允许使用。但化妆品则是长期使用,并长时间停留于皮肤、毛发等部位。因此,天然化妆品不应有任何影响身体健康的不良反应或副作用。目前各国对天然化妆品的安全性并未做出独立的要求和控制,因此,参照各国化妆品的相应政策和法规执行。

我国于1987年5月正式颁布第一个关于化妆品卫生质量的国家标准,后陆续有新的标准被颁布或更新。这些标准与条例的颁布与实施,标志着我国对于化妆品的安全性检验标准、监督和管理从此走上法制化轨道。

1.5.2 化妆品安全评价体系

(1) 我国安全评价体系　我国对特殊用途化妆品和新原料实行许可制度，非特殊用途化妆品实行备案制，确保“在正常、合理和可预见的使用条件下，化妆品不得对人体健康产生危害”。在许可和备案工作中，安全性评价是许可备案工作的重要部分。

天然化妆品新原料是指在国内首次使用于化妆品生产的天然原料。天然化妆品新原料的申报一般需进行下列毒理学试验：急性经口和急性经皮毒性试验、皮肤和急性眼刺激性/腐蚀性试验、皮肤变态反应试验、皮肤光毒性和光敏感性试验（原料具有紫外线吸收特性时需做该项试验）、致突变试验（至少应包括一项基因突变试验和一项染色体畸变试验）、亚慢性经口和经皮毒性试验、致畸试验、致癌性结合试验、物质代谢及动力学试验等。

我国将化妆品产品分特殊和非特殊用途两类化妆品进行管理。由于化妆品种类繁多，毒理学检测项目一般根据实际情况，主要是依据产品所属类别、使用部位和使用方式进行确定。在我国的法规文件中规定了每类化妆品所需进行的毒理学试验项目。特殊用途化妆品需进行皮肤变态反应试验，除染发类外的特殊用途化妆品均需进行皮肤刺激性试验，育发、祛斑和防晒类化妆品还需进行皮肤光毒性试验，育发、染发、美乳和健美类化妆品还需进行鼠伤寒沙门菌/回复突变试验（或体外哺乳动物细胞基因突变试验）、体外哺乳动物细胞染色体畸变试验和人体试用试验；非特殊用途化妆品一般需开展皮肤刺激性试验；两类化妆品中，所有可能与眼睛接触的化妆品还需进行急性眼刺激性试验。

《化妆品安全性评价程序和方法》中规定了我国化妆品安全性评价的5个阶段：第一阶段为急性毒性和动物皮肤、黏膜试验；第二阶段为亚慢性毒性和致畸试验；第三阶段为致突变和致癌短期生物筛选试验；第四阶段为慢性毒性和致癌试验；第五阶段为人体激发斑贴试验和试用试验，包括毒理学试验和人体试验，共17个检验方法。其中第一阶段、第二阶段和第四阶段均为动物试验，第三阶段中包括体外试验和动物试验，第五阶段为人体试验。

《化妆品卫生规范》(2007版）将化妆品安全性评价拆分为毒理学试验、人体安全性和功效性评价两部分，人体试验部分纳入人体安全性和功效性评价部分。并对毒理学方法进行了逐步完善和修订，增加了体外哺乳动物细胞基因突变试验，用睾丸生殖细胞染色体畸变试验代替小鼠精子畸形试验。

2008年9月1日起，国家食品药品监督管理局开始承担化妆品法规文件的制定和修订。国家食品药品监督管理总局组织制订了现行有效的《化妆品安全技术规范》(2015 年版)，基于《化妆品安全性评价程序和方法》和《化妆品卫生规范》对安全评价部分进行了汇总和修订，并作出以下修改：判定更加严格，如鼠伤寒沙门菌/回复突变试验的判定标准中增加了“受试物在任何一个剂量条件下，出现阳性反应并有可重复性，则该受试物判定为致突变阳性”的判定标准；结合国际安全性评价的发展趋势，增加了与风险评估有关的内容，如在亚慢性经口/经皮毒性试验、慢性毒性/致癌性结合试验中，增加与风险评估相关的定义和内容；评价指标更加合理，如在亚慢性经皮毒性试验中，因皮肤为受试物的主要接触途径，增加皮肤进行病理组织学检查的要求；表述更为科学，如将动物试验中的“常规饲料”统一按标准规范为标准配合饲料；人体安全性试验部分单独设章，包括人体皮肤斑贴试验和人体试用试验。

(2) 检测机构　特殊用途化妆品和进口化妆品的毒理学检验、人体试用试验，均需由国家食品药品监督管理总局认定的化妆品行政许可检验机构承担。

国产非特殊用途化妆品申报企业提交的毒理学检验报告，需由省局认定的备案检验机构完成和提供。

化妆品新原料申请所需的毒理学试验资料（包括毒理学安全性评价综述、必要的毒理学试验资料和可能存在安全性风险物质的安全性评估资料），可以是申请人的试验资料、科学文献资料和国内外政府官方网站、国际组织网站发布的内容，法规中对检验机构没有明确规定。

(3) 化妆品安全性评级体系的发展　随着全球经济一体化进程，技术性壁垒已取代贸易壁垒成为化妆品国际贸易中新的贸易障碍，动物试验替代方法已成为新型技术壁垒的典型代表。为建立与国际接轨的化妆品安全性评级标准体系，我国鼓励使用科学的手段进行安全性评价，并通过法规调整引导行业提高安全评价水平。目前已经有一些替代试验通过验证并纳入《化妆品安全技术规范》中。如，化妆品用化学原料体外 3T3 中性红摄取光毒性替代试验方法；化妆品用化学原料皮肤腐蚀性大鼠经皮电阻替代试验方法。

在积极进行替代方法研究的同时，在借鉴欧盟、美国等发达国家和地区的化妆品管理模式的基础上，国家食品药品监督管理总局也在政策上寻求替代整体动物试验的可能性。2010 年 8 月 23 日，国家食品药品监督管理局发布了《化妆品中可能存在的安全性风险物质风险评估指南》，明确了化妆品中可能存在的安全性风险物质的风险评估程序及风险评估资料要求等；2013 年 12 月 16 日，国家食品药品监督管理总局发布了《关于调整化妆品注册备案管理有关事宜的通告》，指出国产非特殊用途化妆品可采用风险评估的方式进行安全性评价，风险评估结果能够充分确认产品安全性，可免予产品的毒理学试验，通过调整，引导企业通过安全风险评估确保产品质量安全，减少了不必要的毒理学试验；国家食品药品监督管理总局对我国上市化妆品已使用原料进行收集和梳理，编制了《已使用化妆品原料名称目录》，积累我国化妆品原料安全使用经验；2015 年 11 月 10 日，国家食品药品监督管理总局在参考国际有关指南的基础上，充分结合我国化妆品产业现状，制定了《化妆品安全风险评估指南（征求意见稿）》，对化妆品风险评估的基本原则、要求、程序、毒理学、原料及产品安全性要求等进行了明确，提供了评价报告模板。

1.6 天然化妆品的风险监测和风险控制

1.6.1 天然化妆品的风险监测

天然化妆品安全风险监测是指对天然化妆品风险要素的跟踪和记录，即按规定或监测计划要求，对天然化妆品安全风险要素的一个或多个参数进行连续或间断的反复采样、定量测量或观测。天然化妆品风险监测的目的是积累对化妆品安全事件的认知，为风险评估、风险管理奠定基础。

（1）天然化妆品风险定义　天然化妆品风险是指包括天然化妆品原料、天然化妆品包材、天然化妆品产品在内，涉及天然化妆品生产、储运、销售到使用等全过程中的安全风险。由于天然化妆品组方的复杂性，人们对天然化妆品组方成分及潜在威胁认识的局限性，以及对天然化妆品使用经验积累的不完整性，客观上造成天然化妆品使用安全风险。如原料中杂质成分的种类、含量和风险；组方后可能会产生哪些新的物质和风险；储运过程中会发生哪些变化等。人们对此类问题的认知程度非常有限；同时由于天然化妆品的市场竞争，不法生产者为追求使用效果，超限度增加有害物质或非法添加药物等，主观上增大了天然化妆品的使用风险。

（2）天然化妆品风险特征

① 客观性。天然化妆品风险的客观性表现在天然化妆品中所含物质的种类繁多，从客观上加大了使用风险。而且天然化妆品的特点是小而全，原料种类多，产品品种多，产品更新换代快，且多为间歇式生产，给生产的稳定性控制增加了难度。

② 偶然性。天然化妆品风险的偶然性表现在并不是所有使用者都出现同样的安全风险事件，也并不是同一安全风险要素都会导致所有使用者出现风险事件，这也说明了化妆品风险的不确定性。如，安全合格的产品在使用过程中，由于消费者个体差异所导致的变态反应。

③ 损害性。天然化妆品风险的损害性体现在每一个安全事件都会在不同程度上造成人体的伤害，也会带来一定的经济损失，以及不良的社会效应。

④ 相对性。天然化妆品风险是相对的，绝对安全的化妆品是没有的，关键是科学使用。如维生素 C 可促进伤口愈合，对过敏性皮肤病有一定作用，具有促进生长发育、抗衰老、美白、抗氧化等功效。过量摄入维生素 C 则可使尿液呈酸性，从而导致草酸盐结石，还可对抗肝素和双香豆素的抗凝血作用，导致血栓形成，使原有心脑血管病者更易发生脑梗死（中风）等。再如人体对硒（Se）的每日安全摄入量为 50～200μg，低于 50μg 会导致心肌炎、克山病等疾病，并诱发免疫功能低下和老年性白内障，而摄入量在 200～1000μg 则会导致中毒，急性中毒症状表现为厌食、运动障碍、气短、呼吸衰竭，慢性中毒症状表现为视力衰退、肝坏死和肾充血等，每日摄入量超过 1mg 甚至可导致死亡。

1.6.2 天然化妆品的风险控制

可以看到的是，由于我国市场经济秩序尚需完善，天然化妆品行业技术基础尚显薄弱，消费者对天然化妆品的科学认识程度尚需提高，因此如何控制化妆品安全风险，保障消费者健康是全社会面临的共同问题。

（1）政府科学监管　天然化妆品安全风险控制是系统工程。政府应有计划、有步骤地构建适合我国国情的，包括化妆品风险监测评估、化妆品风险评估及化妆品风险管理等要素在内的，具有中国特色的天然化妆品风险控制体系，并应有相应的措施作为保障，如建立包括安全指标在内的天然化妆品标准体系，鼓励和支持开展与天然化妆品安全有关的基础研究、应用研究、先进技术和管理规范研究，对天然化妆品生产实行许可制度管理，强化上市后的监督管理等。

此外，天然化妆品安全风险控制还应树立科学监管理念，创新监测评价机制；健全法律法规体系，大力推进依法行政；建立规划实施机制，确保规划目标实现等方面进行全方位保障，确保天然化妆品风险监测评价体系的研究与实施正常运转。国家食品药品监督管理局已出台《关于加快推进保健食品化妆品安全风险控制体系建设的指导意见》，提出了化妆品安全风险控制体系建设的设想和目标。

（2）企业自律　企业在创造利润的同时，还要承担对社会、环境的责任。企业作为化妆品安全的第一责任人，在天然化妆品及原料生产经营过程中，要加强内部管理，鼓励引入 GMP（生产质量管理规范）管理模式，确保生产经营过程安全可控。企业应加强科研创新，加强化妆品配方、生产工艺和原料选用等方面研究，做到谨慎选用化妆品的组成成分，详细检查原料是否符合现行法规，用法用量是否符合规定。对新原料开发和成分选用应进行风险评估，检查最终产品的局部耐受性。选用合适包装以保护产品质量，尽可能避免误用或意外的危险性。同时还应设置安全性评价人员，建立化妆品召回制度等。

(3) 全社会参与 天然化妆品安全风险控制需要全社会的共同参与。

行业协会在政府与企业、消费者之间起着桥梁和纽带作用，通过与政府沟通，将化妆品行业信息传递给政府，为政府完善化妆品安全管理制度提供服务，通过行业自律加强化妆品行业内部管理，与消费者沟通，根据消费者的需求不断完善化妆品行业内部管理制度。

新闻媒体应发挥在化妆品公益宣传和舆论监督方面的积极作用。

消费者对化妆品安全具有知情权，对化妆品安全监督管理工作具有建议权，也对化妆品生产经营违法行为具有举报权。充分发挥消费者的作用，对快速、有效发现和控制化妆品安全风险，具有重要意义。

第2章 皮肤、毛发与指甲

2.1 皮肤

2.1.1 皮肤的结构

皮肤是覆盖于人体表面的一层柔韧、富有弹性、具有延伸性的软组织。皮肤是人体的第一道防线，其与外界环境直接接触，也是人体重要的免疫器官之一。在解剖学上，一般将皮肤划分为表皮（epidermis）、基底膜带（basement membrane zone）、真皮（dermis）、皮下组织或皮下脂肪（subcutaneous tissue/subcutaneous fat）（图 2-1）。除此以外，皮肤上具有各种附属器（如毛发、甲等）、血管、淋巴管、肌肉和神经。

2.1.1.1 表皮

皮肤的表皮由外胚层分化而来，直接与外界接触，是角化的多层鳞状上皮。表皮主要由角质形成细胞（keratinocyte）和树枝状细胞（dendrocyte）组成。

(1) 角质形成细胞　角质形成细胞规则排列形成表皮，表皮细胞 80%以上是角质形成细胞，其基本功能是合成角蛋白。在显微镜下，表皮由内向外依次分为四层：基底层（stratum basale）、棘层（stratum spinosum）、颗粒层

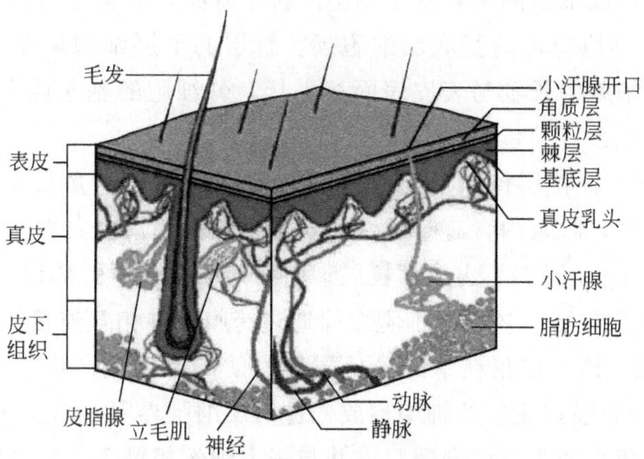

图 2-1 皮肤组织结构图

(stratum granulosum) 和角质层 (stratum corneum)。在掌趾部，颗粒层和角质层之间还存在透明层 (stratum lucidum)。基底膜带是基底层与真皮连接的桥梁。

① 基底层。基底细胞也称为表皮母质细胞或表皮生发细胞，位于表皮最底层。部分基底层细胞（占总细胞数的 30%～50%）可不断增殖及分化，新生的细胞不断向表皮上部移动直至形成角质后脱落。基底细胞从增殖到脱落的时间称为表皮更替时间 (28d)，其中从发生增殖到移至颗粒层上部约需 14d，移至角质层上部而脱落又需 14d。

基底细胞呈立方形或圆柱形，胞浆嗜碱性，细胞核位置偏下，呈椭圆形，染色质深；基底细胞长轴与基底膜带相垂直，呈单排栅栏状排列，胞浆内含有从相邻黑素细胞获得的黑素颗粒，黑素颗粒的含量与皮肤的肤色相匹配。基底细胞内还含有张力细丝。

基底细胞通过桥粒与其上方的棘细胞相连，借助半桥粒与下方的基底膜带处相连。角质形成细胞间具有三种连接形式——桥粒、黏附连接和缝隙连接。其中，桥粒是角质形成细胞间最常见的连接方式，也是上皮细胞间特有的一种连接结构，其密度平均约为 160 个/100μm^2。桥粒具备较强的抗牵张性，其通过相邻细胞间张力细丝网的机械性连接，形成一种连续的结构网，从而使细胞间的连接更为牢固。若桥粒结构被破坏，则会使角质形成细胞松懈，形成裂隙。半桥粒是一种间断性致密斑，是由基底细胞凸向真皮侧的不规则突起形成的附着斑块，其内侧与胞质内的角蛋白张力细丝连接并折向胞质。在形态学上，半桥粒相当于桥粒结构的一半，但二者最明显的不同在于半桥粒与基质相连，而桥粒则是细胞间的相互黏合连接。

② 棘层。棘细胞呈多角形，核大，细胞表面具有细小的突起，与邻近细

胞的突起相连形成细胞间桥，由于细胞间桥呈棘状，故被称为棘细胞。棘层由4～8层细胞排列组成，离基底层细胞远。棘层的下层细胞呈多角形，上层细胞趋向扁平，细胞的长轴与表皮表面相平行。棘细胞的胞浆内含有张力细丝，相邻棘细胞间隙含有糖蛋白和脂质。

③ 颗粒层。颗粒层位于棘层之上，颗粒层的厚度与角质层厚度正相关。颗粒层细胞扁平，胞浆内含有嗜碱性透明角质颗粒和角蛋白细丝。在角质层较薄的部位，由1～3层细胞构成颗粒层；而在角质层较厚的部位（如掌趾），由10层细胞构成颗粒层。颗粒层细胞之间通过跨膜蛋白相互连接。

④ 透明层。透明层仅在掌趾等角质较厚的部位出现，位于颗粒层和角质层之间，由2～3层较扁平的细胞构成。透明层细胞界限不清、无核、嗜酸性。其胞浆内含有疏水的蛋白结合磷脂，并与张力细丝相融合，起到屏障功能，能防止水和电解质的通过。

⑤ 角质层。角质层在表皮最外层，由5～20层死亡的扁平或多角形、无核的角化细胞组成，在掌趾部可达到40～50层。角质细胞层下方的细胞间通过桥粒连接，而上方的角质层细胞间桥粒缺失，容易脱落。细胞的胞浆内含有大量由张力细丝和均质状物质结合而形成的角蛋白，角蛋白起细胞骨架的功能，可以防止细胞脱水。

（2）树枝状细胞

① 黑素细胞（melanocyte）。黑素细胞是合成和分泌黑色素的场所，位于表皮基底层细胞之间或基底层下方，是影响皮肤颜色的主要因素。黑素细胞是树枝状细胞的一种，每个细胞向外伸出多个细长树枝状突起，与周围多个角质形成细胞（1∶10～1∶36）构成表皮-黑素单位，负责输送黑素颗粒至角质形成细胞。在机体的所有组织中几乎都有黑素细胞，尤以表皮基底层、毛囊、真皮、血管周围、脉络膜等处较多。

黑素细胞的数量与人群、种族及性别无关，但与机体的部位和年龄有关，如面部及生殖器部位的黑素细胞密度高于躯干部。黑色素合成的主要场所是黑素小体。按黑素细胞的形态，其可分为树枝状和非树枝状，二者皆可合成黑色素。树枝状黑素细胞与皮肤相关，可将黑色素转移至其他细胞内；非树枝状黑素细胞主要存在于脉络膜、视网膜等处，只具有储存黑色素的作用。黑素颗粒和黑素细胞能吸收紫外线，可保护角质形成细胞，如朗格汉斯细胞，使深层皮肤组织避免紫外线辐射的伤害。另外，紫外线也可激活黑素细胞，使单位面积内黑素细胞的数量增多、黑素小体代谢旺盛，促进黑色素的生成。

② 朗格汉斯细胞（Langerhans cell）。朗格汉斯细胞呈多角形，也是树枝状细胞的一种。朗格汉斯细胞位于表皮基底层以上，其密度与机体部位、年龄和性别有关。朗格汉斯细胞不是表皮的常驻细胞，其数量仅占表皮细胞总数的

3%～5%，细胞密度约为每平方毫米460～1000个。朗格汉斯细胞来源于骨髓免疫活性细胞，经一定的循环通路到达表皮。

朗格汉斯细胞代谢活跃，有丰富的线粒体、高尔基复合体和内质网，最显著的特点是胞浆内含有朗格汉斯颗粒，或称Birbeck颗粒。目前普遍认为Birbeck颗粒是细胞消化外来物质时的吞噬体或是抗原的储存形式。朗格汉斯细胞内不含黑素小体，表面具有IgG的Fc受体、C_3受体及CD1a、S100等抗原，参与皮肤的免疫反应，吞噬处理侵入表皮的抗原，并将抗原迁移至淋巴结的免疫反应区，激活淋巴细胞，传递至T细胞，呈现出较强的抗原递呈能力。

③ 梅克尔细胞（Merkel cell）。Merkel细胞是1875年由Merkel在真-表皮交界处发现并命名的一种细胞。Merkel细胞具有短指状突起，位于表皮基底层细胞之间，其细胞长轴与基膜相平行，细胞顶部有较粗短的突起伸至角质形成细胞之间。

Merkel细胞基底面与失去髓鞘的神经末梢形成Merkel细胞-轴索复合体，具有非神经末梢介导的感觉促进作用，因此Merkel细胞被认为是一种触觉细胞。Merkel细胞的胞质中含有神经内分泌颗粒，这些颗粒与肾上腺髓质中的颗粒类似，多聚集在近神经末梢的一侧，成群位于突触结构中。Merkel细胞多见于感觉敏锐的部位，包括手掌表皮、甲床上皮、毛囊上皮、口腔及生殖道黏膜的上皮等。

2.1.1.2 基底膜带

皮肤基底膜带是真皮和表皮的连接结构，厚0.5～1.0μm，属于结缔组织。基底膜带可分为胞膜层（lamina）、透明层（lamina lucida）、致密层（lamina densa）及致密下层（reticular lamina）四部分。真-表皮连接的四层中的不同组分相互结合，完美地连接了真皮和表皮。机体表皮没有血管，外界物质可通过基底膜带进入表皮，其代谢产物则进一步通过基底膜带进入真皮。基底膜带可限制分子量大于4万的物质通过，具有渗透屏障作用。基底膜带结构异常时可导致真皮与表皮发生分离；基底膜带损伤可导致炎症或肿瘤细胞进入表皮。

（1）胞膜层　胞膜层厚约8nm，由基底层角质形成细胞真皮侧的胞膜和半桥粒构成。半桥粒在基底细胞浆膜的内外侧分布。内外两侧的致密斑和中间的基底细胞质膜呈夹心饼状，半桥粒具有的Ⅹ、Ⅶ胶原等多种跨膜蛋白能穿透并黏附于透明层。半桥粒中还含有大疱性类天疱疮抗原、整合素等蛋白。半桥粒的数目基本恒定，与年龄、性别、部位等无关。

（2）透明层　透明层厚35～40nm，位于半桥粒以下，其主要成分是板层素及其异构体（缰蛋白和表皮异构体缰蛋白）。板层素也是锚丝的主要组成，锚丝穿过透明层并附着在致密斑上。

(3) 致密层　致密层厚35～45nm，位于透明层之下，Ⅳ型胶原是其主要组成成分。Ⅳ型胶原分子通过自体相互交联，形成稳定的三维网格，构成支持基底膜带稳定的重要支撑。

(4) 致密下层　致密下层又称致密板下带或网板，与真皮连接紧密，主要由锚原纤维构成。锚原纤维主要成分是Ⅶ型胶原，可与致密板和锚斑结合，通过与真皮纤维相互交织，从而使致密板和真皮乳头紧密联系。

2.1.1.3 真皮

真皮是支撑皮肤的致密且富有弹性的结缔组织，位于基底膜和皮下组织之间。真皮层以纤维为主，其中弹力纤维和胶原纤维交织成网状，细胞成分和细胞外基质填充于该网状结构中。真皮内具有毛囊、皮脂腺等皮肤附属器，还具有血管、淋巴管、肌肉及神经。

通常将真皮从上到下分为乳头层和网状层，二者界限不明。乳头层紧靠表皮，较薄，呈乳头状隆起并凸向表皮底部，与表皮突交错连接，这种相互啮合的结构是维持皮肤表面平整的关键。乳头层中毛细血管和毛细淋巴管丰富，具有游离的神经末梢和神经末梢器官。网状层位于乳头层下，较厚，与乳头层无明显界限，纤维粗且排列松散，具有较大的血管、淋巴管、神经和皮肤附属器。真皮的厚薄与纤维成分和基质的多少相关，真皮的老化与成纤维细胞和基质的失衡相关。

(1) 纤维成分

① 胶原纤维。胶原纤维在真皮结缔组织中含量最多。在电镜下，胶原纤维的表面为纵横交错的胶原束。胶原纤维的主要成分是Ⅰ型和Ⅲ型胶原，其中Ⅰ型占80%～90%。胶原纤维由胶原原纤维组成，原纤维直径约100nm，纵切面为带形，横切面为圆形，含有明暗相交的周期性横纹，横纹直径约64nm。乳头层胶原纤维细小，方向不定。网状层中胶原纤维结合成束并相互交织。胶原纤维坚韧、抗张力强，但缺乏弹性。皮肤老化被认为与胶原纤维有密切关系。

② 网状纤维。网状纤维由幼嫩纤细的原纤维组成，可看作是新生的胶原纤维，具有周期性横纹的特点。网状纤维的原纤维横纹直径较小，一般为40～65nm。网状纤维主要位于乳头层，以Ⅲ型胶原为主要成分。正常成人皮肤中网状纤维含量少，表皮下的网状纤维排列呈网状。

③ 弹力纤维。弹力纤维表现为大小不一的块状物。弹力纤维较细，波浪状交织缠绕在胶原纤维束间。弹力纤维由弹性蛋白和微纤维构成，点状或丝状的微纤维包埋于弹性蛋白内或聚集包绕于其外周。弹力纤维位于真皮、皮下组织内，与皮肤弹性有关。在皮肤附属器和神经末梢的弹力纤维起支架作用。

(2) 细胞成分　真皮中的细胞成分主要含有成纤维细胞、肥大细胞、淋巴细胞和组织细胞等。

① 成纤维细胞。成纤维细胞形态为梭形，胞质内含有粗面内质网、高尔基复合体及游离核糖体等细胞器。当细胞静止时，细胞体积较小；而当细胞功能活跃时，胞内内质网的数目和体积增大。成纤维细胞可合成胶原纤维和氨基多糖，产生基质和纤维。成纤维细胞是真皮的常驻细胞，同时也是皮肤深层组织损伤后的主要修复细胞。

② 肥大细胞。肥大细胞形态多样，可呈圆形、星形、梭形等不同形态。肥大细胞膜上有褶皱，并具有绒毛，胞质中含有大量特征性的圆形颗粒。颗粒由大小和密度不同的颗粒性物质组成，直径为 0.2～0.6μm，具有粗面内质网及高尔基复合体。肥大细胞内含有蛋白多糖、蛋白酶及血管活性物质等。肥大细胞同成纤维细胞一样也是真皮常驻细胞和主要修复细胞。

③ 淋巴细胞。淋巴细胞形态多样，不同功能的淋巴细胞形态和功能不一。淋巴细胞中 80%是 T 细胞，其余为 B 细胞。一般来说，小淋巴细胞的核致密、核仁突出、胞质内含有较多的粗面内质网和多聚核蛋白体。

④ 组织细胞。组织细胞又称巨噬细胞，直径为 15～25μm。组织细胞核大、呈圆形或肾形、胞质丰富，含有丰富的溶酶和吞噬体。

⑤ 中性粒细胞。中性粒细胞表面有短的微绒毛突起，直径为 10～12μm。中性粒细胞的细胞核分叶，叶间有异染色质丝连接，胞质内不含游离核蛋白体，线粒体小且少，少见粗面内质网，高尔基复合体不发达。胞质内富含糖原颗粒、中性粒细胞 A 颗粒和 S 颗粒。

⑥ 嗜酸性粒细胞。嗜酸性粒细胞的直径在 12～17μm，核分叶，胞质内富含糖原，缺乏细胞器。嗜酸性粒细胞分为两类：一类是椭圆形或圆形的颗粒，内含结晶芯，直径 0.5～1.0μm；另一类是少数呈圆形且电子致密的均质颗粒。

⑦ 嗜碱性粒细胞。嗜碱性粒细胞直径为 10～12μm，核分叶，胞质内含少量细胞器，具有特异性的嗜碱性颗粒。嗜碱性颗粒具多层结构，横截面可见致密点呈同心圆形排列。

⑧ 浆细胞。浆细胞高尔基复合体较大，其由外形扁平而表面光滑的囊、运输小泡和分泌泡组成，细胞表面具有指状突，粗面内质网增大，蛋白质合成增加。

（3）基质 基质主要成分是蛋白多糖，无定形填充于纤维、纤维束间隙和细胞间隙中。蛋白多糖以透明质酸为骨架，支链连接于蛋白质，支链侧链与多糖相连接，形成具有丰富空隙的立体筛网结构。水、电解质、营养物质、代谢产物等小于空隙的物质均可自由通过，而大于这些空隙的物质（如细菌、病毒等）被阻挡，利于吞噬细胞的吞噬。透明质酸结合大量水分形成凝胶状基质，胶原纤维、网状纤维和弹力纤维交织成的网状结构埋于上述基质中，使肌肤富有弹性，保持水润。

2.1.1.4 皮下组织

皮下组织主要成分是脂肪，又称皮下脂肪，其基本单位是由脂肪细胞聚集而成的一级小叶。一级小叶构成二级小叶，二级小叶周围含有纤维间隔。血管、淋巴管和神经从纤维间隔中穿过。皮下脂肪位于真皮下，与真皮无明显界限，二者结缔组织相互延伸，其下与筋膜、腱膜或骨膜相连。皮下组织受内分泌调节的影响，也受性别、年龄和机体部位等因素的影响。皮下组织的主要功能是热绝缘体、营养储备和振动吸收器等。

2.1.1.5 皮肤附属器

(1) 毛发与毛囊（hair and hair follicle） 毛发是由角化的上皮细胞组成的杆状物。其结构详见 2.2.2 节。

(2) 皮脂腺（sebaceous gland） 皮肤中皮脂腺分布广泛，除手掌、足跖、足背的皮肤外均含有皮脂腺。皮肤皮脂腺的密度约为每平方厘米 100 个，其中头面部及胸背上部的皮脂腺分布较多，称为皮脂溢出部位。面部和头皮的皮脂腺数目可达到每平方厘米 400～900 个。皮脂腺由腺体及短导管组成，腺体呈泡状，导管位于毛囊和立毛肌夹角之间，开口于毛囊上。而一些无毛的薄皮肤，导管直接开口于皮肤而不与毛囊相连。

腺体由外而内逐渐增大，胞浆中的脂滴也随之增多，腺体破裂释放脂滴，经导管排出，立毛肌收缩促进皮脂排放。皮脂中含有角鲨烯和蜡质，具有保护毛发和润滑皮肤的作用。皮脂在皮肤表面形成脂质膜，其中含有细菌分解产生的游离脂肪酸，使脂质膜的 pH 偏酸性（pH 值为 5.5～7.0），具有杀菌和缓冲的作用。皮脂的分泌随年龄增长而变化。新生儿期前额皮脂分泌较多，儿童期分泌降低，青春期时又逐渐增加。女性皮脂分泌的高峰期为 10～20 岁，之后迅速降低；男性皮脂分泌的高峰期在 30～40 岁，50 岁之后仍然分泌旺盛。在化妆品中通常需要添加脂质成分来补充皮肤皮脂分泌不足造成的皮肤干燥和脱皮现象。

(3) 汗腺 汗腺可分为小汗腺（eccrine sweat gland）和顶泌汗腺（apocrine sweat gland）两类。

小汗腺由腺体和导管构成，管状的单层分泌细胞高度盘曲形成腺体，并位于真皮深部及皮下组织中。导管也称汗管，较细，导管与腺体盘绕连接，向上直行穿过真皮，最后螺旋状穿过表皮，开口于汗孔。人出生后不会再生成新的汗腺，全身小汗腺总数为 160 万～400 万个，密度每平方厘米 80～600 个，其分布与皮肤的部位和遗传有关，四肢屈侧密集，上肢比下肢密集，掌趾、腋窝及额部最多，头部、躯干及四肢次之，唇缘、乳头等部位无小汗腺。机体出汗有显性和不显性之分。显性出汗是指小汗腺活动性增加，全身皮肤均可见汗液；不显性出汗是指机体在环境温度低于31℃时，无明显出汗，但在皮肤中有水分不断渗出，在显微镜下可看到汗珠。

顶泌汗腺属大管状腺体，仅存在于腋窝、乳晕、会阴和肛门等处，外耳的耵聍腺和眼睑的睫腺也属于顶泌汗腺。顶泌汗腺同样由腺体和导管构成，腺体位于皮下脂肪层，其直径是小汗腺直径的10倍，大多数导管开口于毛囊漏斗部，少数直接开口于皮肤表面。顶泌汗腺的新鲜分泌物无味，但排出后经细胞分解可产生臭味，即腋臭。顶泌汗腺受性激素的影响，在出生时已明显可见，但尚不成熟，青春期时成熟显现，分泌旺盛。

(4) 甲 (nails) 甲是位于指（趾）末端伸面的，由多层紧密角化细胞排列构成的坚硬角质。详见2.3.1指甲的构造和功能。

2.1.1.6 皮肤的血管、淋巴管、肌肉及神经

(1) 血管 皮肤中的血管主要是指由动脉和静脉交织而形成的四个主要血管丛，可分为浅层血管和深层血管。浅层血管包括乳头下血管丛和乳头内血管丛，深层血管则包括皮下血管丛和真皮下部血管丛。皮肤内的血管丛与皮肤平行层状排布，通过垂直走向的血管连接浅层和深层血管。

深层血管与浅层血管在结构上稍有不同。深层的血管直径较粗，为40～50μm，有5层左右的平滑肌细胞，胶原原纤维分布在平滑肌细胞和内皮下层之间，且与血管平行。浅层血管直径较小，为18～23μm，仅有1～2层平滑肌细胞，胶原原纤维大多单独分散在血管壁边缘。

微血管包含微动脉和微静脉。微动脉管壁具有弹力蛋白，动脉内皮细胞内外的肌丝束相连，断断续续的弹力纤维相互交融构成弹力层，并包埋在均一的基底膜物质中。微静脉无弹力纤维，管壁上的基底膜物质呈分层状排列，管壁外围包裹着一层扁平的帘细胞。

皮肤的血管根据功能可分为两种类型：一种是营养血管，包括动脉、静脉和毛细血管；另一种是调节体温的血管，指趾、鼻唇等处真皮中具有动静脉吻合的血管球，通过球体的扩张或收缩控制血流，调节体温。

(2) 淋巴管 皮肤淋巴管网的盲端起于真皮乳头层中的毛细淋巴管，与血管丛网相平行。毛细淋巴管仅由一层内皮细胞和稀薄的结缔组织构成。具有瓣膜且管壁较厚的一部分淋巴管，形成乳头下浅淋巴网和真皮淋巴网，再通向深部淋巴管。毛细淋巴管的内皮细胞具较大的通透性，毛细血管周围组织间隙的渗透压高于毛细淋巴管的管内压力，皮肤中的细菌、肿瘤、游走细胞等易进入淋巴管到达淋巴结，引起免疫反应。

(3) 肌肉 皮肤肌肉分为横纹肌和平滑肌。立毛肌属于平滑肌纤维，是皮肤最常见的肌肉类型。立毛肌肌膜薄，梭形，其一端在真皮乳头层中，另一端

在毛囊中部的结缔组织鞘中，寒冷、精神紧张可引起立毛肌收缩，形成所谓的“鸡皮疙瘩”。横纹肌主要存在于面部的表情肌和颈部的颈阔肌。

（4）神经　皮肤分布着丰富的感觉神经和运动神经。皮肤的神经由神经纤维和神经末梢组成，分布于真皮和皮下组织中。皮肤的神经可感受环境刺激（触、拉、压等）、温度刺激（冷和热）和伤害性刺激，这些刺激由神经纤维和神经末梢器官感受，传导至脑脊神经节，进而产生各种感觉。

① 感觉神经。皮肤感觉神经大多是有髓神经，其末端在皮肤各层中广泛分布。感觉神经末梢分为游离神经末梢和神经小体。

游离神经末梢主要分布在皮肤浅层和毛囊周围，其感受功能的专一性较差，能感受痛觉、温觉、触觉及压觉。

神经小体分为囊状与非囊状小体。囊状小体末梢被结缔组织包裹，包括环层小体、触觉小体、球状小体、梭形小体。环层小体在掌趾分布较多，主要感受压觉。触觉小体主要感受触觉，在指尖分布最多。球状小体分布于龟头、包皮、阴蒂等处。梭形小体主要分布于手掌皮肤中。

采用不同的刺激方式检查人的皮肤时，发现触压觉、温觉、冷觉和痛觉呈点状分布，推测不同的神经末梢感受不同的感觉。除以上单一感受器外，还存在多觉型感受器，其能感受不同的刺激。

② 运动神经。运动神经来源于交感神经节后纤维。肾上腺素能控制神经纤维支配血管、血管球、立毛肌、汗腺的肌上皮细胞，胆碱能控制神经纤维支配小汗腺的分泌细胞，面部横纹肌受面神经支配。

2.1.2 皮肤的特征

（1）皮肤的面积与厚度　皮肤是人体最大的器官，成人皮肤的总面积为1.5～2m^2，新生儿皮肤总面积约0.21m^2，新生儿体表面积与体重的比值大于成人。人体皮肤的总质量约占人体总体重的5%～8%，若包括皮下组织，其质量可达总体重的15%。不含皮下脂肪，人体皮肤平均厚度为0.5～4mm。皮肤的厚度与部位有关，躯干背部及臀部的皮肤较厚，约为2.23mm，眼睑和耳后的皮肤较薄，仅为0.5mm；对同一个体，皮肤厚度呈现内薄外厚的特点，例如大腿内侧皮肤厚度约为0.95mm，而外侧皮肤厚约为1.13mm。此外，各部位表皮的厚度也存在较大差异，手掌和足跖为0.8～1.4mm，肘窝处则为0.3mm，而眼睑表皮厚度小于0.1mm。真皮的厚度一般为0.4～2.4mm，背部真皮的厚度是表皮的30～40倍。年龄、性别、职业等因素会使得皮肤的厚度产生差异。

（2）皮肤的表面结构　皮肤表面并不光滑。皮肤上具有致密的多种走向的沟纹称为皮沟（skin grooves），皮沟是由于皮肤附着于深部组织，随真皮纤维束的排列和张力牵引而形成的。皮沟深浅不一，在活动部位最深，例如面部、手掌、阴囊等处。皮沟将皮肤表面划分为大小不等的细长而较平行且略隆起的皮嵴（skin ridges)。皮嵴的下面具有真皮乳头，真皮乳头的形状和样式决定了皮嵴的状态。皮嵴上凹陷的斑点为汗孔的开口。较深的皮沟将皮肤划分为三角形、菱形或多角形的区域，称为皮野（skin field)。由皮肤表面上肉眼看不见的沟、嵴、粗纹和肉眼不易见的细纹共同组成了皮肤的标志，统称为皮线(skin lines)。皮嵴以指（趾）末端屈面最为明显，在手掌、足跖和指（趾）屈侧分布着许多细嵴和浅沟，这些细嵴和浅沟平行排列，构成了一些特殊的图样。手、足表面的嵴和沟构成的图样称为指（趾）纹。指（趾）纹的样式是在胚胎发生早期由遗传因素决定的，指（趾）纹图形可分为四形，即拱形（弓形)、袢形、涡形和混合形。无论是哪种图形，皮嵴的形状、位置、数目等都各不相同，特别是手指球部的涡状形态，对每个人而言都是独特的，且在一生中稳定不变，因此常作为个体鉴别的依据之一。

(3) 皮肤张力线（langer line） 皮肤张力线又称朗氏线。1861 年，Langer 使用圆锥形的长钉随意刺穿皮肤，发现其形成的皮肤菱形裂缝的长轴以固定方向排列，将其连接起来所呈现的皮肤裂线图即皮肤张力线（朗氏线)。皮肤张力线是对不同部位皮肤裂线的一种形象思维的体现，皮肤张力线肉眼并不可见。真皮内弹力纤维成束排列，缠绕着胶原纤维，二者使皮肤保持一定的弹性和张力。由于机体不同部位弹力纤维的排列顺序不同，因此各部位皮肤的张力有其固定的方向。皮肤张力决定了皮肤裂线的走向，皮肤张力线对外科手术切口方向的选择具有重要意义。沿皮肤张力线或皱纹方向切口，宽度较小，形成的瘢痕纤细且不明显。由机体面部表情肌运动所形成的垂直于表情肌收缩方向的表情线和由机体屈伸运动在颈部、躯干及四肢形成的皮肤松弛线共同构成了皮肤最小张力线。

2.1.3 皮肤的功能

2.1.3.1 皮肤的防护功能

皮肤的防护功能体现在两方面：一方面皮肤可保护器官和组织免受机械性、物理性、化学性等因素的损害；另一方面皮肤可防止体内水分、电解质、各种营养物质的丢失，具有保护机体内环境稳定的作用。

(1) 对机械性损伤的防护作用 表皮和角质层是皮肤的主要屏障，角质层细胞呈扁平六角形，角质层细胞之间互相交错，紧密相连；角质层致密且柔韧，对机械性刺激（摩擦、挤压及牵拉等）具有一定的防护作用。掌、跖、臀部等处是经常受摩擦和挤压的部位，在这些部位角质层增厚，甚至形成胼胝，以增加对机械性刺激的耐受力。角质层细胞胞浆中富含角蛋白丝，使角质层致密柔韧。真皮中的胶原纤维、弹力纤维和网状纤维交织成网，使皮肤具有一定的伸展性和弹性。皮下脂肪具有缓冲作用，使皮肤能抵抗一定的冲击、牵拉和挤压。皮肤具有再生现象，能够修复皮肤创伤，利于保持皮肤完整性。

（2）对物理性损伤的防护作用　皮肤角质层含水分少，电阻较大，是电的不良导体。皮肤对光线具有吸收和反射作用，皮肤各层对光线的吸收呈现选择性。角质层细胞和黑素细胞是皮肤抵御紫外线辐射的主要屏障，其中黑素细胞吸收紫外线的作用最强。黑素细胞生成的黑素颗粒传递至角质形成细胞，增强皮肤对紫外线的防护能力。黑色素对紫外线损伤的保护作用与黑素化程度有关。黑色素对紫外线的吸收大于可见光，另外，黑色素还可作为自由基灭活剂使紫外线诱导的自由基失去活性。黑素化程度越高，皮肤对紫外线的防御作用越好。一般来说，其他人种对日光照射的耐受性明显高于白种人。

在紫外线的光谱中，波长越长其透射越深。角质层细胞可反射大部分日光，可吸收短波段紫外线（UVC，其波长范围为180～280nm）；棘层、基底层和黑素细胞能吸收长波段紫外线（UVA，波长范围为320～400nm）。中波段紫外线（UVB，波长范围为290～320nm）被认为与皮肤老化有关，短时间暴露可引起皮肤红斑，长时间暴露易引起皮肤癌。长波段紫外线是导致皮肤老化的主要原因，可透过真皮。长期慢性的日光暴露会使表皮增厚，严重的会引起皮肤癌。日晒促使角质层增厚，增强对紫外线的防护。

（3）对化学性刺激的防护作用　正常皮肤表面大部分偏酸性，pH值为5.5～7.0，不同部位皮肤的pH值在4.0～9.6，因此皮肤对酸和碱均具有一定缓冲作用，对碱性物质的缓冲作用称为碱中和作用，对酸性物质的缓冲作用称为酸中和作用。

角质层是皮肤防止化学物质刺激的主要结构。角质层细胞结构致密，具有完整的脂质细胞膜、丰富的胞浆角蛋白，以及胞间填充的丰富的酸性糖胺聚糖，使表皮具有屏障作用，具有抗弱酸和弱碱的能力。

角质层对化学刺激的防护作用是相对的，有些物质可通过皮肤弥散进入人体内，其弥散速度与化学物质的理化性质、浓度、溶解度及角质层的厚度等有关。另外，当皮肤有糜烂或溃疡时，化学物质吸收增加，皮肤屏障作用丧失，甚至可引起中毒。当角质层水化或脱脂后，其对化学刺激的防护效果降低。

（4）对生物学刺激的防护作用　角质层和角质形成细胞间通过桥粒结构镶嵌排列，能机械性地阻挡微生物的入侵。干燥的皮肤表面和弱酸性环境不利于微生物繁殖；角质层的生理性脱落，也会清除一些皮肤表面的微生物。正常皮肤表面寄居的细菌（痤疮杆菌、马拉色菌等）产生的脂酶，可分解皮脂中的甘油三酯，分解后形成的游离脂肪酸对葡萄球菌、链球菌和白色念珠菌等具有抑制作用。真皮基质组成的立体分子筛网结构能将进入真皮的细菌限制在局部，利于白细胞对细菌的吞噬。皮肤表面的酸性膜还具有抑制细菌繁殖的功能。

角质层中存在多种常驻菌群（每平方米10^{13}个），葡萄球菌、棒状杆菌和丙酸杆菌能抵抗酸性环境和抗菌肽。这三种细菌依赖角质细胞的碎屑存活，可抑制其他有害菌的生长繁殖，而清洁度不够或过度清洁均会引起皮肤菌群的失衡。

(5) 防止营养物质丢失的作用　角质层和皮肤的多层结构以及皮肤表面的皮脂膜，可防止体内电解质和营养物质的丢失。皮脂膜可显著减少皮肤水分的丢失，但由于角质层深层和浅层含水量的不同，体液仍可浓度梯度地弥散丢失。在仅考虑显性出汗的情况下，成人每天有240～280mL的水分经皮肤弥散丢失，若角质层全部丧失，每天经皮肤丢失的水分将增加10倍。

2.1.3.2 皮肤的吸收功能

皮肤具有吸收外界物质的功能，这种吸收功能是皮肤外用药物治疗的基础，也是化妆品作用的基础。皮肤的吸收作用主要通过角质层、毛囊皮脂腺和汗管三条途径。角质层是皮肤吸收的主要途径，角质层细胞在皮肤表面形成完整的半通透膜，它的细胞膜、细胞内容物和细胞间基质均与皮肤的吸收功能有关。物质可通过角质层细胞膜或细胞间隙吸收进入真皮，化学物质和少数重金属通过皮脂腺和汗腺管侧壁进入真皮。几乎所有的物质都能透过皮肤，但不同物质与皮肤的通透率却相差很大。其中，真皮吸收更完全。

(1) 影响皮肤吸收的因素

① 皮肤的部位、年龄和性别。人体不同部位的角质层薄厚不一，而皮肤的吸收能力与角质层的薄厚、完整度及通透性相关，因此皮肤的吸收能力因皮肤部位不同而不同。吸收能力强弱依次为阴囊、前额、大腿屈侧、上臂屈侧、前臂、掌跖。黏膜因无角质层，其吸收能力强；婴幼儿角质层薄，皮肤的吸收能力强于成人。角质层的完整性也影响皮肤的吸收能力，糜烂、溃疡造成角质层破坏，吸收增加，因此应注意皮肤出现大面积损伤时会出现吸收过量的情况。

② 角质层水合程度。角质层水合程度越高，皮肤吸收能力越好。因此，在进行皮肤保湿性能分析时，往往同时进行渗透性能的分析。

③ 被吸收物质的性质。细胞膜脂蛋白的结构决定了表皮的通透性，角质层细胞中蛋白质占75％～80％，脂质占20％～25％，因此完整皮肤对脂溶性和油脂类物质吸收良好，主要经毛囊和皮脂腺吸收，吸收强弱规律为：羊毛脂＞凡士林＞植物油＞液体石蜡。

皮肤对水溶性物质和电解质吸收差，能吸收汞、砷、铅等重金属。一般情况下，物质的浓度与吸收能力成正比。物质的剂型也影响物质的吸收，膏剂促进吸收，霜剂少量吸收，而粉剂和水溶液较难吸收。有些物质能增加皮肤的渗透性，可显著提高物质的吸收，如丙二醇、二甲基亚砜等。

④ 外界环境。皮肤的吸收与外界环境有关，环境温度高，皮肤血管扩张、血流加速，物质的弥散速度加快，皮肤吸收能力增强。湿度影响皮肤对水分的吸收，环境湿度大，增加角质层的水合程度，皮肤对水分的吸收增强；湿度低则皮肤干燥，当角质层含水量低于10%时，皮肤对水分吸收的能力明显增加。

（2）皮肤吸收的主要物质

① 水分。水分占皮肤角质层的10%～15%，适当的水分使角质层强韧而富有弹性。当皮肤角质层含水量低于10%时，皮肤就会干燥、缺乏弹性。水分主要通过角质层细胞膜进入体内，但完整皮肤只能吸收少量水分。

② 脂溶性物质。脂溶性物质的皮肤通透率较好，脂溶性维生素（维生素A、维生素D、维生素E、维生素K）易经毛囊皮脂腺渗入皮肤，而水溶性维生素（维生素B和维生素C）不易被吸收。脂溶性激素（雌激素、黄体酮等）也易被吸收。

③ 油脂。油脂可经毛囊皮脂腺进入皮肤，角质层对油脂的吸收有限。

④ 重金属及其盐类。重金属的脂溶性盐可经毛囊皮脂腺进入皮肤，如氧化汞、甘汞等；铅、砷、铜等可与皮质中的脂肪酸形成复合物，从而易被吸收。

2.1.3.3 皮肤的分泌和排泄功能

皮肤具有丰富的皮脂腺和汗腺，二者主要承担皮肤的分泌和排泄功能。皮肤出汗可散热，具有调节体温、湿润皮肤、调节皮肤pH值和排泄代谢产物的作用，对人体适应外界环境具有重要作用。

（1）小汗腺的分泌和排泄　体表遍布小汗腺，成人皮肤有200万～500万个小汗腺。小汗腺受交感神经支配，主要为胆碱能神经递质。小汗腺的分泌受温度、精神及饮食的影响。室温下，仅有少数小汗腺处于活动状态，当温度升高至32℃以上时，活动状态的小汗腺显著增加，皮肤可见到显性出汗；温度低于32℃时，汗腺分泌肉眼不可见，只有在显微镜下才能看见，也就是不显性出汗。不显性出汗的原因主要是在临界温度（32℃）下，汗珠太小、刚分泌至皮肤表面就被蒸发，而不显性出汗是机体不自觉失水的主要组成部分。热性出汗受下丘脑热调节中枢的调控，全身皮肤可见，以面部和躯干上部为主。精神紧张、情绪激动时，大脑皮质兴奋，掌跖、前额等部位汗液增加，此现象称为精神性出汗。摄入辛辣食物时，口周、鼻尖及颊部等出汗增多，称为味觉性出汗。

表皮汗液的数量变化与小汗腺分泌丝球部的汗液分泌率有关，汗液的排泄则与肌上皮细胞的收缩相关。小汗液的相对密度为1.001～1.006，pH值为5.0～6.0。汗液是稀薄的水样液体，水分占99%～99.5%，固体有机物和固体无机物成分占0.5%～1%。无机物以氯化钠为主，此外还含有钙、磷、镁和铁。有机物中尿素和乳酸占多数，还含有多种氨基酸。

（2）顶泌汗腺的分泌和排泄 分布于腋窝和外阴部位的顶泌汗腺的分泌受情绪影响，青春期后增强，感情冲动可增加顶泌汗腺的分泌和排泄。顶泌汗腺主要受肾上腺素能神经纤维调控，其包括三种分泌方式：顶浆分泌、裂殖分泌和全浆分泌。顶浆分泌是分泌细胞的顶部胞质分离到管腔中。裂殖分泌是在分泌细胞的胞质顶部形成小泡样的分泌颗粒，颗粒的体积不断增大最终分泌至管腔中。全浆分泌则是整个分泌细胞从细胞层中分离至汗腺管腔中。机体内不同部位的顶泌汗腺分泌也是不规律的。

大汗液的组成也可分为液体和固体。水是液体的主要组成，固体中包括铁、脂质、有臭物质、有色物质、荧光物质等。大汗腺是人体铁排泄的主要途径。顶泌汗腺分泌的脂质包括中性脂肪、胆固醇、脂肪酸和脂质。顶泌汗腺分泌的汗液呈黏稠的奶状，经细菌酵解后可引起臭汗症。顶泌汗腺中含有有色物质，使局部皮肤或衣服染色，称为色汗症。大汗液中含有荧光物质，经紫外线照射后显荧光。另外，大汗液中可能含有过多的尿素和磷，分别称为尿汗和磷汗。

（3）皮脂腺的分泌和排泄 机体除掌跖外均分布着皮脂腺，但不同部位皮脂腺的差异较大，头面部、躯干中部等皮脂腺分布密度大的部位称为皮脂溢出部位。皮脂腺分泌排泄的皮脂，是由游离脂肪酸、甘油酯类、固醇类等组成的混合物。皮脂可与表皮细胞和水分形成皮脂膜，具有润滑皮肤、防止皮肤干燥的功能。皮脂中含有的脂肪酸可轻度抑制真菌和细菌的生长。

皮脂腺的分泌受内分泌系统调节，雄激素促使皮脂腺增大，增加皮脂合成。皮脂腺的分泌受人种、年龄、性别、气候等因素的影响。新生儿受母体激素水平的影响，皮脂腺分泌活跃，皮脂较多，之后皮脂减少至成人的1/3，而到青春期则再次受雄激素的影响分泌增多。雌激素抑制皮脂腺的分泌，因此男性皮脂腺多于女性，女性在绝经期后皮脂腺迅速减少，男性70岁后皮脂腺减少。黑种人皮脂分泌多于白种人。温度升高，皮脂分泌量增多，皮肤温度每升高1℃，皮脂分泌量可增加10%。摄入过多的糖和淀粉使皮脂量显著增加。

2.1.3.4 皮肤的代谢功能

（1）能量代谢 表皮再生速度较快，其能量代谢也比较活跃。葡萄糖或脂肪是皮肤的主要能量物质，无氧糖酵解及有氧氧化是葡萄糖分解的两条途径，其中糖酵解是皮肤的主要供能途径。表皮中糖的无氧酵解特别旺盛。有氧条件下，表皮中有50%～75%的葡萄糖通过无氧酵解产能，而无氧条件下，70%～80%的葡萄糖通过糖酵解途径产能。表皮细胞内含有与糖酵解相关的所有酶。已糖磷酸激酶是糖酵解的关键酶，已知其存在于多数的皮肤附属器内，又以头皮小汗腺胞质内含量最高。在有氧条件下，表皮细胞糖酵解产生的丙酮酸进入线粒体，进而被催化成乙酰辅酶A进入三磷酸循环，产生三磷酸腺苷。此外，葡萄糖是黏多糖、脂质、糖原、核酸和蛋白质等合成的底物。研究显示，皮肤中糖的利用率高于肌肉，表皮的糖利用率高于真皮。毛囊生长期的糖利用率高于休止期。

(2) 糖代谢　糖原、葡萄糖和黏多糖等为皮肤中的主要糖类物质。表皮中葡萄糖的含量最高，为60～80mg/kg，为血糖浓度的2/3。糖尿病患者的皮肤中糖含量增高，增加了真菌和细菌的感染风险。表皮细胞仅含有少量的糖原。胎儿时期的皮肤糖原含量最高，成人期降至最低。人体表皮细胞具有合成糖原的能力，其合成的糖原主要分布于表皮的颗粒层及颗粒层以下的角质形成细胞、外毛根鞘细胞、皮脂腺边缘的基底细胞及汗管的上皮细胞。皮肤创伤后，表皮基底细胞4h内即可合成糖原，8～16h糖原的合成达到高峰。糖原主要通过单糖缩合及糖醛途径在表皮细胞的光面内质网中合成。糖原的降解过程较为复杂，受环磷腺苷系统控制，磷酸化酶是其降解的关键酶。皮肤糖原的降解受到胰岛素、胰高血糖素等因素的调节。

(3) 蛋白质代谢　皮肤蛋白质由表皮蛋白质和真皮蛋白质组成，其中表皮蛋白质又包括纤维性和非纤维性蛋白质两类。

纤维性蛋白质主要包括角蛋白、胶原蛋白和弹力蛋白等。角蛋白是角质形成细胞和毛发上皮细胞的代谢产物，也是二者的主要组成成分。角蛋白种类繁多，至少包括20种上皮角蛋白、10种毛发角蛋白。角蛋白中间丝复杂排列于细胞核，与核骨架的核纤层复合物紧密连接，形成类似篮网样的结构。另外，角蛋白中间丝还能穿过细胞质，附着于桥粒和半桥粒，形成的连续网络结构维持了表皮的结构完整性。研究表明，维生素等物质能影响角蛋白的表达，例如：维A酸具有改变角蛋白基因表达的作用，并可改变与角化相关的细胞成分基因的表达。维生素D的类似物则可直接逆转角蛋白的表达。氢化可的松能够促进角质形成细胞的分化。胶原蛋白是细胞外基质的主要构成成分，其占皮肤干重的75%左右。胶原蛋白主要为Ⅰ、Ⅲ、Ⅳ和Ⅶ型。根据其分子结构，Ⅰ和Ⅲ型胶原为纤维型胶原，分子量较大，是由三条α链组成的三螺旋结构。Ⅳ和Ⅶ型胶原分子量较小，除具有上述三螺旋结构外，还含有非胶原成分。胶原纤维主要由Ⅰ型和Ⅲ型胶原蛋白组成，网状纤维主要由Ⅲ型胶原蛋白组成，而基底膜带的主要成分是Ⅳ型和Ⅶ型胶原蛋白。弹力蛋白是真皮组织内弹力纤维的主要成分，其总量占皮肤总量的2%～4%。纤蛋白是弹力蛋白微丝的主要构成成分，它是一种非胶原蛋白质，通过分子间二硫键的结合聚合成非连续性的微丝结构。

非纤维性蛋白质包括富含组氨酸的蛋白质和角质层碱性蛋白。富含组氨酸的蛋白质主要以磷酸化的状态存在于颗粒层细胞的透明角质颗粒中，当其转移到角质层时经过去磷酸化转变为角质层碱性蛋白。角质层碱性蛋白可与角质层细胞内的角蛋白细丝结合，促进细丝聚集。细胞内核蛋白及胞外调节代谢的各种酶类也属于非纤维性蛋白质的范畴。

（4）脂类代谢　皮肤脂质包括表皮脂质和皮脂脂质。表皮脂质中固醇类占多数，另含有皮脂脂质中少有的固醇类和磷脂，表皮还含有维生素D合成前体7-脱氢胆固醇；皮脂脂质中含有角鲨烯、甘油三酯、游离脂肪酸及蜡酯，而这些成分在表皮脂质中明显缺乏。

皮肤中的脂类包含脂肪和类脂质，脂类占皮肤总质量的3.5%～6%。类脂质是生物膜的主要构成成分，是某些生物活性物质合成的原料。

脂肪（甘油三酯）约占表皮脂类的45%。脂肪的功能主要是能量储存和氧化供能，脂类主要存在于真皮和皮下组织，其主要在表皮细胞中合成。脂肪在胞质中分解产生甘油和脂肪酸。脂肪酸在表皮脂质和皮脂脂质中均占约60%，表皮细胞的光面内质网具有脂肪酸合成转酰酶，能够合成硬脂酸和软脂酸，二者通过脱饱和反应生成部分不饱和脂肪酸。甘油磷酸化后进入糖代谢途径，而脂肪酸酰化后转运至线粒体，经β-氧化，其产物进入三羧酸循环生成三磷酸腺苷（ATP），产生能量。

在表皮细胞分化的各个阶段，类脂质的组成具有显著差异。基底层和棘层细胞代谢活跃，处于增殖期和分化期，细胞中磷脂较高、固醇类较低；而处于死亡和衰老期的角质层细胞和颗粒层细胞，固醇类较高、而磷脂缺乏。

（5）水和电解质代谢　皮肤中大部分水分储存于真皮。成人皮肤含水量约为7.5kg，儿童皮肤含水量则高于成人，女性皮肤含水量略高于男性。全身水分代谢会影响皮肤内的水分代谢，当机体脱水时，皮肤可提供其水量的5%～7%以维持循环血容量。

皮肤含有各种电解质，电解质的含量约占皮肤的0.6%，其大部分储存在皮下组织中。其中，钠离子和氯离子含量较高，主要储存于细胞间液，钾、钙和镁离子则分布于胞内，离子浓度对维持细胞间的渗透压和细胞内外的酸碱平衡起着重要作用。铜离子在皮肤中的含量较少，但其在黑色素和角蛋白形成中起重要作用，铜缺乏可引起角化不全或毛发卷曲。皮肤受损即在皮肤炎症状态下，水、氯及钠的含量会出现明显上升。

（6）黑色素代谢　皮肤的颜色与黑色素有关。黑色素分真黑色素、褐黑色素和神经黑色素三种。真黑色素不溶于水，呈黑色或褐色，经5,6-二羟基吲哚氧化、聚合而来；褐黑色素为红黄色或褐色，是真黑色素合成过程中的中间产物，含有氮和硫，易溶于碱性溶液；神经黑色素呈棕色，主要存在于中枢神经系统的轴突中。

黑色素合成的场所是黑素小体，黑素小体按其分化程度可分为Ⅰ～Ⅳ期。Ⅰ期黑素小体含有无定形蛋白及微泡；Ⅱ期黑素小体含有大量的黑素细丝及板层状物质；Ⅲ期黑素小体板层上有黑色素合成并沉积；Ⅳ期黑素小体则已充满黑色素。黑素小体转移至角质形成细胞，形成次级溶酶体。皮肤肤色与黑素小体的数目、大小、形状、分布和降解方式有关。黑种人皮肤中，黑素小体长0.7～10μm，直径0.3μm，在角质形成细胞中分散不聚集，不易被酸性水解酶降解，色素较深。白种人的皮肤中黑素小体较黑种人小，且多聚集成群，并与次级溶酶体融合形成黑素小体复合物，易被酸性水解酶降解。

遗传、激素、年龄及炎症等因素均可影响黑色素的调节。遗传决定机体固有的肤色；紫外线能促进促黑素细胞激素或促肾上腺皮质激素的分泌和活性，二者皆可激活黑素细胞，使皮肤颜色加深。黑色素在机体中的变化规律大致分为新生儿期、婴儿期、幼儿期、发育期、中年期及老年期。皮肤或毛发内的黑素细胞随年龄增长而减少，老年人头发由黑色变为灰色或白色是黑色素变化与年龄相关性最典型的例子。炎症释放的炎症因子对黑素细胞具有显著影响，其作用包括色素脱失或色素沉着。炎症产生的白细胞介素（IL-1、IL-6等）能抑制黑色素的生成和增殖，导致色素减退。

2.1.3.5 皮肤的感觉功能

皮肤内含有丰富的神经末梢，包括游离神经末梢、毛囊周围的神经纤维网和形状特殊的囊状感受器，分布于表皮、真皮和皮下组织内。当环境变化或受外界刺激时，游离的感觉神经末梢和感受器感知刺激，并将刺激转换成神经动作电位，沿感觉神经纤维传入中枢皮层感觉区，从而产生性质不同的感觉。皮肤有六种基本感觉，分别是触觉、痛觉、温觉、痒觉、压觉和冷觉。皮肤的感觉分为两类：一类是单一感觉，皮肤中的感觉神经末梢或感受器受单一性刺激，产生如触觉、痛觉、温觉等；另一类是复合感觉，皮肤不同类型的感觉神经末梢或感受器共同感受外界刺激后，传入大脑中枢，形成综合分析的感觉，如硬和软等。另外皮肤还有形体觉、图形觉等。皮肤的感觉作用对人体是非常重要的，借助皮肤的感觉作用，人类才能做出有益于机体的反应。

痛觉是一种伴有真正或潜在组织损伤的不愉快的感觉。常见的致痛介质包括：P物质、乙酰胆碱、组胺等。皮肤表面分布着丰富的痛点，微弱的机械性刺激就可兴奋皮肤浅层的触觉感受器引起痛感，但只有达到一定痛阈值才会被感知。

痒觉又称瘙痒，是皮肤的一种特有感觉，能直接引起骚抓或引起强烈骚抓欲望的一种不愉快的感觉。瘙痒的产生机制目前尚不清楚，至今未发现特殊的痒觉感受器。外界刺激、变态反应、炎症反应（组胺等）、代谢异常（糖尿病、甲状腺功能亢进）等均可引起瘙痒。皮肤中存在无髓C纤维，其末梢可进入表皮或进入表皮-真皮交界处，上述致痒剂通过激活C纤维，引起轴突反射释放神经介质。中枢神经系统可对瘙痒进行调控，焦虑、烦躁及过度关注可加重瘙痒，而转移注意力、精神安定可减轻痒觉。有人认为痛觉和痒觉关系密切，相互互补，二者均为保护性机制，痛觉使机体脱离可能的损伤刺激。较低强度的刺激侵袭皮肤引起痒觉，强烈刺激引起疼痛。热可使痒觉消失，但对痛觉无影响。

触觉是微弱的机械刺激通过兴奋皮肤浅层的触觉感受器引起的感觉。皮肤内分布着三种特殊的触觉感受器，分别是位于平滑皮肤处的 Meissner 小体、分布在有毛皮肤处的 Pinkus 小体和分布在表皮突基底的 Merkel 细胞。触碰毛发实际上是一种机械能，触碰毛发时会对毛囊周围的末梢神经网产生一定压力，使之牵拉毛发出口处的皮肤进而发生变形。

压觉是较强的机械刺激引起深部组织变形时引起的感觉。压觉由皮肤处的 Pinkus 小体传导，其主要分布在手指、乳房等平滑皮肤处，另外在胰腺、淋巴结等处也有分布。触觉与压觉相类似，二者只是引起感觉的刺激强度不同，因此可统称为触-压觉。

冷觉是由皮肤内的 Krause 小体传导，其主要分布在唇红、牙龈、舌、眼睑等无毛皮肤处。在有毛皮肤和摩擦部位未发现冷觉感受器。但皮肤表面确实有成群的冷点出现，其数量与皮肤温度成正比。皮肤温度越高，活动性冷点的数目越多，反之亦然。温觉又被称为热觉，主要由 Ruffini 小体传导。皮肤表面存在热点，其数目也随着皮肤温度的变化而变化。冷觉和热觉统称为温度觉。

2.1.3.6 皮肤的体温调节功能

表层温度指机体表层温度，表层温度部位间差异大且不稳定，与局部血流量有关，与皮肤血管舒缩功能相关的因素（环境温度、精神因素等）均能改变皮肤的表层温度。心、肺、脑和内脏等处的温度称为深部温度，深部温度较稳定且差异小。一般来说，人体的体温不超过 37℃，而皮肤温度低于 37℃，躯干的温度高于四肢，而耳廓、鼻尖、指趾端的温度最低。人体温度每日周期性波动，女性基础体温随月经周期波动，新生儿、老人体温较低，而儿童体温较高，肌肉活动时体温升高，情绪波动、精神紧张等情况下体温也会产生波动。

皮肤对体温的调节作用体现在两方面：一方面是作为外周感受器，将外界环境温度的信息提供至体温调节中枢；另一方面是作为效应器，通过物理性体温调节的方式，保持机体温度恒定。皮肤的体温调节功能对保持机体正常体温具有重要作用，是机体自主性调节体温的重要手段。皮肤的温度感受器分为冷觉和热觉感受器，全身点状分布，通过感受外界环境温度的变化，将神经冲动传至下丘脑体温调节中枢，作用于血管和汗腺，引起二者的扩张或收缩反应，出现寒颤或出汗等生理反应，使机体体温维持稳定。

成人皮肤的体表面积大，利于吸收和散发热量。皮肤具有发达的动脉网和静脉丛，皮肤的血管受交感神经系统的支配，其通过调控血管的管径来增减皮肤的血流量。外界温度高，交感神经的紧张度下降，皮肤血管舒张，血流量增加，血流携带较多的体热转移至表皮，增加了皮肤的温度，进而散热增加。当外界温度低时，交感神经兴奋，皮肤血管收缩，血流量降低，散热减少。皮肤血流量一般占全身血流量的 8.5%，但热应激时，皮肤血流量可增加 10 倍。这种调节方式使皮肤血流量具有较大范围的变动，利于体温调节。

体表主要通过辐射、传导、对流三种方式来散热，另有小部分可通过汗液蒸发、呼吸、排尿等方式散热。环境与皮肤之间的温度差决定了散热量的多少，温度差越大散热量越多。反之，温度差越小散热量越少。外界温度为 21℃时，辐射、传导、对流散热是机体的主要散热方式，其共占机体散热的 70%，另外皮肤汗液蒸发占 27%，呼吸散热占 2%，剩余 1%的体热则通过排尿及排粪的方式散热。辐射是机体最主要的散热方式，其是通过热射线将热量从温度较高一方传递至温度较低一方的一种方式，其约占皮肤总散热量的 60%，以发射波长为 5～20μm 的红外热辐射向四周散热。辐射散热与机体的有效辐射面积及皮肤与外界的温差有关。当周围空气的温度低于皮肤所接触的空气温度时，高温空气向低温空气转换，转换移动越强烈皮肤散热量越大。传导散热则是机体将热量直接传递给与之相接触的较冷物体的方式。因皮肤是热的不良导体，所以传导在皮肤散热中作用甚微。传导散热是机体内部热量传递的主要方式，热量通过传导的方式到达皮肤表层，皮肤再传导给接触的其他物体。对流散热是通过气体或液体的流动来交换热量的方式。

蒸发散热是体表散热的另一种重要方式。皮肤具有丰富的汗腺，出汗时可带走热量。当皮肤和环境间的温差较小时，辐射、传导和对流散热的作用减少，蒸发散热作用则明显增加。当环境温度高于皮肤温度时，辐射、传导和对流散热基本不起作用，此时汗液蒸发则成为机体散热的主要方式。蒸发散热包括不感蒸发和可感蒸发两种方式。不感蒸发是机体处在低温环境下没有汗液蒸发，但是在呼吸道、皮肤处仍有水分渗出，这种水分蒸发不易被察觉，又被称为不显性出汗，此类出汗与汗腺的活动无关。可感蒸发是机体能意识到有明显的汗液分泌，其与汗腺的活动密切相关，也称为显性出汗。显性出汗时每蒸发 1g 汗液可带走 2.43kJ 的热量，此时皮肤散热量是正常情况下的 10 倍。

2.1.3.7 皮肤的免疫功能

皮肤是机体免疫屏障的第一道防线。皮肤不是一个被动的免疫器官，其具有主动的免疫防御、监视和自稳的功能，被称为皮肤免疫系统。皮肤的免疫屏障功能，为机体遭受损伤和感染提供了免疫保护。皮肤免疫系统包括两部分：免疫细胞和免疫分子。各种免疫细胞和分子共同形成了一个复杂的网络系统，与体内其他免疫系统共同为机体提供良好的皮肤微环境，并保持人体内环境的稳定，因此皮肤免疫系统是机体免疫系统的一部分。

（1）皮肤免疫系统的细胞 皮肤免疫系统的细胞成分包括角质形成细胞、朗格汉斯细胞及淋巴细胞等。

① 角质形成细胞是皮肤免疫系统的第一道防线，其数量最多，是皮肤免疫系统的主要组成。角质形成细胞能表达主要组织相容性复合体（MHC-Ⅱ）类抗原，能够合成和分泌白介素、干扰素等细胞因子。这些抗原和细胞因子参与调节皮肤的免疫功能。角质形成细胞还具有吞噬功能，可对抗原进行粗加工，参与外来抗原的递呈。

② 朗格汉斯细胞负责抗原的递呈。朗格汉斯细胞可分泌 T 淋巴细胞反应中所需的细胞因子，并可调控 T 淋巴细胞的迁移，参与免疫调节、免疫监视、皮肤移植物的排斥反应及接触性超敏反应等。

③ 皮肤内的淋巴细胞主要为 T 淋巴细胞，其主要分布在真皮毛细血管后的小静脉丛周围，T 淋巴细胞可随血液循环和皮肤器官之间进行交换和传递信息，通过产生白介素等细胞因子介导免疫反应。

（2）皮肤免疫系统的分子

① 细胞因子。表皮内多种细胞均可产生细胞因子，其中角质形成细胞分泌最多。细胞因子参与细胞的分化、增殖和活化，参与免疫自稳机制及相关病理生理过程。细胞因子不仅作用于皮肤局部，还可作用于全身。

② 黏附分子。黏附分子介导细胞之间或细胞与基质间的相互接触或结合，而这种接触或结合是许多生物学过程完成的先决条件。糖蛋白是黏附分子的主要构成，在某些病理状态下，黏附分子表达的增加可作为监测疾病的指标。

③ 其他分子。免疫球蛋白通过阻碍黏附、调理吞噬及中和等方式参与抗过敏和抗感染；补体通过溶解、杀菌及促进介质释放等方式参与特异性或非特异性反应；神经肽具有趋化中性粒细胞、巨噬细胞等作用，参与免疫反应。

2.1.4 皮肤的分类、健康的标准和影响因素

皮肤是人体美的一个重要特征，健康的皮肤体现了人的健康状况和精神面貌，标志着人的自信和成功。不同国家和民族存在不同的文化和审美，故对健康皮肤的标准也不一致。同一国家、同一民族的不同历史时期，健康皮肤的标准也不尽相同。但健康皮肤的标准仍可从皮肤的肤色、弹性、滋润度、光泽、细腻度等方面进行评价。

（1）皮肤分类 人的皮肤呈现出不同的特质，这是皮肤保健的依据和基础。一般根据皮肤皮脂腺的分泌、皮肤含水量及 pH 等状况，面部皮肤可分为五种类型——中性、干性、油性、混合性和敏感性皮肤。

① 中性皮肤。中性皮肤是最健康的皮肤。中性皮肤表面湿润、光滑细腻、富有弹性、不干燥不油腻。皮肤角质层油脂与水分含量均衡，角质层含水量在20%左右，皮肤pH值位于4.5～6.5。中性皮肤对外界刺激不敏感，不易产生皱纹。

② 干性皮肤。干性皮肤肤质细腻、毛孔小。其角质层含水量<10%，角质形成细胞和真皮中的保湿因子及皮脂分泌较少，皮肤的pH>6.5。干性皮肤皮脂分泌不足且缺乏水分，因此皮肤显干燥，会有脱屑、干裂的现象，皮肤缺乏光泽、敏感且易老化，易出现皱纹、雀斑、黄褐斑等色素沉着。

③ 油性皮肤。油性皮肤皮脂分泌过多，毛孔粗大，肤质较厚。油性皮肤的角质层含水量>20%，皮脂与水分分泌之间不平衡，皮肤pH<4.5。油性皮肤油腻光亮，对外界刺激抵抗力较强，不易出现皱纹，但过多的皮脂分泌物易堵塞毛孔，易引起痤疮等脂溢性皮肤病。

④ 混合性皮肤。混合性皮肤即同时存在干性和油性皮肤的情况。一般表现为，T字部也就是面部中央区包括前额、鼻及下颌部为油性皮肤，表现出油脂分泌过多、毛孔粗大的特征；而在双面颊和双颞部表现为干性或中性皮肤的特征。

⑤ 敏感性皮肤。敏感性皮肤又称为高反应性皮肤或不耐受或易受刺激的皮肤。《中国敏感性皮肤诊治专家共识》认为敏感性皮肤特指皮肤在生理或病理条件下发生的一种高反应状态，主要发生于面部，临床表现为受到物理、化学、精神等因素刺激时皮肤易出现灼热、刺痛、瘙痒及紧绷感等主观症状，伴或不伴红斑、鳞屑、毛细血管扩张等客观体征。敏感性皮肤的发病机制复杂，目前认为其机制主要为皮肤屏障功能降低及感觉神经敏感性增加。

敏感性皮肤是在内因和外因的相互作用下引起的。内因包括遗传、年龄、性别、种族等。内在因素在敏感性皮肤形成中发挥重要作用，治疗较难。外因包括环境因素，如大气污染、季节交替、日晒、温度变化等；化学因素，如化妆品、清洁用品、消毒产品等；生活方式，如刺激性饮食、酗酒等；医源性因素，如外用刺激性药物、长期外用糖皮质激素药膏及激光等有创性治疗等。

(2) 皮肤健康的标准

① 肤色。皮肤的颜色主要由基因决定，无论是哪种肤色，健康的皮肤应该肤色均匀且红润。皮肤的肤色主要与皮肤中黑色素的数量及分布、皮肤血流的携氧量等有关，其中黑色素对肤色起决定性作用。

肤色是由皮肤中的不同载色体按不同方式构成的，载色体是主要的光吸收分子和粒子。表皮内含有三种载色体，分别是优黑色素、褐黑色素及类胡萝卜素。优黑色素可吸收可见光到紫外波段的光线，呈深棕色。褐黑色素也可吸收可见光到紫外波段的光线，呈黄色至微红的棕色。类胡萝卜素在表皮中数量很少，一般呈黄色。此外，嘌呤、嘧啶片段、氨基酸、尿酸、类固醇等也属于皮肤的载色体。

黑素细胞在不同种族人群中的数量基本一致，而黑素小体的种类、大小、数量和分布则存在较大的个体差异，因此也是决定肤色的关键。黑种人黑色素含量较高，肤色黝黑；黄种人的黑素细胞分布均匀，含量适中，其基本肤色为黄色，若皮肤微循环较好，则肤色黄中透白；白种人黑色素含量较低，因此普遍肤色较白。

血流中血红蛋白携氧量可反映机体的健康状况。血流携氧量与血管密度、管径、血液黏稠度等有关。皮肤表面的微循环系统可将血红蛋白运送到皮肤，单位时间内血流越快，血红蛋白含量越高，皮肤的红色成分越多，则表现为皮肤红润，反之，皮肤则显苍白。皮肤表面的微循环系统也包含三种载色体：氧合血红蛋白、还原血红蛋白及胆红素。三者的颜色依次呈现亮红色、带有稍许蓝色的暗红色、黄色。

光线在皮肤中散射后，薄厚不均的表皮会呈现不同的颜色变化。光滑且含水量多的角质层反射规则，皮肤颜色明亮光泽；干燥且有鳞屑的角质层反射不均一，皮肤则显得灰暗；角质层过厚的皮肤经反射后皮肤显得粗糙、黯淡。

总体而言，子代的肤色取决于父母的肤色，女性的肤色较男性浅，营养不良使肤色黯淡，贫血患者肤色显苍白，妊娠期间个别部位肤色加深，长期吸烟使肤色灰暗。

② 弹性。皮肤的弹性主要体现在皮肤的丰满度、湿度、柔韧性和张力。健康的皮肤应该是丰满、湿润且富有弹性的。

皮肤弹性与真皮层胶原纤维含量、弹力纤维的含量、皮下脂肪厚度、皮下脂肪质地、皮肤的含水量等因素息息相关。若皮肤中的胶原纤维和弹力纤维结构和数量正常，皮下脂肪厚度和皮肤含水量适中，则皮肤富有弹性，皮肤表面光滑亮泽。真皮层中的胶原纤维维持着皮肤的张力，胶原纤维韧性大、抗压力强，但缺乏弹性。弹力纤维则对皮肤的弹性和顺应性起至关重要的作用，使皮肤富有弹性，可以减少皱纹产生。当胶原纤维和弹力纤维被破坏时（如瘢痕组织），皮肤的皮纹消失，且缺乏柔韧性。紫外线会使真皮纤维变性或断裂，引起皱纹或使皱纹加深。皮下脂肪具有依托皮肤的功能，使皮肤丰满，当机体消瘦时，皮肤易松弛。皮肤角质层的含水量与皮肤润泽度有关，皮肤含水量充足，皮肤润泽。当皮肤皮脂膜被破坏或皮肤含水量不足时，皮肤弹性降低，出现干燥，皱纹增多等现象。

皮肤会随年龄增长而逐渐老化，老化的皮肤真皮层薄、胶原纤维和弹力纤维退化变性、皮肤含水量降低、皮下脂肪萎缩，皮肤会失去弹性，出现皱纹，皮肤呈现松弛的状态。

③ 滋润度。健康的皮肤是湿润的，皮脂分泌适当，水分充足，不干燥且不油腻。皮肤的代谢及分泌排泄功能正常，皮脂腺分泌的脂质和汗腺分泌的水分可乳化形成皮脂膜，皮脂膜覆盖在皮肤表面，对皮肤起到滋润作用。皮脂膜与天然保湿因子等物质共同保持皮肤适当的湿度。皮肤含有适量的水分，能提供营养，防止皮肤干燥。皮肤的含水量占机体含水量的15%～20%，角质层含水量超过20%时，皮肤湿润；皮肤含水量低于10%时，皮肤干燥，出现脱屑和皱纹。真皮是机体中仅次于肌肉组织的第二大“水库”。皮脂中水分不足易使皮肤干燥、粗糙及老化。劣质化妆品、痤疮和损容性皮肤病等都可使皮肤脱屑、产生皱纹。

④ 光泽。人们普遍关注的是面部皮肤及暴露在外的皮肤的光泽度。光泽度是生命活力的体现。自然光线下，健康的皮肤应是容光焕发、富有光泽的。当机体营养不良或患有系统性疾病等，皮肤苍白无华、肤色发黄。

⑤ 细腻度。皮肤的细腻度主要由皮肤纹理决定。细腻是通过视觉或触觉感知而来的。健康的皮肤质地细腻，毛孔细小。由真皮中纤维排列和牵拉使皮肤表面形成许多细小规则而平整的沟和嵴，给人带来质地细腻的美感。皮肤的纹理随年龄、性别、职业等因素改变。皮肤老化、日光等因素会导致真皮纤维变性、断裂，会使皮肤表面纹理加深、延长或聚集。

⑥ 耐老性。皮肤的老化同年龄一致，不应过早出现。皮肤老化呈现出明显的个体差异，年龄、遗传、营养、环境等均对皮肤的老化有影响，常年在阳光下工作的人皮肤易苍老。应注意保持良好的生活和精神状态，避免不良刺激。

⑦ 反应性。正常的皮肤具有良好的屏障功能，能有效抵抗外界各种有害因素的刺激。健康的皮肤对外界刺激反应合理，不易产生敏感；而反应性高的皮肤对外界刺激敏感，反应过强。如紫外线、药物等都易使皮肤产生过敏的因素。皮肤屏障功能的损坏，会增加皮肤感染的概率，影响皮肤健康。

⑧ 清洁度。皮肤表面并不光滑，各种微生物和污垢共同存在，另外汗液和皮脂不断分泌，不及时清洁则易堵塞毛孔和汗腺口，阻碍皮肤正常的新陈代谢。清洁能提高皮肤的纯净度，但过度清洁也会破坏表皮皮脂膜的完整性，使皮肤皮脂含量降低，减弱皮肤的屏障作用，甚至加速皮肤老化。

(3) 皮肤健康的影响因素　机体内外环境、年龄、营养状况及皮肤的生理条件等都与皮肤的健康和老化进度有关。皮肤老化可分为皮肤时辰老化和光老化。随年龄增长而发生的皮肤生理性衰老称为皮肤时辰老化，其老化程度受遗传、内分泌等因素影响。皮肤长期受到光照或紫外线照射易引起皮肤光老化，表现为皮肤松弛、增厚粗糙、色素沉着、毛细血管扩张及皱纹增加。

① 机体因素。机体是一个有机的整体，皮肤可反映机体的健康状态。机体健康皮肤就会健美润泽。机体出现功能性障碍时，皮肤必然会发生变化。例如肝脏功能出现障碍时，皮肤就会出现黄褐斑、蜘蛛痣等；脾脏功能异常时，皮肤营养缺乏，失去光泽；肺功能障碍时皮肤敏感性增加，并且皮肤干燥。

② 生理因素。皮肤表面覆盖着由皮脂、汗液和其他细胞分泌物乳化形成的皮脂膜，构成皮肤屏障。皮脂膜主要由脂肪酸、蜡类、氨基酸、水等构成。皮脂膜具有锁水和防护作用，可阻止皮肤水分丢失，还可阻碍外界有害物质的侵入，其厚度和性质受性别、年龄、环境等因素的影响。男性的皮脂膜厚于女性皮脂膜。年龄越大，皮脂膜越薄，老年人的皮脂膜明显减少。冬季气候寒冷干燥，皮肤角质层因干燥而脱屑，因此冬季皮脂膜变薄，易引起瘙痒和皲裂。皮脂膜的pH值决定了皮肤的pH值，健康皮肤的pH值为5.0～7.0，呈弱酸性。皮脂分泌旺盛使皮肤pH值降低，因此男性皮脂膜的pH值低于女性，新生儿皮肤的pH值偏碱性。过度使用碱性洗涤剂可破坏皮肤的弱酸性环境，因此在清洁时应注意水质、洗涤剂等因素的影响。

③ 年龄因素。皮肤的生理功能和状态与年龄息息相关。儿童期，皮肤柔软嫩滑，皮脂含量低，易受外界因素的刺激。青春期，性激素分泌改变，汗腺和皮脂腺分泌旺盛，胆固醇和皮脂含量高，皮肤油腻易产生痤疮。成年后皮肤生长期已过，皮脂分泌逐渐减低，皮肤变得干燥，皮肤的屏障功能削弱，皮肤弹性逐渐丧失，易出现色斑和皱纹。老年人皮肤的酸性脂膜破损，皮肤的再生修复能力降低，皮肤的弹力纤维变性、胶原蛋白减少，皮肤变得松弛、干燥，易产生皱纹。

④ 生活因素。睡眠、运动和饮食等生活习惯对皮肤的健康具有不可忽视的作用。充足睡眠是皮肤健康的保障，有利于促进皮肤自我更新。当机体处于睡眠状态时，大脑皮层的活动受到抑制，利于机体恢复精力、消除疲劳。过度劳累或失眠使皮肤不能正常进行修复，皮肤黯淡无光泽，严重时会出现色斑。成年人每天至少应保持7h左右的睡眠时间。运动能促进血液循环，加快全身及真皮的血液循环和更新，可加快二氧化碳等废物的排泄，增加皮肤血液携氧量，使皮肤保持健康，延缓其衰老。水分可促进全身血液循环，能帮助机体排出废物，因此多饮水是保持皮肤弹性和光泽的有效方法。

⑤ 环境因素。温度、湿度、气候和日光等环境因素会对皮肤健康产生重要影响。在潮湿、高温的环境中，皮脂腺和汗腺的分泌旺盛，使皮肤表面微环境发生变化，脂质、灰尘等污染物增加。而干燥、低温的环境会破坏皮肤表面的屏障功能，使皮肤表皮大量失水，皮肤变得干燥且紧绷。阳光可促进维生素D的合成，但长期阳光下暴露，紫外线会使皮肤失水，加快皮肤老化的进程。

光老化是皮肤老化的重要因素，UVB 和 UVA 均参与皮肤光老化的过程，日光过量照射引起不同部位的表皮萎缩或增生，角质形成细胞及黑素细胞出现核异形，真皮中的弹力纤维增粗、胶原纤维降解。此外，空气中的各种污染物会附着在皮肤表面，阻碍皮肤正常的代谢和排泄功能。

⑥ 精神与情绪。稳定良好的情绪是皮肤健康的保证。人的七种感情的改变会引起机体失去平衡，影响皮肤健康状况。人心情舒畅时，调控皮肤的交感神经处于兴奋状态，皮肤血流量随输出量的增加而增大，皮肤红润；当人处于焦虑或忧思的状态时，副交感神经兴奋，使促黑素细胞生成素的活性增强，黑色素增多，皮肤则显得憔悴。

⑦ 饮食与营养。饮食可以为机体提供各种营养物质，健康的皮肤离不开科学的饮食。摄入适量的脂肪、蛋白质及糖类等是皮肤健康所必需的。饮食中所含营养成分各不相同，要尽可能避免偏食，使营养均衡。微量元素和维生素对维持皮肤正常代谢和皮肤生理功能具有重要的作用。

微量元素铜和锌具有促进黑色素生成的作用，维生素 A 和维生素 C 可使色素减少，维生素 B 和叶酸也能促进色素的合成。色素偏多的人应尽量避免食用含铜和锌的食物和含 B 族维生素的食物，而色素偏少的人则应多摄入此类食物。另外，维生素 A 缺乏易引起皮肤干燥、脱屑，维生素 B 缺乏引起口炎和阴囊炎，维生素 C 缺乏增加了血管的脆性，引起瘀斑。

水果、蔬菜、富含微量元素铁和锌的食物（鱼、豆类、瘦肉等）均可促进皮肤的弹性和光泽度，具有预防皮肤老化的作用；油性皮肤应控制糖、脂肪及辛辣食物的摄取。

2.2 毛发

2.2.1 毛发的分类、颜色和生长状态

（1）毛发的分类　毛发是由角化的上皮细胞组成的杆状物，遍布全身。人类的毛发按结构分可分为终毛和毳毛两类。终毛长而粗硬，色浓、有髓质、具黑色素，其可分为长毛（头发、腋毛和胡须等）和短毛（睫毛、眉毛和鼻毛等）。毳毛细而短，色淡、无髓，分布在除手掌和足跖以外的平滑皮肤上。

毛发按质地可分为钢发、绵发、油发、沙发及卷发。钢发质地粗硬、稠密，含水量较多，富有弹性；绵发比较细软、缺乏弹性和硬度；油发油脂含量较多，弹性强但缺乏抵抗力；沙发缺乏油脂，含水量少；卷发卷曲丛生。

毛发按健康和保养状态可分为健康发质、干性发质、油性发质和受损发质。

（2）毛发的颜色和形状　毛发的颜色和形状因种族和个体而不同。毛发的

颜色取决于毛皮质中黑素颗粒的数量和种类。黑素颗粒中真黑色素和类黑色素的存在比例及大小决定了毛发颜色的深度。黑种人毛发与白种人毛发相比，其黑素小体明显偏大。黑褐色发的特征是真黑色素大且数量多，红发的特征则是类黑色素较大，而白发中真黑色素和类黑色素的含量都较少。毛发的颜色无生物学功能。毛的形状分为直形、螺旋形、卷曲形和波浪形。黄种人的毛发较粗，为圆柱形的黑色直发。白种人毛发的形态和颜色变化比较大，形态呈卵圆形、外形波浪状或直形，颜色多样，由黑色至浅黄色甚至有白色。黑种人毛发为黑色，卷曲形，横切面呈卵圆形，但一侧是平边，毛小皮边缘扭曲明显，易受损伤。

（3）毛发的排列　毛发在体表一般以一定的角度倾斜排列于体表，排列方向为根部向着头部，末梢向着肢体末端。有些毛发的倾斜方向一致形成毛流，最典型的是头顶端的毛流，一般来说，有一个中心，大多数以顺时针方向向外漩涡状排列。毛发在头皮上的生长边界称发际。发际由遗传决定，女性额部的发际从出生到儿童期再到老年期几乎没有变化，但约有一半的男性额部发际线会发生不同程度后退。

（4）毛发的生长　毛发的生长周期包括生长期、退行期及休止期。毛发的发育相互独立，相邻的正常毛发可处于不同的生长周期。生长期约 3 年左右，这也是毛发的正常寿命。生长期的毛发毛囊长且深，一般情况下，90%的毛发处于生长期。退行期是介于生长期和休止期之间的阶段，时长为 3 周左右。休止期的毛囊基部皱缩，周期约为 3 个月。正常人每日脱落 70～100 根头发，同时生长等量的头发。头发每日生长 0.27～0.4mm，3 年左右可长长 50～60cm。自动掉落的头发一般均处于休止期。不同部位毛发的长短与生长周期有关。眉毛和睫毛较短，其生长周期仅需 2 个月左右。

毛发的生长受遗传、性别、营养、激素、药物等因素的影响。腋毛、阴毛的生长受雄激素调控，男性面部、躯干和四肢的毛发以及腋毛、阴毛的平均生长速度大于女性，但女性头发的生长速度快于男性，这主要是由于雄激素对头发毛囊的生长起负调节作用。15～30 岁的青年人毛发生长旺盛；毛发生长夏季快于冬季，白天快于夜间。雌激素对毛发生长的影响主要体现在妊娠期及产后。妊娠期雌激素分泌旺盛，头发寿命延长，而当生产后，雌激素降低至原有水平，此时休止期和生长期的毛发比例偏低，头发寿命缩短大量脱落。甲状腺激素也影响了毛发的生长。甲状腺功能减退的患者，头发直径变小，且伴有脱发。

毛发生长主要依靠葡萄糖提供能量，其主要涉及糖酵解途径、磷酸戊糖途径和三羧酸循环。毛发与肌肉的葡萄糖代谢途径相比，前者的糖酵解途径快于后者，而且其磷酸戊糖途径活性也较强。另外，不同生长期毛发的能量代谢差异较大。生长期毛发的能量代谢远高于休止期，生长期的葡萄糖利用率和糖酵解均增加 200%，磷酸戊糖途径活性增加 800%，呼吸链产生的三磷酸腺苷增加约 270%。

2.2.2 毛发的结构

毛发斜插进皮肤，位于皮肤内的部分为毛根（hair root），位于皮肤外的部分为毛干。表皮下陷形成毛囊，毛囊包裹毛根，其末端与毛囊组成的膨大部分为毛球（hair bulb）。毛球的基底部凹陷进真皮组织的部分为毛乳头（dermalpapilla）。毛乳头包含结缔组织、毛细血管及神经末梢，可为毛发提供营养，并使毛发具有感觉功能。大多数的毛都有立毛肌（arrector pili muscle），立毛肌一端附着于毛囊，自上而下依次成为茎部和球部，中间的部分是立毛肌延伸至皮脂腺导管开口部分。立毛肌与毛的粗细有关，面部、腋下、睫毛等处的毛无立毛肌。

(1) 毛发［图 2-2(a)］ 毛发是由角化上皮细胞呈同心圆状排列而成的，露出皮肤表面的部分为毛干，毛干从内向外，其结构依次分为毛髓质、毛皮质和毛小皮。

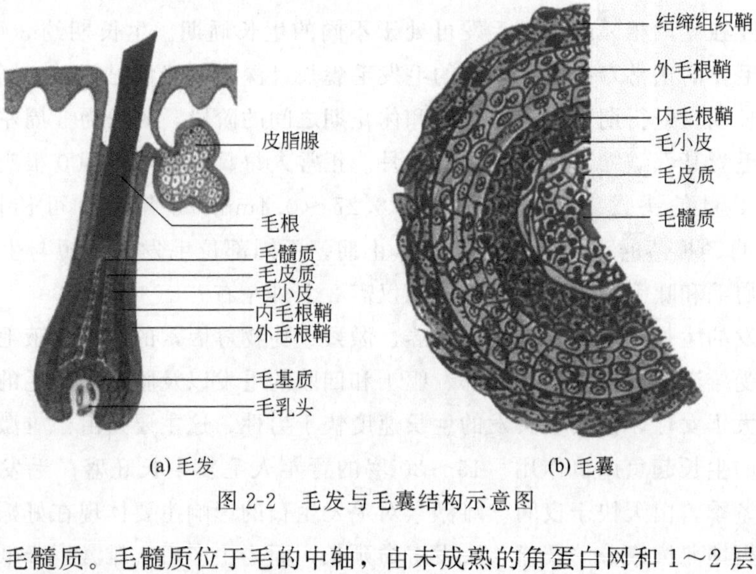

图 2-2 毛发与毛囊结构示意图

① 毛髓质。毛髓质位于毛的中轴，由未成熟的角蛋白网和 1～2 层上皮细胞组成，其网隙内含有大量空泡和均质状电子致密物质。毛髓质可起到体温调节的作用，可阻止外界冷热的传导。另外，毛髓质可提高毛发的结构强度和刚性，因此髓质较多的毛发较硬。一般情况下，终毛有髓，而毳毛无髓。

② 毛皮质。毛皮质是毛的主体组成部分，包裹于髓质外层，约占毛发 90%以上的质量，也称发质。毛皮质由数层细长的梭形角质细胞紧密排列而成，这些细胞全部角化，其方向与毛的长轴平行。角化的毛皮质细胞中含有硬

角蛋白，此类蛋白富含甘氨酸、胱氨酸和酪氨酸，不易降解。毛皮质角化细胞内含有黑素细胞，黑素细胞的数量及分布决定了毛发的柔韧性、颜色、粗细等特征。毛皮质色素减少或由空气填充时，毛发则显白色。毛球部的皮质由类圆形或立方形的细胞组成，沿着毛干的方向，皮质细胞逐渐变为纺锤形，细胞内含有色素颗粒，不含气泡。

③ 毛小皮。毛小皮由一层无核的鳞状角化细胞呈屋瓦状重叠排列，其方向指向毛干的上方。毛小皮位于毛皮质的外围，可以保护内部的软性结构，可阻挡外界因素对内层组织的损伤。毛小皮细胞和内毛根鞘细胞相连，增加毛发在毛囊中的牢固性。毛小皮是一种发光的半透明薄膜，具有反光性，健康的毛小皮平整、滑润。

(2) 毛囊［图 2-2(b)］ 毛囊位于真皮和皮下组织，包绕着毛发。毛囊成熟过程中，毛囊下侧有三个隆突，最上端的一个隆突形成顶泌汗腺，中间的隆突形成皮脂腺，最下端的隆突形成立毛肌附着处。立毛肌终止于此，当情绪紧张或寒冷时，引起立毛肌收缩，使毛发垂直竖起。毛囊从上到下可分为漏斗部、峡部和毛球。漏斗部从毛囊开口到皮脂腺导管入口。峡部从皮脂腺导管入口到立毛肌附着处。毛球从立毛肌附着处到毛囊底部，向内凸入的部分称为毛乳头。毛囊从内向外可分为内毛根鞘、外毛根鞘及结缔组织鞘。

① 内毛根鞘。内毛根鞘的作用类似于表皮的角质层。内毛根鞘由鞘小皮、赫胥黎层和亨勒层组成，它们的共同特点是细胞质的胞浆中含有毛透明蛋白颗粒。鞘小皮是一层重叠排列的扁平细胞，与毛小皮细胞交错重叠，使毛发固定在毛囊中。赫胥黎层是由两层椭圆形细胞组成的，这些细胞中含有角化的毛透明蛋白颗粒。亨勒层是由一层卵圆形细胞组成的，通过桥粒与外根鞘相连，该层首先在毛囊中发生角化。

② 外毛根鞘。外毛根鞘位于内毛根鞘的外侧，是由数层扁平细胞组成。外毛根鞘的功能类似于表皮的生发层。其细胞呈透明空泡样，胞浆中含有糖原。外毛根鞘的外层细胞呈栅栏状。外毛根鞘基底细胞中有非活化的黑素细胞，黑素细胞受到损伤会被激活，并产生黑色素。

③ 结缔组织鞘。结缔组织鞘位于外毛根鞘的外侧，与真皮相连接，其中含有同心圆及纵向排列的弹力纤维和胶原纤维。结缔组织鞘内层为玻璃膜，均匀透明，富有韧性，相当于加厚的表皮下基膜，在毛囊下端 1/3 处最厚。结缔组织鞘的内层为致密的结缔组织，外层为较疏松的结缔组织，与周围结缔组织相连。

(3) 立毛肌 立毛肌是附着于毛囊的独立平滑肌束，直径为 40～200μm，由梭形的肌纤维组成，外观呈扁圆柱形。立毛肌两端具有弹力纤维，其一端附着在毛囊中部的结缔组织鞘内，另一端斜插入真皮的乳头层，因此立毛肌、表皮及毛囊构成了一个三角区。当立毛肌收缩时，毛囊与皮肤表面垂直，毛发强直；同时压迫位于立毛肌与毛囊之间的皮脂腺，促进皮脂排出。立毛肌的收缩使皮肤被扭转而表面形成许多小凹陷，凹陷之间皮肤则显隆起，呈鸡皮样疙瘩。胡须、睫毛、阴毛和腋毛等处无立毛肌。

(4) 毛乳头　毛乳头是毛球基底部向内凹陷的结缔组织。毛乳头与真皮乳头类似，为真皮结构。毛乳头内含血管起到滋养毛球的作用。毛乳头受损，毛发就会停止生长并逐渐脱落。

2.2.3 毛发的生理功能

人皮肤表面大部分毛发已退化，其功能远不如内脏及中枢器官重要，然而毛发尤其是头发仍然具有不可或缺的作用。头发维持了机体的形态完美，是机体健康的重要标志之一。

① 保护作用。毛发能保护局部皮肤，缓冲外界机械性（摔、打等）、化学性（酸、碱等）及物理性（紫外线等）刺激。头发可以保护脑部和头皮，缓冲外力对头部造成的不良影响。尤其是对婴幼儿，其头部骨骼发育尚不完全，头发的保护和缓冲作用显得更重要。由于头发的存在，外界物质很难与头部皮肤直接接触，阻碍了化学物质对头皮的伤害。

紫外线具有促进黑色素生成和输送的作用，紫外线长期照射会产生晒斑，头发中含有黑色素，其覆盖在头皮上起到屏障作用，防止日光中紫外线的过度照射，从而达到保护深部组织免受辐射损伤的作用，减轻紫外线对皮肤的伤害。

不同部位毛发的机械性保护作用不同，如鼻毛可有效阻止灰尘进入呼吸道，腋毛则可以减少局部皮肤的摩擦。

② 调节体温。毛发具有保温作用，可帮助机体进行体温调节。毛发主要成分角蛋白是热的不良导体，另外毛髓质内布满空气间隙，较厚的毛发对冷空气和外界热量的侵袭抵御能力较强。

毛囊连接着皮脂腺和立毛肌，立毛肌兴奋时，皮脂腺分泌皮脂至毛囊口，可起到温度调节的作用；寒冷时毛囊收缩，具有防止体温散发的功能。

③ 触觉作用。毛发是触觉器官，当机体表面被触及时，其根部会产生微弱的动作，这些动作被周围的神经小分支感受后经感觉神经传送至大脑。头发是机体毛发最集中的部位，毛乳头含有丰富的神经丛，从头发的基部突入毛球中，提高了头部的警觉性。

④ 引流作用。毛发位于皮肤的最外层，可将水分从皮肤上引流下来。例如眉毛可引流额头流下的汗水，避免其流入眼睛。毛发增加了体表面积，表面积的增加加速了水分蒸发。

⑤ 其他作用。毛发是机体第二性征的重要表现，男女毛发分布不同。毛发还能够用来鉴定血型、测定各种微量元素，可用来判断疾病状况，也是重要的法医鉴定手段。

2.2.4 毛发的化学成分和物理性质

(1) 毛发的化学成分　毛发含有多种不同的化学物质，如蛋白质、水分、脂质、微量元素和色素。

① 蛋白质。蛋白质是毛发的主要化学成分，约占整个毛发质量的65%～95%。毛发的主要化学成分是角质蛋白，含C、H、O、N、S等元素。S元素含量虽然仅占4%左右，但却对毛发的化学性质起到至关重要的作用。角蛋白由多种氨基酸组成，是一种具有阻抗性的不溶性蛋白。角蛋白中胱氨酸的含量最高，占16%左右，另外还包括谷氨酸、亮氨酸、天冬氨酸、赖氨酸和精氨酸等十几种氨基酸。由于角蛋白含有较多的胱氨酸，故二硫键含量特别多，在蛋白质肽链中起交联作用，因此角蛋白化学性质特别稳定，有较高的机械强度。此外，氨基酸单元的氨基和羧基之间可形成氢键。角蛋白正是通过结合力强的二硫键和结合力弱的氢键连接，形成了螺旋形或弹簧形的长链结构，而这种富有规律的长链结构形成了毛发的刚韧特质。

② 水分。水是毛发的一种重要组成成分。毛发中约有20%的空间可吸收水分。毛发可快速吸收水分，如果将毛发浸没在水中，其含水量可增加12%～18%，且有75%的水分在4min被吸收。角蛋白中吸收水分的主要成分是氨基酸和胍类物质，肽键是角蛋白发生水合作用的常见部位。当处于低湿度（≤25%）的环境中，水分子通过氢键结合到角蛋白的亲水基上，结合力提高；当环境湿度增加，水分吸收越多，水与角蛋白的结合能力下降。

③ 脂质。毛发中的脂质主要是皮脂，其成分主要为游离的脂肪酸和中性脂肪。一般来说，青春期后，男性和女性毛发中的脂质均有所增加，之后随着年龄的增长，男性毛发中脂质含量基本不变，而女性毛发中的脂质含量减少。白种人毛发中的脂质少于黑种人；儿童毛发中胆固醇与成人相当，但角鲨烯含量仅为成人的1/4。毛发脂质中脂肪醇的含量不受年龄和性别的影响，其含量基本一致。

④ 微量元素。微量元素是毛发纤维中不可或缺的一部分，以辅助成分或离子键结合在蛋白质侧链上。头发中的微量元素包括铜、铁、锌、锰、钙等金属元素及磷、硅等无机元素。由于男性和女性生理机能的不同，男女头发中微量元素的含量差异较大。铜、镍、镁、钴等金属元素在女性头发中的含量高于男性；15～45岁女性毛发中的铁含量低于同年龄段男性；铜、硒和钼的含量在年龄段间较恒定；而铁和锌的含量呈双峰变化，25岁和70岁时二者含量最

高，1～10 岁及 50 岁时含量最低。

微量元素过盛或缺乏会影响毛发的正常生长。铜缺乏可使毛发脱色；锰缺乏可阻碍头发或胡须的生长速度且使其变色；铁缺乏致头发分叉、枯萎，而过多的铁造成阴毛脱落。

另外，头发还是机体微量元素的排泄途径，多数微量元素在头发中的含量比体液（血、尿等）及其他组织中高出约 2 个数量级。

毛发还能稳定确切地反映污染元素进入机体的情况。

（2）毛发的物理性质

① 含水性。正常毛发的发干中含有少量水分，因为覆盖于毛皮质外的毛小皮具有防水的作用，阻碍水从毛皮质中溢出，保证了毛发中的含水量。

摩擦、热力及化学物质等因素可导致毛小皮的损伤，导致毛小皮翘起、脱落甚至剥离，从而丧失对水分的保护能力，毛小皮损伤也使毛干上空隙增多。损伤后，在潮湿时使得水分易进入毛皮质，导致皮质肿胀；干燥时水分极易从皮质中丢失，导致皮肤干燥。反复的肿胀、干燥，最终引起毛皮质变脆易断裂。

② 吸湿性。毛发角蛋白的长链分子上含有多种不同的亲水性基团（如—COOH、—OH、$—NH_2$ 等），亲水基团可通过氢键与水分子相结合。蛋白质纤维-水之间氢键的键能大于水-水氢键键能，因此毛发具有较好的吸湿性能。通常，毛发最大吸水量可达到 30%左右。水分子进入毛发的纤维内部，可使纤维膨化柔软。随着毛发含水量增加，角蛋白与水分子形成氢键的同时，肽链间的氢键减弱，毛发纤维强度下降，因此毛发含水量过多会使其支撑力下降。外界湿度对毛发的长度和直径也有影响，湿度增大时，毛发直径增加的幅度大，而其长度增加的幅度小。毛发遇温热水浸润后会膨胀，水温越高膨胀得越快。

③ 伸缩性。毛皮质中的角蛋白由成束的多肽螺旋形排列构成，使得角蛋白具有较大的强度，因而毛发具有被拉伸或扭转的能力。毛发的伸缩性体现在毛发被拉长后可恢复到初始的长度和状态而不被损伤；毛发的张力是指其被拉到极限而不断裂时的荷重拉力。毛发极具伸张力，一般情况下一根头发可被拉长 40%～60%，其张力大约为 100～150g。在湿热条件下，毛发可被拉长到原来长度的两倍且不断裂。在通常状态下，角蛋白多肽链的空间构型为 α-螺旋，毛发被拉长时 α-螺旋变为锯齿状的 β-角质蛋白，其长度可增加两倍，当拉力撤销时，β-角质蛋白又返回原有长度的 α-螺旋。头发具有热胀冷缩的物理作用，遇热变长，遇冷收缩。

④ 静电性质。毛发特别是头发，带有静电。含水量和温度是其产生静电荷的最主要的因素。

燥热的环境下，头发极易产生静电。静电使毛发易被污染，导致角质细胞脱落增多，并产生头皮屑。静电使发丝无法整齐加叠，使发丝相互排斥，头发竖立，并加剧发丝的摩擦作用。发丝与梳子及发丝间的摩擦作用增加直接损伤毛发的表皮层，使毛鳞片上翘，伤害发质。

⑤ 抗拒性。毛发的抗拒性与其弹性有关。毛发的弹性使其能抗拒外力而保持毛发原有的外形和长度。当然，毛发的抵抗能力是有限度的，超过此限度毛发的外形和长度便不可恢复初始状态。如在没有一定外力或热度的情况下，头发的抵抗能力促使其保持原状，但当在强力或强热的作用下（如烫发），头发会自然屈服，形成服帖或卷曲形状。

油性发质的抗拒性比其他发质更明显。

2.3 指甲

2.3.1 指甲的构造和功能

甲是由皮肤衍生而来，是皮肤的附属器官之一，它相当于皮肤的角质层，是由手足背面的表皮角化增厚而形成的角质层薄板。甲位于指（趾）末端伸面远侧的1/2处，形态为向背侧微微隆起的四边形。甲由甲母细胞形成，甲的生长就是甲母细胞在甲床上紧沿甲床，一起向指尖方向生长的现象。

甲的化学组成与毛发相似，主要由角蛋白组成，其氨基酸的组成也与毛发接近。角蛋白富含胱氨酸，甲中总含硫量约占3%。钙是甲中的主要微量元素，钙在甲中以离子钙和磷酸钙的形式存在，其含量约为0.1%，是毛发钙含量的10倍。但甲中脂质的含量少，为0.15%～0.75%。甲板中含有磷脂，磷脂维持了甲的弹性。

甲终身生长，同一机体同一部位甲的生长速度较恒定。甲的生长速度因部位、年龄、营养、季节等因素而有所差异。不同部位甲的生长速度不同，如手指甲的生长速度快于脚趾甲。正常健康的指甲每日生长速度为0.1～0.15mm，约三个月更换一次；趾甲的生长速度仅为指甲生长速度的1/3～1/2，约六个月更换一次。幼儿和青年甲的生长速度较快，而老年人甲生长得较慢。此外，机体营养状况好，甲的生长速度就较快。甲的生长速度还存在季节差异，夏季甲的生长速度快于冬季。

正常的甲应该表面光亮坚韧、圆润饱满、整齐无损。甲的形态以甲的长宽比例和甲的形状来衡量。甲的形态可反映机体的健康状况，营养不良、疾病或其他不良刺激会使甲失去光泽，甚至变形。最健康指甲的长宽比例应是4∶3。

指甲可分为四种类型：健康型（指甲表面光滑、富有弹性、颜色粉红色）、易脆型（指甲坚硬无弹性、呈鹰嘴样的弯曲状，易损伤破裂）、干燥型（指甲薄、边缘破损，易裂开或剥落）、损伤型（指甲剥脱、破裂无光泽）。

（1）指甲的构造（图 2-3）

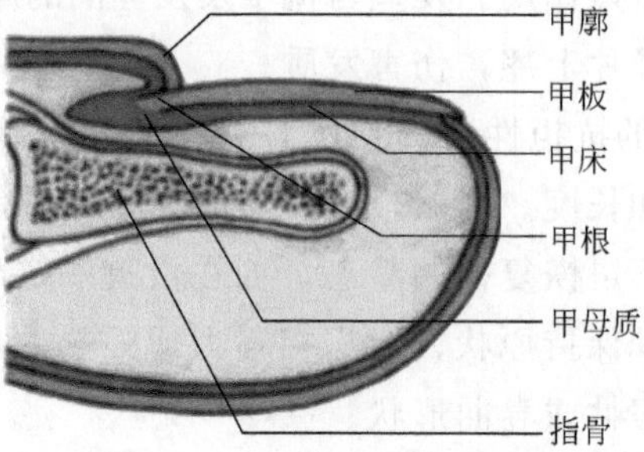

图 2-3　指甲的结构示意图

① 甲根（nail root）。甲根是甲近侧有皮肤覆盖的小部分，位于甲的底部，是甲近端甲襞覆盖的甲板部分，较薄软。甲根的作用是不断将新生成的角质蛋白细胞推动向前，促进甲的新陈代谢。

② 甲板（nail plate）。甲板又称甲体，是指甲的远侧部分。甲板是由鳞状的硬角蛋白重叠而形成的角质板，质硬、透明、略带白色，厚 0.5～0.75mm，从远及近逐渐变薄。甲板的生成与毛发相似，数层角质细胞平整排列，细胞及多层细胞间由黏性很强的物质相互凝结，形成砖墙似的结构。甲板不含神经和毛细血管，它主要起保护甲床的作用。

③ 游离缘（free margin of nail）。甲板与甲床游离的边缘线，其两侧的分界点最容易产生裂痕和断裂。

④ 甲床（nail bed）。甲床位于甲板的下方，贴附于甲体深面，是具有支撑作用的皮肤组织。甲床由表皮的生发层及真皮层构成，其下与指骨骨膜直接融合。甲床并不具备真正的皮下组织结构，但甲床中含有脂肪组织、弹力纤维、血管、淋巴管和神经末梢。因甲床内含有丰富的血管，故甲板呈现粉红色。甲床的颜色能反映机体的健康状况。甲板发白可能与末端血管循环障碍有关。甲床与甲襞之间存在裂隙，在甲的基部裂隙加深。甲床内不含汗腺及皮脂腺。

⑤ 甲半月（lunula）。甲半月又称甲弧影，是甲根部白色的半月形区域。此区域呈白色主要与以下两个因素有关：一是此处甲板形成不完全，尚未完全角质化；二是此处甲母质细胞上皮较厚，下方血流赋予的颜色被遮盖所致。与甲其他部分相比，甲半月柔软，与甲床的连接也不完全。健康指甲的甲半月约占全甲的 1/5。

⑥ 甲母质（nail matrix）。甲母质位于甲根的下方，属于甲的生长区，是甲唯一活跃的区域。甲母质产生的角蛋白细胞通过甲角化生成甲板，类似于毛

发生长中外毛根鞘角化的方式。甲母质的近端区域产生甲板的背侧面，而远端区域产生甲板的腹侧，其中并含有黑素细胞、朗格汉斯细胞及 Merkel 细胞。甲母质的形状和大小决定了甲板的宽度和厚度，甲母质越宽，甲板也越宽，故大拇指的甲板宽度大于小拇指的甲板宽度。甲母质越长，甲板越厚。甲母质角质形成细胞分裂旺盛，原甲受损，若能保留甲母质，仍有新甲再生。

⑦ 甲沟（nail groove）。甲沟是甲板两侧和近侧的皮肤凹陷处，是甲体与周围皮肤的分界线。肉刺是甲沟皮肤干燥，出现干裂的表现。

⑧ 指甲后缘（eponychium）。指甲后缘是甲体的后部边缘线。指甲后缘是与甲板叠合的皮肤组织。皮肤组织在甲板处并未停止延伸，而是与甲板叠合并遮盖露出的甲板。它对新生的甲板具有保护作用，是保护甲板形成区域的天然屏障。健康状态下，指甲后缘应是平滑的，当指甲后缘受到摩擦、切割及化学性刺激损伤时，细菌、病毒等就会侵入引起感染。

⑨ 指甲前缘（free edge）。指甲前缘即指甲伸出甲床的部分。指甲前缘下部无支持组织，易断裂。

⑩ 甲基（matrix）。甲基位于甲根部，内含丰富的毛细血管、淋巴管及神经。甲基可为指甲的生长提供营养，是甲生长的源泉。甲基汲取体内的营养物质后，生成角质蛋白。

（2）指甲的功能

① 保护作用。指甲是多层死亡角化细胞致密排列形成的薄板。指甲内没有血管和神经末梢，其下面甲床分布着丰富的血管和神经末梢，受到轻微伤害即可感到明显的痛觉。甲床受损可引起指甲生长受限，影响指甲的功能及外观。指甲覆盖于甲床之上，质地坚硬，其主要的作用就是保护甲床和末节指腹免受伤害，维持其稳定性。尤其是在进行一些重体力劳动时，指甲的保护作用尤为明显。

② 增强触觉。触觉是皮肤的六种基本感觉之一。甲床中含有丰富的神经末梢，神经末梢的增加无疑增强了手指触觉的敏感性，帮助抓、捏等精细动作，提高动作灵敏度。

③ 调节末梢血液供应。甲位于肢体末端，其微循环是全身血液循环的最末梢，直接参与皮肤及其附属组织的物质交换。微循环在一定程度上可反映血液大循环的状态。最典型的就是甲襞微循环，甲襞微循环的障碍程度与心脑血管病如高血压、冠心病、脑梗死等有关，也与代谢性疾病（慢性肝病、糖尿病等）和风湿性疾病有关。

④ 体温调节作用。甲的微循环对调节体温具有重要作用。指趾和甲床等处含有丰富的动脉和静脉吻合构成的血管球。血管球管壁较厚，含有大量的环形平滑肌，并分布着丰富的交感神经。这种结构特点，决定了血流量具有较大

的变动范围。当外界温度明显变化时，血管球收缩或扩张，从而起到控制血流、调节体温的作用。

2.3.2 指甲的物理性质

（1）硬度　指甲中角蛋白主要由无定形的蛋白质基质镶嵌在纤细的α-角蛋白纤维中，这种排列方式赋予指甲一定的硬度。甲板具有特殊的“三明治结构”，指甲的中间纤维层上下各覆盖着一层薄层。中间纤维层沿纵向排列，上下的薄层沿着横向排列。这种结构增加了指甲的硬度，如果仅有纵向排列的纤维，指甲损伤时，其裂纹容易沿纵向发展，从而损害了脆弱的甲床。

（2）吸湿性　指甲的组成与毛发相似，角蛋白长链上多种亲水性基团以氢键与水分子相结合，因此指甲具有较好的吸湿性。指甲中的含水量为7%～25%，比表皮角质层少。指甲的含水量随空气湿度变化而变化。甲板的含水量从腹层到背层逐渐降低，空气湿度增加，指甲腹、背层的含水量差距不断减少。指甲的水合程度是影响指甲物理性质最重要的影响因素。健康指甲浸泡在水中，水分子破坏了连接的氢键，促使角蛋白纤维自由移动，因此指甲的柔韧性迅速增大。指甲的硬度对湿度的变化非常敏感，湿度增大，指甲硬度减小。

（3）保水能力　在不同的湿度下，甲的保水能力均比角质层差。甲的水分透通量为2.0～3.0mg/(cm^2·h)，而皮肤水分透通量为0.14～0.35mg/(cm^2·h)，前者的水分透通量约是后者的10倍。指甲中的水分分别以自由态和结合态两种形态存在，其中结合水是主要的存在形式。

（4）弹性　指甲的弹性对维持指甲的功能具有重要作用。指甲的弹性越好，韧性越好，越不易受损。指甲的弹性与含水量有关，指甲的水合程度增加了角蛋白纤维的自由移动性能，指甲浸泡1h后，其质量增加21%，弹性也相应增加。膜磷脂极易与水结合，其通过与水结合增加了指甲的弹性。矿物油可以延迟水的蒸发，增加指甲的弹性。

第3章 化妆品的基质和配方设计

3.1 油质原料

油质原料主要包括天然油质原料和合成油质原料，主要指油脂、蜡类原料、烃类、脂肪酸、脂肪醇和脂类等。

3.1.1 天然油质和配方举例

3.1.1.1 蓖麻油

（1）蓖麻油特性　蓖麻油（castor oil）是从蓖麻籽中获得的一种淡黄色、黏性、无挥发性的非干性油，主要产地为中国、印度、巴西。蓖麻油为三蓖麻醇酸甘油酯，所含的脂肪酸成分主要是蓖麻油酸（12-羟基-顺-9-十八烯酸），约占89%。蓖麻油酸为不饱和脂肪酸，分子链上含有1个不饱和双键和1个羟基。此外，蓖麻油中还含有亚油酸（4.2%）、油酸（3.0%）、硬脂酸（1.0%）、棕榈酸（1.0%）、二羧基硬脂酸（0.7%）、亚麻酸（0.3%）以及花生酸（0.3%）等脂肪酸。

① 保湿性能。蓖麻油与其他油脂相比，其结构中的脂肪酸较为单一，化合物的纯度高，熔程和黏度范围较小，蓖麻油及其一些衍生物中的羟基可形成氢键。蓖麻油的这些特殊化学性质使得它具有比其他植物油脂更高的黏度

（表 3-1），用作化妆品油质原料时可使化妆品具有保持良好的润湿性。蓖麻油良好的润湿性能，使得其在清洗类化妆品和发用油蜡类制品中具有良好的应用。

表 3-1 不同植物油的黏度（37.8℃） 单位：mm^2/s

油脂	蓖麻油	杏仁油	菜籽油	橄榄油	豆油
黏度	293.4	43.20	50.64	46.68	28.49

② 抗氧化性能。不饱和脂肪酸中双键的存在使得其在储存和使用过程中易被氧化而发生酸败。蓖麻油及其衍生物结构中的C═C 键处于醇羟基的 β 位（图 3-1），羟基的吸电子诱导作用使得双键电子云密度下降而不易被氧化酸败，因此是一种具有抗氧化性能的植物油脂。研究显示蓖麻油的稳定性约是橄榄油的四倍。

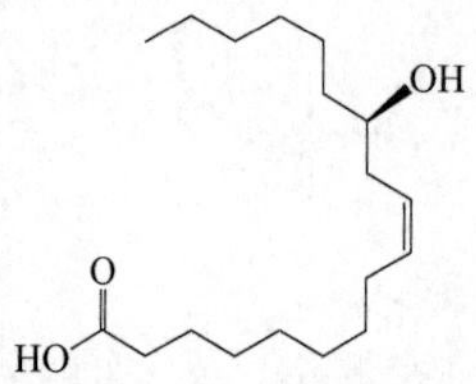

图 3-1 蓖麻油酸的结构式

③ 共溶性和颜料润湿性。化妆品往往是由多种性质各异的原料在一定条件下混合、乳化而成，因此要求各组分间具有良好的相溶性以确保产品的稳定性。蓖麻油及其衍生物长脂肪酸碳链上的羟基（图 3-1），促进了其与其他组分有良好的共溶性和颜料润湿性，因此蓖麻油常用于口红、整发化妆油等化妆品的制作。

（2）配方精选

配方 1：含水貂油唇膏

组分		质量分数/%
A 组分	蓖麻油	22.7
	橄榄油	15.2
	椰子油	12.6
	蜂蜡	10.9
	巴西棕榈蜡	11.8
	羟苯乙酯	0.3
B 组分	水貂油	10.9
	溴酸红染料	12.6
	硅氧烷	1.7
C 组分	维生素 A	0.3
	维生素 E	0.3
	香精	0.7

制备工艺：

① 在不锈钢混合机中加入配方量的溴酸红染料，加入水貂油和硅氧烷，

加热至75℃；充分搅拌均匀后，从底部放料口送至三辊机研磨3次；然后转入真空脱泡锅内待用。

② 将配方量的A组分放入熔化锅内，加热至82℃，熔化后充分搅拌均匀；过滤后转入真空脱泡锅内待用。

③ 将步骤①、②得到的产物混合均匀后，降温至40℃，加入配方量的C组分，搅拌至彻底均匀。

④ 将步骤③得到的产物进行浇注后即可。

3.1.1.2 杏仁油

（1）杏仁油特性　杏仁油（almond oil）属于不干性油，在－10℃时仍保持澄清，－20℃时才能凝固。杏仁油中90％脂肪酸为不饱和脂肪酸，其中包括油酸（65％）、亚油酸（27％）、棕榈酸（4.5％）等。杏仁油中脂肪酸组成与橄榄油和油茶籽油相近，属高油酸型油脂。甜杏仁油具有良好的亲肤性，能迅速被皮肤吸收。此外，甜杏仁油对香料和色素具有较好的稳定性，在化妆品配方中可作为油基单独使用，也可与其他油质原料混合使用。此外，杏仁油中富含维生素E、蛋白质，具有一定的抗氧化效果和营养效果，因此杏仁油被广泛用作高级化妆品基础油。

（2）配方精选

配方2：美白抗衰老霜

组分		质量分数/%
A组分	硬脂酸	7.0
	棕榈酸异丙酯	5.0
	杏仁油	4.0
	蓖麻油	1.0
	C_{16}醇	2.0
	单硬脂酸甘油酯	8.0
B组分	1,3-丁二醇	4.0
	三乙醇胺	0.9
	羟甲基纤维素	0.2
	EDTA-Na_2	0.1
	聚氧乙烯醚失水山梨糖醇硬脂酸酯	3.0
	去离子水	加至100
C组分	石榴皮提取物	0.5
	螺旋藻提取物	0.8
	玉米提取物	0.6
	乳酸	1.0
	苹果酸	1.0
	羟苯丁酯	0.5

制备工艺：

① 将A组分中的所有物料加入油相锅中，边搅拌边升温至80℃待所有物料均溶解，保持20min；

② 将B组分中的所有物料加入水相锅中，边搅拌边升温至80～90℃，保持30min；

③ 将油相锅溶解好的物料缓慢加到水相锅中，搅拌反应30min。降温至40℃，加入C组分，保温搅拌30min，缓慢降温至室温，得到美白抗衰老霜。

配方3：防晒多效护唇膏

组分	质量分数/%	组分	质量分数/%
蜜蜡	28.7	菜籽油	14.0
杏仁油	19.0	马齿苋提取物	3.7
橄榄蜡	7.4	薄荷精油	3.7
米胚芽油	12.3	纳米二氧化钛	3.7
木春菊提取物	3.7	纳米氧化锌	4.1

制备工艺：

① 将配方里的杏仁油、米胚芽油、菜籽油混合加热；

② 加入蜜蜡、橄榄蜡继续加热，混匀；

③ 加入纳米二氧化钛、纳米氧化锌进行研磨，得到均一膏体；

④ 在膏体中加入薄荷精油、马齿苋提取物和木春菊提取物，充分搅拌均匀；

⑤ 倒入模具中，室温冷却，脱模灭菌即可。

3.1.1.3 橄榄油

(1) 橄榄油特性　橄榄油（olive oil）是不干性油的代表，主要是油酸（76%～88%）的甘油三酯，并含有亚麻酸之类的高级不饱和脂肪酸酯（8%～10%），脂肪酸中80%为不饱和脂肪酸，橄榄油中油酸、亚油酸和亚麻酸的含量比例被认为是对人体较理想的比例（表3-2）。

表3-2　橄榄油平均脂肪酸含量

组分	油酸	棕榈酸	亚油酸	硬脂酸	棕榈油酸	亚麻酸	花生酸	山嵛酸	杂酸
质量分数/%	76.9	10.5	7.5	2.6	0.6	0.6	0.3	0.2	0.8

橄榄油中还含有维生素E、多酚（含：酚酸类、酚醇类、裂环烯醚萜、羟基异色满类、黄酮类及木酚素）、叶绿素等营养成分和抗氧化成分（表3-3）。其中，裂环烯醚萜（橄榄苦苷及其衍生物）有显著的广谱抗菌活性，对治疗烧伤、烫伤、晒伤、痤疮，具有显著效果。橄榄油中还含有化妆品中常用的角鲨烯。角鲨烯是人体内的一种主要的皮脂成分，具有良好的皮肤亲和性、润泽保

护作用、皮肤修复作用以及抗氧化作用。

表 3-3 原橄榄油主要组分

组分	质量分数/%	组分	质量分数/%
甘油三酯	96.0	脂肪醇	500×10^{-6}
游离脂肪酸	0.2	维生素 E	200×10^{-6}（95%为 α-维生素）
单/二酰基甘油	2.5	多酚	100×10^{-6}（对羟苯基乙醇）
挥发物	0.2	叶绿素	10×10^{-6}
角鲨烯	0.7	类胡萝卜素	5×10^{-6}
甾醇	1500×10^{-6}（90%为 β-谷甾醇）		

橄榄油除可用作防晒油的基本原料外，同时还可用于漂白油和按摩油等，也是制作冷霜、口红等化妆品的常用原料。

（2）配方精选

配方 4：天然护唇膏

组分	质量分数/%
植物油 （橄榄油、乳木果油、蓖麻油、葡萄籽油、月见草油的比例为 10∶1∶2∶6∶1）	加至 100
植物蜡 （天然蜂蜡）	30.0
天然辅料 （蜂蜜与玫瑰花提取液的比例为 9∶1）	29.5
维生素 E	0.5

制备工艺：

① 按比例称取植物油，搅拌加热；

② 在①中加入天然蜂蜡混合加热，搅拌均匀，最后按比例加入天然辅料蜂蜜和玫瑰花提取液以及维生素 E，搅拌均匀，倒模浇注即可。

配方 5：天然保湿唇膏

组分	质量分数/%	组分	质量分数/%
羊脂酸	4.5	玫瑰水	23.0
柠檬酸	9.1	桂花提取精华	18.0
不饱和脂肪酸	7.5	凡士林	4.5
橄榄油	9.0	蜂蜡	15.0
复合维生素	7.6	香精	1.5

制备工艺：

① 按比例称取橄榄油，搅拌加热；

② 在①中加入羊脂酸、蜂蜡、凡士林混合加热，搅拌均匀；

③ 最后按比例加入柠檬酸、不饱和脂肪酸、复合维生素、玫瑰水、桂花提取精华、香精，搅拌均匀，即可。

3.1.1.4 胚芽油

(1) 胚芽油特性　胚芽油作为化妆品添加剂，擦涂在皮肤表面，具有良好的抗菌性，能够抑制细菌内侵。国外许多临床证明，它对慢性湿疹、黑斑、皮肤老化等常见皮肤病有明显疗效。此外，胚芽油中的皮肤营养素 γ-谷维素，能增强皮肤内分泌系统的功能，促进血液循环。它既能为皮肤提供营养成分，又可治疗多种皮肤疾病，对干性、油性、中性皮肤均能适用。所以胚芽油在乳液、粉霜、发油、美容水中均可使用。

(2) 配方精选

配方 6：美白淡斑霜

组分	质量分数/%	组分	质量分数/%
小麦胚芽油	10	维生素 B_3	2.0
单硬脂酸甘油酯	2.5	1,3-丁二醇	5.0
熊果苷	3.0	苯氧乙醇	0.5
甘草萃取液	5.0	去离子水	加至 100

制备工艺：

① 将小麦胚芽油和水分别加热至 85℃，在水中加入 1,3-丁二醇和单硬脂酸甘油酯后，将小麦胚芽油缓慢加入水中，搅拌乳化 30min；

② 降温至 50℃，加入熊果苷、甘草萃取液、维生素 B_3、苯氧乙醇，搅拌至常温，即可。

配方 7：睫毛膏

组分	质量分数/%	组分	质量分数/%
蜂蜡	10.5	山梨醇	6.0
硬脂酸铝	12.0	玉米胚芽油	9.8
羟苯甲酯	6.0	无水羊毛脂	5.3
炭黑	16.5	豆蔻酸异丙酯	3.0
三乙醇胺	4.5	去离子水	加至 100
羟乙基纤维素	7.5		

制备工艺：

按比例称取上述原料，加热熔化，过研磨机进行研磨，搅拌混合均匀即可。

3.1.1.5 大豆磷脂

(1) 大豆磷脂特性　大豆磷脂（soybean phospholipid，SBPL）是生物膜

的主要成分，具有两亲结构，是一类天然表面活性剂。大豆磷脂的主要成分为卵磷脂、脑磷脂、磷脂肌醇和磷脂醇等，此外还含有糖脂、三酰甘油、碳水化合物等。

大豆磷脂对人体皮肤有着良好的保湿性和渗透性，具有抗氧化、抗静电、稳定、乳化、分散、润湿、渗透、保湿、软化肌肤和柔发等多种功能。长期使用含 SBPL 的化妆品，可增强皮肤营养，减少皮肤皱纹，增加皮肤光泽，使皮肤嫩滑，并能消除皮肤色素沉着，减少和祛除老年斑，缓解皮肤衰老。它可用于生产护肤、洁肤膏霜、洁面剂、防晒剂和晒黑剂等护肤产品；可用于洗发水、喷发胶、烫发、染发、头发修饰和调理剂及护发素等发用化妆品；还可用于口红、睫毛油、面用香粉和粉饼等美容化妆品。

(2) 配方精选

配方 8：雪花膏

组分	质量分数/%	组分	质量分数/%
硬脂酸	5.0	豆蔻酸异丙酯	1.0
单甘酯	4.0	香精	适量
大豆磷脂	2.0	防腐剂	6.0
C_{16}醇	12.0	去离子水	加至 100

制备工艺：

油相和水相分别加热至 75℃，大豆磷脂分散于水相，水相加入油相搅拌乳化。40℃加入香精。

配方 9：透明洗发水

组分	质量分数/%	组分	质量分数/%
氧化胺表面活性剂	8.0	色素	适量
大豆粉状磷脂	4.0	防腐剂	适量
香精	适量	去离子水	加至 100

制备工艺：

① 先将磷脂在室温下放入水中，搅拌 10min，然后当形成不透明分散液时，加入氧化胺表面活性剂，搅拌至透明。

②加入其他组分。制造过程可加温至 60～70℃。

3.1.1.6 紫胶

(1) 紫胶特性　紫胶 (shellac) 是由紫胶虫吸取植物汁液，分泌出一种具有特殊性能的纯天然树脂，又被称为虫胶、虫漆，是一种脂肪性树脂，呈淡黄色、透明、坚硬又易脆裂的片状体。紫胶的主要组成物质为紫胶树脂，并含有少量紫胶色素和紫胶蜡。紫胶树脂是羟基脂肪酸和羟基倍半萜烯酸构成的酯和聚酯混合物，每个分子含有羧基、羟基、酯基和醛基等活性基团。

化妆品中的紫胶品级应是漂白品级，否则会引起诸如皮炎等不安全的弊端。紫胶用于化妆品中能改善皮肤质感，柔软且不会产生黏性，此外，紫胶具有抗紫外线辐射功效，能够增加防晒油、防晒乳液、晒后保养油、防晒凝胶等防晒化妆品在水中的稳定性。紫胶多用于固发化妆品比如发胶、条理性发胶、喷雾发胶等，亦用于眼线化妆品、凝胶、牙膏等制品中。

(2) 配方精选

配方 10：眼睑膏

组分	质量分数/%	组分	质量分数/%
炭黑	3.0	甘油	8.0
阴丹士林	7.0	尿素	8.0
聚氧乙烯-聚氧丙烯醚(Nikkol PBC 44)	0.7	对羟基苯甲酯	1.0
C_{12}～C_{15}链烷醇聚醚-10(Nikkol BD 10)	1.0	去离子水	加至 100
紫胶	2.0		

制备工艺：

① 将炭黑、阴丹士林用打粉机粉碎成均匀粉相；

② 将 Nikkol PBC 44、Nikkol BD 10、紫胶、甘油、尿素、对羟基苯甲酯用均质机在 10000r/min 下均质 6min，均匀分散于去离子水中；

③ 将步骤②所得的料体加热至 55℃，加入步骤①所得的料体，用打蛋机混合均匀并加热至 75℃。

3.1.1.7 霍霍巴油

霍霍巴油 (jojoba) 是由加利福尼亚州希蒙得木灌木的种子制备得到的一种蜡状液体产品，是化妆品常见油性原料，被广泛应用于护肤品和发用化妆品中。

(1) 霍霍巴油在护肤品中的应用　由于霍霍巴油组分与人体表皮油脂的性质非常接近，可与皮脂完全混合，将其涂抹于皮肤时可形成一层局部多孔渗水膜，可促进皮肤呼吸，调节皮肤湿度。霍霍巴油可通过不完全阻隔气体及水分的蒸发方式明显减少表皮水分的流失，表现出良好的保湿性能。此外，研究显示霍霍巴油可快速通过毛孔和毛囊被皮肤吸收，在快速吸收后，毛孔和毛囊仍处于张开状态，更能促进其发挥作用，因此霍霍巴油具有良好的渗透效果，起到滋润皮肤的作用。

(2) 霍霍巴油在发用产品中的应用　霍霍巴油具有良好的渗透性，其能快速渗入到头皮以及发丝中溶解皮脂，起到清洁发丝和头皮的作用。霍霍巴油具有良好的增溶剂，可去除因发胶而沾染的灰尘。此外，霍霍巴油作为油性基质，能够保持头发水分是使头发柔软、顺滑和具有光泽的前提。

(3) 配方精选

配方 11：祛斑蛋白乳

组分	质量分数/%	组分	质量分数/%
乙醇	15.0	支链淀粉	1.0
去离子水	加至 100	霍霍巴油	2.0
L-焦谷氨酸钠	1.5	氢氧化钾	1.0
油醇聚氧乙烯醚	1.0	$EDTA-Na_2$	1.0
熊果苷	1.0	香精	适量
胶原蛋白	0.4		

制备工艺：

① 将水溶性物料（乙醇、L-焦谷氨酸钠、熊果苷、胶原蛋白、支链淀粉）加入去离子水中，加热至 65℃ 至物料完全溶解，加入表面活性剂油醇聚氧乙烯醚；

② 将霍霍巴油熔化后，加入水相中，乳化 30min；

③ 降温至 55℃ 以下，加入氢氧化钾、$EDTA-Na_3$、香精，冷却静置后进行包装。

配方 12：含霍霍巴油洗发水

组分	质量分数/%	组分	质量分数/%
月桂醇聚醚硫酸酯钠	22.0	二(氢化牛脂基)邻苯二甲酸酰胺	2.0
椰油酰胺丙基甜菜碱	4.0	聚季铵盐-10	0.3
椰子油二乙醇酰胺	2.0	瓜尔胶羟丙基三甲基氯化铵	0.2
霍霍巴油	3.0	乙内酰脲	0.3
小麦胚芽油	1.0	氯化钠	2.0
乙二醇硬脂酸酯	0.1	柠檬酸	0.3
月桂醇硫酸酯胺	5.0	香精	0.5
去离子水	加至 100		

3.1.1.8 茶油

(1) 茶油特性 茶油（camellia oil）是从山茶科油茶树种子中获得的木本油脂，又名茶籽油、山茶油，属不干性油。茶油脂肪酸主要由油酸、亚油酸和少量的饱和脂肪酸组成，其中油酸含量达到 74%～89%，成分与橄榄油相似，有“东方橄榄油”之称。茶油中还含有许多功能性物质，如维生素 E、维生素 K、黄酮类化合物、三萜皂苷、角鲨烯、甾醇、茶多酚等。茶油在用作化妆品基质中具有良好的抗氧化性能、抗衰老性能、保湿性能、抑菌性。此外，茶油能调节皮肤渗透性，促进活性物质的经皮渗透。

(2) 配方精选

配方 13：茶油抗衰老润肤油

组分	质量分数/%	组分	质量分数/%
甜杏仁油	25.0	维生素 E	0.5
辛酸/癸酸甘油三酯(GTCC)	15.0	角鲨烯	0.5
茶树精油	0.8	茶油	加至 100

制备工艺：

① 将精制茶油加热至 50℃，加入甜杏仁油、GTCC，搅拌，使油相互相融合均匀，注意控制搅拌力度，尽量减少空气流入和气泡产生；

② 加入功效成分维生素 E、角鲨烯，搅拌使其充分溶解于油相；

③ 待溶解完全，冷却至 10℃左右，加入茶树精油，得润肤油成品。

3.1.1.9 椰子油

（1）椰子油特性　椰子油（coconut oil）为棕榈科植物椰子果肉经碾碎冷压或热压榨取获得的植物性油脂。椰子油脂肪酸中含月桂酸 46%～50%、肉豆蔻酸 17%～19%、癸酸 6%～10%、辛酸 6%～9%、棕榈酸 8%～10%、硬脂酸 2%～3%、亚油酸 1.1%～1.9%、亚麻酸 1%～2.5%。椰子油在 24℃以上为白色至透明液体，在冷处则为牛油样的固体；有特殊气味，新鲜时气味芬芳。椰子油含有天然抗生素，在口腔制品中具有防龋齿的作用；椰子油具有护发功效，能预防头发分叉并控制头皮屑；椰子油中的多酚化合物具有显著的抗氧化活性，其消化产生的月桂酸单甘酯具有抗微生物和促进伤口愈合的功能。椰子油性质稳定，饱和度高，不易酸败，在常温下可放置 2～3 年。

（2）配方精选

配方 14：美白保湿眼霜

组分		质量分数/%
A 组分	羟乙基纤维素	0.5
	甲基葡萄糖倍半硬脂酸酯	0.3
	鲸蜡硬脂醇	1.0
	凡士林	2.0
	聚二甲基硅氧烷	1.0
	椰子油	1.5
	防腐剂	0.01
B 组分	卡波姆	0.05
	甘油	3.0
	山梨醇	0.5
	丁二醇	2.0
	维生素 E	0.5
	去离子水	加至 100
C 组分	二乙醇胺	0.05

续表

组分		质量分数/%
D组分	氨甲环酸	0.1
	杜仲提取物	6.0
	薏苡仁提取物	3.0
	芦荟提取物	3.0
	珍珠粉	2.0
	鱼子精华	2.0
	牛奶蛋白	1.0
	香精	0.003
	聚乙二醇脂肪酸酯	0.002

制备工艺：

① 将A组分置于油相锅中，搅拌并加热至75℃至完全溶解；

② 主锅中加入B组分，搅拌至均匀，加热至75℃保温10min；

③ 将A组分加入B组分中，再加入C组分，均质8min，进行保温消泡；

④ 待无气泡后降温至45℃，将D组分中氨甲环酸预溶后加入，再加入其余组分，搅拌至均匀，即得产品。

3.1.1.10 乳木果油

(1) 乳木果油特性　乳木果油（shea butter），是从非洲中西部特有的乳油木果实乳木果中制取出的一种木本油脂，常温下为软蜡状固体或半固体，属不干性油，具有清新的乳木果芬芳。乳木果油的主要成分为甘油三酯和不皂化物，其中甘油三酯含量为80%左右，而不皂化物的含量（1%～19%）。

乳木果油脂肪酸组成主要有油酸41%～52%、硬脂酸30%～46%、棕榈酸3%～8%、棕榈油酸0%～0.3%、亚油酸4%～12%、亚麻酸0%～1.3%、花生酸0.2%～3.0%、花生一烯酸0%～0.6%。不皂化物平均组成为萜烯醇65%～75%、植物甾醇3.5%～8.05%。其中植物甾醇具有调节和控制反相膜流动性的能力，因此常被用作头发和皮肤调节剂、皮肤细胞再生促进剂与头发生长促进剂，也可作为皮脂腺调节剂、抗炎剂、抗老化因子、伤口愈合剂和非离子乳化剂等。

(2) 配方精选

配方15：唇彩

组分	质量分数/%	组分	质量分数/%
乳木果油	37.3	3575油	5.8
凡士林	18.20	色素	5.0
蜂蜡	540	防腐剂	适量
IPM	12.40	抗氧化剂	适量
蓖麻油	15.90	香精	适量

制备工艺：

① 将色素与蓖麻油 1∶2 混合后，并用三辊研磨机研磨，放入已加热的乳木果油及其余蓖麻油、脂、蜡中，全部熔化后加入防腐剂和抗氧化剂；

② 当温度降至 50℃时加入香精，真空搅拌，边搅拌边冷却后即得。

3.1.1.11 其他植物油脂和配方精选

除了常规的这些植物和动物油脂以外，还有大量的天然油脂，尤其是来自果实的油脂被应用于化妆品的基础油脂，如南瓜子油、苹果籽油、葡萄籽油等。

配方 16：营养头油

组分	质量分数/%	组分	质量分数/%
液体石蜡	60.0	香精	适量
橄榄油	12.0	抗氧化剂	适量
南瓜子油	10.0	颜料	适量
薏苡仁油	10.0	防腐剂	适量
杏仁油	7.0		

制备工艺：

将前 5 种组分混合加热至 60℃，搅拌冷却至 45℃时加入香精、抗氧化剂、颜料和防腐剂，再搅拌 30min，然后过滤即可装瓶。

配方 17：葡萄籽润肤霜

组分		质量分数/%
A 组分	葡萄籽油	10
	凡士林	3.0
	无水羊毛脂	3.0
	C_{16}醇	3.0
	C_{18}醇	3.0
	单硬脂酸甘油酯	4.0
B 组分	甘油	6.0
	去离子水	加至 100
	三乙醇胺	3.0
	聚乙二醇-20-鲸蜡硬脂醇醚	2.0
	聚氧乙烯氢化蓖麻油	3.0
C 组分	维生素 E	1.5
	香精	适量
	防腐剂	适量

制备工艺：

① 将 A 组分混合，加热至 75℃溶解后待用；

② 将 B 组分混合，加热至 75℃溶解后待用；

③ 将A相在搅拌下缓慢加入B相中，乳化35min，搅拌速度1000r/min，再加入C组分，即制得葡萄籽润肤霜。

配方18：纯天然多效滋养防晒霜

组分		质量分数/%
A组分	牡丹籽油	7.8
	橄榄乳化蜡	3.1
B组分	依兰纯露	23.5
	玫瑰纯露	19.6
	去离子水	11.8
	海藻糖	3.9
C组分	高分子透明质酸钠1%溶液	2.4
	低分子透明质酸钠1%溶液	1.6
	芦荟凝胶原液	1.6
	红石榴提取物	0.4
	Silasoma MEA紫外线包裹体	3.9
	微粒二氧化钛分散液	9.4
	茄红素	1.6
	1,3-丁二醇	7.1
	戊二醇	1.6
	厚朴树皮提取物	0.01
D组分	抗菌剂	0.8

制备工艺：

① 75℃下，分别加热A组分和B组分，将B组分少量多次倒入A组分中，快速搅拌均匀，搅拌20min；

② 降温至40℃后，依次加入C组分，每加入1种添加物需要搅拌2min；

③ 最后加入D组分抗菌剂，搅拌均匀即得。

配方19：安全唇膏

组分	质量分数/%	组分	质量分数/%
杏仁油	29.0	椰油醇	2.6
棉籽油	15.8	淀粉	9.2
月见草油	19.7	蜂蜜	5.2
羊毛脂酸异丙酯	5.3	香精	2.5
蜜蜡	6.6	脂肪酸单乙醇酰胺	4.0

制备工艺：

将上述原料按比例称量加入搅拌器中，加热搅拌均匀，保持温度50℃，搅拌2.5h，然后用三辊机反复研磨5次，之后进行真空脱气，在45℃下浇注成型即可。

3.1.2 天然蜡类原料

3.1.2.1 小烛树蜡和配方精选

小烛树蜡（candelilla wax）又名坎地里拉蜡，是一种浅黄色半透明或者不透明的固体，略带黏性，有光泽和芳香气味，质地脆而硬，是从墨西哥北部及美国得克萨斯州南部、加利福尼亚州南部等地特产的小烛树灌木表皮中提取出来的。小烛树蜡含有特殊树脂成分具有对温度变化性较强等特性。在熔融的混合物中，它凝固得很慢，且在长时间内不能达到最大硬度。加入油酸或类似的酸，会使结晶过程变慢，且使软度迅速增加。主要成分为烷基酯、游离醇、烃类化合物和游离酸等，主要用于膏霜类和唇膏类化妆品，以提高耐热稳定性，也可作为软蜡的硬化剂及蜂蜡和巴西棕榈蜡的代用品。

配方1：抗水透气粉底液

组分	质量分数/%	组分	质量分数/%
烷基丙烯酸酯聚合物	5.0	硬脂酰乳酸钠	4.0
甲氧基肉桂酸乙基己酯	8.0	遮瑕粉	11.0
山梨坦倍半油酸酯	2.0	保湿剂	8.0
小烛树蜡	3.0	着色剂	9.0
聚二甲氧基硅氧烷	10.0	超细硅处理钛白粉	5.0
丁二醇	7.0	玻尿酸	5.0
山药提取物	5.0	抗氧化剂	5.0
维生素C	6.0	去离子水	加至100

制备工艺：

按比例称量各组分，均质15min，搅拌均匀即可。

3.1.2.2 棕榈蜡和配方精选

棕榈蜡（carnauba wax），天然的巴西棕榈蜡又称卡那巴蜡，是由成熟的卡那巴树叶晒干、敲打、除蜡、再将粉状蜡熔化、过滤、成型得来。它是一种无定形、有光泽、质硬而韧的蜡，有令人愉快的气味。主要成分为蜡酸蜂花醇酯和蜡酸蜡酯。在化妆品中主要能够提高产品的熔点，增加硬度、韧度和光泽，也有降低黏性、塑性和结晶的倾向，是化妆品原料中硬度较大、熔点较高的商品天然蜡，主要用于唇膏、睫毛膏、脱毛蜡、眉笔等化妆品。

配方2：眉笔

组分	质量分数/%	组分	质量分数/%
石蜡	20.0	滑石粉	10.0
凡士林	10.0	巴西棕榈蜡	5.0
羊毛脂	10.0	矿脂	20.0
可可脂	2.0	香精	4.0
蜂蜡	18.0	防腐剂	1.0

制备工艺：

将石蜡、凡士林、羊毛脂、可可脂、蜂蜡、滑石粉、巴西棕榈蜡和矿脂搅拌均匀，再加入香精和防腐剂混合均匀，即可。

配方3：睫毛膏

组分	质量分数/%	组分	质量分数/%
油酸	5.6	无水羊毛脂	6.9
硬脂酸	4.2	纤维素胶	1.4
微晶蜡	10.6	三乙醇胺	2.8
巴西棕榈蜡	6.5	羟苯乙酯	0.2
羟乙基纤维素	1.9	去离子水	加至100

制备工艺：

将油酸、硬脂酸、微晶蜡和巴西棕榈蜡加热至60℃为油相，再将剩余原料共同加热至80℃为水相，将水相加入油相中，搅拌使乳化后搅拌至室温即可。

3.1.2.3 动物油脂和蜡

羊毛脂和蜂蜡等动物来源的主要天然油脂和蜡，也是较为重要并广泛应用的化妆品原料，关于其具体功能和应用详见第5章。

3.1.3 合成和半合成的蜡类和油脂类原料

(1) 合成蜡类

① 液体石蜡又称白油或者蜡油，是一种无色透明、无味、无臭的黏稠液体。其能使皮肤正常地呼吸、排出汗液。液体石蜡是化妆品中应用最广的一种油溶性原料，可配制肤霜、冷霜、蜜、发乳等乳剂类和膏霜类化妆品。

② 固体石蜡因其对皮肤无不良反应，主要作为发蜡、香脂、胭脂膏、唇膏等油脂原料。

③ 凡士林又称矿物脂，为白色和淡黄色均匀膏状物。主要为C_{16}～C_{32}高碳烷烃和高碳烯烃的混合物。具有无味、无臭、化学惰性、良好的黏附性、价格低廉和高密度等特点。常用于护肤霜膏、发用类、美容修饰类化妆品等。

(2) 合成油脂类原料

① 硬脂酸可由牛羊油、兽骨油或硬化的植物油进行水解而制得，可与氢氧化钾或三乙醇胺等皂化制得肥皂，也可作为乳化剂。硬脂酸55%和棕榈酸45%的混合物，是制造雪花膏、冷霜的主要原料。

② 角鲨烷为深海纹鲨鱼肝油中取得的角鲨烯加氢反应制得。角鲨烷具有良好的渗透性、润滑性和安全性，常常被用于各类膏霜类、乳液、化妆水、口红、护发素、眼线膏等高级化妆品中。

③ 月桂酸又称十二烷酸，为白色结晶蜡状固体，在化妆品中一般将月桂酸与氢氧化钠、氢氧化钾或三乙醇胺皂化制备肥皂，产物起泡性好，泡沫稳定，主要用于洗发水、洗面奶及剃须膏等制品。

④ 环状聚硅氧烷黏稠度低，挥发性好，主要用于化妆品中，如膏霜类、乳液、浴油、洗发水、古龙水、棒状化妆品、抑汗产品。

⑤ 聚甲基苯基硅氧烷为无色或浅黄色的透明液体，对皮肤渗透性好，用后肤感良好，可增加皮肤的柔软性，加深头发颜色，保持自然光泽，常用在高级护肤制品以及美容化妆品中。

⑥ 脂肪酸酯多为高级脂肪酸与低分子量的一元醇酯化生成。其特点是与油脂有互溶性，且黏度低，延展性好，对皮肤渗透性好，在化妆品中应用较广。硬脂酸丁酯是指甲油、唇膏的原料。其中，肉豆蔻酸异丙酯、棕榈酸异丙酯常用于护发、护肤以及美容化妆品中；硬脂酸异辛酯则主要用于膏霜制品。

⑦ 脂肪醇主要为 C_{12}～C_{18} 的高级脂肪醇，其中月桂醇、鲸醇、硬脂醇等常作为保湿剂；丙二醇、丙三醇、山梨醇等则可作为黏度剂、降低剂、定性剂和香精的溶剂。月桂醇也多用作表面活性剂；鲸醇常作为膏霜、乳液的基本油脂原料；硬脂醇是制备膏霜、乳液的基本原料，与 C_{16} 醇匹配使用于唇膏产品的生产。

3.2 天然胶质类原料

胶质类原料能使固体粉质原料黏合成型，能够使含有固体粉质原料制品分散稳定提高。根据来源，被分为合成胶质和天然胶质。

合成胶质常用的有卡波树脂、聚乙烯醇、羧甲基纤维素钠盐、聚乙烯吡咯烷酮等。合成胶质性质稳定，对皮肤的刺激性低，价格低廉。其中卡波树脂是使用最为广泛的合成类胶质，常用于液体增稠，具有安全、高效、稳定等特性，在弱碱性的环境中只需较少量的卡波树脂就能达到所需要的黏稠度，常规用量为 0.10%～0.50%，兼具增稠和稳定的作用，可获得黏度范围宽和不同流变性的乳液、膏霜和凝胶类产品。

天然胶质有明胶、果胶、变性淀粉、黄原胶等。

3.2.1 明胶

(1) 明胶特性　明胶（gelatin）是一种高分子蛋白质，是由动物皮、腱在酶、酸、碱作用下水解形成的产物。明胶是蛋白质水解产物，对皮肤和毛发具有保护、保湿、去污等作用，能增加毛发的抗张强度和弹性，因此常用作烫发、整理、漂洗和干燥类化妆品的制造。明胶与维生素配合使用，可制成营养、护肤美容、抗皱等化妆品。在医学美容中，明胶和维生素可制成复方针剂作皮下注射，用以使皮肤皱纹消失而变得平滑。明胶结构中含有多种亲水基团如氨基、羧基、羟基等，因此具有良好的保湿性能，有助于在干燥的空气中保持皮肤角质层正常的水分，防止皮肤因水分不足而产生皱裂等。使用精制的水解明胶与水溶性的合成或半合成高分子成膜物质和护肤药品以及助剂等进行复配可制成胶状物质，涂在皮肤表面产生仿生薄膜，该化妆品可对外阻挡有害物质和环境的侵蚀，对内养护皮肤及治疗皮肤疾病。

（2）配方精选

配方 1：活肤沐浴盐

组分	质量分数/%	组分	质量分数/%
榛果油	4.9	赤芍	4.1
橙花精油	5.8	红景天	5.0
晶体盐	41.3	泽兰	5.0
水解明胶	3.3	川芎	2.5
羟乙基尿素	4.1	独活	1.7
甘草	3.3	连翘	3.3
楮实子	1.7	月桂醇聚醚硫酸酯钠	0.8
鲜地黄	5.0	聚山梨酯 20	0.8
金银花	2.5	季戊四醇四异硬脂酸酯	1.6
银杏叶	3.3		

制备工艺：

① 取金银花和银杏叶洗净烘干，研磨粉碎，加入原料质量 0.1 倍的香油混匀静置 16min，中火翻炒至有焦煳味逸出，取出；

② 将楮实子和连翘清洗除杂，加入盐水浸泡 24min，取出研磨成粉，加入原料质量 1 倍的米醋拌匀，恒温烘干，再次粉碎过 100 目筛，制成药粉；

③ 取甘草、鲜地黄、赤芍、红景天、泽兰、川芎和独活，洗净切片，置于炒制容器内，加入麦麸混合，中火翻炒 15min，取出筛去麦麸，与步骤①、②所制原料混合，加入所煮原料质量 5 倍的水煎煮至沸腾，持续 22min，过滤，收集滤液；

④ 将步骤③所得滤液与晶体盐混合均匀，加热至 180℃浓缩 12min，再加入榛果油、橙花精油、水解明胶、羟乙基尿素、月桂醇聚醚硫酸酯钠、聚山梨酯 20 和季戊四醇四异硬脂酸酯，以 400r/min 的速度搅拌至均匀，造粒过 60 目筛，制成沐浴盐。

3.2.2 果胶

（1）果胶特性　果胶（pectin）广泛存在于植物的根、茎、叶、果实中，是植物细胞壁的组成成分，常见的果胶系物质是原果胶、果胶酯酸、果胶酸的混合物。

果胶分子是由不同酯化度的半乳糖醛酸以α-1,4-糖苷键聚合而成的多糖链，常带有鼠李糖、阿拉伯糖、半乳糖、木糖、海藻糖、芹菜糖等组成的侧链。游离的羧基可部分或全部与钙、钾、钠离子，特别是与硼化合物结合。果胶具有提高机体的免疫功能、抗辐射、清除自由基的作用，同时又具有胶凝化和乳化稳定等特点，因此常用于化妆品制剂中凝胶剂。

（2）配方精选

配方 2：温和清爽润唇膏

组分	质量分数/%	组分	质量分数/%
茶籽油	15.9	维生素 E	4.3
乳木果油	5.8	乙二醇双硬脂酸酯	5.1
沙棘油	15.2	甘油	5.8
洋甘菊提取液	5.8	凡士林	4.3
羊毛脂酸	9.4	棕榈酸异辛酯	2.9
果胶	8.7	蜂蜡	4.3
鲨鱼肝油	3.6	透明质酸	2.9
蜂蜜	5.8		

制备工艺：

将上述原料按比例称量加入搅拌器中，加热搅拌均匀，保持温度 50℃，搅拌 2.5h，然后用三辊机反复研磨 5 次，之后进行真空脱气，在 40℃下浇注成型即可。

配方 3：沐浴露

组分	质量分数/%	组分	质量分数/%
月桂醇聚醚硫酸铵(AESA)	20.0	薰衣草精油	适量
醇醚磺基琥珀酸单酯二钠盐(MES)	12.0	柠檬酸	适量
月桂酰胺丙基甜菜碱(LAB)	9.0	防腐剂	适量
果胶	5.9	去离子水	加至 100

制备工艺：

① 将去离子水称量后加入 250mL 烧杯中，将烧杯放入恒温水浴锅中加热至 60℃；

② 加入 AESA 控制温度在 60℃，并不断搅拌至全部溶解；

③ 然后不断搅拌，加入其他表面活性剂，直至其全部溶解为均一的液相；

④ 降温至 40℃及以下后加入果胶、适量香精等其他助剂，待其他助剂全部溶解，搅拌均匀，用柠檬酸调节 pH 至规定范围，即得。

3.2.3 变性淀粉

(1) 变性淀粉特性 变性淀粉（modified starch）是原淀粉经物理、化学或者酶解等处理，得到的性质改变、加强或者具有新的性质的一系列产物。国家食品药品监督管理总局颁布的《已使用化妆品原料名录》（2015 年版）中与淀粉相关的变性淀粉和原淀粉化妆品原料达 40 余种，如羟丙基淀粉、羧甲基淀粉、酯化淀粉、淀粉共聚物等变性淀粉，可见变性淀粉是化妆品常用的一类原料。变性淀粉的制备方法不同，得到的变性淀粉的种类不同，性能也不完全相同，变性淀粉在化妆品中的应用主要取决于变性淀粉的物理、化学性质和功能。变性淀粉在化妆品中主要表现出以下几种作用。

① 胶凝特性。马铃薯淀粉支链上有磷酸酯基团，与阳离子交换后，经干热和后期冷水处理后得到的变性淀粉可形成黏弹性凝胶；高直链玉米淀粉化学改性后的非离子产物也具有凝胶特性；芋头淀粉经干热处理后，具有极强的弹性和凝胶特性。以上 3 种方式制得的变性淀粉可提高发型固定产品的稳定性和配料兼容性。以马铃薯淀粉为原料制得的凝胶可达到传统凝胶剂如海藻酸钠、琼脂等相同的凝胶强度效果。

② 增稠作用。化学改性可控制淀粉的溶胀特性，变性后的淀粉可达到理想的结构要求，且具有更好的流变特性；淀粉的物理变性只需在预水化的混合容器中完成，无须加入各种酸碱，得到的淀粉更加环保，具有很强的增稠性，适用于毛发的漂白和着色，增强洗发水、护发素的乳液稳定性以及对头发的定型性。

③ 乳化作用。流动性淀粉有较好的疏水性和流动性，可作为乳化剂等应用于个人护理品中，与传统合成类乳化剂相比，流动性淀粉具有更好的环保性能，并且对皮肤温和无刺激，且可使面霜、乳液等具有柔软、细腻的触感，还可提高乳剂的稳定性。

(2) 配方精选

配方 1：清爽持久慕斯眼影

组分		质量分数/%
A 组分	去离子水	加至 100
	1,3-丁二醇	1.0
	苯氧乙醇	0.3
	聚丙烯酸钠接枝淀粉	0.5
B 组分	亲油表面处理的滑石粉	1.0
	亲油表面处理的珠光粉	8.0
	聚甲基倍半硅氧烷(微球体,粒径 5μm)	1.0
C 组分	苯乙烯/丙烯酸(酯)类共聚物[50%(质量分数)的水分散液]	5.0

制备工艺：

① 将按比例称量好的A组分混合均匀；

② 在搅拌状态下，将B组分加入A组分中；

③ 将C组分加入A、B混合相中，搅拌均匀即可。

配方2：抗皱保湿霜

组分		质量分数/%
A组分	柠檬酸	1.7
	聚乙二醇	26.0
	去离子水	加至100
B组分	橙花醇	1.0
	马油	12.5
	翅果油	13.3
	β-葡聚糖	2.7
C组分	2-辛基十二烷醇	2.5
	海藻酸丙二醇酯	2.5
	柠檬酸脂肪酸甘油酯	2.9
	羟丙基淀粉	2.0
D组分	龙葵提取物	1.7
	海金沙提取物	2.2
	钩果草提取物	1.5

制备工艺：

① 将A组分加入搅拌机中，在52～58℃条件下，以1000r/min的转速搅拌20min；

② 将B组分加入搅拌机中，在65～70℃条件下，以1000r/min的转速搅拌30min；

③ 将步骤②的混合物缓慢加入步骤①的混合物中，以800r/min的转速搅拌5min；

④ 加入C组分，以1000r/min的转速搅拌20min；

⑤ 将D组分加入，在45～50℃下，处理120min，即得抗皱保湿霜。

3.2.4 黄原胶

(1) 黄原胶特性 黄原胶（xanthan gum）又称黄胶、汉生胶，是由野油菜黄单胞菌（又名甘蓝黑腐黄单胞菌）、菜豆黄单胞菌、锦葵黄单胞菌、胡萝卜黄单胞菌等好氧菌发酵得到的一种大分子生物多糖。黄原胶分子是由D-葡萄糖、D-甘露糖、D-葡萄糖醛酸、乙酸和丙酮酸构成的“五糖重复单元”结构聚合体，分子量在2×10^6～2×10^7，是一种类白色或浅黄色的粉末，具有水溶性、增稠性、乳化性、稳定性、流变性等优点。

① 黄原胶的流变性能使其常用于牙膏制品。黄原胶优良的剪切变稀性使牙膏易于挤出和分装。

② 黄原胶具有优良的稳定性和增稠性，当其用于乳剂时，可赋予其良好的储存稳定性。黄原胶静置时的高黏度有利于个人护理产品中均匀分散油相的稳定，使用时剪切变稀性则提供了良好的润滑、爽肤作用，可提高其可涂饰性能。黄原胶的增稠性可提高乳剂对有效成分的包载性能。

③ 黄原胶还可以作为遮光剂用于防晒类护肤品中，使皮肤免受紫外线的伤害。

④ 黄原胶用于眼影中可使眼影具有流体结构和良好的稳定性。

(2) 配方精选

配方 1：耐水防晒膏

组分		质量分数/%
A组分	豆蔻酸异丙酯	7.0
	辛基二甲基对氨基苯甲酸酯	8.0
	甲氧基肉桂酸辛酯	7.5
	4-羟基-4-甲氧基二苯甲酮	5.0
	邻氨基苯甲酸薄荷酯	5.0
	硬脂酸	3.0
	单硬脂酸甘油酯	4.0
	C_{16}醇	1.0
	PEG-40 硬脂酸酯	1.5
B组分	黄原胶	0.3
	DEA-鲸蜡醇磷酸酯	8.0
	甘油	3.5
	去离子水	加至100
C组分	香精、防腐剂	适量

制备工艺：

① 分别将 A、B 组分混合、加热到 80℃，然后将 B 组分加入 A 组分中，继续加热、搅拌 30min；

② 冷却到 50℃后加入 C 组分，继续搅拌混合，冷却到室温，包装。

配方 2：眼影膏

组分	质量分数/%	组分	质量分数/%
云母粉	45	司盘-60	1.0
珠光	45	丁二醇	1.0
辛基十二醇硬脂酰氧基硬脂酸酯	5.0	苯氧乙醇	0.5
六亚甲基二异氰酸酯(HDI)/三羟甲基己基内酯交联聚合物	1.5	黄原胶	1.0

制备工艺：

① 将云母粉、HDI/三羟甲基己基内酯交联聚合物用打粉机粉碎成均匀粉相；

② 将步骤①所得的料体转移至高速混合机中，同时加入珠光，混合均匀；

③ 将黄原胶、辛基十二醇硬脂酰氧基硬脂酸酯、司盘-60、丁二醇、苯氧乙醇用均质机在8000r/min下均质5min，均匀分散于去离子水中；

④ 将步骤③所得的料体加热至50℃，加入步骤②所得的料体，用打蛋机混合均匀并加热至80℃；

⑤ 将步骤④所得的料体灌入模具后，冷却干燥，所得眼影含水量≤2%时脱模。

3.3 化妆品用天然香精

香精通常是由多种香料调配而成，能够赋予化妆品舒适的气味。香精的选择不仅可影响化妆品的气味，同时与制品的刺激性、致敏性、稳定性也有一定的相关性。按照来源差异，天然香精被分为植物香料、动物香料。

3.3.1 植物香料

植物香料是香型化妆品中香精的重要原料，可用于调配各种洗发水、润肤露、沐浴皂、香水等。

3.3.1.1 花类

(1) 常见的花类精油　花类天然香料，主要指玫瑰、薰衣草、茉莉、紫罗兰等芳香型植物花朵的天然精油。这类天然精油具有强烈的香味，对皮肤具有优良的亲和性和保湿性，无刺激、不致敏，安全性高，根据其本身的特殊功能可分为以下几类。

① 玫瑰精油（rose essential oil）。国外用于生产玫瑰精油的玫瑰品种主要是香水玫瑰、大马士革玫瑰、百叶玫瑰、法国蔷薇和白玫瑰，我国主要是重瓣玫瑰和苦水玫瑰等。研究显示，玫瑰精油含量丰富，其中主要成分为烷烃、香茅醇、香叶醇、橙花醇、紫罗兰醇、单萜和倍半萜、庚醛、脂肪酸等，其中香茅醇、香叶醇、β-苯乙醇和橙花醇及其酯类是玫瑰花香的基本成分。精油的来源和产地不同，主要成分和比例差别较大。玫瑰精油具有抑菌、抗氧化、抗敏感、保湿、促进细胞再生等功效；在情绪方面具有镇压、减压、安眠、抗冲突、缓解紧张和抗抑郁等作用。

② 薰衣草精油（lavender oil）。薰衣草精油是指用水蒸气蒸馏法、有机溶剂萃取法、超临界CO_2萃取法从薰衣草正在开放的花序中提取的精油。薰衣草精油的化学成分与其提取工艺以及产地有较大的相关性，化合物主要以乙酸酯、醇、烯烃化合物为主。薰衣草精油具有超强渗透力，可深入皮下组织，彻

底清除皮肤下细菌滋生、毛囊堵塞，进而缓解青春痘、粉刺、黑头、毛孔粗大等皮肤问题。薰衣草精油具有清热解毒、清洁皮肤、控油、祛斑美白、祛皱嫩肤、祛除眼袋/黑眼圈、促进受损组织再生恢复等护肤功效。

③ 茉莉精油（jasmine essential oil）。茉莉精油是由茉莉花提取而来的精油。茉莉精油中含有100多种具有香气的物质，主要含有挥发油、黄酮类及多糖类成分，具有抗氧化、抗菌、降糖、镇静镇痛及催眠作用，用于化妆品中可缓解焦虑、烦躁、失眠、疼痛等。

（2）配方精选

配方1：磨砂抗过敏洗面奶

组分	质量分数/%	组分	质量分数/%
纳米碳晶	1.2	苹果花	20.0
芦荟	15.0	薰衣草精油	0.5
桂花	10.0	天竺葵精油	2.0
金盏菊	20.0	去离子水	加至100

制备工艺：

① 将天竺葵精油和薰衣草精油混合均匀备用；

② 将芦荟、桂花、金盏菊和苹果花混合、粉碎后置于30～35℃去离子水中浸泡1h后煮沸，控制加热保持微沸1h，静置冷却至25℃，过滤得滤液；

③ 将表面功能化处理过的纳米碳晶加入去离子水中，加热至80～90℃，在搅拌条件下，依次缓慢加入步骤①和步骤②所得物料，待乳化均匀后停止搅拌，保温3h后冷却至室温，使用柠檬酸将溶液pH值调至6.0～6.5后加入剩余去离子水，静置24h，即得。

配方2：补水凝胶面膜

组分	质量分数/%	组分	质量分数/%
羧甲基纤维素钠	1.41	果酸	0.14
酶解熊果叶提取物	0.28	透皮吸收促进剂氮酮	0.07
柠檬提取物	0.71	氯化钠	5.65
精氨酸	0.07	维生素E	2.12
薰衣草精油	0.14	卡波姆	4.24
洋甘菊精油	0.14	甘油	11.30
芦荟提取液	2.82	香精	0.14
防腐剂羟苯甲酯	0.14	去离子水	加至100

制备工艺：

① 将羧甲基纤维素钠、酶解熊果叶提取物、柠檬提取物、精氨酸、薰衣草精油、洋甘菊精油、芦荟提取液、果酸、维生素E、卡波姆、甘油混合均匀

后，加入至预升温到50℃的水中，搅拌均匀，再升温至85℃；

② 缓慢加入氯化钠、透皮吸收促进剂氮酮、香精、防腐剂，使其凝胶化，降温至70℃后，在支撑层上涂布、压制，使凝胶渗透进入支撑层，降温以后切割成型。

配方3：天然儿童沐浴液

组分	质量分数/%	组分	质量分数/%
皂荚	14.5	茶叶	1.9
无患子	14.5	薄荷	1.9
烷基聚葡糖苷	9.7	玫瑰精油	1.9
芦荟	4.8	去离子水	加至100
艾叶	2.4		

制备工艺：

① 称取皂荚、无患子、烷基聚葡糖苷、芦荟、艾叶、茶叶、薄荷等适量，备用；

② 将上述原料分别粉碎成300目的粉状；

③ 将上述原料加入去离子水中，加热至60℃，搅拌，混匀；

④ 加入玫瑰精油，搅拌，混匀，过滤，即得。

配方4：保湿焕颜精华液

组分		质量分数/%
A组分	羊胎素冻干粉	0.65
	白术根提取物	0.65
	库拉索芦荟提取物	0.7
	鳕鱼胶原蛋白	0.4
	甘油	6.0
	PEG-60氢化蓖麻油	0.6
	尿囊素	0.2
	维生素C	0.2
	苯氧乙醇	0.15
	透明质酸钠	0.09
	茉莉精油	0.06
	去离子水	加至100
B组分	海藻酸钠	0.4
	羟丙甲基纤维素	0.2
	去离子水	15.0

制备工艺：

① 将A组分中原料溶解于去离子水中，加热混合均匀；

② 将B组分中原料与去离子水混合均匀；

③ 将步骤①得到的混合物与步骤②得到的混合物混匀，即得精华液。

3.3.1.2 叶类

（1）常见的叶类精油　植物性叶类天然香料，是仅次于花类天然香料，使用较多的香料。

迷迭香精油（rosemary）提取自唇形科迷迭香属植物迷迭香。迷迭香精油为无色透明液体，按主要成分有α-蒎烯、β-蒎烯、樟脑、1,8-桉叶素、莰烯、龙脑、马鞭草烯酮等，通常采用水蒸气蒸馏、微波辅助提取、超临界 CO_2 流体萃取等。迷迭香精油中α-蒎烯、樟脑、1,8-桉叶素是有效的抗菌剂，能够有效地杀灭毒蛾、螨虫、甘蓝银纹夜蛾等成虫和幼虫，并能够抑制人白念珠菌和热带念珠菌；迷迭香精油中含有的酚类物质的抗氧化作用比叔丁基对苯二酚（TBHQ）更优，迷迭香精油可清洁毛囊和皮肤深层，并能够让毛孔更细小，从而让皮肤看起来更加细腻平整。而对于面部有多余脂肪的人来说，也有消除脂肪、紧实皮肤的功效。

苦橙叶精油是萃取苦橙的叶及嫩枝，香味较浓重，没有橙花的苦味，木制香和果香交替散发，持续力强。苦橙叶精油比橙花精油既具有更好的经济性，又具有柑橘类精油的所有特征，此外还有抑制皮脂分泌以及杀菌的功效，不会引起刺激、没有光敏感性，主要用于肌肤调理、泡澡、熏香的化妆品。

薄荷精油（peppermint oil）中主要成分为左旋薄荷醇，含量62%～87%，此外还含左旋薄荷酮、异薄荷酮、胡薄荷酮、胡椒酮、胡椒烯酮、二氢香芹酮、乙酸薄荷酯、乙酸癸酯、乙酸松油酯、反式乙酸香芹酯、苯甲酸甲酯、α-蒎烯、β-蒎烯、β-侧柏烯、柠檬烯、右旋月桂烯、顺式-罗勒烯、反式-罗勒烯、莰烯、1,2-薄荷烯、反式-石竹烯、B-波旁烯、2-已醇、3-戊醇、3-辛醇、α-松油醇、芳樟醇、桉叶素、对伞花烃、香芹酚、黄酮类、有机酸、氨基酸等物质。薄荷精油具有镇定镇痛、催眠、驱虫、抗炎、清热止痒、抗氧化、抗肿瘤、抗辐射、乌发的作用，同时还具有清新、长效、纯正的薄荷凉味，在化妆品中是一类具有广泛应用前景的新型清凉剂。

（2）配方精选

配方5：迷迭香精油盐

组分	质量分数/%	组分	质量分数/%
海盐	33.3	椰油酰胺丙基甜菜碱	2.5
硫酸钠	16.7	羊毛脂醇聚醚硫酸酯钠	2.5
磷酸二氢钠	19.2	薄荷油	0.8
珍珠粉	5.8	桉叶油	0.8
杏仁粉	5.8	葡萄籽油	2.5
芦荟干胶	6.7	迷迭香精油	0.8
羧甲基菊粉钠	2.5		

制备工艺：

① 芦荟洗净后去皮，将芦荟叶肉分割成0.5～1cm^{3}块状，真空干燥至含水量小于5%得到芦荟干胶；

② 将薄荷油、桉叶油、葡萄籽油与迷迭香精油用珍珠粉和杏仁粉吸收；

③ 将海盐、硫酸钠、磷酸氢钠、羧甲基菊粉钠、椰油酰胺丙基甜菜碱、羊毛脂醇聚醚硫酸酯钠与芦荟干胶和步骤②制得的混合粉混合均匀，即得。

3.3.1.3 果实类

(1) 常见的果实类精油　在化妆品中常见的果实类天然香料主要包括甜橙、红橘、柑、苦橙、葡萄柚、柠檬、葡萄籽等。

柑橘类果实的精油主要存在于果皮的油细胞中，常用的提取法有蒸馏法、压榨法、超临界CO_2流体萃取等，较为常用的有甜橙油、红橘油、葡萄柚油、柠檬油、香柠檬油等。柑橘类精油主要成分有萜烯类、倍半萜烯类、高级醇类、醛类、酮类、酯类、维生素等，其中95%以上是萜烯类和倍半萜烯类物质。柑橘精油含丰富的维生素C，具有美白、收敛和平衡油脂分泌的作用。柑橘精油可以帮助人们消除疲劳，能在皮肤毛孔张开时渗进皮肤，刺激毛细血管，加速血液循环，滋润肌肤常用于沐浴类用品。

葡萄籽的精油中含有大量的酚类物质（含酚酸类和类黄酮类），占葡萄含多酚量的50%～70%。其中不同数量的黄烷醇单体聚合构成原花青素。原花青素具有抗氧化、清除自由基、抗辐射、消炎、抗过敏、抗皱、保湿等功能，非常有利于改善衰老皮肤干燥、缺乏弹性、抵抗力差等问题。因此，葡萄籽精油专门用于调制抗衰老类护肤霜。

(2) 配方精选

配方6：含柠檬精油的精华液

组分		质量分数/%
A组分	甘油	10.0
	丙二醇	4.0
	蚕丝蛋白	1.0
	三乙醇胺	0.4
	去离子水	加至100
B组分	柠檬精油	1.0
	甲基硅油	2.0
	单硬脂酸甘油酯	3.0
	聚氧乙烯失水山梨醇单月桂酸酯	1.2
	黄原胶	0.4

制备工艺：

① 新鲜柠檬去皮去籽，切碎，用螺旋榨汁机压榨后得到果浆，过滤得到滤液，滤液中加入5倍体积的饱和氯化钠水溶液，充分搅拌混合均匀，搅拌速度300r/min，搅拌时间30min，得混合液，4000r/min离心处理15min后，吸取上层挥发油，用无水硫酸钠干燥过夜，经0.45μm微孔有机滤膜过滤，得柠檬精油；

② 按质量分数计，将甘油、丙二醇、蚕丝蛋白、三乙醇胺和离子水混合，80℃加热搅拌直至溶解，制成水相液A组分；

③ 按质量分数计，将柠檬精油、甲基硅油、单硬脂酸甘油酯、聚氧乙烯失水山梨醇单月桂酸酯、黄原胶混合，在80℃条件下搅拌均匀，制成油相液B组分；

④ 在不断搅拌的条件下，将B组分缓慢地加入A组分中，使用高速分散器搅拌15min，冷却出料，即得。

3.3.2 动物香料

(1) 常见的动物香料　最常见的商品化品种有麝香、灵猫香、海狸香、龙涎香以及麝香鼠香等。

麝香（musk）是雄麝鹿的肚脐和生殖器之间的腺囊分泌物的干燥品，呈块状或颗粒状，是一种具有很高药用价值的高级天然香料，同时也可用于高级化妆品香精。主要香气成分是麝香酮、5-环十五烯酮、3-甲基环十五烯酮、环十四酮、5-环十四烯酮、麝香吡啶和麝香吡喃等大环化合物。

灵猫香（civetta）是由小灵猫的肛门与会阴之间的香囊取香获得的一种蜂蜜状稠厚液，呈白色或黄白色；经久则色泽渐变，由黄色而转变为褐色软膏状，稀释后释放出强烈而令人愉快的香气。主要的香气成分是灵猫酮、二氢灵猫酮、6-环十七烯酮和环十六酮等大环酮化合物。

海狸香（castor）是由雌雄海狸，在生殖器附近的2个梨状腺囊分泌的白色乳状黏稠液。干燥后的海狸香为褐色树脂状。海狸香稀释后有岩蔷薇样的龙涎香温暖香气。主要香气成分是海狸香素、苯甲酸、苯甲醇、对乙基苯酚、水杨苷、海狸香胺、三甲基吡嗪、四甲基吡嗪和喹啉衍生物等。

龙涎香（ambergris）是抹香鲸病变后肠内形成的一种结石。由于抹香鲸濒临灭绝，国际鲸委员会于1985年签订了禁止商业捕鲸的备忘录。现已证明龙涎香醇经氧化或光降解可产生具有龙涎香香气的物质，已作为天然龙涎香的主要替代品用于化妆品工业中。

麝香鼠香（american musk）是成年雄体麝香鼠香腺囊的分泌物，香味浓郁且悠久。主要香气成分是麝香酮、环十五酮、9-环十七烯酮、二氢灵猫酮等大环化合物以及十一烯醛、辛酸和壬酸等数十种化合物。主要产地为北美洲以及我国新疆、浙江、广西和东北地区。

(2) 配方精选

配方 1：香水 1

组分	质量分数/%	组分	质量分数/%
檀香脑	1.2	合成麝香	0.4
香兰素	1.8	龙涎香醇	0.5
麝香酮	0.6	龙蒿	0.5
当归	0.1	玫瑰	0.3
香紫苏	0.6	冬青油	0.04
岩兰草	1.2	薰衣草	0.06
沉香醇	0.6	香豆素	0.3
广藿香	0.4	胡椒醇	0.7
异丁子香粉	0.7	依兰依兰油	1.4
甲基紫罗兰酮	1.0	乙酸肉桂酯	0.5
橡苔	1.2	安息香	1.0
香柠檬	4.5	乙醇	加至 100
茉莉	0.4		

配方 2：香水 2

组分	质量分数/%	组分	质量分数/%
合成玫瑰香精	2.0	茉莉精油	0.5
白玫瑰香精	5.0	灵猫香精油	0.1
红玫瑰香精	70	麝香酊剂(3%)	5.0
玫瑰油	0.2	乙醇	加至 100
玫瑰精油	0.5		

配方 3：香水 3

香韵	组分	质量分数/%
柑橘果香	法国香柠檬油	4.3
	意大利柠檬油	0.5
	意大利甜橙油	3.0
	橘子油(蒸馏)	1.0
青香	环格蓬醚	0.25
	格蓬酯(AAG)	0.1
	绿化芬	0.1
	10%海风醛	0.8
	10%女贞醛	0.4
	水杨酸叶醇酯	1.0
	10%叶醇	0.7
	10%乙酸叶醇酯	0.2
	法国薰衣草油	0.5
辛香	小豆蔻油	0.1
	肉豆蔻油	1.0
苔清	橡苔精油	0.3

续表

香韵	组分	质量分数/%
复合花香	二氢月桂烯醇	5.9
	芳樟醇	7.1
	乙酸芳樟醇	8.7
	乙基芳樟醇	1.0
	香茅醇 950	0.3
	香叶醇 980	0.3
	苯乙醇	2.0
	橙花醇	0.1
	乙酸橙花醇	0.05
	乙酸香叶醇(天然)	0.2
	二氢茉莉酮酸甲酯	20.5
	乙酸苄酯	0.3
	10%顺式茉莉酮	0.8
	β-紫罗兰酮	2.8
	乙酸松油酯	0.1
	铃兰醛	1.9
	新洋茉莉醛	2.4
	乙酸香茅醇	0.1
豆香	洋茉莉醛	1.0
	香豆素	0.3
木香	檀香 803	0.8
	愈创木油	0.8
琥珀-麝香	甲基柏木酮	1.0
	龙涎酮	5.7
	降龙涎香醚	0.75
	佳乐麝香	12.5
	苯甲酸苄酯	1.4
	吐纳麝香	3.6
	环十五内酯	0.5
抗氧化剂	2,6-二叔丁基对甲酚(BHT)	0.4
溶剂	二丙二醇	2.4

配方 1～3 制备工艺：

将溶剂、香精和水按比例混合后，经三个月以上的低温陈化，沉淀出不溶性物质，并加入硅藻土等助滤剂，用压滤机过滤，以保证其透明清澈。为防止香水使用时留下斑迹，通常不加色素。

3.4 化妆品用天然防腐剂

天然防腐剂是由生物体分泌或者体内自身存在的具有抑菌作用的物质，经人工提取或者加工而成的物质。防腐剂通常是通过作用于微生物的细胞膜、细胞壁及酶等多个靶点，破坏细胞的分裂，抑制细胞的生长和繁殖，以实现防腐作用。

据报道，目前发现有近 1400 种植物可提取出天然抑菌物质，有望成为植物防腐剂应用于化妆品中。物质的抑菌成分通常存在于叶子的香精油部分（迷迭香和鼠尾草）、花和花芽（丁香）、球茎（大蒜和洋葱）、根（阿魏）、果实（胡椒和小豆范）或植物的其他部分。植物提取物中常见的抑菌成分主要有生物碱类、黄酮类、香豆素和内酯类、皂苷、酚类化合物、蒽醌类和萜类化合物等。

3.4.1 植物源防腐剂

3.4.1.1 香辛植物提取物

（1）常见的香辛植物　许多食用香辛植物不仅具有调香增香作用，而且还具有防腐效果，目前已有约60种香辛植物被证明含有抗菌物质，是天然防腐剂的重要来源之一。常用的有大蒜提取物、花椒提取物、生姜提取物等。

大蒜提取物中富含多种营养成分和有效的生物活性成分，其中二烯丙基三硫化物和二烯丙基二硫化物含量最为丰富，并具有良好的抗菌消炎作用。大蒜提取物对不同的病毒、细菌、真菌等病原微生物具有抑制作用，被称为“天然抗生素”。

花椒的化学成分主要有挥发油（含烯烃类、醇类、酮类、环氧化合物、酯类等）、生物碱（含茵芋碱、香草木宁碱、合帕落平碱、6-甲氧基-5,6二氢白屈菜红碱、去N-甲基-白屈菜红碱等）和酰胺类物质（含山椒素等）等。对花椒提取物在化妆品中的抗菌活性进行研究，发现花椒提取物对大肠杆菌、绿脓杆菌、金黄色葡萄球菌、白色念珠菌具有良好的抑菌作用。

生姜的化学成分比较复杂，其中含挥发油具有很强的抗真菌活性，姜辣素和二苯基庚烷及黄酮类化合物具有较强的防腐及抗氧化作用。通过抑菌实验表明，生姜的乙醚提取物对细菌和霉菌都有抑制作用。

此外，肉豆蔻、八角、洋葱和胡椒等香辛料提取物对多种微生物也都有较强的抑制作用。

（2）配方精选

配方1：化妆水

组分	质量分数/%	组分	质量分数/%
乙醇	10.0	香料	0.4
壬基酚聚氧乙烯醚	1.5	去离子水	加至100
甘油	5.0	大蒜无臭有效物	0.5
硼砂	1.0		

制备工艺：

香料溶解于乙醇中，其他组分溶解于去离子水中。融合两组组分，充分搅拌均匀，静置，过滤，即可。

配方2：冷霜

组分	质量分数/%	组分	质量分数/%
蜂蜡	12.0	香料	0.6
羊毛脂	3.0	吐温-20	3.8
凡士林	10.0	去离子水	加至100
白油	38.0	大蒜无臭有效物	0.5
石蜡	7.0		

制备工艺：

把蜂蜡、羊毛脂、凡士林、白油、石蜡混合加热至75℃，除香料外的其他组分混合并加热到同样温度，然后一边搅拌一边加入前一种混合组分中，在50℃时加入香料即可。

配方3：植物生发水

组分	质量分数/%	组分	质量分数/%
乙醇(95%)	30.0	水杨酸酯硅烷醇	2.0
1,3-丁二醇	8.0	人参、生姜、山椒提取物	20.0
薄荷醇	2.0	香精	适量
泛酸钙	5.0	去离子水	加至100

制备工艺：

将1,3-丁二醇，薄荷醇，泛酸钙，水杨酸酯硅烷醇，人参、生姜、山椒提取物等加入乙醇和去离子水中混合均匀，加入香精即可。

3.4.1.2 植物香精油

(1) 常见的植物香精油类防腐剂　植物香精油的成分和其抑菌作用之间存在密切的关系，一般认为植物精油中的酚类物质是具有抗菌活性的成分，特别是百里酚、香芹酚和丁香酚。

丁香油中主要成分为丁香酚，具有抑制真菌功效，如对黄金色葡萄球菌、酵母、黑曲霉、黄曲霉、产黄青霉、粘红酵母和大肠杆菌等均具有显著抑制作用，可用作化妆品广谱抑菌剂。山苍子油是从山苍子的鲜果、树皮及叶中提取而来，含柠檬酸、甲基庚烯酮、香茅醛。肉桂油是从肉桂中提取出来，主要含有肉桂醛，其抗菌作用强于苯甲酸钠和山梨酸钾，对白葡萄菌、枯草杆菌、大肠杆菌、黑曲霉、青霉、黄金色葡萄球菌、沙门氏菌和志贺菌有较强的抗性。此外，芥子油、桂皮油、茴香油，以及从阿魏、众香子、白菖蒲等植物中提取的芳香精油，都有一定的抑菌作用。

(2) 配方精选

配方4：抗粉刺露

组分	质量分数/%	组分	质量分数/%
野菊花萃取液	0.8	黄柏萃取液	1.5
樟脑	0.1	甘油	8.0
丁香油	1.0	玫瑰香精	0.5
黄芩萃取液	2.0	去离子水	加至100

制备工艺：

将樟脑加入加热至75℃的去离子水中，再与甘油混合均匀，搅拌20min，待冷至45℃时加入野菊花、黄芩、黄柏萃取液，以及丁香油、香精混匀，冷至室温即得成品。本品有消炎、杀菌的功效，对面部粉刺有明显的疗效。

3.4.1.3 植物叶和草药提取物

很多植物叶的提取物，如茶叶、竹叶、厚朴叶、大青叶、荷叶火绒草提取物，以及仙人掌等提取液物质有很强的杀菌作用，均可作为天然防腐剂。

目前草药已达5000余种，其中多种草药对细菌、真菌和霉菌有抑制作用。多年来，国内外学者对草药抗真菌作用进行了大量研究工作，发现300余种草药均有抗真菌作用。有些草药如黄芩、大黄、白花蛇舌草和白芍等中存在的活性成分同样具有显著的防腐作用，可以用作化妆品的防腐剂，且毒副作用较小。

3.4.2 微生物源防腐剂

(1) 嗜热链球菌发酵产物（STF） STF是主要由嗜热链球菌发酵并提纯得到的多肽结构化合物，其分子中的羧基和氨基形成酰胺键连接成多聚体，是具有20～30个赖氨酸单体组成的化合物。其可与微生物表面带负电的位点结合，并破坏微生物的细胞膜结构，从而引起细胞膜间物质传递的中断，导致微生物细胞死亡。

(2) 曲霉发酵产物（AF） AF主要由曲霉发酵并提纯得到。霉菌和酵母菌的细胞壁结构特殊，存在一种甾醇特殊结构的化合物，AF与甾醇发生化学反应，使其结构发生改变，迫使细胞内的物质发生渗漏，导致霉菌和酵母菌死亡，故其针对霉菌具有较好的抑菌作用。

(3) 苯乳酸菌（PLA） PLA是由乳酸菌产生的新型抑菌物质，现已经广泛应用于食品防腐中。与其他抑菌物质相比，苯乳酸抑菌谱较广，不仅可以抑制食源性腐败菌、致病菌，还可以抑制真菌的污染。同时，PLA还具有溶解性好、易于扩散、稳定性高等特点。将其用到化妆品防腐中，可以大大提高防腐效果和产品质量。

(4) ε-多聚赖氨酸 ε-多聚赖氨酸是天然防腐剂中防腐性能最为优良的生物防腐剂之一。它是由25～30个赖氨酸残基聚合而成，具有强烈的抑菌能力。ε-多聚赖氨酸抑菌谱广，在相对酸性环境中可以有效抑制霉菌、酵母菌、革兰氏阴性菌以及革兰氏阳性菌；ε-多聚赖氨酸还可以对其他防腐剂不敏感的大肠杆菌（革兰氏阴性）、沙门氏菌以及耐热性芽孢杆菌有显著的抑制效果；此外，ε-多聚赖氨酸不影响化妆品外观和质量，天然安全符合诸多消费者的健康需求。在发达国家，利用ε-多聚赖氨酸作为化妆品防腐剂的生产规模已达数十亿美元之多。

(5) 乳酸链球菌素（nisin） 乳酸链球菌素是一种由乳酸乳球菌乳酸亚种

合成的细菌素，是一种安全的微生物防腐剂。Nisin 的抑菌机理类似于阳离子表面活性剂，其抑菌作用主要是杀菌，而非抑菌或溶菌，细胞膜是其作用位点，它抑制了细胞壁中肽聚糖的生物合成，从而使细胞壁膜和磷脂化合物合成受阻，并引起细胞内含物和三磷酸腺苷等外泄，甚至导致细胞裂解。乳酸链球菌素能有效地杀死或抑制引起腐败变质的革兰氏阳性菌，特别是细胞孢子。葡萄球菌、链球菌、小球菌、明串珠菌、芽孢杆菌等均对乳酸练球杆菌素具有显著的敏感性。

3.5 化妆品配方设计原则

3.5.1 化妆品配方设计的基本原则

在化妆品的开发中，配方设计至关重要，因为配方设计是否科学合理将决定产品的品质，它是化妆品技术的核心。对于化妆品配方的科学性和合理性，可依据化妆品产品的质量特性，在化妆品的配方设计中应遵循和注意以下原则。

3.5.1.1 化妆品安全性

因为化妆品是人们在日常生活中每天、长期和连续使用的精细化学品，其安全性是化妆品设计的首要条件。2015 版本的《化妆品安全技术规范》在 2007 年版本的《化妆品卫生规范》的基础上，与全球主要国家地区的化妆品相关法规标准对比后，以保障安全为主要原则，对化妆品中的卫生检测标准、微生物、有毒物质、禁用物质、限用物质的检出限和检测手段进行了调整。

化妆品的安全性所指的是化妆品应无毒（经口毒性）、对皮肤（发）及眼黏膜无刺激性和无过敏性等。在化妆品配方设计选择原料时，必须遵循我国的《化妆品安全技术规范》，不选用化妆品禁用原料，选用限用原料时要遵守其用量规定，不得超过对有毒物质的限用量，微生物检测合格，毒理性实验和人体安全性检测达标。

3.5.1.2 化妆品配方稳定性

化妆品在保质期内应该不能出现析水、析油、分层、沉淀、变色、变味和有膨胀现象，其中最为关键的因素是要求化妆品的配方科学合理，具有稳定性。

化妆品最为常见的剂型是霜膏型，化妆品组分复杂，包含油相、水相、活性物质、植物提取物、防腐剂、色素、香精等，是多分散体系，因此是热力学不稳定体系，一种配方设计不合理的化妆品，在保质期内可能因为长时间的静置、环境温度的变化、微生物的滋生等原因出现产品不稳定的问题。保持配方的稳定性，必须从乳化剂的选择和介质黏度两个方面考虑。

乳化体配方设计最为关键的是乳化剂的选择，一般可依其乳化方式的类型来选择乳化剂，乳化方式不断在发展，有可反应式（皂基式）、非反应式、液晶式、位阻式和超微乳化等。现通常都采用非反应乳化方式，这种乳化方式无须用碱，利用各种表面活性剂的合理复配完成乳化，主要是基于表面活性剂降低体系的表面张力，如离子型表面活性剂在油-水界面形成双电层产生排斥作用而使乳化体稳定。非离子或高分子聚合物表面活性剂存在的亲水、亲油特性及形成双分子吸附层或液晶结构网，而使乳化体系稳定。因此在产品的剂型、基质和原料确定后，乳化方式和乳化剂的选择至关重要，应视为配方设计之重点，它对乳化体的稳定性起决定作用。霜膏类化妆品的稳定性与介质的黏度相关，乳液中分散相沉降造成分层现象，而介质的黏度与沉降速度呈反比，因此在保障用户体验度的基础上，产品的黏度越大，体系的稳定性也越高。一种配方稳定的化妆品需要通过耐热耐寒和离心试验，综合评价。

3.5.2 功能性化妆品的配方设计

每一种化妆品都有着它特定的功效和有用性，表现在物理化学方面的功效，如遮盖、清洁、保湿等；生物学方面的功效，如抗皱、美白、防晒等；心理学方面的功效，如色彩、香气等。

在功能性化妆品配方设计中，必须选择添加适量的功效组分，并应进行效果测试，如保湿化妆品，必须评价保湿等级，防晒化妆品必须标识防晒指数。今后我国对特殊用途类化妆品的功效检测将逐渐实现量化和细分化，这样必然对功效性化妆品的配方设计要求更科学、更严谨。

3.5.2.1 美白化妆品的配方设计

（1）美白功能成分　美白化妆品中通常通过加入美白祛斑功能性的原料实现其功能性。美白祛斑功能性的原料主要包括物理美白剂、化学美白剂和从天然植物中提取的美白剂等。

物理美白剂通常又被称为物理遮盖剂，常见的有二氧化钛、氧化锌等。该类原料添加后主要产生假象性美白感，清理不充分易造成堵塞毛孔和皮脂腺，进而引发局部皮肤疾病（如炎症、粉刺），但是物理遮光剂的加入能够在皮肤表面实现对外界光的漫反射，因此具有一定的防晒效果。

化学美白剂由于安全性问题，目前在化妆品的配方设计中使用较少。

从天然植物中提取的美白剂有熊果苷、维生素 C、维生素 E、曲酸及其衍生物、蛋白分解酵素、薏苡仁、桑葚、芦荟、甘草萃取液、黄芩根提取物和桑白皮提取物等。一般在配方设计过程中会通过多个美白组分的联合使用来实现良好的美白效果。

（2）美白化妆品的配方 美白配方可选用的剂型比较多，常见的有膏霜、乳液、化妆水、凝胶、面膜等。通常可根据产品的特点和使用要求来选择不同的剂型。其中，最为常用的美白化妆品的剂型为O/W型。O/W型乳剂的连续相为水相，与皮肤亲和性较好，有利于有效成分的吸收。O/W型乳剂中油性原料的选择通常为惰性不易被氧化的油脂如角鲨烯、蓖麻油、橄榄油等，油脂中的杂质含量需要严格控制，并且其杂质需要对美白成分的稳定性无显著影响，不易引起有效成分的氧化。为了保持美白成分的稳定性，通常在配方设计的过程中会加入螯合剂和抗氧化剂。

考虑皮肤的生理结构和美白祛斑的机理，在配方设计过程中通常也结合其他功效性组分联合应用。在配方中最为常用的组分为保湿组分。保湿组分的加入除了能够维持皮肤保水性，同时有利于化妆品有效成分的渗透、吸收以增强功效性。配方设计中较为常用的基础保湿组分有甘油、丙二醇、海洋多糖、吡咯烷酮羧酸钠、复合保湿剂等。随着市场对保湿功能要求的提高，种类丰富的高级保湿剂也逐步被联合应用于配方设计过程中，如透明质酸、氨基酸保湿剂。如配方1儿茶素养颜修护面霜，配方设计中使用了联合美白剂，同时也结合了抗氧化剂、抗敏剂、保湿剂等。

（3）配方精选

配方1：儿茶素养颜修护面霜

功能	组分	质量分数/%
抗氧化剂	儿茶素	3.8
	维生素E	0.8
	丁羟甲苯	1.9
抗敏剂	尿囊素	0.5
	辛酰水杨酸	0.5
美白剂	甘草黄酮	0.1
	抗坏血酸	1.3
	木瓜蛋白酶	0.0
保湿剂	透明质酸钠	2.5
	甘油	0.0
	山梨醇	5.1
润肤剂	辛酸/癸酸三酰甘油	3.0
	豆蔻酸异丙酯	1.3
	鲸蜡硬脂醇	1.3
	聚二甲基硅氧烷	1.3
	角鲨烷	0.2
增稠剂	黄原胶	1.9

续表

功能	组分	质量分数/%
乳化剂	硬脂酸甘油酯/PEG-100 硬脂酸酯	2.0
	鲸蜡醇棕榈酸酯/山梨坦棕榈酸酯/山梨坦橄榄油酸酯	0.0
	C_{14}～C_{22}醇/C_{12}～C_{20}烷基葡糖苷	2.5
	橄榄油 PEG-7	1.0
防腐剂	苯氧乙醇	0.6
	羟苯甲酯	0.1
其他	氢氧化钾	0.2
	去离子水	加至 100

制备工艺：

① 将乳化剂、润肤剂投入油相锅中，加热至 70～85℃，等所有组分熔融后保温，制得油相；

② 将保湿剂、增稠剂和去离子水依次投入水相锅中，加热至 70～85℃，保温 15～30min 使其充分溶解，制得水相；

③ 将油相和水相依次抽入到乳化锅中，均质 5～15min，搅拌速率为 2000～4000r/min，而后保温搅拌 15～45min，搅拌速率为 30～50r/min；

④ 冷却至 40～45℃，加入氢氧化钾，搅拌均匀；

⑤ 加入抗敏剂、美白剂、抗氧化剂和防腐剂，搅拌均匀，得到养颜修复面霜。

3.5.2.2 清洁类化妆品的配方设计

(1) 清洁类化妆品的配方设计　清洁类有机化妆品以清洁功效为主，起清洁作用的主要成分是表面活性剂，除表面活性剂之外，根据剂型的不同一般还加入赋脂调理剂、流变调节剂、防腐剂等。

① 表面活性剂。常用的表面活性剂有阴离子表面活性剂、两性表面活性剂和非离子表面活性剂等。

a. 阴离子表面活性剂。工业中较为常用的阴离子表面活性剂有羧酸盐型、硫酸盐型、磺酸盐型和磷酸盐型等。欧盟认证的阴离子表面活性剂只有硫酸盐型和羧酸盐型。植物来源的硫酸盐型阴离子表面活性剂，常用的主要有椰油醇硫酸酯钠、月桂醇硫酸酯钠等。这类表面活性剂起泡性好，同时具有良好的乳化、润湿、洗涤和生物降解性等，通常应用于牙膏、洗发水、浴液。

羧酸盐类阴离子表面活性剂主要有高级脂肪酸盐类和 *N*-脂肪酰氨基酸盐类。*N*-脂肪酰氨基酸盐类是由氨基酸与脂肪酸及衍生物反应得到，具有良好的发泡、乳化、润湿和洗涤性能，耐硬水性能和钙皂分散能力都很好，且温和无刺激，和其他表面活性剂相容性好，因此也可降低其他组分对皮肤的刺激性，常用于皮肤和发用清洁化妆品。高级脂肪酸盐类则由天然来源的植物油和碱通过皂化制得。常见的高级脂肪酸盐类表面活性剂有椰油酸钠、月桂酸钾、棕榈酸钾等，是清洁类化妆品中应用最为广泛的一类表面活性剂。

b. 两性表面活性剂。欧盟认证的两性表面活性剂主要有咪唑啉型、甜菜碱型和卵磷脂三类。两性咪唑啉型表面活性剂是由脂肪酸和乙二胺衍生物脱水缩合再用碱中和后制得，性质温和、刺激性低、降解性好、抗硬水能力强，被广泛应用于婴儿洗发和沐浴产品中；甜菜碱型两性表面活性剂刺激性低，对皮肤温和，泡沫丰富，和其他表面活性剂配伍性好，可广泛用于洗发水、浴液、洗面奶、婴儿洗涤用品中；卵磷脂是所有生物体中都存在的天然两性表面活性剂，具有良好的皮肤亲和性，安全无刺激，具有良好的乳化、分散作用，易被微生物降解，常应用于洁面或卸妆产品中。

c. 非离子表面活性剂。常用的有机非离子表面活性剂主要有脂肪酸甘油酯类、烷基糖苷、脂肪酸蔗糖酯类和脂肪酸山梨醇酯等。脂肪酸甘油酯类是由甘油或聚甘油和脂肪酸直接酯化得到的一类优良的表面活性剂，根据甘油聚合数的不同可分为脂肪酸单甘油酯和脂肪酸聚甘油酯；烷基糖苷，简称APG，是由可再生资源天然脂肪醇和葡萄糖合成的，是一种性能较全面的新型非离子表面活性剂，兼具普通非离子和阴离子表面活性剂的特性，具有高表面活性、良好的生态安全性和相容性；脂肪酸蔗糖酯是一类多元醇型非离子表面活性剂，是由天然来源的脂肪酸和甘蔗或甜菜中的蔗糖经过酯化反应得来的，对眼睛与皮肤的刺激性小，无毒，易被微生物分解，具有良好的乳化性能，常作为乳化剂应用于洁面和卸妆产品中；脂肪酸山梨醇酯也是一类多元醇型非离子表面活性剂，是由脂肪酸和山梨醇经过酯化反应得来的，山梨醇来源于玉米或者小麦，脂肪酸来源于天然的椰子油或者棕榈油等。中碳链（C_8～C_{10}）的脂肪酸山梨醇酯具有抗菌防腐性能，在清洁类产品中作为优秀的防腐增效剂；长碳链（C_{12}～C_{18}）的脂肪酸山梨醇酯具有很好的乳化作用，并且无毒、刺激性低、降解性好，可以用于洁面和卸妆产品中。

② 赋脂调理剂。常用的天然赋脂调理剂主要有动植物油脂、水解胶原蛋白质类调理剂等。

a. 动植物油脂。常用的动植物来源油脂主要有蜂蜡、羊毛脂、橄榄油、杏仁油、鳄梨油、葡萄籽油、高级脂肪醇和脂肪酸甘油酯类等。油脂的使用可以极大地降低表面活性剂的脱脂能力以及改善毛发的梳理性和赋予毛发特殊的光滑、柔顺性能，降低表面活性剂对皮肤和毛发的刺激性。

b. 水解蛋白。水解蛋白也称为胶原或胶原蛋白，是蛋白质的水解产物。常被用于皮肤护理，并且有助于头发的调理和保护，当它被用在皮肤或头发上时，能起到保护肤质、抗衰老、美容等功效。

③ 流变调节剂。流变调节剂主要有无机盐、天然胶质和黏土类等。无机盐主要是氯化钠、氯化铵等，这类流变调节剂来源广泛，经济易得；天然胶质主要是黄原胶、阿拉伯胶、瓜尔胶、角叉菜胶和结冷胶等。这类物质有很好的配伍性和稳定性，用在产品中有利于改善温度稳定性和pH稳定性；黏土类流变调节剂主要是一些在水中形成胶体或凝胶的天然硅酸盐，此外还有膨润土、锂蒙脱土等。它们都有很好的悬浮功能，流变性质优异，具有高的温度耐受性，对电解质的容忍度也很高。

(2) 配方精选

配方2：保湿氨基酸洗面奶

组分	质量分数/%	组分	质量分数/%
椰油酰基谷氨酸钠	3.0	甘油	1.5
月桂酰基谷氨酸钠	9.0	防腐剂	0.8
月桂酰胺基丙基甜菜碱	3.0	海藻酸钠	1.7
芦荟提取液	4.0	维生素E	1.2
柠檬提取液	2.5	$EDTA\text{-}Na_2$	0.8
天竺葵提取液	4.0	椰油酰胺丙基甜菜碱	4.0
葡萄籽提取液	5.0	香精	适量
腐殖酸钠	1.5	去离子水	加至100

制备工艺：

① 将椰油酰基谷氨酸钠、月桂酰基谷氨酸钠溶于一定量去离子水中；

② 搅拌加入月桂酰胺基丙基甜菜碱、椰油酰胺丙基甜菜碱、芦荟提取液、柠檬提取液、天竺葵提取液、葡萄籽提取液、维生素E、$EDTA\text{-}Na_2$、甘油、海藻酸钠、腐殖酸钠、防腐剂及去离子水，加入适量香精。

3.5.2.3 抗粉刺化妆品的配方设计

(1) 抗粉刺化妆品的主要组分　粉刺又称痤疮或青春痘，是一种毛囊、皮脂腺堵塞的慢性炎症性皮肤病。粉刺的形成有以下因素：表皮和角质的增生，毛孔堵塞；皮脂腺活动旺盛，皮脂分泌量增多；体内雄性激素水平增高；痤疮丙酸杆菌滋生。抗粉刺化妆品的配方设计，须针对上述粉刺生成的主要因素，通过多组分协同实现其功效性。因此抗粉刺化妆品通常会设计加入以下组分（图3-2）：

① 角质处理剂。角质处理剂主要作用是能够软化或者剥离角质，帮助毛囊中积蓄油脂的排除和抑菌剂的有效进入，改善面部暗沉肤色，恢复肌肤至自然健康的状态。常用的植物来源的角质处理剂有甘醇酸、果酸、磷脂GLA等。

② 抑菌剂。抑菌剂可杀灭痤疮丙酸杆菌、螨虫等皮肤寄生菌群，并且缓解皮肤的炎症。常用的抑菌剂有硫黄、间苯二酚（雷锁辛）、辛酰-胶原酸、氯

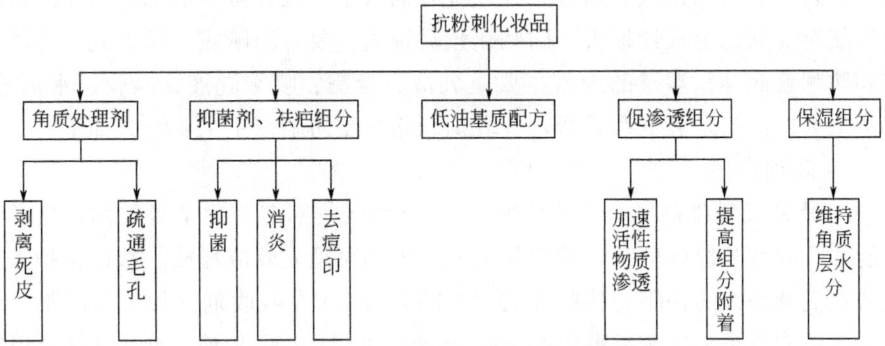

图 3-2 抗粉刺化妆品的基础组分

苄烷铵、氯化苄甲乙氧铵等。

③ 多组分联合作用。抗粉刺化妆品的配方设计中通常也添加保湿和祛疤组分以提高损伤皮肤的恢复速度。此外，配方中也会添加促渗透组分，提高有效成分的渗透效率。

(2) 配方精选

配方 3：抗痘精华素

组分	质量分数/%	组分	质量分数/%
羟乙基纤维素	0.8	SEBOSOFT	2.5
羧甲基 β-葡聚糖(1%)	53.0	聚氧乙烯-40 氢化蓖麻油	0.6
E-100	5.0	苯氧乙醇、乙基己基甘油	0.6
积雪草提取物	3.0	香精	0.1
四羟乙基卢丁	1.0	去离子水	加至 100
苦参提取物	5.0		

配方分析：

① 羟乙基纤维素（凝胶剂）具有增稠、悬浮、分散、乳化、黏合、成膜、保护水分和保护胶体等；

② 羧甲基 β-葡聚糖（1%）具有抗衰老功效；

③ 积雪草提取物抗皱、剥离死皮；

④ 苦参提取物具有抗过敏、抗炎作用等功效；

⑤ SEBOSOFT（功能组分）能彻底净化毛囊，收缩毛孔，有效抑制油脂分泌，帮助受损肌肤加快恢复；

⑥ 聚氧乙烯-40 氢化蓖麻油（乳化剂）能明显改善分散相分布稳定性，使有效成分乳化更细，分布更均匀。

3.5.2.4 防晒化妆品的配方设计

(1) 防晒化妆品的主要组分 紫外线辐射引起皮肤生理性损伤，如红斑、黑化、衰老。防晒化妆品通过紫外线吸收剂或紫外线屏蔽剂的加入防止或减弱紫外线对皮肤的生理性损害。防晒化妆品种类主要有防晒霜、防晒乳、防晒喷雾和防晒粉底等。涉及的剂型主要是乳液、膏霜、喷雾乳液、凝胶、水剂等，其中最为广泛的是乳剂和霜膏剂。乳剂和霜膏型防晒剂中主要组分如下。

① 防晒剂。

a. 紫外线吸收剂（化学防晒剂）。紫外线吸收剂多为化学吸收剂，这类物质能够吸收紫外线的能量，并以热能或无害的可见光效应释放，从而保护人体皮肤免受紫外线的伤害。按吸收波段不同分为 UVA 吸收剂（如二苯酮类、邻氨基苯甲酸酯类和二苯甲酰甲烷类化合物）和 UVB 吸收剂（如对氨基苯甲酸酯、水杨酸酯、肉桂酸酯和樟脑衍生物）。

b. 紫外线屏蔽剂（物理性防晒剂）。物理性防晒剂不具备紫外线吸收效应，主要是通过反射和散射作用减少紫外线与皮肤的接触，从而防止紫外线对皮肤的侵害。紫外线屏蔽剂多为无机粉末，如 TiO_2、ZnO、滑石粉、陶土粉。物理性紫外线屏蔽剂可降低皮肤刺激性，具有良好的安全性，适用于敏感性肌肤和婴幼儿使用。

c. 生物防晒剂。紫外辐射引发氧化应激进而造成组织损伤，生物防晒剂通过清除或减少氧活性基团中间产物从而阻断或减缓组织损伤或促进晒后修复。

② 乳化剂。乳化剂的选择对于防晒产品稳定性、安全性、抗水性、成膜性等至关重要。防晒乳剂中使用的乳化剂应具有以下特征：

a. 使用强乳化能力乳化剂，以获得越高的防晒系数（SPF）值。

b. 使用非聚氧乙烯类乳化剂，研究表明聚氧乙烯类乳化剂在光线和氧的作用下可产生氧自由基。

c. 使用富脂性好的乳化剂，以提高产品的抗水性。

③ 油脂的选择。选用如 C_{12}～C_{15} 烷基苯甲酸酯等与防晒剂相容性好的油脂，可以提高产品的 SPF 值，使用一定比例的干性油，可使产品肤感清爽不油腻。如 COGNIS 公司的碳酸二辛酯（Cetiol CC）与防晒剂有极好相容性，可增加 TiO_2 的分散，铺展性好，分散速率高，肤感清爽，大量用于防晒产品配方中。

④ 保湿剂及相关添加剂。透明质酸是极好的成膜保湿剂，据报道有防晒、抗皱、延缓衰老等功能，维生素类中维生素 E、维生素 C 可以增加防晒剂的防护性能，D-泛醇有很好的晒后修护功能，维生素 B_3 有美白功能等。

⑤ 抗炎剂。常用的有 α-红没药醇、尿囊素，可以防止紫外线照射和防晒剂本身对皮肤的刺激。

⑥ 金属离子螯合剂。EDTA 可以增加防晒剂和配方的稳定性。

(2) 配方精选

配方 4：防晒霜

组分	质量分数/%	说明
椰油基葡糖苷(和)椰油醇(Montanov S)	2.0	温和的糖苷类乳化剂
PEG-100 硬脂酸酯	1.5	乳化剂
C_{12}～C_{15}烷基苯甲酸酯	3.0	与防晒剂相容性较好的油脂
Cetiol CC	5.0	利于 TiO_2 分散的油脂
维生素 E 乙酸酯	1.0	抗氧化剂、保湿剂
辛酸/癸酸三酰甘油	3.0	润肤剂
棕榈酸异辛酯	3.0	润肤剂
二甲基硅油	2.0	润肤剂
甲氧基肉桂酸辛酯(Parsol MCX)	5.0	防晒剂
4-甲基苄亚基(Parsol 5000)	1.0	防晒剂
丁基甲氧基双苯酮甲烷(Parsol 1789)	1.0	防晒剂
纳米级 TiO_2	2.0	防晒剂
α-红没药醇	0.2	抗炎剂
尿囊素	0.2	促渗透剂、抗炎剂
甘油	6.0	保湿剂
透明质酸	0.1	保湿剂、成膜剂
维生素 B_3	2.0	美白剂
黄原胶	0.3	悬浮稳定剂
聚丙烯酰胺(和)C_{13}～C_{14}异构烷烃(和)月桂醇聚醚-7	1.0	增稠剂
EDTA-Na_2	0.1	重金属离子螯合剂
羟苯甲酯	0.2	防腐剂
羟苯丙酯	0.2	防腐剂
香精	适量	赋香
三乙醇胺	适量	调节 pH 值
去离子水	加至 100	

3.6 法定禁用和限用组分

3.6.1 法定禁用

《化妆品安全技术规范》对化妆品中的原料禁用组分进一步进行了修订，禁用组分共 1388 项，与《化妆品卫生规范》相比新增 133 项，修订 137 项。化妆品禁用组分被分为 2 个表，其中包含 98 项植（动）物组分（表 3-4）。值得注意的是一些原限用组分或准用组分如 4,4′-二氨基二苯胺硫酸盐、对氨基苯甲酸、N,N'-二甲基-p-苯二胺硫酸盐等，基于安全性被纳入禁用组分。其中较为典型的“斑蝥素”，原为限用物质，常用于育发，但由于长期使用可造成免疫力下降、皮肤刺激，因此被列入禁用组分中。

表 3-4 98 项禁用植（动）物组分

序号	中文名称	原植(动)物拉丁文学名或植(动)物英文学名	序号	中文名称	原植(动)物拉丁文学名或植(动)物英文学名
1	毛茛科乌头属植物	*Aconitum* L.,(Ranunculaceae)	23	海杧果	*Cerbera manghas* L.
			24	白屈菜	*Chelidonium majus* L.
2	毛茛科侧金盏花属植物	*Adonis* L.,(Ranunculaceae)	25	藜	*Chenopodium album* L.
3	土木香根油	Alanroot oil(Inula helenium L.)	26	土荆芥(精油)	*Chenopodium ambrosioides* L.(essential oil)
4	尖尾芋	*Alocasia cucullata* (Lour.) Schott	27	麦角菌	*Claviceps purpurea* Tul.
5	海芋	*Alocasia macrorrhiza* (L.) Schott	28	威灵仙	*Clematis terniflora var.mandshurica* Rupr.(*Clematis mandshurica* Rupr.)
6	大阿米芹	*Ammi majus* L.	29	秋水仙	*Colchicum autumnale* L.
7	魔芋	*Amorphophallus rivieri* Durieu (*Amorphophallus konjac*)	30	毒参	*Conium maculatum* L.
8	印防己(果实)	*Anamirta cocculus* L.(fruit)	31	铃兰	*Convallaria majalis* L.(Convallaria keiskei Miq.)
9	打破碗花花	*Anemone hupehensis* Lemoine	32	马桑	*Coriaria nepalensis* Wall.
10	白芷	*Angelica dahurica* (Fisch. Ex Hoffm.) Benth. et Hook. f.	33	紫堇	*Corydalis edulis* Maxim.
11	茄科山莨菪属植物	*Anisodus* Link et Otto,(Solanaceae)	34	木香根油	Costus root oil(*Saussurea lappa* Clarke)
12	加拿大大麻(夹竹桃麻,大麻叶罗布麻)	*Apocynum cannabinum* L	35	文殊兰	*Crinum asiaticum* L. var. *sinicum*
13	槟榔	*Areca catechu* L.	36	野百合(农吉利)	*Crotalaria sessiliflora* L
14	马兜铃科马兜铃属植物	*Aristolochia* L.,(Aristolochiaceae)	37	大戟科巴豆属植物	*Croton* L.,(Euphorbiaceae)
15	马兜铃科细辛属植物	*Asarum* L.,(Aristolochiaceae)	38	芫花	*Daphne genkwa* Sieb. et Zucc.
16	颠茄	*Atropa belladonna* L.	39	茄科曼陀罗属植物	*Datura* L.,(Solanaceae)
17	芥,白芥	*Brassica juncea* (L.) Czern. et Coss.	40	鱼藤	*Derris trifoliata* Lour.
18	鸦胆子	*Brucea javanica* (L.) Merr.	41	玄参科毛地黄属植物	*Digitalis* L.,(Scrophulariaceae)
19	蟾酥	*Bufo bufo gargarizans* Cantor; *Bufo melanostictus* Schneider	42	白薯莨	*Dioscorea hispida* Dennst.
20	斑蝥	Cantharis vesicatoria(*Mylabris phalerata* Pallas.	43	茅膏菜	*Drosera peltata* Sm. var. *Multisepala* Y. Z. Ruan
21	长春花	*Catharanthus roseus* (*L.*) *G. Don*	44	粗茎鳞毛蕨(绵马贯众)	*Dryopteris crassirhizoma* Nakai
22	吐根及其近缘种	*Cephaelis ipecacuanha* Brot. and related species	45	麻黄科麻黄属植物	*Ephedra* Tourn. ex L.,(Ephedraceae)
			46	葛上亭长	*Epicauta gorhami* Mars.

续表

序号	中文名称	原植(动)物拉丁文学名或植(动)物英文学名	序号	中文名称	原植(动)物拉丁文学名或植(动)物英文学名
47	大戟科大戟属植物(小烛树蜡除外)	*Euphorbia* L.,(Euphorbiaceae)(except. candelilla wax)	72	半夏	*Pinellia ternata*(Thunb.)Breit.
			73	紫花丹	*Plumbago indica* L.
			74	白花丹	*Plumbago zeylanica* L.
48	秘鲁香树脂	Exudation of *Myroxylon pereirae* (Royle)Klotzch	75	桂樱	*Prunus laurocerasus* L.
			76	补骨脂	*Psoralea corylifolia* L.
49	无花果叶净油	Fig leaf absolute(*Ficus carica*)	77	除虫菊	*Pyrethrum cinerariifolium* Trev.
50	藤黄	*Garcinia hanburyi* Hook. F.; *Garcinia morella* Desv.	78	毛茛科毛茛属植物	*Ranunculus* L.,(Ranunculaceae)
51	钩吻	*Gelsemium elegans* Benth.	79	萝芙木	*Rauvolfia verticillata*(Lour.) Baill.
52	红娘子	*Huechys sanguinea* De Geer.			
53	大风子	*Hydnocarpus anthelmintica* Pierre; *Hydnocarpus hainanensis* (Merr.)Sleum.	80	羊踯躅	*Rhododendron molle* G. Don
			81	万年青	*Rohdea japonica* Roth
			82	乌桕	*Sapium sebiferum*(L.)Roxb.
54	莨菪	*Hyoscyamus niger* L.	83	种子藜芦(沙巴草)	*Schoenocaulon officinale* Lind.
55	八角科八角属植物(八角茴香除外)	*Illicium* L. (Illiciaceae)(except. *Illicium verumt*)	84	一叶萩	*Securinega suffruticosa*(Pall.) Rehd.
56	山慈姑	*Iphigenia indica* Kunth et Benth.	85	苦参实	*Sophora flavescens* Ait. (seed)
			86	龙葵	*Solanum nigrum* L.
57	叉子圆柏	*Juniperus sabina* L.	87	羊角拗类	Strophanthus species
58	桔梗科半边莲属植物	*Lobelia* L.,(Campanulaceae)	88	菊科千里光属植物	*Senecio* L.,(Compositae)
59	石蒜	*Lycoris radiata* Herb.	89	茵芋	*Skimmia reevesiana* Fortune
60	青娘子	*Lytta caraganae* Pallas	90	狼毒	*Stellera chamaejasme* L.
61	博落回	*Macleaya cordata* (Willd.) R. Br.	91	马钱科马钱属植物	*Strychnos* L.,(Loganiaceae)
62	地胆	*Meloe coarctatus* Motsch.	92	黄花夹竹桃	*Thevetia peruviana* (Pers.) K. Schum.; *Thevetia neriifolia* Jussieu
63	含羞草	*Mimosa pudica* L.			
64	夹竹桃	*Nerium indicum* Mill.			
65	月桂树籽油	Oil from the seeds of *Laurus nobilis* L.	93	卫矛科雷公藤属植物	*Tripterygium* L.,(Celastraceae)
66	臭常山	*Orixa japonica* Thunb.	94	白附子	*Typhonium giganteum* Engl.
67	北五加皮(香加皮)	*Periploca sepium* Bge.	95	(白)海葱	*Urginea scilla* Steinh.
			96	百合科藜芦属植物	*Veratrum* L.,(Liliaceae)
68	牵牛	*Pharbitis nil* (L.) Choisy.; *Pharbitis purpurea*(L.)Voigt			
69	毒扁豆	*Physostigma venenosum* Balf	97	马鞭草油	Verbena essential oils(*Lippia citriodora* Kunth.)
70	商陆	*Phytolacca acinosa* Roxb; *Phytolacca americana* L.	98	了哥王	*Wikstroemia indica* (L.) C. A. Mey.
71	毛果芸香	*Pilocarpus jaborandi* Holmes			

3.6.2 限用组分

《化妆品安全技术规范》中规定限用组分共有 47 项，与 2007 版《化妆品卫生规范》相比新增 1 项，修订 31 项，删除 27 项。许多限用组分，是化妆品的常用原料，如滑石、三链烷醇胺等。因此在化妆品配方设计过程中，限用组分的采用，必须符合法规规定的限制条件。限用组分调整较多的主要原因是将一些涉及口腔用品、肥皂、美甲化妆品常用的组分从限用组分中删除，如过氧苯甲酰、氢醌。此外，《化妆品安全技术规范》还明确指出，当苯扎氯铵、水杨酸、甲醛、苯甲醇等既可以作为防腐剂，又属于限用组分的，如其在配方设计过程中并非用作防腐剂，其原料和功能必须在标签中注明。如产品中含有水杨酸时，标签中需要注明“含水杨酸，三岁以下儿童勿用”。

3.6.3 原料配伍原则和禁忌

化妆品通常是多种组分复配而成的精细化学品。因此，复杂的配方设计的过程中，为了确保产品的稳定，必须熟知各个组分之间的配伍性。配伍性良好，指各组分之间不发生化学反应，并具有一定的协同作用。因此在化妆品的配方设计之前，必须充分了解各组分的理化性质，从组分化学反应、静电作用、组分互溶性、pH 值等角度合理设计配方。

例如二合一洗发水的配方设计过程中要兼顾清洁和护理的功效，在洗涤剂中起到去污作用的主要是阴离子表面活性剂，而起到护理作用的多为阳离子表面活性剂，当阴离子、阳离子表面活性剂混合体系浓度超过临界胶束浓度时，强烈的正负电荷之间的静电作用，形成表面活性剂之间的络合，因而容易造成沉淀、分层等不稳定的现象。因此在二合一洗发水的配方设计中不能简单地选择传统的阴离子表面活性剂和阳离子表面活性剂的混合。为了克服分子络合，可通过在表面活性剂亲水端中引入乙二醇基团增加亲水性，从而降低表面活性剂的离子密度，削弱分子之间的静电作用。

再如，化妆品中常用的防腐剂羟苯酯，美国 FDA 认定其为安全的防腐剂。但当羟苯酯与氨基酸类、胶原类等营养型物质相配伍时，其抑菌性能显著降低；当其与非离子表面活性剂配伍，则失去抑菌性。

化妆品组分配伍时最普遍需要关注的是体系的 pH 值，一般防腐剂在一定的 pH 值范围内才能发挥其抑菌性能，许多防腐剂在 pH 值大于 7 的介质中失去其抑菌活性，如目前市场上流行的易冲洗皂基型沐浴露，其 pH 值均在 8 以上，在选用防腐剂时应考虑选择配伍性允许的在碱性介质下不失活的防腐剂。

第4章

含植物成分化妆品及其配方举例

4.1 植物来源活性成分

4.1.1 植物多酚

(1) 植物多酚的功效　植物多酚 (plant polyphenol) 又称植物单宁 (tannins)，是植物体内具有多元酚结构的次生代谢物，含量高达20%，仅次于木质素、纤维素和半纤维素，广泛存在于蔬菜、水果、茶、豆类、谷物等中，在护肤品中应用较为广泛。植物多酚具有保湿、美白、防晒、抗氧化及延缓衰老等功效。

① 美白作用。在黑色素合成的三酶一素一基理论中，酶的催化活性决定了黑色素合成的整个环节，而在三酶中，酪氨酸酶在黑色素的生物合成中扮演了关键角色，因此抑制酪氨酸酶的活性是研发皮肤美白剂的重要方向之一。酪氨酸酶是一种含铜需氧酶，在酪氨酸转化为多巴的反应过程中，必须有氧自由基参加，清除氧自由基对于抑制黑色素的生成具有显著的作用。因此，在美白类植物成分中最受关注的两项美白功能性研究便是酪氨酸酶抑制性能和抗氧化性能。天然植物提取物在化妆品功能性研究过程中其酪氨酸酶抑制性能受到了

广泛的关注，植物多酚能够有效抑制黑色素生成过程中的酪氨酸酶和过氧化氢酶（表 4-1），从而减少色素细胞的代谢强度，减少色素的生成。此外，植物多酚具有吸收紫外线的作用和抗氧化活性，可还原黑色素中间体，抑制黑色素的生成，甚至能够直接还原黑色素结构中的邻苯二醌结构使得已经生成的黑色素褪色。

表 4-1　一些植物多酚对酪氨酸酶的抑制性能

名称	提取物浓度或质量分数	酪氨酸酶的抑制率/%
白藜芦醇	54.6μmol/L	50.0
氧化白藜芦醇	1.5μmol/L	50.0
茶多酚	2.0mmol/L	51.5
龙眼核多酚	20mmol/mL	80.0
香蕉皮多酚	4.0mg/mL	9.13
梨皮多酚	4.0mg/mL	8.95
柠檬皮多酚	4.0mg/mL	28.54
猕猴桃皮多酚	4.0mg/mL	30.05
菠萝皮多酚	4.0mg/mL	22.17
柚子皮多酚	4.0mg/mL	33.35
木瓜皮多酚	4.0mg/mL	58.65
苹果皮多酚	4.0mg/mL	60.07
芒果皮多酚	4.0mg/mL	64.18
葡萄皮多酚	4.0mg/mL	68.62
龙眼皮多酚	4.0mg/mL	82.03
山楂皮多酚	4.0mg/mL	87.11
石榴皮多酚	12mg/mL	44.05

② 抗老化作用。植物多酚中的酚羟基为氢离子供体，对自由基的清除能力与常用抗氧化剂维生素 C 相当，部分天然来源的多酚甚至远远强于维生素 C，因此能够有效清除皮肤细胞中的活性氧，减少丙二醛（MDA）的生成，增白皮肤，抑制老化。植物多酚还能维护胶原的合成，抑制弹性蛋白酶，协助肌体保护胶原蛋白和改善皮肤的弹性，改善皮肤的健康循环，促进细胞新陈代谢，培养皮肤活力使其保持细腻。

③ 防晒作用。植物多酚是一类在紫外光区有强吸收的天然产物，如茶多酚、柿子单宁、芦丁等多酚，均已被证实为对人体无毒的天然紫外线吸收剂。据报道，涂抹芦丁后，皮肤对紫外线的吸收率可达 98%以上，芦丁对日晒、皮炎和各种色斑有显著抗御作用。多酚对 UVC 区紫外线的吸收尤为显著，被称为植物体内的“紫外线过滤器”。

④ 保湿作用。植物多酚结构中含有大量亲水性的酚羟基，可与多糖、多元醇、脂质、蛋白质和多肽等生物大分子形成复合物，从而起到保持水分作

用。植物多酚的保湿特性还在于它具有透明质酸酶抑制活性，能够有效抑制皮肤内透明质酸的分解，从而达到真正生理上的深层保湿作用。

⑤ 收敛作用。植物多酚与蛋白质以疏水键和氢键等方式复合，令皮肤产生收敛感，这一特性使含多酚的化妆品在防水条件下对皮肤有很好的附着能力，并且可使粗大的毛孔收缩，使松弛的皮肤绷紧而减少皱纹，还可减少油性皮肤皮脂的过度分泌。

（2）植物多酚化妆品配方精选

配方1：茶多酚美白乳液

组分		质量分数/%
A组分	硬脂醇聚氧乙烯-2醚	0.5
	硬脂醇聚氧乙烯-21醚	1.5
	C_{16}～C_{18}醇	1.5
	角鲨烷	6.0
B组分	甘油	2.0
	EDTA-Na_2	0.1
	卡波U20	0.2
	去离子水	加至100
C组分	三乙醇胺	0.3
D组分	茶多酚	1.5
	聚丙烯酰胺（和）C_{13}～C_{14}异链烷烃（和）月桂醇醚-7(Seppic-305)	0.5
	香精和防腐剂	适量

制备工艺：

将A组分和B组分分别加热至完全溶解，搅拌下合并A组分和B组分，乳化10min，在搅拌下加入C组分，降温至40℃以下，加入D组分，均质，得到美白乳液。

配方2：植物多酚水包油型霜

组分	质量分数/%
甘油	10.0
硬脂酸	1.0
C_{16}醇	1.0
硬脂酸钠	0.5
单硬脂酸甘油酯	1.0
尼纳尔	0.5
羊毛脂	2.0
羧甲基纤维素钠	0.1
猕猴桃果仁油	2.0
黄多酚复配物	4.0
去离子水	加至100

制备工艺：

① 黄多酚复配物。将路边青和过路黄切碎后于 0.1MPa、60℃下真空干燥，用粉碎机粉碎至 20 目粉末，经大孔树脂分离并稀释后得到质量浓度为 0.0885mg/mL 路边青多酚提取液和 0.113mg/mL 过路黄多酚提取液，混合得复配物。

② 将油相物质和水相物质分别加热至完全溶解，85℃搅拌下合并两相物质组分，乳化 10min，降温至 40℃以下，加入黄多酚复配物，均质，得到植物多酚水包油型霜。

配方 3：茶多酚面膜

组分	质量分数/%
透明黄原胶	0.3
透明质酸	0.05
甘油	3.0
香精	0.005
氢化蓖麻油脂(RH-40)	0.1
杰马 BP	0.2
去离子水	加至 100
茶多酚	0.3

制备工艺：

① 将去离子水加热至 90℃维持 20min，取 5g 备用；

② 将透明质酸、黄原胶加入 5g 去离子水（预加热至 90℃）中，搅拌溶解，降温至 40℃；

③ 将香精、RH-40 搅匀，加入 5g 冷却的去离子水中，搅拌溶解，加入至体系②中，搅拌均匀；

④ 加入甘油、杰马 BP，搅拌均匀，出料得面膜液；

⑤ 采用独立铝膜袋密封包装茶多酚粉末，使用前将茶多酚混合至面膜液中，搅拌溶解即可使用。

4.1.2 黄酮类

(1) 黄酮类物质功效　黄酮类化合物（flavone）又称为生物类黄酮化合物，是色原酮或色原烷的衍生物，黄酮类化合物是自然界中以 $C_6—C_3—C_6$ 的方式构成的三环天然有机物，其化学结构中 C_3 部分可以是直链，或与 C_6 部分形成六元或五元环，黄酮类化合物泛指这种两个苯环通过中央三碳链相互连接而成的一系列化合物。黄酮类化合物主要有黄酮醇、黄酮、黄烷酮、黄烷醇、花色素、异黄酮、二氢黄酮醇和查尔酮等。黄酮类化合物广泛分布于植物的叶子、种子、皮和花中，目前有超过 4000 种黄酮的结构被确定。

① 抗衰老作用。黄酮分子具有共轭性，因此对紫外线具有较强的吸收作用。黄酮结构中酚羟基具有良好的还原性，可作为氢供体，因此具有清除自由基进而避免自由基对细胞的损伤的作用（表 4-2）。

表 4-2 部分黄酮清除 DPPH 自由基的 IC_{50} 值

类型	成分	来源	提取方法	含量/%	IC_{50}(DPPH)
黄酮	芹菜素	木豆根	负压空化提取	0.012	1.184g/L
	木犀草素	木豆叶	微波辅助提取	0.010	59.06mg/L
	黄芩苷	水煎黄芩废渣	醇法超声强化提取	7.780	100μmol/L
黄酮醇	山奈酚	银杏叶	微波法萃取	0.273	1.10g/L
	槲皮素	芹菜	超声波辅助提取	0.222	4μmol/L
	杨梅素	杨梅树叶	溶剂提取	0.088	18.34mg/L
	芦丁	槐米	碱提酸沉法提取	10.99	26.6mg/L
二氢黄酮	橙皮苷	橘皮	超声波辅助提取	4.700	5.57g/L
	甘草苷	甘草	溶剂提取	1.620	453.4μmol/L
	甘草素	甘草	溶剂提取	0.035	344.8μmol/L
二氢黄酮醇	二氢槲皮素	落叶松	溶剂提取	2.030	<10mg/L
	二氢杨梅素	滕茶	溶剂提取	8.845	10.70mg/L
异黄酮	大豆素	豆酱	超声波辅助提取	0.048	<2mmol/L
	葛根素	葛根	微波辅助提取	3.510	>10mmol/L
查尔酮	异甘草苷	甘草	酶法水解提取	0.298	119.8μmol/L
	异甘草素	甘草	超临界 CO_2 萃取	0.035	190.7μmol/L

② 美白作用。关于黄酮类物质及其衍生物对酪氨酸酶抑制活性的研究受到了大家的广泛关注，大量的黄酮类物质被验证为具有抑制酪氨酸酶的活性（表 4-3）。含有 3-羟基-4 酮结构的黄酮（如山奈酚和槲皮黄酮），可通过螯合酪氨酸酶活性位点的铜来竞争性抑制酶活性，导致酪氨酸酶永久失活。山奈酚和槲皮黄酮在螯合酪氨酸酶后失去原有的平面结构，发生一定程度的扭曲，这类分子可进入酪氨酸酶的活性位点阻止黑色素形成过程中 L-多巴胺的进入，另外，黄酮醇上长链糖部分连接在 3-羟基上，可以阻碍 L-多巴胺接近酪氨酸酶的活性位点。具有这些结构特点的黄酮均被证实具有一定程度的酪氨酸酶抑制活性。

表 4-3 一些植物黄酮对酪氨酸酶的抑制性能

名称	采集源	IC_{50} 提取物浓度
桑黄素	桑科植物染色桑	0.88mmol/L
甘草黄酮	胀果甘草	3.5μg/mL
槲皮精	胡椒木(Zanthoxylum piperitum)叶子	3.8μg/mL
异甘草素-葡萄糖芹菜苷	乌拉尔甘草	0.072mg/L
异甘草苷	乌拉尔甘草	0.038mg/L

续表

名称	采集源	IC_{50}提取物浓度
甘草查尔酮甲	乌拉尔甘草	0.0258mg/L
望春花黄酮醇苷Ⅰ(buddlenoid A)	药用植物马钱科醉鱼草	0.39mmol/L
山奈酚(Kaempferol)	凤仙(lmpatiens balsamina)花	0.042mg/L
川陈皮素(nobiletin)	柑橘	1.49mg/L
川芎	川芎	0.26g/L
大豆异黄酮	大豆制品	6.2mg/mL
橘皮苷	柑橘	16.08mg/mL

③ 防晒作用。许多植物黄酮均被证明具有强的紫外线吸收作用，如芹菜黄素、槲皮素、芦丁以及查尔酮类等黄酮类化合物均能有效地防护因紫外线引起的损伤，并且由于多数植物黄酮被证实具有良好的自由基清除剂，因此能够对紫外线诱导产生羟自由基引发的DNA损伤具有防护作用，具有晒后修复效果和防辐射能力。例如，苦荞黄酮被证实当其与 TiO_2 和对甲氧基肉桂酸辛酯复配可以有效地提高体系对紫外线的吸收范围和吸收性能。又如，研究显示当竹叶黄酮以1.0%和2.0%比率添加于护肤霜中能够得到具有抵抗UVB辐射的面霜，按照布特星级分类标示UVA辐射的防护可达到三星级别。

④ 抗炎抗过敏作用。研究显示，黄酮类化合物可以调节与炎症相关的蛋白质的基因表达，可抑制炎症相关酶活性。例如，有研究从分子生物学的角度验证了汉黄芩素的抗皮肤炎症的效果，显示汉黄芩素可以降低COX-2和肿瘤坏死因子的mRNA水平，而对亚慢性皮肤炎症模型中的细胞间连接分子-1和白细胞间介素-1无明显的负面影响。如，Wang在淡竹叶分离得到四种碳苷黄酮化合物，并发现这些黄酮对呼吸道和孢体病毒（RSV）具有抗病毒效果。此外，黄芩苷及其衍生物被证实对全身性过敏、被动性皮肤过敏亦显示很强的抑制活性。

⑤ 抑菌作用。大量的研究关注于黄酮类物质的抑菌作用，如赵悦等人研究显示，优化pH和温度后的橘黄酮剂型可降低最小抑菌浓度（MIC）20%，对金黄色葡萄球菌、大肠杆菌、黑曲霉、灰葡萄孢菌和黄枝孢菌的抑菌作用分别提高了17%、27%、25%、28%、19%，抑菌活性高于对氯间二甲苯酚和甲基托布津。陈彦等则验证了箭竹叶黄酮对金黄色葡萄球菌、表皮葡萄球菌、黑曲霉、酿酒酵母和大肠杆菌的抑菌作用。又如，从E. maculata的提取物中分离得到2′,6′-二羟基-3′-甲基-4′-甲氧基-二氢查尔酮、桉树素、8-去甲基桉树素3种化合物，均被证实能够抑制7种以上的微生物。

⑥ 其他作用。黄酮类化合物可与蛋白质以疏水键和氢键结合，因此具有收敛作用。这一性质可有效提高含有黄酮化妆品在皮肤表面的附着力，并具有收缩毛孔紧致皮肤的作用。例如，原花青素就具有收敛作用和保湿作用，这是

由于原花青素具有多羟基结构，在空气中易吸湿。此外，部分黄酮类物质也被证实具有祛除红血丝的功效。如，芦丁可保持毛细血管的光抵抗力，减少血管通透性，使因脆性增加而充血的毛细血管恢复正常弹性，连续使用可抑制红血丝的形成。

（2）黄酮化妆品配方精选

配方 1：樟叶皂苷防晒乳

组分		质量分数/%
A组分	白油	8.0
	棕榈酸异丙酯	3.0
	二甲基硅油	3.0
	C_{18}醇	1.0
	硬脂酸	1.0
	羟苯丙酯	0.1
B组分	甘油	5.0
	钛白粉	2.0
	樟叶浸膏	10.0
	樟叶皂苷	5.0
	羟苯甲酯	0.1
	去离子水	加至100
C组分	防腐剂	适量
	香精	适量

制备工艺：

将A组分、B组分分别加热至90℃，保温20min，搅拌下将B组分加入A组分中，保温乳化5min，搅拌至45℃加入C组分，充分搅拌均匀即可。

配方 2：樟木脂素美白霜

组分		质量分数/%
A组分	脱色茶油	10.0
	白羊毛脂	3.0
	白凡士林	3.0
	植醇	3.0
	硬脂酸	1.0
B组分	甘油	4.0
	钛白粉	2.0
	樟木脂素	10.0
	樟木皂苷	5.0
	去离子水	100
C组分	防腐剂	适量
	香精	适量

制备工艺：

将A组分、B组分分别加热至85℃，保温15min，搅拌下将B组分加入A组分中，保温乳化10min，搅拌至40℃加入C组分，充分搅拌均匀即可。

配方3：含竹叶黄酮无纺布美容面膜

组分		质量分数/%
A组分	MAS 100	1.25
	去离子水	加至100
	聚乙烯醇523	10.0
	丙二醇	7.75
B组分	乙醇	20.0
	油醇	3.0
	竹叶黄酮	1.0

制备工艺：

① 持续搅拌下把MAS 100缓慢加入去离子水中，最大剪切下让MAS 100水合至少30min，然后加入丙二醇，加热到75℃，缓慢加入聚乙烯醇523，搅拌下冷却；

② 搅拌下将B组分缓慢加入A组分中，冷却，搅匀后，将面膜用无纺布浸泡其中，待无纺布被完全润湿后即可封袋包装。

配方4：含竹叶黄酮凝胶美容面膜

组分	质量分数/%
聚乙烯醇	15.0
羧甲基纤维素(CMC)	5.0
聚乙二醇	5.0
乙醇	10.0
香精	适量
防腐剂	适量
甘油	5.0
维生素E	1.0
竹叶黄酮	1.0
去离子水	加至100

制备工艺：

① 取聚乙二醇，加去离子水适量，加热溶散，加入聚乙烯醇、CMC至黏液状，加入竹叶黄酮；

② 将甘油、维生素E溶于乙醇中，与上液合并，加入适量香精和防腐剂，搅匀即得。

配方5：润肤霜

组分	质量分数/%	组分	质量分数/%
硬脂酸	6.0	二甲基硅油	4.0
单甘酯	3.0	豆蔻酸异丙酯	5.0
甘油	2.0	羟苯甲酯	0.05
C_{16}醇	2.0	羟苯丙酯	0.15
白油	4.0	小肽液	10.0
吐温-80	1.0	油松花粉黄酮液	3.0
氢氧化钾	0.3	去离子水	加至100

制备工艺：

将油相组分、水相组分分别加热至90℃，保温20min，搅拌下将油相组分加入水相组分中，保温乳化5min，搅拌至45℃加入小肽液、油松花粉黄酮液组分，充分搅拌均匀即可。

配方6：竹叶黄酮护肤霜

组分		质量分数/%
A组分	C_{18}醇	4.0
	单甘酯	1.5
	角鲨烷	3.0
	棕榈酸异丙酯	2.5
	硬脂醇聚氧乙烯-2醚	2.5
	硬脂醇聚氧乙烯-21醚	1.5
	羟甲苯丁酯	0.5
B组分	甘油	2.5
	丙二醇	2.5
	羟苯甲酯	0.05
	竹叶黄酮	1.5
C组分	香精	0.5
	三乙醇胺	0.5
	去离子水	加至100

制备工艺：

① 竹叶黄酮的提取工艺如下。

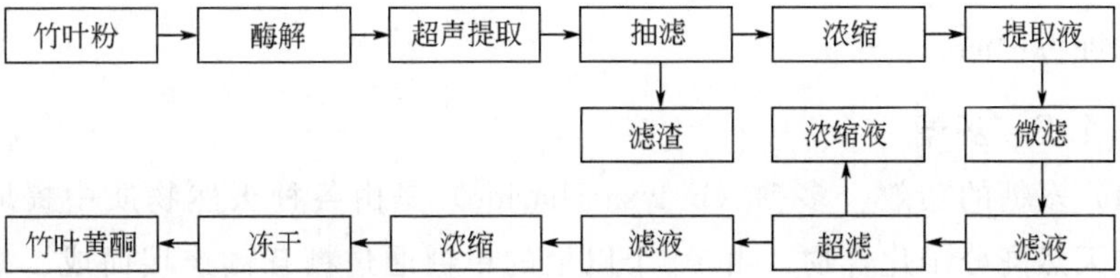

② 将A组分搅拌加热至85℃，保温20min，B组分搅拌加热至45℃。

③ 将A、B两组分合并乳化30min，冷却至45℃，加入C组分，均质，冷却至30℃出料即得。

配方7：化橘红抗氧化膏状面膜

组分	质量分数/%
矿物质粉 [m(电气石粉)∶m(高岭土)∶m(钠基膨润土)∶m(云母质)=3∶1∶1∶1]	63.0
甘油	21.0
化橘红黄酮提取液	15.7
柚子精油	0.1
羟苯甲酯	0.2

制备工艺：

将各种物质混合，微加热搅拌使混合均匀，得到膏状面膜。

配方8：当归多糖和贡菊黄酮面膜

组分	质量分数/%
壳聚糖	1.52
柠檬酸	3.05
羧甲基纤维素钠	0.36
明胶	0.36
1∶1贡菊黄酮和当归多糖混合液(10%)	7.4
珍珠粉	0.6
去离子水	加至100
纳米银	0.2
薄荷精油	0.1

制备工艺：

① 将壳聚糖和柠檬酸溶解到50.8mL去离子水中得壳聚糖溶胶；

② 将羧甲基纤维素钠和明胶溶解到36mL去离子水中得复合溶胶；

③ 将壳聚糖溶胶和复合溶胶混合，加热至70℃，加热搅拌1.5h，静置过夜，加入10%提取液，加入珍珠粉，并在70℃下加热搅拌0.5h，使其混合均匀；

④ 加入纳米银，于70℃下加热搅拌0.5h，静置过夜，加入薄荷精油混合均匀，即得产品。

4.1.3 多糖

(1) 多糖的功效　多糖（polysaccharide）是由各种天然物质中提取出来的一种天然高分子化合物，由10个以上的单糖通过糖苷键连接而成。根据来源不同，常被分为动物多糖、植物多糖和微生物多糖。植物多糖由于其来源丰富、组成多样化、安全性较高，因此是多糖家族重要的组成部分，也是化妆品中使用种类较多的一类天然来源的物质。

① 抗氧化。人体自由基累积造成生物膜损伤，影响细胞物质交换和新陈代谢，甚至可导致细胞凋亡。皮肤细胞自由基聚集，引起过氧化作用，影响皮肤细胞分化，导致皮肤衰老。因此，消除自由基，是延缓皮肤衰老的重要方法之一。研究显示，蘘荷多糖具有显著的羟基自由基、DPPH 自由基清除能力，并具有显著的螯合金属离子的能力；枸杞多糖可使衰老小鼠皮肤中 MDA 含量显著降低，具有显著的抗小鼠皮肤衰老功能；荔枝低分子多糖对 DPPH 自由基和羟基自由基半数清除浓度 IC_{50} 分别为 0.41mg/mL 和 0.31mg/mL；杜香叶多糖对 DPPH 自由基和羟基自由基清除率达到相同质量浓度的维生素 C 的 90%以上，对 H_2O_2 清除能力在 5g/L 达到相同质量浓度的维生素 C 的 60%以上。

② 吸湿保湿。植物多糖具有良好的保湿能力，并且对水分具有较强的吸附作用，是化妆品中常用的保湿剂。植物提取物中的多糖中的羟基，能以氢键与水分子结合。此外该类物质多为高分子物质，具有成膜性，在皮肤表面形成膜以防止水分流失，达到保湿效果。研究显示，天麻多糖的平衡吸湿量在相对湿度 33%时可达 3.69%；荔枝低分子多糖 PLC-1 具有良好的吸湿和保湿性，在 32h 时吸湿率为 58.3%；槐角多糖的吸湿性与壳聚糖一致；改良桃胶多糖在相对湿度 43%、60%和 81%条件下 48h 的吸湿率分别为 54.5%、67.3%、81.5%，比海藻酸钠高，同时具有较好的经皮渗透性能；普鲁兰多糖在相对湿度 81%条件下，其吸湿、保湿效果与透明质酸相当，当其质量浓度为 1mg/mL 时保湿性能最佳；白及多糖在相对湿度为 81%时的吸湿保湿性优于甘油和透明质酸，故含白及多糖面霜具有良好的保湿效果。

③ 防紫外线。紫外线对人体的皮肤有一定的损伤作用，防紫外线是化妆品领域研究的热点，植物多糖具有很好的抗紫外线作用。研究发现，紫菜多糖能提高受 UVA 辐射损伤的小鼠成纤维细胞的存活率，对体外培养紫外辐射损伤小鼠纤维细胞模型具有明显的修复作用；枸杞多糖可以减轻 UVA 所致人皮肤成纤维细胞的损伤；芦荟多糖、大蒜多糖、枸杞多糖均能增强受 UVB 照射的 HaCaT 细胞内抗氧化酶活性，显著拮抗 UVB 照射所引起的角质细胞氧化损伤。

④ 抑菌。研究发现，植物多糖能溶解细菌外膜，增强溶菌酶的活性，使大量细菌被溶酶菌溶解失活，能很好地应用于青春痘的治疗。研究显示，黄精多糖对金黄色葡萄球菌抑制作用最强，MIC 为 5%，抑菌圈直径为 19.6mm；琅琊山树舌多糖对金黄色葡萄球菌、酿酒酵母、大肠杆菌的 MIC 为 10.0mg/mL，对枯草芽孢杆菌的 MIC 为 5.0mg/mL，对黑曲霉的 MIC 为 20.0mg/mL；金

桂果实多糖对金黄色葡萄球菌、枯草芽孢杆菌和大肠杆菌均有优良的抑制作用；江南星蕨与深绿卷柏对酵母菌的抗菌活性最强，对细菌也有较强的抑制作用。

⑤ 抑制酪氨酸酶合成。酪氨酸酶是黑色素合成的关键催化剂，美白化妆品中通常加入酪氨酸酶抑制剂，从而阻断、抑制黑色素的大量生成和沉积，达到美白肤色的效果。研究显示，松茸多糖中抑制酪氨酸酶活性 IC_{50} 值为 136.4μg/mL；当归多糖对酪氨酸酶的抑制率为 22.0%；贡菊黄酮对酪氨酸酶的抑制率为 46.1%；当归多糖和贡菊黄酮混合物对酪氨酸酶的抑制率为 66.2%。

（2）多糖化妆品配方精选

配方 1：麦冬多糖润肤乳

	组分	质量分数/%
A 组分	鲸蜡醇(和)硬脂酸甘油酯(和)PEG-75 硬脂酸酯(和)鲸蜡醇醚-20(和)硬脂醇醚-20	3.0
	氢化卵磷脂	0.5
	单脂肪酸甘油酯	0.5
	硬脂酰谷氨酸钠	0.3
	dl-α-生育酚乙酸酯	0.5
	环聚二甲基硅氧烷	1.0
	聚二甲基硅氧烷	2.0
	牛油果树果油	2.0
	氢化聚异丁烯	3.0
	鲸蜡硬脂醇	2.5
	2,6-二叔丁基-4-甲基苯酚	0.05
	辛酸/癸酸三酰甘油	2.0
	霍霍巴油	1.0
B 组分	去离子水	加至 100
	甘油	3.0
	丙二醇	2.0
	海藻糖	0.5
	黄原胶	0.2
	尿囊素	0.5
	乙二胺四乙酸二钠	0.05
	透明质酸	0.05
C 组分	麦冬多糖	1.0
	甘草酸二钾	0.2
	D-泛醇(50%)	1.0
D 组分	防腐剂	0.2
	香精	0.1

制备工艺：

① 按照配方准确称量 A、B 组分，分别加热至 80℃，保温 10min；

② 在不断搅拌的条件下将 A 组分加入 B 组分中，继续保温并充分搅拌 1min，均质 1.5min；

③ 搅拌降温至 50℃后，加入 C 组分，降温至 40℃时加入 D 组分，即得。

配方 2：羊栖菜多糖精华液

组分	质量分数/%
海藻糖	5.0
杰马 BP	0.5
羊栖菜多糖提取液	加至 100.0

配方 3：润肤水

组分	质量分数/%
20%维生素原 B_5	5.0
24h 保湿因子	2.0
羊栖菜多糖提取液	30.0
杰马 BP	0.5
去离子水	加至 100.0

配方 2～3 制备工艺：

搅拌使配方中物料溶解均匀，装瓶即得。

配方 4：润肤乳

组分		质量分数/%
A 组分	橄榄乳化蜡	5.0
	甜杏仁油	3.5
	小麦胚芽油	3.5
	油溶维生素 E	1.5
B 组分	去离子水	50.0
C 组分	40%氨基酸保湿剂	3.5
	24h 保湿因子	1.5
	杰马 BP	0.3
	羊栖菜多糖提取液	加至 100

制备工艺：

① 将 A 组分加热至 80℃，搅拌使物料完全熔化，待用；

② 同样将 B 组分加热至 80℃待用；

③ 趁热将 A 组分加入 B 组分，搅拌直至温度降到 40℃；

④ C 组分加入已经搅拌乳化的样品中，待温度降至室温后，静置，即得。

配方 5：天麻多糖润肤霜

组分	质量分数/%
液体石蜡	6.0
C_{16}醇	1.0
C_{18}醇	3.0
羊毛脂	1.0
凡士林	2.0
甘油	2.0
丙二醇	2.0
吐温-80	1.0
司盘-60	1.0
天麻多糖	0.4
去离子水	加至 100
薰衣草精油	0.2

制备工艺：

① 将油性组分混合后置于恒温水浴 70℃加热搅拌溶解；

② 将天麻多糖溶解在去离子水中后，加入精油和防腐剂，置于恒温水浴 70℃加热；

③ 将油相组分加入水相组分中，40～50℃加热搅拌乳 35min，搅拌速度 400～600r/min。

4.2 人参

4.2.1 人参的主要功效

人参（ginseng）是高级天然化妆品配方设计中较为常用的天然组分，其应用于美容护肤历史悠久。在经典美容医书《千金方》《圣济总录》和《鲁府禁方》均有含人参的美容方剂。人参在化妆品中的广泛应用在于其中含有多种护肤活性物质（表 4-4），添加人参的化妆品通常具有抗衰老、美白、育发、祛痘等多种功效。

表 4-4 人参美容护肤活性物质及功效研究

美容护肤功效分类		已报道的人参美容护肤活性物质及其功效	
抗皮肤老化	抗自然老化	人参根提取物	促进人真皮成纤维细胞中Ⅰ型胶原蛋白(COL-Ⅰ)合成
		人参总皂苷	提高 SOD、过氧化氢酶(CAT)等抗氧化酶活性
		Rb1、Rg1、Re 单体皂苷	促进人成纤维细胞增殖，增加 COL-Ⅰ含量，降低 MMP-1，改善胶原代谢

续表

美容护肤功效分类			已报道的人参美容护肤活性物质及其功效	
抗皮肤老化	抗光老化	抗角质形成细胞光老化	Rb1、CK 单体皂苷	促进 DNA 光损伤修复
			红参提取物； 人参三醇组皂苷； Rb1、Rg1、CK、Rg3 单体皂苷	抑制紫外线引起的角质形成细胞凋亡
			Rb1、Rb2、Rb3、Rg3 单体皂苷	提高 UVB 照射角质形成细胞 SOD、GSH 等抗氧化酶活性，降低 ROS 等自由基含量； 降低 MMP-2 表达而抵抗光老化
		抗成纤维细胞光老化	Rb1、Rb2、Rg1、Rb0 单体皂苷	降低 UVB 引起的成纤维细胞内氧化应激水平
			Rb1、Rb2、Rd、Rg1、Rb0、CK 单体皂苷； 20(S)-人参原二醇	降低成纤维细胞内胶原水解酶 MMP-1、MMP-2、MMP-3 表达或活性延缓胶原蛋白降解，达到真皮层抗光老化作用
美白功效			Rg1、Rg3 单体皂苷； 皂苷转化产物 Rh6、R4、R13； 人参果中 Rb2	抑制黑色素细胞内酪氨酸酶活性，降低黑色素含量
			Rg1 单体皂苷	抑制黑色素瘤细胞增殖，降低黑色素作用
			皂苷代谢产物 F1	使人体皮肤黑色素含量下降，调控黑色素转运信号影响黑色素分泌而发挥功效的
			人参叶中对香豆酸	抑制体外酪氨酸酶活性

(1) 抗皮肤内源性生理衰老　人参皂苷可提高皮肤自由基的清除能力（表 4-4），减少自由基积累，避免皮肤受到伤害、破坏。同时，人参具有促进角质降解和延缓表皮细胞老化作用，可促进细胞（特别是生发层细胞）的分裂增殖，促进细胞及细胞器的增大与增殖，使成纤维细胞增多，促进胶原纤维代谢和更替。

(2) 抗皮肤外源性环境衰老　紫外线是影响人类皮肤健康的环境因素之一，可引起皮肤的急性损伤、光老化、局部和系统免疫抑制、皮肤癌等。人参皂苷能减轻紫外线对正常细胞的破坏，减少细胞凋亡，促进新细胞的生成，可显著增强紫外线辐射后细胞的活力，减少核浓缩、核小体的形成及细胞凋亡的发生，加速环丁烷嘧啶二聚体（细胞 DNA 损伤产物）的清除（表 4-4）。

(3) 美白　人参中熊果苷是酪氨酸酶抑制剂，低浓度即可抑制酪氨酸酶的活性，阻断多巴及多巴醌的合成，从而抑制黑色素的生成。实验表明，在人参毛状根中熊果苷占干重的 13%，分离出来的单体化合物对酪氨酸酶有较强的抑制效果，抑制率为 83.25%。此外，人参中的多种皂苷也具有抑制酪氨酸酶的作用。

(4) 育发　人参中含与雌激素有关的植物激素，这些物质可扩充头部毛细血管，改善头发的营养状况，提高头发的抗拉强度和延伸性，增加头发的韧性。人参可减少生长期毛囊角质形成细胞凋亡和退行性变，对毛囊间充质干细胞具有促增殖作用，促进毛囊生长，延长毛发生长期。

(5) 抑菌　人参提取液对皮炎、真菌感染具有较好的治疗效果，可用于治疗脂溢性皮炎、类固醇皮炎、激素过敏性皮炎及其他面部皮炎。经临床应用，与其他按摩霜或市售化妆品相比，含人参面霜治疗效果显著，特别是治疗激素过敏性皮炎有效率达99%以上，且无任何不良反应。在洗发水、焗油膏等护发产品配方中加入人参、人参提取液等，不但可使头发更加柔顺，减少头皮屑，同时防止头发脱落，促使新毛发生长，可达到头部美容的功效。

4.2.2 人参化妆品配方精选

配方1：AFG系列美肤霜

组分		质量分数/%
A组分	硅油	1.0
	橄榄油	2.0
	PEG-100氢化蓖麻油	3.0
	丙三醇	5.5
	C_{18}醇	1.0
	白油	1.5
	凡士林	0.5
	单甘酯	1.5
	非离子表面活性剂(9022)	1.5
B组分	红参提取物	2.25
	去离子水	加至100
C组分	黏合剂	1.5
	香精	0.001
	防腐剂	1.5

制备工艺：

① 将A组分和B组分分别加热至80℃；

② 将B组分倒入至夹层锅中的A组分体系中并开始搅拌，搅拌过程中将夹层锅中热水换成凉水，直至温度降至40℃以下；

③ 将其转移至匀浆机中进行搅拌，同时按照一定比例加入黏合剂、防腐剂和香精，搅拌30min后取出，抽滤脱气，无菌灌装霜剂。

配方2：人参营养水

组分	质量分数/%
甘油	2.0
乙醇	3.0
透明质酸	0.01
复合抗菌剂	0.001
柠檬酸	0.1

续表

组分	质量分数/%
柠檬酸钠	0.1
香茅醇	0.001
人参提取物	0.3
去离子水	加至100

制备工艺：

混合配方中的组分，加热至40℃溶解即可。

配方3：人参保湿乳液

组分		质量分数/%
A组分	甘油硬脂酸酯和PEG-100;硬脂酸酯	0.5
	鲸蜡硬脂醇	4.0
	羊毛脂	1.0
B组分	环聚二甲基硅氧烷	12.0
C组分	去离子水	加至100
	甘油	5.0
	人参提取物	5.0
D组分	丙烯酸钠/丙烯酰二甲基牛磺酸钠共聚物(和)异十六碳烷(和)聚山梨醇酯-80	2.5
E组分	苯氧乙醇(和)乙基己基甘油(防腐剂)	0.5
	香精	适量

制备工艺：

① 将A组分加热到80℃溶解；

② 将C组分中的去离子水和保湿剂加热至85℃溶解；

③ 将C组分加入A组分中，搅拌溶解后，均质2～3min；

④ 将B组分和D组分加入上述混合物中，搅拌均质2～3min，缓慢搅拌降温；

⑤ 温度降至45℃，依次加入防腐剂和香精，搅拌至室温。

配方4：人参柔顺洗发水

组分	质量分数/%	组分	质量分数/%
硬脂酸酰胺丙基叔胺(S18)	0.50～0.75	硅油	2.75～3.15
脂肪醇醚硫酸钠(AES)钠盐(70%)	3.00～3.05	D-泛醇	0.20～0.30
椰子油脂肪酸二乙醇酰胺(6501)(1∶1)	1.50～1.95	人参提取液	5.0～20.0
无水柠檬酸	0.15～0.25	EDTA-Na_2	适量
椰油酰胺丙基甜菜碱(CAB-35)	3.25～3.75	苯甲酸二钠	适量
月桂醇聚醚硫酸铵(AESA-25)	30～35	Kathon CG	适量
月桂基硫酸铵(K12A-25)	15～25	香精	适量
去离子水	加至100		

注：Kathon CG为（A）2-甲基-4-异噻唑啉-3-酮和（B）5-氯-2-甲基-4-异噻唑啉-3-酮。

制备工艺：

① 取适量去离子水加热至85℃，搅拌中依次加入S18、6501、AES钠盐、螯合剂搅拌至溶解；

② 取适量去离子水溶解无水柠檬酸，加入①中，调节pH值至5.0～6.5；

③ 膏体冷却至60℃，依次加入AESA-25、K12A-25、CAB-35、EDTA-Na_2、乳化硅油、D-泛醇，边加边搅拌；

④ 膏体温度降至45℃，依次加入苯甲酸二钠、香精、人参提取液，充分搅拌均匀；

⑤ 常温下用氯化钠调节黏度至0.8～1.2Pa·s，即得。

配方5：美白霜

组分		质量分数/%
A组分	白池花籽油	3.0
	轻质液体石蜡	6.0
	聚二甲基硅氧烷	9.0
	鲸蜡硬脂醇	1.0
	甘油硬脂酸酯和PEG-100硬脂酸酯	3.0
B组分	甘油	6.0
	透明质酸钠	0.1
	卡波姆	0.5
	氨甲基丙醇	0.3
	天然美白剂	5.0
	去离子水	加至100

天然美白剂的组成：

组分	甘草提取物	人参提取物	黄芪提取物	芙蓉花提取物	白芍提取物
质量分数/%	30	25	20	15	10

制备工艺：

① 将A组分原料在80℃下搅拌溶解均匀，得油相；

② 将去离子水、甘油、透明质酸钠、卡波姆80℃下溶解分散均匀，得水相；

③ 将油相匀速加入水相中，同时以600r/min转速搅拌3min，水相加完毕后，均质乳化（转速6000r/min）3min；

④ 降温至50℃，加入氨甲基丙醇及天然美白剂，搅拌均匀，降温至40℃真空脱泡，即得。

配方6：人参护肤奶液

组分	质量分数/%	组分	质量分数/%
硬脂酸	3.0	白油	10
C_{18}醇	1.0	非离子型乳化剂 B	2.0
黏液剂	0.4	阴离子型乳化剂 C	0.1
防腐剂	0.2	丙二醇	5.0
非离子型乳化剂 A	2.0	香精	适量
刷参水	加至 100		

制备工艺：

油相原料加热至 70℃熔化，水相原料加热溶解均匀，然后将水相缓慢加入油相，均质器乳化，20min 后冷却，45℃时加入香精即得。

配方 7：人参紧肤露

组分	质量分数/%
JRA-2	0.1～0.2
NMA-1	0.1～0.2
甘油	5.0～10.0
香料	0.1～0.4
乙醇	10.0～15.0
增溶剂	1.0～2.0
防腐剂	0.2～0.5
NMS-3 调至 pH 值至 4.5～5.5	
净化刷参水	加至 100

制备工艺：

水部、醇部分别在室温下溶解，然后将醇部加入水部混合增溶，过滤后冲瓶包装。

配方 8：人参祛皱露

组分	质量分数/%
人参提取物	50.0(或鲜参汁 0.5)
1%蒲公英提取液	20.0
杏仁油	5.0
20%氢氧化钠水溶液	适量
香精	适量
去离子水	加至 100

制备工艺：

① 将人参提取物、1%蒲公英提取液混合均匀，用 20%氢氧化钠水溶液调整 pH 值至 5～6；

② 加入杏仁油、去离子水，加热至 45℃，加入香精搅拌均匀，静置 12h，过滤后即可装瓶。

配方 9：人参营养抗皱霜

组分		质量分数/%
A 组分	C_{18}醇	13.0
	羊毛脂	0.8
	单硬脂酸甘油酯	4.2
B 组分	甘油	8.7
	吐温-80	2.5
	人参提取物	0.5
	灵芝与黄芪混合提取物	3.0
	维生素 B_6	0.1
	去离子水	加至 100
C 组分	抗氧化剂	0.15
	防腐剂	0.2
	香精	适量

制备工艺：

将 A 组分和 B 组分分别加热至 70℃，在此温度下，边搅拌边将 B 组分徐徐加入 A 组分进行乳化，55℃以下加入 C 组分，45℃以下停止搅拌，静置冷却后即得。

配方 10：人参面膜

组分	质量分数/%	组分	质量分数/%
聚乙烯醇	12.0	人参提取物	2.0
乙醇(95%)	5.0	香精	适量
甘油	10.0	防腐剂	适量
月桂醇聚氧乙烯醚	7.0	去离子水	加至 100
咪唑烷基脲	1.0		

制备工艺：

① 将聚乙烯醇加入去离子水中，加热至 80℃溶解；

② 降温至 50℃，将 95%乙醇、甘油、月桂醇聚氧乙烯醚、咪唑烷基脲加入搅拌；

③ 当温度降至 40℃时，再加入人参提取物、香精及防腐剂，即得。

配方 11：人参生发乌发乳

组分	质量分数/%	组分	质量分数/%
白蜂蜡	2.1	何首乌提取物	1.0
硬脂酸	2.3	泽泻和五加皮混合提取物	1.5
C_{18}醇	1.8	维生素 B_6	0.05
液体石蜡	44.3	香精	适量
硼砂	1.2	防腐剂	适量
人参提取物	0.5	抗氧化剂	适量
去离子水	加至 100		

制备工艺：

① 将白蜂蜡、硬脂酸、C_{18}醇、液体石蜡、硼砂混合，与去离子水分别加热至 80℃；

② 将水加入至油相中，混合搅拌冷却至 40℃；

③ 加入人参提取物、何首乌提取物、泽泻和五加皮混合提取物、维生素B_6、香精、防腐剂、抗氧化剂，搅匀后冷至室温即得。

配方 12：人参营养霜

组分	质量分数/%	组分	质量分数/%
硬脂酸	2.0	非离子表面活性剂Ⅱ	1.0
白油	10.0	丙二醇	5.0
羊毛脂	2.0	香精、防腐剂	适量
凡士林	5.0	人参浸膏	0.5
高级脂肪醇	2.0	去离子水	加至 100
非离子表面活性剂Ⅰ	2.5		

制备工艺：

将人参浸膏、非离子表面活性剂Ⅰ溶解于水相，非离子表面活性剂Ⅱ加入油相，然后在搅拌的情况下，将加热到 75℃的水相注入 75℃的油相中，搅拌乳化，冷却至 40℃时加入香精即得。

配方 13：人参沐浴液

组分	质量分数/%	组分	质量分数/%
AES(75%)	6.0	EDTA-Na_2	0.05
6501	3.0	香精、色素	适量
椰子油钾皂	15.0	防腐剂	适量
砂糖	5.0	pH 调节剂	适量
甘油	5.0	人参浸膏	0.5～1.0
氯化钠	2.0	去离子水	加至 100

制备工艺：

① 将去离子水加热至 55～60℃，溶解 EDTA-Na_2、甘油、氯化钠、pH 调节剂和人参浸膏；

② 将 AES 缓慢溶于去离子水中，充分搅拌均匀后，再加入 6501、椰子油钾皂、砂糖、防腐剂；

③ 降温至 40℃时加香精、色素。

4.3 花粉

4.3.1 花粉的主要成分和功效

(1) 花粉的化学组成　花粉（pollen powder）中富含 7%～40%的蛋白质

（表 4-5）、多种氨基酸（表 4-6）、37%碳水化合物、14 种维生素（表 4-7）、4%脂类（表 4-8）等多种营养成分，以及 50 多种酶、辅酶、激素、黄酮、多肽、有机酸类、磷脂（表 4-9）、生物碱类、核酸、微量元素（表 4-10、表 4-11）等生物活性物质，因此有“微型营养库”之称。

表 4-5 花粉中蛋白质含量 单位：g/100g

花粉名称	蛋白质含量	花粉名称	蛋白质含量
黄栀子	22.04	胡杨	41.80
金樱子	20.37	油菜	26.95
荞麦	19.69	蔷薇	8.25
荷花	20.32	梅花	20.43
黑松	10.93	茶花	22.90
杨梅	23.46	番石榴	24.75
党参	23.24		

表 4-6 花粉中氨基酸含量 单位：mg/100g

氨基酸	四川广汉花粉含量	花粉水解液含量	氨基酸	四川广汉花粉含量	花粉水解液含量
天冬氨酸	2.4	54.86	异亮氨酸	1.28	19.77
苏氨酸	1.18	20.34	亮氨酸	1.79	27.57
丝氨酸	1.27	34.64	酪氨酸	0.97	6.86
谷氨酸	2.83	53.77	苯丙氨酸	1.21	11.88
甘氨酸	1.19	27.16	赖氨酸	1.88	12.21
丙氨酸	1.31	84.28	组氨酸	0.58	
缬氨酸	1.29	25.02	精氨酸	1.37	2.51
蛋氨酸	0.47	50.18	脯氨酸	1.71	
胱氨酸	0.41		色氨酸	0.31	

表 4-7 破壳干粉样品维生素含量 单位：mg/100g

名称	尼胺	尼酸	硫氨酸	核黄素	生育酚	维生素 D	维生素 K
维生素含量	0.475	0.669	0.026	0.0444	0.202	0.114	0.088

表 4-8 花粉脂类中脂肪酸的组成 单位：%

品种	PUPA/SFA	棕榈酸	花生四烯酸	硬脂酸	混合酸	其他酸
桂花	—	1.3	0.9	—	81.4	17.0
白莲	—	58.2	—	—	19.1	22.7
山茶	—	17.4	0.1	9.8	40.9	31.8
枸杞	—	8.8	0.1	20.2	53.9	20.0
银杏	1.71	21.7	—	7.5	49.9	39.9
油菜	0.77	11.5	0.3	5.7	52.8	29.7
党参	1.47	19.3	9.1	6.0	50.6	15.0
梅花	2.37	13.7	—	8.2	59.3	18.8

表 4-9 花粉中磷脂含量 单位：g/100g

品种	磷脂	品种	磷脂
玫瑰	6.08	茶花	2.04
野菊	2.15	蒲公英	0.71
芸芥	3.02	向日葵	1.84
油菜	3.46	乌桕	2.40

表 4-10 花粉中矿物元素含量 单位：mg/100g

品种	钾	钠	钙	锌	硒	铁	镁	铜
荷花	220	6	300	24	0.02	45	66	4
梅花	110	20	180	0.7	0.04	40	15	4.5
茶花	736	15.7	110.8	7.09	—	11.38	116.8	3.47
葵花	509	12.1	168.0	5.43	—	13.74	96.81	1.28
黄栀子	530	0.34	198.1	5.78	0.15	4.23	12.76	2.00
金樱子	434	5.8	201	6.98	0.12	4.16	13.38	1.78
杏花	382	28	156	3.99	0.13	25.42	89	0.87
油棕	428	24	203	6.29	0.13	6.73	142	1.60
疏花蔷薇	1490	11	37.7	21.8	—	52.16	230	4.28

表 4-11 花粉中活性物质含量

品种	葡萄糖氧化酶/(IU/100g)	总黄酮/(g/100g)	核酸/(mg/100g)	生长激素/(μg/100g)
茶花	313	5.35	381.12	0.41
蒲公英	542	—	594.32	0.54
野菊	396	0.59	943.92	0.57
向日葵	500	0.32	466.72	0.57
芸芥	292	3.77	1458.52	0.85
玫瑰	—	—	1130.66	—

(2) 花粉的功效　在中国，自古以来，花粉在美容和化妆品等方面就有广泛的应用，其中最为常见的是以花粉为原料制作花粉粉、花粉香等。唐代流行以花粉制作花粉糕用以美容，后魏晋贾思勰的《齐民要术》卷五“神红兰花”中，提到了以花粉为原料制备胭脂、香泽、面脂等。

随着化妆品产业的发展，各种来源的花粉及其花粉提取物被应用于化妆品的研究和开发。研究显示含有花粉的化妆品其功效性比普通化妆品显著（表4-12）。近年来，国内外也有大量的花粉系列化妆品被开发，如国际著名的考递·兰可姆·沃伦和皮埃莱化妆品公司生产的花粉系列化妆品；法国的巴黎士花粉蜜；罗马尼亚布加勒斯特的蜂花净洗液、蜂花护发剂、花粉全浸膏；西班牙弗尔南德斯·阿罗约研制的花粉雪花膏；瑞典的花粉清洁霜，日本的花粉雪花膏、花粉美容霜等。我国利用花粉制作的化妆品有花粉美容霜、花粉美容水、花粉生发水、花粉雪花膏、花粉洗面奶、花粉香粉等。如杭州松达的婴儿护肤松花粉；中国佳乐莱芙科技的蜂花粉化妆品；广东绍河珍珠有限公司的珍珠·松花粉奢华沁润美肌系列等。

表 4-12 普通化妆品和花粉化妆品美容效果比较

化妆品	小皱纹消除率/%	黑痣消除率/%	粉刺、雀斑消除率/%	黑色素消除率/%
普通香粉	0	0	0	0
花粉香粉	75	55	80	10
普通护肤霜	10	2	5	2
花粉护肤霜	70	60	80	30

4.3.2 花粉化妆品配方精选

配方 1：花粉营养霜

组分		质量分数/%
A组分	硬脂酸	4.0
	液体石蜡	35.0
	鲸蜡醇	6.0
	亲油性表面活性剂	2.0
	蜂蜡	2.0
	抗氧化剂	适量
	羊毛脂	5.0
	防腐剂	适量
	固体石蜡	3.0
B组分	甘油	5.0
	三乙醇胺	1.0
	去离子水	加至 100
C组分	香精	0.5
D组分	蜂花粉	3.0

制备工艺：

① 把油相（A组分）及水相（B组分）各自加热到 90℃；

② 将 B组分缓慢注入 A 组分中搅拌使之乳化；

③ 温度降至 50℃时，将 C组分与 D组分混合加到乳液中，搅拌至 40℃即得成品。

配方 2：花粉花香粉

组分	质量分数/%
滑石粉	50.0
硬脂酸锌	6.0
高岭土	20.0
色素	适量
氧化钛	5.0
香料	适量
氧化锌	9.0
破壁蜂花粉	10.0

制备工艺：

① 将色素、香料加到一部分滑石粉中混合；

② 将粉料、花粉全部投入搅拌机内搅拌；

③ 转球磨机球磨，将混匀的粉料分别过粗细筛后，混合、包装。

配方3：花粉香水

组分	质量分数/%
脱味酒精	75.0
香精	2.0
花粉抽提液	适量
去离子水	加至100

制备工艺：

① 在配料锅内投入酒精、香精辅料，搅拌均匀，缓慢加入去离子水和花粉抽提液；

② 充分混合后移至成熟锅中陈化，过滤到冷却锅中，冷至5℃，再过滤输入半成品储锅，补加因操作过程蒸发掉的乙醇和色素，混合均匀后即成。

配方4：油松花粉黄酮和小肽润肤霜

组分	质量分数/%	组分	质量分数/%
硬脂酸	6.3	单甘酯	2.0
羊毛脂	3.0	甘油	2.0
白油	4.0	油松花粉小肽液	5.0
C_{16}醇	1.5	油松花粉黄酮液	2.0
蜂蜡	4.0	去离子水	68.1
丙二醇	1.2	防腐剂	0.2
三乙醇胺	0.7	乳化剂	11.90

制备工艺：

① 将油相和水相原料分别在不断搅拌下混合加热至85℃，维持30min灭菌；

② 将水相原料和水溶性乳化剂加入至去离子水中，搅拌下加热至90～100℃，维持30min灭菌；

③ 然后冷至85℃，将油相缓慢加到水相中搅拌乳化，用均质搅拌器3000r/min均质乳化1min；

④ 温度降至60℃时加入油松花粉小肽和黄酮浓缩物，继续慢速搅拌冷却成膏。

配方5：W/O型雪花膏

组分		质量分数/%
A组分	硬脂酸	4.0
	C_{16}醇	6.0
	蜂蜡	2.0
	固体石蜡	3.0
	液体石蜡	35.0
	羊毛脂	5.0
	亲油性活性剂	2.0
B组分	丙二醇	5.0
	三乙醇胺	1.0
	去离子水	40.0
C组分	香料	0.5
D组分	花粉	3.0

制备工艺：

① 把油相（A组分）及水相（B组分）各自加热到75～80℃；

② 将水相（B组分）缓慢地加入油相（A组分）中混合、乳化；

③ 在温度降到40℃时，混合搅拌（C组分）香料以及（D组分）花粉做成制品。

配方6：花粉香粉

组分	质量分数/%	组分	质量分数/%
滑石粉	50.0	硬脂酸锌	6.0
陶土	20.0	色素	适量
氧化钛	5.0	香料	适量
氧化锌	15.0	花粉	3.0

制备工艺：

在一部分滑石粉中加入色素和香料，粉碎混合后，加入全部的香料基质后混合，最后加入花粉，使之搅拌，混合而成制品。

配方7：美容蜜

组分		质量分数/%
A组分	聚乙烯醇	12.0
	去离子水	63.5
B组分	聚乙烯乙二醇	5.0
	丙三醇	1.0
	丙二醇	2.0
	蜂蜜	2.0
	硼酸	1.0
C组分	乙醇	1.0
	香料	0.5
D组分	花粉	3.0

制备工艺：

① 将A组分及B组分各自加热到70～75℃，使之溶解；

② 把B组分缓慢地加到A组分中，充分搅拌混合；

③ 在40℃以下加入C组分，最后加入D组分而成制品。

配方8：花粉护肤雪花膏

组分		质量分数/%
A组分	羊毛脂	6.0
	白凡士林	10.0
	硬脂酸	12.0
B组分	花粉提取物	0.3
	魔芋提取物	18.0
	去离子水	加至100
C组分	香精	适量
	防腐剂	适量

制备工艺：

① 将A组分及B组分各自加热到70℃，使之溶解；

② 把B组分缓慢地加到A组分中，充分搅拌混合；

③ 在50℃以下加入C组分。

配方9：花粉提取物营养面膜

组分	质量分数/%	组分	质量分数/%
花粉提取物	0.5	羟乙基纤维素	1.0
海藻酸钠	2.0	防腐剂	0.01
聚乙烯醇	8.0	丁香香精	0.3
乙醇(75%)	12	去离子水	加至100
甘油	3.0		

制备工艺：

将聚乙烯醇用乙醇浸湿，加到有海藻酸钠、防腐剂的水中，加热至70℃，不断搅拌使其混合均匀，静置过夜，次日加入其他剩余组分，充分搅匀即可。

配方10：营养奶液

组分	质量分数/%	组分	质量分数/%
花粉提取液	2.0	丙二醇	3.0
硬脂酸	2.0	三乙醇胺	1.0
C_{16}醇	3.0	水溶性高分子化合物	2.0
轻质白油	10.0	香料	0.5
亲水性乳化剂	2.0	去离子水	加至100
亲油性乳化剂	2.0		

制备工艺：

亲水性乳化剂加入水相，亲油性乳化剂加入油相，水相和油相分别加热至75℃，将水相注入油相搅拌乳化，搅冷至45℃加入香料和花粉提取液，继续搅拌冷至室温即得。

配方 11：剥离型营养面膜

组分	质量分数/%	组分	质量分数/%
聚乙烯醇	15.0	香精	适量
海藻酸钠	2.0	防腐剂	适量
CMC	3.0	花粉提取液	3.0
甘油	4.0	去离子水	加至 100
乙醇	10.0		

制备工艺：

① 先将聚乙烯醇用乙醇润湿，再加到有防腐剂、海藻酸钠和 CMC 的去离子水中，加热至 70℃，不断搅拌使之混合均匀；

② 静置 24h，加甘油、花粉提取液及香精，充分搅拌均匀即可。

4.4 芦荟

4.4.1 芦荟的主要成分和功效

芦荟（aloe）是百合科芦荟属多年生常绿草本植物，富含蒽醌类综合体、含糖类物质、蛋白质、氨基酸、有机酸、维生素、植物荷尔蒙、木质素、酶、矿物质等成分，能明显增强皮肤角质化组织的吸水性能，是一类优良天然保湿剂和皮肤、头发营养剂。

（1）芦荟中的活性成分

① 蒽醌类综合体。主要包括芦荟素、芦荟泻素、芦荟乌鲁辛、芦荟酊、芦荟熊果苷、芦荟咪酊、芦荟苷、异芦荟苷、芦荟大黄苷、芦荟大黄素等 20 多种，具有消炎、消肿作用，能够抑制数种细菌增殖，并具有止痛、止痒等功效。

② 糖类。芦荟凝胶干燥后主要成分为糖类。所含的单糖有葡萄糖、甘露糖、阿拉伯糖、半乳糖、鼠李糖、木糖和果糖。芦荟中具有生物活性的糖类多为多糖。

③ 氨基酸。芦荟叶片中蛋白质的干重含量约占 9.5%，经水解后产生的氨基酸达 20 种，其中包含了 8 种人体必需氨基酸（赖氨酸、色氨酸、苯丙氨酸、甲硫氨酸、苏氨酸、异亮氨酸、亮氨酸、缬氨酸）。

④ 矿物质和微量元素。芦荟中含有钙、钾、钠、铝、钡、锌、镁、磷、氯、锰、铜、铁、铬、钛、镍、钒、钴、钼、硼、银、锶和硒等矿物质和微量元素。这些元素能调节生理机能，促进新陈代谢，并可供给细胞养分，有助于修复受损细胞，平衡皮肤酸碱平衡。

⑤ 有机酸。芦荟中主要有乳苹果酸、柠檬酸、酒石酸、丁二酸、肉桂酸

和琥珀酸、辛酸、壬烯二酸、月桂酸、十三烷酸、棕榈酸、十五烷酸、十七烷酸和花生四烯酸。

⑥ 其他物质。芦荟中还含有皂角苷、木质素、多种酶、维生素、植物激素、黄酮类物质、水杨酸等物质。芦荟中丰富多样的活性物质决定了芦荟在养护类化妆品中的广泛应用。

(2) 芦荟的主要功效

① 保湿。芦荟中的氨基酸、复合黏多糖和微量元素构成了皮肤天然保湿因子（NMF)，可补充皮肤中损失的水分，保持皮肤柔润、光滑、富有弹性。此外，芦荟中的木质素是强渗透物质，能够帮助水分和活性物质渗透皮肤。

② 祛除痤疮。芦荟中蒽醌类综合体、黄酮类物质、水杨酸物质均具有较强的消炎、抗细菌活性，能减少微生物的大量繁殖；芦荟中的维生素能帮助上皮组织生成，预防氧化和细胞老化，促进新陈代谢，帮助能量代谢，提高酶活性；芦荟中的有机酸能够促进角质层剥离，防止皮脂在毛孔中的滞留；芦荟中的植物激素能刺激健康细胞的复制，从而加速细胞愈合。

③ 防晒。将芦荟提取物用紫外分光光度仪测定，可发现它在波长290～320nm的范围内对紫外线有吸收，而一般防晒剂的紫外吸收主要是在290～320nm或320～400nm，因此芦荟可与其他防晒剂复配后获得在290～400nm波长范围具有紫外吸收的复合防晒剂。芦荟中含有大量的自由基消除剂，能使超氧自由基歧化、封闭或不发生氧化，从而达到延缓皮肤衰老的目的。

④ 护发。芦荟对人体头发具有一定的护理作用，用含芦荟洗发水洗发，能使头发洁净柔软，易于梳理，富有光泽。使用芦荟护发产品，可补充头发因烫、染、洗造成的干枯、营养流失。

4.4.2 芦荟化妆品配方精选

配方1：芦荟防晒霜

组分	质量分数/%	组分	质量分数/%
去离子水	加至100	二甲基PABA乙基己酯(Escalol 507)	3.5
矿物油	3.0	聚二甲基硅氧烷(Dow corning 200 Fluid)	1.0
丙二醇	2.0	NaOH(10%)	0.5
卡波姆-934(2%)	7.5	芦荟凝胶	0.1
豆蔻酸肉豆蔻酯(Ceraphyl 424)	1.0	丙二醇/双咪唑烷基脲/羟苯酯(Germoben Ⅱ)	1.0
硬脂酸甘油酯SE(Cerasynt Q)	3.0	香精	0.15

制备工艺：

将水相和油相分别加热至75℃，水相注入油相搅拌乳化，搅冷至45℃加入香精和芦荟凝胶，继续搅拌冷至室温即得。

配方2：典型芦荟润肤霜

组分	质量分数/%
硬脂酸异丙酯	2.0
羊毛脂	10.0
高级脂肪醇	2.0
硬脂酸单甘酯	3.0
甘油	4.0
浓缩芦荟胶	1.0
香精、色素和防腐剂	适量
去离子水	加至 100

制备工艺：

将水相和油相分别加热至 85℃，水相缓慢加入油相搅拌乳化，搅冷至 40℃加入香精、防腐剂和浓缩芦荟胶，继续搅拌冷却至室温即得。

配方 3：芦荟保湿乳液

组分		质量分数/%
A 组分	C_{18}醇	6.0
	白油(液体石蜡)	6.0
	GTCC	3.0
	十八醇聚氯乙烯醚(EO)2(Brij72)	2.0
	十八醇聚氯乙烯醚(EO)20(Brij721)	0.2
	羟苯乙酯	0.2
	芦荟苷水溶液(3.75mg/mL)	10
B 组分	去离子水	加至 100
	极美Ⅱ(双烷基咪唑脲)	0.2
C 组分	香精	0.2

制备工艺：

① 分别将 A 组分及 B 组分原料混合并加热至 80℃左右；

② 将 A 组分慢慢倒入 B 组分中并不断搅拌，均质 2～3min；

③ 停止均质，缓慢搅拌冷却至 48℃时，加入 C 组分；

④ 继续冷却至 38℃，停止搅拌后即得产品。

配方 4：芦荟洗发精

组分	质量分数/%
十二烷基硫酸盐	15.0
芦荟汁(提纯)	10.0～50.0
两性表面活性剂	3.0
烷醇酰胺	5.0
羊毛脂	2.0
无机盐	1.0
防腐剂	0.2
香精、色素	适量
去离子水	加至100

制备工艺：

① 取芦荟鲜叶沿纵面剖开，刮出叶中汁用80目筛网过滤，叶渣经压榨取汁、过滤，与胶汁合并一起提纯，加入防腐剂备用；

② 上列配料置于不锈钢容器中搅拌成浆状，再加入防腐剂、色素、香精、调节至pH＝5.0～6.0，密闭一星期以上过滤，经检验合格后，即得。

配方5：芦荟护发素

组分	质量分数/%
芦荟汁(提纯)	50.0
C_{18}醇	5.0
阳离子表面活性剂	5.0～10.0
羊毛脂	2.0
水解蛋白	3.0
无机盐	1.0
防腐剂	0.2
香精、颜料	适量
去离子水	加至100

配方6：芦荟乳液

组分	质量分数/%
凡士林	2.0
高级脂肪醇	2.0
豆蔻酸异丙酯	3.0
液体石蜡	5.0
单甘酯	0.5
失水山梨醇单油酸酯	1.0
失水山梨醇聚氧乙烯醚单油酸酯	1.0
芦荟原汁	40～50
羟苯甲酯	0.2
羟苯丙酯	0.1
去离子水	加至100

配方5与配方6制备工艺：

将水相和油相分别加热到75℃混合搅拌均匀，密封放置一星期后过滤，检验合格后即为成品。

配方7：芦荟精华液

组分	质量分数/%
三乙醇胺	0.55
卡波姆-940	0.55
1,3-二羟甲基-5,5-二甲基乙内酰脲(DMDMH)	0.3
芦荟原汁	40～50
去离子水	加至100

制备工艺：

将所有的原料加热至 50℃混合溶解均匀即可。

配方 8：芦荟面霜

组分	质量分数/%
单硬脂酸甘油酯	0.5
硬脂酸	1.5
鲸蜡醇	1.5
角鲨烷	4.0
蜂蜡	1.0
凡士林	4.0
司盘-80	1.0
吐温-80	1.0
可溶性蛋壳粉	0.4
浓缩芦荟胶	40
羟苯甲酯	0.1
去离子水	加至 100

制备工艺：

① 将水溶性试剂与去离子水在一定温度下溶解成水相；

② 将油溶性试剂也在另一温度下溶解成油相，然后将两相迅速加入高剪切混合乳化机中乳化 20min，再在夹层中冷却至室温即得产品。

配方 9：芦荟面膜

组分	质量分数/%
芦荟提取物	2.0
维生素 E	1.0
聚乙烯吡咯烷酮(PVP)	2.0
CMC	3.0
聚乙二醇(PVA)	15.0
甘油	5.0
乙醇	10.0
香料、防腐剂	适量
吐温-80	少量
去离子水	加至 100

制备工艺：

① 将芦荟加水适量，加入少量吐温-80，提取过滤；

② 另取聚乙二醇，加去离子水适量，加热溶散，加入聚乙烯吡咯烷酮、CMC 至黏液状，加入芦荟提取物混匀；

③ 将甘油、维生素 E 溶于乙醇中，与上液合并，搅匀即得。

配方10：芦荟多糖乳膏

组分		质量分数/%
A组分	白凡士林	2.2
	C_{18}醇	9.7
	羊毛脂	0.7
	氮酮	0.1
B组分	甘油	11.2
	十二烷基硫酸钠	0.1
	去离子水	加至100
C组分	芦荟多糖(或维生素E或芦荟粉)	1.2

制备工艺：

① 芦荟多糖的制备。称取芦荟捣碎液1.0kg，按料液比1∶3（*W*/*V*）加入去离子水，60℃提取2次，过滤，残渣再提2次，合并滤液，减压浓缩，浓缩液中加HCl调节pH值至3.0～3.5。缓缓加入无水乙醇，至含醇量为80%，搅拌静置，冷藏过夜。次日倾去上清液，向多糖沉淀中加入适量水溶解，置－20℃冰箱中预冻24h后，放入冷冻干燥机中干燥48h，即得多糖粗品。粗多糖中加入适量去离子水，超声溶解，纱布过滤，滤渣继续加水溶解，重复3次，合并滤液，向滤液中滴加30%三氯乙酸溶液，使得三氯乙酸含量为3%，混匀后，静置过夜，以4000r/min离心20min，收集上清液，加无水乙醇使含醇量达到80%，静置过夜，弃去上清液，多糖沉淀冷冻干燥，得芦荟多糖。

② 按配方将水相（B组分）、油相（A组分）分别加热至80℃，并保温，混匀，60℃时将芦荟多糖溶于冷却水中加入水相，分散均匀，将水相慢慢加入油相，边搅拌边冷却至室温即可。

配方11：库拉索芦荟多糖润肤乳

组分	质量分数/%
硬脂酸	10.0
白凡士林	5.0
单硬脂酸甘油酯	5.0
液体石蜡	15.0
甘油	10.0
三乙醇胺	0.5
维生素E	1.0
库拉索芦荟多糖	10.0
外用香精	0.5
去离子水	加至100

制备工艺：

① 库拉索芦荟多糖的分离提取。将库拉索芦荟鲜叶洗净，组织捣碎机匀浆成黏液状。匀浆液加入7倍体积的去离子水搅拌提取2h，过滤，残渣再提2

次，合并滤液，40℃减压浓缩至原体积的20%～30%。在浓缩液中加3倍体积95%乙醇，充分混匀，待沉淀析出后过滤，收集沉淀。将沉淀物用热水溶解后加活性炭脱色20min。再减压浓缩和乙醇沉淀，将沉淀物在真空冷冻干燥机中干燥得芦荟多糖。

② 取硬脂酸、单硬脂酸甘油酯、白凡士林及液体石蜡，置水浴上加热熔化，80℃保温。另取甘油、三乙醇胺和水，水浴上搅拌至全溶，并控制水相80℃，芦荟多糖溶液加入水相；缓缓将油相细流加入水相中，搅匀，冷却至45℃时加维生素E、香精，搅匀即可。

配方12：芦荟修复沐浴露

组分		质量分数/%
A组分	PEG-7橄榄油羧酸钠	5.0
	EDTA-Na_4	0.1
	二苯酮-4	0.1
	月桂醇醚硫酸钠(30%)	20.0
	椰油酰胺丙基甜菜碱	10.0
	水解米蛋白	4.0
	PEG-120甲基葡萄糖二油酸酯	2.0
	去离子水	加至100
B组分	橄榄油PEG-7酯类	1.5
	椰子油/库拉索芦荟	0.5
	丁基化羟基甲苯	0.1
C组分	椰油酰二乙醇胺	1.5
	氢氧化钠(10%)	适量
	苯氧乙醇/苯甲酸/脱氧乙酸	0.8

制备工艺：

分别混合A组分和B组分，加热至40～45℃，搅拌下将B组分加入A组分中，冷却至35℃以下。边搅拌边将混合组分加入C组分中，均质即得。

配方13：白术、芦荟美容护肤霜

组分		质量分数/%
A组分	硬脂酸	7.3
	C_{18}醇	2.85
	C_{16}醇	2.85
	白油	3.21
	吐温-60	适量
B组分	丙三醇	5.28
	三乙醇胺	0.32
	芦荟浸膏	0.16
	去离子水	加至100
C组分	香精	适量
	防腐剂	适量

制备工艺：

① 将配方中的水相（B组分）、油相（A组分）分别置于恒温水浴锅内加热至95℃，且水相继续保温20min灭菌后分别过滤；

② 在此温度下，将水相在搅拌下，慢慢加入油相，加入乳化罐中继续搅拌1h；

③ 当温度降至45℃时，加入C组分，搅拌继续冷却至室温即可。

配方14：平衡隔离乳

组分		质量分数/%
A组分	Brij72	3.0
	Brij721	2.0
	C_{16}～C_{18}醇	1.0
	硬脂酸	1.5
	二甲基硅油	2.0
	霍霍巴油	1.5
	角鲨烷	3.0
	液体石蜡	12.0
	羟苯丙酯	0.06
	BHT	0.02
	超细二氧化钛	6.0
	NB-950	3.0
B组分	1,3-丁二醇	4.0
	尿囊素	0.3
	羟苯甲酯	0.12
	去离子水	加至100
	氨基酸保湿剂(NMF-50)	3.0
C组分	羧甲基β-葡聚糖(CMG)	0.12
	1.5%透明质酸溶液	10.0
	内皮素拮抗剂	0.02
	丙二醇	3.0
	芦荟粉	0.3
D组分	杰马-115	0.3
	香精	0.3

制备工艺：

① 先取C组分混合、溶解，加热至40℃备用；

② 取A组分中超细二氧化钛、NB-950混合，加入其他组分，加热至80℃灭菌，同温下将A组分加入B组分，均质乳化3min；

③ 搅拌降温至45℃，加入C组分和D组分即得。

配方15：芦荟防晒霜

组分		质量分数/%
A组分	液晶型乳化剂(Biobase S)	5.0
	丁二醇	3.0
	二甲基硅油	1.5
	硬脂酸	1.0
	霍霍巴油	1.5
	角鲨烷	5.0
	液体石蜡	8.0
	维生素E	0.6
	氮酮	1.5
	羟苯丙酯	0.06
B组分	1,3-丁二醇	4.0
	丙二醇	3.0
	NMF-50	3.0
	纳米钛白粉(NT-200A)	3.0
	尿囊素	0.2
	超细氧化锌	2.0
	黄原胶	0.3
	羟苯甲酯	0.12
	去离子水	加至100
C组分	CMG	0.2
	内皮素拮抗剂	0.02
	0.5%透明质酸溶液	10.0
	芦荟粉	0.3
D组分	杰马-115	0.3
	香精	0.3

制备工艺：

① 先取C组混合、溶解，加热至40℃备用。

② 将A组加热至80℃灭菌；另取B组分中黄原胶分散于纯水后，逐渐升温至80℃，搅拌20min使其充分溶解，NT-200A与1,3-丁二醇、丙二醇经胶体磨混合，或充分搅拌均匀后，与其他B组分原料一起混合，搅拌均匀升温至90℃持续20min。

③ 降至80℃，同温下将A组分加入B组分中，均质乳化3min，搅拌降温至45℃，加入C、D组分，缓慢搅拌至36℃，即得。

配方16：芦荟消炎抑汗粉

组分	质量分数/%
滑石粉	45.0
芦荟素	0.1
硬脂酸锌	4.9
高岭土	20.0
碳酸氢钠	30.0
茉莉油	适量

制备工艺：

将上述原料（除茉莉油外）充分研细，按质量配比混合均匀，过 120 目筛，加入茉莉油混匀即可。

配方 17：芦荟多效洗面奶

组分		质量分数/%
A 组分	十二烷基硫酸钠	2.0
	白凡士林	5.0
	液体石蜡	10.2
	单油酸甘油酯	1.0
B 组分	丙二醇	2.5
	去离子水	加至 100
C 组分	芦荟提取物	0.3
	柠檬油	0.3
	防腐剂	适量

制备工艺：

将 A 组分和 B 组分分别加热至 65℃，在此温度下，边搅拌边将 B 组分徐徐加入 A 组分进行乳化，当温度降至 45℃以下时，加入 C 组分中的芦荟提取物、柠檬油、防腐剂，搅拌均匀，冷却后包装。

4.5 当归

4.5.1 当归的主要功效

当归（angelica）为伞形科植物当归的干燥根，有“十方九归”之称，性味甘、辛、温，归肝、心、脾经，内服有补血活血功效。当归的主要成分有机酸、脂类、糖、氨基酸、维生素、微量元素等。

（1）美白和抗衰老　当归中含有阿魏酸（约 0.1%），阿魏酸是当归中较为重要的抗氧化物质，能够直接清除自由基，抑制超氧自由基引起的膜脂质过氧化，对自由基阻滞所致的面色晦暗或不华或生疮，有良好的效果。此外，当归中含有 17 种氨基酸，其中苏氨酸、亮氨酸等七种为人体不能合成而又必需的氨基酸，如果缺少它，皮肤则显得粗糙多皱纹。当归所含钾、钠、钙、镁、锌、硒等 23 种无机盐，可调节人体的新陈代谢，防止皮肤病的发生。当归中含有的维生素 A、维生素 B_{12}、维生素 E 等与美容有密切关系。此外，因为当归能够扩张头皮毛细血管、促进血液循环，并含有丰富的微量元素，所以当归能防止脱发和白发，促进头发乌黑光泽。

（2）调整皮肤天然分泌物的功能　鲜当归汁制成的护肤品会与生理皮肤分泌物紧密结合，形成的“人工皮脂膜”，不但可完全代替天然“皮脂膜”的生理功能，而且还可发挥生理“皮脂膜”不具备的多种皮肤保养效果。

(3) 保持皮肤清洁，防止皮肤粗糙和皲裂　鲜当归的挥发成分，能调整皮肤的免疫功能，改善皮肤微循环，活血化瘀等保护皮肤作用。使皮肤保持充满生机的柔软润泽状态，让附着在生态表皮上的死皮、皲皮易于脱落，使皮肤上的皲皮便于洗净。

4.5.2 当归化妆品配方精选

配方1：当归、甘草、芦荟美白护肤霜

组分		质量分数/%
A组分	硬脂酸	4.5
	C_{18}醇	2.51
	白油	3.1
	吐温-60	0.5
	C_{16}醇	2.5
	羊毛脂	1.2
	橄榄油	0.5
B组分	甘草提取物	2.0
	芦荟浸膏	1.5
	当归提取物	0.5
	甘油	6.5
	三乙醇胺	0.31
	去离子水	加至100
C组分	茉莉香精	适量
	布罗波尔	0.05
	羟苯甲酯	0.2

制备工艺：

① 芦荟浸膏。选择2～3年以上叶龄、生长状况良好的新鲜芦荟叶洗净切碎，研磨0.5h后放入碘量瓶中，加入100mL乙醚浸泡5h进行脱色，抽滤(回收乙醚)，加300mL体积分数为95%的乙醇浸泡24h后减压蒸馏，将残留的乙醚和过量的乙醇低温蒸出，利用吸附法除去大黄素、醌苷等苦味成分，低温浓缩得芦荟提取物。

② 甘草提取物。取适量甘草粗粉加入含氨0.5%的60%乙醇加热回流提取，用氨性醇溶液加热回流提取、离心、酸沉，丙酮回流得甘草提取液，减压蒸馏回收丙酮，将剩余液真空干燥至恒重，即得甘草提取物。

③ 当归提取物。将当归研细，用石油醚脱脂后，晾干，以体积分数为90%的乙醇为提取剂，乙醇与当归的质量比为8∶1，静置10min以润湿物料，微波450W辐射5min，按同样条件重复提取1次，过滤，合并提取液，加入适量活性炭，搅拌15min脱色，过滤，真空浓缩至形成浸膏，真空干燥得当归提取物。

④ 将油相（A组分）和水相（B组分）（芦荟浸膏除外）分别加热至90℃完全溶解，水相90℃保温20min灭菌后，过滤。

⑤ 然后在90℃下，将油相缓慢加入至乳化罐中的水相中，继续搅拌1h，缓慢降温至65℃时加入芦荟浸膏，搅拌降温至45℃时加入茉莉香精、防腐剂布罗波尔、羟苯甲酯，继续搅拌，待温度降至35℃左右时，停止搅拌，静置，冷却，得产品。

配方2：当归霜

组分	质量分数/%
AES(70%)	4.0
十二烷基硫酸钠(K-12)	2.0
咪唑啉	25.0
6501	6.0
GW-901	2.0
增稠剂(DS-6000)	0.3
中药提取物	2.0
去离子水	加至100
柠檬酸	调pH值至6～7
香精、防腐剂	各适量

制备工艺：

① 中药提取物。取中药生药当归、何首乌（质量比1∶1），水洗后，加10倍水浸渍约1.5h，加热煎煮约1.5h，过滤留液，药渣再加水（约6倍药渣量）复煎约1h，过滤取液，并与前滤液合并，静置，过滤，滤液再经离心处理，取上清液，减压浓缩成1∶1（生药∶提取液）流浸液，加少量防腐剂密闭备用；

② 霜的制备工艺：

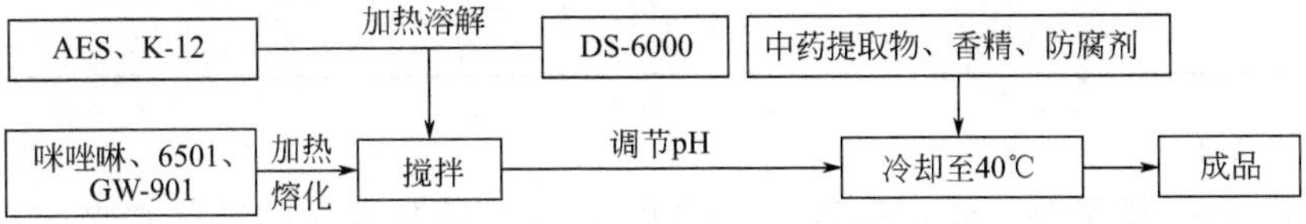

配方3：复方当归美白淡斑霜

组分	质量分数/%
当归提取物	1.0
白芍提取物	1.0
白术提取物	1.0
甘草提取物	1.0
蜂蜡	1.0
液体石蜡	1.5
C_{16}醇	1.5

续表

组分	质量分数/%
单硬脂酸甘油酯	1.0
二甲基硅油	1.0
丙三醇	1.5
吐温-60	1.0
三乙醇胺	0.2
卡波姆-940	0.2
水溶性霍霍巴油	2.0
羟苯丙酯	0.15
杰马 BP	0.1
茉莉香精	适量
水	加至 100

制备工艺：

① 乳化剂加入油相中，乳化温度为 85℃，乳化时间 5～10min；

② 乳化均质后加入中药提取物继续搅拌均匀，待温度降到 45℃左右再加入防腐剂和香精，搅拌均匀后即得。

配方 4：花丹祛斑美容面膜

组分	质量分数/%
$PVA_{17\sim88}$	6.8
CMC	2.6
甘油	3.4
维生素 E	1.7
羟苯甲酯	0.2
中药提取物稀释液	控制大黄素含量约 0.27%
去离子水	加至 100

制备工艺：

① 中药提取物。分别称取处方量的大黄、丹参等 3 味药，白芷、白及、当归、白附子等 7 味药，各加 8 倍量 70%乙醇回流 3 次，第一次 45min，第二三次各 30min，分别合并提取液，回收乙醇至无醇味。白芷、白及、当归、白附子等 7 味药提取液加入 1.5%活性炭，煮沸 15min，过滤，滤液与大黄、丹参等 3 味药提取液合并，即得。

② 称取处方量的 $PVA_{17\sim88}$，加适量去离子水浸润，加入处方量的 CMC、甘油、维生素 E、预先用少量 95%乙醇溶解的羟苯甲酯，再加入中药提取液，加热搅拌使溶解均匀，加入去离子水补至全量，搅匀，分装，即得。

配方 5：中药美白霜

组分	质量分数/%	组分	质量分数/%
草药提取物	适量	白凡士林	13.9
红花油	20.0	石蜡	11.1
蓖麻油	一定量	甘油	5.6
硬脂酸	11.0	C_{18}醇	22.0
羊毛脂	少量	去离子水	加至100
亚硫酸钠	适量	柠檬酸	适量
氢氧化钠	少量		

制备工艺：

① 将桑白皮、当归、地榆、金银花、薏苡仁各自研细，分别用无水乙醇浸泡，无水乙醇的量刚好淹没草药，不断振荡或搅拌，浸泡时间在24h以上，过滤，收集浸取液，药渣可另加无水乙醇溶液再次浸取；

② 将少量氢氧化钠置于一定量的去离子水中，搅拌溶解，待用；

③ 将配方中其余成分混合，并且在水浴中加热至90℃，搅拌均匀至完全熔化；

④ 将上述两混合物混合，快速搅拌一定时间，加入少量柠檬酸，缓慢搅拌，当温度降至50℃左右时，加入香料，继续搅拌。待温度降至35℃左右时，停止搅拌，静置，冷却，得到的产品均为膏体，测产品的pH值约为6.0。

配方6：中药角蛋白沐浴露

组分	质量分数/%
月桂醇聚氧乙烯醚硫酸钠(70%)	13
EDTA-Na_2	0.1
椰油酰胺甲基MEA	2
椰油酰胺丙基甜菜碱	5
氯化钠	0.2
柠檬酸	0.1
香精	0.5
甲基异噻唑啉酮	0.04
去离子水	加至100
药用植物提取物	3
角蛋白	3

制备工艺：

① 采用回流提取法对陈皮、当归、黄芪、白芷、金银花、苦葛、人参、芦荟进行提取，所采用的是回流加热装置，溶剂为水和乙醇。

② 角蛋白的提取。将动物毛发用自来水清洗干净后放入pH=8～12、浓度0.3～1.0mol/L的巯基乙酸钠碱溶液（用NaOH溶液调节）中，在常压、

室温下浸泡 1～3h；然后，加入尿素（尿素的加入量以其浓度达到 6.0～8.0mol/L 为限），在常压、20～60℃下反应 3～28h；反应时间届满后，滤去未溶解的原料，离心分离获得角蛋白溶液。将所获角蛋白溶液分别装入截留分子量 30～60kD 的渗析袋中和截留分子量 2～10kD 的渗析袋中，在质量浓度 0.08%的巯基乙醇水溶液中渗析 40h，继后冷冻干燥，即可获得 30～50kD 和 2～10kD 的水解角蛋白白色粉末。

按照基础配方将各种原料混合均匀，制备成沐浴液样品。

配方 7：草药美白防晒霜

组分		质量分数/%
A 组分	硬脂酸	5.0
	C_{18}醇	2.0
	棕榈酸异丙酯	6.0
	羊毛脂	1.0
	橄榄油	0.5
	乳化剂 E1800	0.3
	羟苯甲酯	0.15
	羟苯乙酯	0.05
	去离子水	40
B 组分	当归提取物	1.0
	三乙醇胺	0.5
	甘油	8
	十八烷基醚磷酸酯钠(E1802)	1.5
	去离子水	32.5
C 组分	氮酮	1.0
	香精	适量

制备工艺：

① 当归有效成分提取。

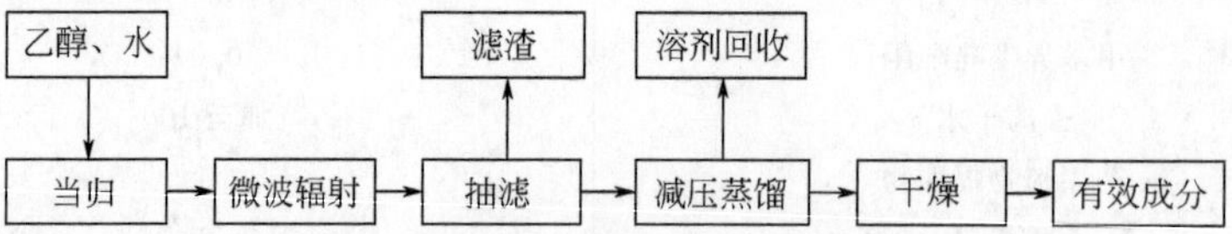

② 防晒霜的制备。将 B 组分、A 组分分别在搅拌下加热至 95℃呈均相；将 A 组分保温在 75～85℃，控制搅拌速率为 1200r/min；将 B 组分缓慢加入 A 组分中，搅拌 30min 后，停止加热；降温至 80℃，加入氮酮，抽真空 20min；缓慢降温至 55℃加入香精，保持搅拌 10min，降温至 40℃出料，即得。

配方 8：草药去屑防脱发香波

组分	质量分数/%	组组分	质量分数/%
AES	12.0	氯化钠	2.00
表面活性剂烷基聚葡糖苷(APG)	3.0	去离子水	加至100
椰油酰胺丙基甜菜碱	3.0	何首乌	4.0
椰子油脂肪酸二乙醇酰胺(6501)	3.0	川芎	3.0
羟乙基纤维素季铵盐(JR-400)	0.5	侧柏叶	2.0
羟乙基纤维素	0.5	当归	2.0
水溶硅油	0.5	枸杞	4.0
丝肽液	1.5	连翘	3.0
聚季铵盐-7(M-550)	3.0	黄芪	1.0
香精	0.2	薏苡仁	1.0
波罗布尔(溴硝醇)	0.02		

制备工艺：

① 中药有效成分提取。

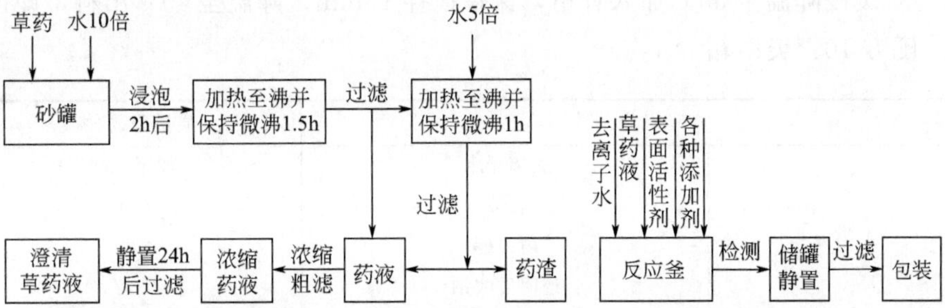

② 在去离子水中加入JR-400、羟乙基纤维素，然后浸泡4h，直至完全分散溶解；升温至75℃，在中速搅拌过程中投入AES，直至溶解，再加入APG、椰油酰胺丙基甜菜碱、水溶硅油等充分混合、溶解；降温至60℃以下，加入中草药液（何首乌、川芎、侧柏叶、当归、枸杞、连翘、黄芪、薏苡仁）、丝肽液、6501并充分搅拌；继续降温，在50℃以下加入香精等其余组分，充分搅拌后检测合格后，静置待装。

配方9：中药美白护肤霜

组分		质量分数/%
A组分	硬脂酸	4.5
	C_{16}～C_{18}醇	2.5
	棕榈酸异丙酯	5.0
	羊毛脂	2.0
	羟苯甲酯	0.15
	羟苯丙酯	0.05
	橄榄油	0.5
	E-1800	0.3
	去离子水	40

续表

组分		质量分数/%
B组分	甘油	8.0
	三乙醇胺	0.5
	E-1802	1.5
	中药提取物	1.0
	去离子水	加至100
C组分	茉莉香精	适量

制备工艺：

① 将B组分、A组分分别在搅拌下加热至90℃呈均相；

② 将A组分保温在85℃，控制搅拌将B组分缓慢加入A组分中，搅拌20min后，停止加热；

③ 缓慢降温至55℃加入香精，保持搅拌10min，降温至40℃出料，即得。

配方10：美白霜

组分		质量分数/%
A组分	去离子水	加至100
	甘油	4.0
	丙二醇	6.0
	透明质酸钠	0.02
	卡波姆	0.5
B组分	甘油硬脂酸酯/PEG-100硬脂酸酯	1.5
	鲸蜡硬脂醇	1.0
	环五聚二甲基硅氧烷	2.0
	辛酸/癸酸三酰甘油	2.0
	氢化聚异丁烯	3.0
	甜扁桃油	3.0
	生育酚乙酸酯	0.5
C组分	中药美白组合物	5.0
	苯氧乙醇	0.3
	氨甲基丙醇	0.3
	香精	0.1

制备工艺：

① 中药美白组合物。称取当归、川芎、黄芪、白及共10g（当归：川芎：黄芪：白及=3：4：2：1），粉碎后加入10倍量体积分数为70%的乙醇，水浴回流加热1h，过滤药液，使用旋转蒸发仪减压浓缩至10mL得醇提组合物溶液。

② 美白霜制备。A组分搅拌加热至80℃，保温20min；B组分搅拌加热至85℃，保温20min；缓慢搅拌下将B组分加入A组分中，同时以600r/min转速搅拌3min；均质乳化（转速6000r/min）3min，降温至50℃加入C组分；冷却至37℃出料即得美白霜待测样。

配方11：当归乳液

组分		质量分数/%
A组分	硬脂酸	2.5
	液体石蜡	11.0
	C_{30}烷	4.0
B组分	当归提取物	0.5
	氢氧化钠	0.2
	丙二醇	6.0
	去离子水	加至100
C组分	羟苯乙酯	0.04
	茉莉香精	0.3

制备工艺：

① 将A组分和B组分分别加热至85℃，在此温度下，边搅拌边将B组分徐徐加入A组分进行乳化；

② 当温度降至45℃以下时加入C组分，搅拌均匀，静置冷却后包装。

配方12：当归面膜

组分	质量分数/%	组分	质量分数/%
海藻酸钠	5.0	聚乙烯醇	15.0
甘油	5.0	当归提取物	5.0
乙醇(95%)	5.0	香精	适量
防腐剂	适量	去离子水	加至100

制备工艺：

① 将海藻酸钠、聚乙烯醇、甘油、去离子水置于混合器中，搅拌加热至70℃溶解后，加入当归提取物；

② 搅拌，当温度降至45℃以下与已加入香精与防腐剂的乙醇溶液混合均匀，即可分装。

配方13：当归人参发乳

组分	质量分数/%	组分	质量分数/%
C_{18}醇	5.0	当归提取物	3.0
白凡士林	5.0	香精	适量
十二烷基硫酸钠	0.5	抗氧化剂	适量
液体石蜡	43.0	防腐剂	适量
单硬脂酸甘油酯	4.0	去离子水	加至100
人参提取物	3.0		

制备工艺：

在80℃下，将前5种组分均匀后与预热至80℃的去离子水混合乳化，混合搅拌冷却至40℃时加入当归提取物、人参提取物、香精、防腐剂、抗氧化剂，搅匀后冷至室温即得本品。

4.6 甘草

4.6.1 甘草的主要成分和功效

(1) 甘草的化学成分　甘草（licorice）中已发现和确定化学结构的化合物类型有三萜皂甘（主要是甘草酸、甘草次酸等）、甘草总黄酮（甘草苷、异甘草苷、甘草素、甘草查尔酮A、光甘草定等）、生物碱、多糖、氨基酸等，还有少量生物碱、木质素、香豆素等（表4-13）。

表4-13　甘草的部分物质含量　　单位：μg/mg

样品	甘草酸	22-羟基-甘草酸次酸	3-epi-甘草次酸	甘草次酸	甘草苷	甘草香豆素	芒柄花黄素	异甘草酚
茎	2.317	0.019	0.028	0.022	0.009	—	—	—
根	19.711	—	0.027	0.018	9.232	1.369	1.837	0.073

(2) 甘草的功效

① 抗炎作用。甘草有较强的消炎和抗变态作用，比磺胺和抗生素的药效要好。水溶性的甘草酸及甘草次酸盐有温和的消炎作用，一般添加在日晒后护理产品中，用来消除强烈日晒后皮肤上的细微炎症，还能抑制毛细血管通透性。

② 美白作用。甘草具有“美白皇后”之称，其提取物抗紫外线的同时能够抑制酪氨酸酶的活性，此外还能改善粗糙、缺水、发炎的皮肤，是一种多功能的美白植物，被广泛地应用于化妆品中，国内外市场需求十分巨大，是美白祛斑类化妆品中的主要原料之一。

③ 抗氧化。甘草黄酮有清除多种自由基和抑制脂褐素生成、促进抗氧化防御系统等多种功能，有改善机体微循环、调节机体内分泌系统、升高红细胞数、增强体质、延缓衰老、减轻色素沉着等作用。

甘草酸在化妆品中有广泛的配伍性，常与其他活性剂共用，可加速皮肤对它们的吸收而增效，可用于防晒、增白、调理、止痒和生发护发等。

4.6.2 甘草化妆品配方精选

配方1：复方甘草美白保湿霜

组分		质量分数/%
A组分	卡波姆U20	1.0
	去离子水	加至100
	羟苯甲酯	0.15
	丙三醇	10.0
	丙二醇	2.0～3.0
	丁二醇	4.0～6.0
	EDTA-Na_2	0.1
B组分	三乙醇胺	1.0
	透明质酸钠	0.05
C组分	水溶性霍霍巴油	1.0～2.0
	中药美白剂(白芍、白术醇取液、甘草水溶液1∶1∶1)	15.0
D组分	黄原胶	0.1
E组分	水溶性氮酮	0.5
	杰马BP	0.45

制备工艺：

① 卡波姆U20预先溶解，A组分搅拌加热至90℃，保温搅拌10min至完全溶解；

② 降温至60℃，加入B组分后充分搅拌均匀；

③ 降温到45℃后加入C、D、E组分搅拌均匀即可。

配方2：甘草美白膏

组分		质量分数/%
A组分	液体石蜡	4.0
	辛酸	4.0
	豆蔻酸异丙酯	4.0
	聚二甲基硅氧烷	2.0
	单甘酯	1.0
	C_{18}醇	1.5
B组分	Felige-329	3.0
C组分	丙三醇	3.0
	丙二醇	3.0
	羟苯甲酯	0.4
D组分	光果甘草的乙酸乙酯提取物	1.0
E组分	Felige-338	1.6
F组分	柠檬酸	0.1
	香精	0.1
	水	加至100

制备工艺：

① 先将A组分、B组分、C组分分别在75℃下搅拌至完全溶解；

② 将A组分加入B、C组分混合相搅拌混匀，在75℃下均质10min；

③ 降温至45℃并加入D组分，搅拌均匀（加入乙酸乙酯提取物溶液后不断搅拌，让溶剂乙醇充分挥发至无醇味）；

④ 降至室温后，加入E组分和F组分中的柠檬酸、香精搅拌至光亮的膏体即可。

配方3：甘草美白日霜

组分		质量分数/%
A组分	硬脂酸	4.0～5.0
	棕榈酸异丙酯	5.0～6.0
	羊毛脂	1.0～1.5
	E-1800	0.6
	橄榄油	0.5
B组分	甘草提取物	8.0～10.0
	乳化剂	2.0
	甘油	6.0～7.0
	三乙醇胺	0.2～0.4
	去离子水	加至100
C组分	香精	适量
	防腐剂	适量

制备工艺：

① 甘草提取物。取适量甘草用氨性醇溶液加热回流提取，离心，酸沉，丙酮回流得甘草提取液，减压蒸馏，将剩余液真空干燥至恒重，即得甘草提取物，甘草提取物的主要成分为甘草酸。

② 将A组分和B组分分别在搅拌下加热至85℃呈均相后，将B组分保温在85℃左右，控制搅拌速率同时缓慢加入A组分，反应20min；停止加热，保持搅拌，降温至80℃，抽真空15～20min；保持搅拌，缓慢降温至50℃时加入C组分，继续降温至45℃出料，即得产物。

配方4：酵素除皱乳液

组分	质量分数/%	组分	质量分数/%
人参提取液	1.5	熊果苷	1.0
蜗牛蛋白粉	1.3	甘草黄酮液	1.5
氰钴胺	0.5	纤维素酶	0.8
七叶树提取液	0.6	甘草提取液	0.3
小米草提取液	1.2	丹参提取液	1.3
白术提取液	1.7	绞股蓝提取液	1.1
龙胆提取液	0.6	丁香提取液	0.2
维生素C	0.7	树莓苷	0.3
壬二酸衍生物	0.9	烟酰胺	1.1
辛酸癸酸三酰甘油	1.3	丝瓜提取液	1.5
光甘草定	0.9	光甘草定液	0.3
氨甲环酸	1.2	维生素A	0.5
嗜酸乳杆菌	1.1	大黄提取物	1.5
蜂胶提取液	0.5	去离子水	加至100
艾叶提取液	1.6	香精	1.7

制备工艺：

① 将人参提取液置于去离子水中，恒温在30.7℃搅拌106min，加入熊果苷、光甘草定、蜗牛蛋白粉、甘草黄酮液、氨甲环酸、氰钴胺、纤维素酶、嗜酸乳杆菌、七叶树提取液均质搅拌82min；

② 加入甘草提取液、蜂胶提取液、小米草提取液、丹参提取液、艾叶提取液、白术提取液、绞股蓝提取液、丝瓜提取液、龙胆提取液、丁香提取液、光甘草定液均质搅拌91min；

③ 再加入维生素C、树莓苷、维生素A、壬二酸衍生物、烟酰胺、大黄提取物、辛酸癸酸三酰甘油恒温31.5℃搅拌257min；

④ 再加入香精充分搅拌152min，恒温33.1℃厌氧发酵103.3h即得到酵素除皱乳液。

配方5：荞麦甘草复合润肤乳液

组分		质量分数/%
A组分	甘草提取液	2.0
	甘油	10
	丙二醇	4.0
	三乙醇胺	0.4
	去离子水	76
B组分	甲基硅油	2.0
	单甘酯	3.0
	聚氧乙烯失水山梨醇单月桂酸酯	1.2
	黄原胶	0.4
C组分	颗粒状冷水可溶荞麦淀粉	1.0

制备工艺：

① 将A组分物质混合后80℃加热搅拌直至溶解，制成水相液；

② 将B组分物质混合后80℃加热搅拌15min直至溶解，制成油相液；

③ 将油相液缓慢地加入水相液中，使用高速分散器搅拌5min，然后缓慢搅拌，待温度降至40℃，加入C组分，继续使用高速分散器搅拌3min，冷却出料，即得荞麦甘草复合润肤乳液。

配方6：清洁乳液

组分	质量分数/%	组分	质量分数/%
三乙醇胺	1.0	硬脂酸	5.0
液体石蜡	35.0	蜂蜡	2.0
甘草提取物	4.0	植物香精	适量
植物防腐剂	适量	去离子水	加至100

制备工艺：

① 将三乙醇胺加入去离子水中组成水相，加热至90℃，再冷却至75℃；

② 将硬脂酸、液体石蜡、蜂蜡组成油相，加热至70℃；

③ 将水相加入油相中，不断搅拌至40℃时，加入甘草提取物、植物香精、植物防腐剂，搅拌冷却至30℃时即可装瓶。

配方7：肤用乳液

组分	质量分数/%	组分	质量分数/%
甘油	5.0	乙酰化羊毛醇	2.0
C_{16}醇	3.5	单硬脂酸甘油酯	1.0
液体石蜡	10.0	甘草、灵芝、蒲公英提取物	6.0
香精	适量	抗氧化剂	适量
去离子水	加至100		

制备工艺：

① 将甘油加入去离子水中加热至95℃即为水相，经20min灭菌后冷却至80℃；

② 将乙酰化羊毛醇、C_{16}醇、单硬脂酸甘油酯、液体石蜡在同一容器中加热至80℃即为油相；

③ 将水相加入油相中，搅拌10min，降至45℃加入甘草、灵芝、蒲公英提取物及香精、抗氧化剂搅拌，降至30℃时为止，即得产品。

配方8：美白精华液

组分		质量分数/%
A组分	丙二醇	10.0
	EDTA-Na_2	0.05
	1,3-丁二醇	5.0
	去离子水	加至100
B组分	亚硫酸氢钠	0.2
	甘草提取物	6.0
	曲霉酵素混合物	8.0
	L-乳酸钠	6.0
	内皮素拮抗剂	0.02
	维生素C磷酸酯镁	2.0
C组分	杰马-115	0.5
	香精	0.1

制备工艺：

将A组分原料加热至90℃，灭菌20min，搅拌降温至50℃，分别加入B组分、C组分原料，搅拌均匀后，再继续以50r/min转速搅拌降温至36℃，即得。

配方9：甘草护肤浴液

组分	质量分数/%	组分	质量分数/%
甘草提取物	0.3	绣绒菊提取物	0.2
十二烷基硫酸钠	30.0	氯化钠	0.5
柠檬酸	0.06	香精	0.3
防腐剂	0.05	去离子水	加至100

制备工艺：

将甘草提取物、绣绒菊提取物、十二烷基硫酸钠、氯化钠、柠檬酸溶解于去离子水中，混合均匀，加入香精、防腐剂，混匀即成。

4.7 花瓣

4.7.1 花瓣中的主要成分和功效

化妆品中常用的花瓣有红花、番红花、玫瑰、槐花、金银花、丁香花等。

(1) 红花　红花 (safflower) 干花中红色素含量一般为 0.4%～0.5%，水溶性黄色素为 20%～36%，不溶于水溶于碱的黄色素含量为 2.1%～6.1%；从红花中提取的红色素经处理后，可制成色泽范围从玫瑰红到樱桃红的染色剂，可用在口红胭脂等高档美容化妆品中。同时红花中的红花黄酮对酪氨酸酶有显著抑制性，当红花黄酮质量浓度为 3mg/mL 时，抑制率可达 63.5%，因此有一定的美白效果。

(2) 番红花　番红花 (saffron)，在我国又称藏红花，目前花瓣中发现有多种化合物和活性物质，主要成分有正二十六烷 (11.60%)、正十五烷 (11.31%)、棕榈酸甲酯 (10.82%)、油酸甲酯 (10.35%)、2,4-二叔丁基苯酚 (9.63%)、亚油酸甲酯 (7.18%)、番红花醛 (5.66%)。研究发现，其中番红花醛对自由基有较高的清除能力，具有抗衰老的效果；此外其中多种有效成分对酪氨酸酶有显著的抑制作用，具有美白祛斑的效果。

(3) 槐花　槐花 (silk flower) 花瓣中共鉴定出 43 种化合物，主要有棕榈酸 (38.69%)、亚油酸甲酯 (10.13%)、2-甲氧基-4-(2-丙烯基)-苯酚 (6.71%)、亚麻酸 (6.35%)、2-羟基-3-甲基-4-H-吡喃-4-酮 (3.49%)、8-十七碳烯 (2.44%)、二苯砜 (2.44%)、6,10,14-三甲基-2-十五酮 (1.85%)、4-乙烯基-2-甲氧基苯酚 (1.82%) 等。研究发现，其中黄酮类化合物是槐花中主要的活性成分，抑制酪氨酸酶的 IC_{50} 为 30μg/mL，抑制强度是熊果苷的 50 倍，同时清自由基的能力也较强，因此具有良好的美白和抗衰老效果。

(4) 金银花　金银花 (honeysuckle) 主要成分为黄酮类物质、有机酸、三萜类物质、无机元素以及挥发油。其中黄酮类物质主要有忍冬苷、木犀草素等；有机酸主要有绿原酸、棕榈酸、咖啡酸和异绿原酸等。金银花中也含有钙、铁、磷等多种微量元素。金银花具备抗菌、抗病毒、增强机体免疫力、抗氧化及抗自由基等生物活性，加入化妆品中可达到清热祛痘、促进细胞代谢、抗衰老、为皮肤提供营养、促进皮肤排出毒素、令皮肤光滑润白等功效。

4.7.2 花瓣化妆品配方精选

配方 1：保湿祛痘霜

组分		质量分数/%
A 组分	黄原胶	0.1
	丁二醇	11.0
	甘油	10.0
	去离子水	加至 100
B1 组分	去离子水	适量
	库拉索芦荟叶汁	0.22
B2 组分	乳酸	0.001
	乳酸钠	3.55
	葡萄酸钠	3.52
B3 组分	深层抑脂剂	9.5
C 组分	当归提取物	0.22
	丹参根提取物	0.001
	丁香花提取物	0.001
	黄芩根提取物	0.015
	甘草根提取物	0.001
	壬二酰二甘氨酸钾	0.525
	辛酰水杨酸	0.525
	辛酰甘氨酸	0.195
	苦参根提取物	0.525
	吡哆素	0.001
D 组分	Microcare® MTI	0.1
	Euxyl® K 145	0.1

制备工艺：

① 将 A 组分混合搅拌均匀，均质 3～5min，搅拌 10～60min，得 A 相；

② 将 B1 组分加热至 50～70℃，溶解均匀，加入 B2 组分，搅拌 5～15min，过 200 目筛后加入 B3 组分，得 B 组分；

③ B 组分加热至 80～85℃，搅拌均匀后，将 A 组分加入 B 组分，保温搅拌 10～30min；

④ 将 C 组分加热至 60～65℃溶解均匀，过 200 目筛加入上述混合物中，75～80℃保温搅拌 30～40min；

⑤ 降温至 35～40℃，加入 D 组分，搅拌均匀即得产品。

配方 2：淡斑水凝雾

组分		质量分数/%
A 组分	去离子水	加至 100
	甘草酸二钾	0.3
	β-葡聚糖	2.0
	木糖醇	2.0
	3-O-乙基抗坏血酸	0.5

续表

组分		质量分数/%
B组分	丁二醇	5.0
	植物防腐剂 NPS	0.7
	苯氧乙醇	0.3
	PEG-40 氢化蓖麻油	0.15
	母菊花水	20
C组分	生态营养素	1.5
	马齿苋提取物	3.0
	水解蜂王浆蛋白	1.0
	甘草根提取物	2.0
	长心卡帕藻提取物	3.0
D组分	20% L-精氨酸溶液	适量

制备工艺：

① 将A组分加入搅拌锅中，加热搅拌升温至80～85℃，恒温20min；

② 降温至40℃后加入B组分，搅拌均匀后加入C组分；

③ 加入适量D组分，调节pH值为5.8～6.2后搅拌均匀，即得。

配方3：美白化妆品

组分	质量分数/%	组分	质量分数/%
雪绒花提取物	9.0	光甘草定	2.0
桑树根提取物	2.0	1,3-丙二醇	24.0
铁皮石斛提取物	1.5	羟苯甲酯	0.08
熊果苷	9.0	酵母提取物	3.0
传明酸	3.0	去离子水	加至100

制备工艺：

① 将光甘草定、1,3-丙二醇混合后，解热至70～75℃完全溶解，加入羟苯甲酯搅拌溶解后冷却至室温；

② 将去离子水加热至90℃，加入熊果苷、传明酸，搅拌溶解后加入酵母提取物，分散均匀后加入雪绒花、桑树根、铁皮石斛提取物，混匀得美白水。

配方4：磨砂抗过敏洗面奶

组分	质量分数/%	组分	质量分数/%
纳米碳晶	1.2	苹果花	20.0
芦荟	15.0	薰衣草精油	0.5
桂花	10.0	天竺葵精油	2.0
金盏菊	20.0	去离子水	加至100

制备工艺：

① 将天竺葵精油和薰衣草精油混合均匀备用；

② 将芦荟、桂花、金盏菊和苹果花混合、粉碎后置于 30～35℃去离子水中浸泡 1h 后煮沸，控制加热保持微沸 1h，静置冷却至 25℃，过滤得滤液；

③ 将表面功能化处理过的纳米碳晶加入去离子水中，加热至 80～90℃，在搅拌条件下，依次缓慢加入步骤①和步骤②所得物料，待乳化均匀后停止搅拌，保温 3h 后冷却至室温，使用柠檬酸将溶液 pH 调至 6.0～6.5 后加入剩余去离子水，静置 24h。

配方 5：美白保湿清洁霜

组分	质量分数/%	组分	质量分数/%
银耳提取物	7.4	二硬脂酸甘油酯	2.1
薏苡仁油	4.2	$EDTA\text{-}Na_2$	0.1
兰花提取物	6.4	羟丙基三甲基氯化铵透明质酸	0.06
乙酰壳糖胺	1.1	1,3-丁二醇	2.1
熊果苷	0.64	双咪唑烷基脲	0.01
椰油酰胺丙基甜菜碱	1.1	中药提取液	4.2
月桂醇聚醚硫酸酯钠	0.53	去离子水	加至 100
丙烯酸酯共聚物	6.4		

制备工艺：

① 将乙酰壳糖胺、熊果苷、椰油酰胺丙基甜菜碱、月桂醇聚醚硫酸酯钠、丙烯酸酯共聚物、二硬脂酸甘油酯、$EDTA\text{-}Na_2$、羟丙基三甲基氯化铵透明质酸、1,3-丁二醇和去离子水混合后，加热至 75℃；

② 将步骤①的混合物在真空条件下，恒温搅拌 45min，待温度降至 40℃时加入银耳提取物、薏苡仁油、兰花提取物和中药提取液搅拌均匀后，并加入双咪唑烷基脲，最后冷却至室温制得所述美白保湿清洁霜。

配方 6：保健沐浴盐

组分	质量分数/%	组分	质量分数/%
氯化钠	50.0	脂肪酸甲酯磺酸钠	8.0
红花	5.0	曲酸	5.0
白及	5.0	茉莉浸膏	4.0
白果	5.0	乙醇	6.0
饱和食盐水	12		

制备工艺：

① 盐过筛。对所选的氯化钠进行研磨，过 200 目（≤0.07mm)。

② 中药预处理。把选用的中药材按规定质量称取后，混合并充分粉碎，加入乙醇调成糊状，常温放置 45min 备用。

③ 调膏。把过筛后的盐、预处理的中药及其他选用的原料混合，并通过加入饱和食盐水，在 50℃调成半流动的膏体。

④ 封装。把调好的膏体冷却，利用塑料包装软管或铝箔包装袋封装。

配方 7：中药沐浴盐

组分	质量分数/%	组分	质量分数/%
藏红花	12.3	珍珠粉	4.6
野百合	9.2	十二烷基硫酸钠	9.2
羟甲基纤维素	1.5	乙基麦芽酚	3.1
白芷	30.7	甘草	15.3
苦参	13.8	茉莉香精	0.3

制备工艺：

① 将甘草、藏红花、野百合、白芷及苦参混合，研磨成细粉，过 100 目筛；

② 加入珍珠粉、十二烷基硫酸钠及乙基麦芽酚，混合均匀；

③ 加入羟甲基纤维素及茉莉香精，混合均匀后，即可得成品。

配方 8：月季花抗衰老润肤霜

组分		质量分数/%
A 组分	C_{16}～C_{18}醇	4.0
	甲基葡糖倍半硬脂酸酯	1.0
	维生素 E	2.0
	辛酸/癸酸三酰甘油	6.0
	橄榄油	4.0
B 组分	甘油	6.0
	1,3-丁二醇	3.0
	PEG-20 甲基葡糖倍半硬脂酸酯(SSE-20)	1.0
	丙烯酰二甲基牛磺酸铵/VP 共聚物(AVC)	0.7
	去离子水	加至 100
C 组分	香精	适量
	防腐剂	适量
	月季花提取物	1.0

制备工艺：

① 将 A 组分、B 组分加热至 80℃溶解；

② 将 A 组分倒入到 B 组分中并在 60r/min 条件下搅拌，乳化时间为 15min，搅拌过程中降温，直至温度降到 40℃以下；

③ 加入 C 组分，搅拌 30min 后取出，无菌条件下灌装霜剂。

配方 9：天然护唇膏

组分	质量分数/%
植物油 （橄榄油、乳木果油、蓖麻油、葡萄籽油、月见草油的比例为 10：1：2：6：1）	加至 100
植物蜡 （天然蜂蜡）	30
天然辅料 （蜂蜜：玫瑰花提取液的比例为 9：1）	29.5
维生素 E	0.5

制备工艺：

① 按比例称取植物油，搅拌加热；

② 在①中加入天然蜂蜡混合加热，搅拌均匀，最后按比例加入天然辅料蜂蜜和玫瑰花提取液以及维生素 E，搅拌均匀，倒模浇注即可。

配方 10：轻薄贴肤气垫腮红

组分	质量分数/%	组分	质量分数/%
月桂基 PEG-10 三(三甲基硅氧基)硅乙基聚甲基硅氧烷	2.0	硫酸镁	0.2
月桂基 PEG-9 聚二甲基硅氧乙基聚二甲基硅氧烷	2.5	氯化钠	0.4
PEG-10 聚二甲基硅氧烷	1.5	甘油	5.0
红没药醇	0.2	丙二醇	4.0
环五聚二甲基硅氧烷/三甲基硅烷氧基硅酸酯	3.0	丁二醇	3.0
苯基三甲基硅氧烷	10	双丙甘醇	2.0
聚二甲基硅氧烷	4.0	β-葡萄糖	1.5
环五聚二甲基硅氧烷	5.0	甘草酸二钾	0.2
刺阿干树仁油	0.5	百金花提取物	0.5
小麦胚芽油	0.5	葡萄果提取物	1.0
橄榄果油	0.5	假叶树根提取物	2.0
维生素 E 乙酸酯	0.5	积雪草提取物	2.0
异硬脂醇异硬脂酸酯	2.0	金盏花提取物	2.0
碳酸二辛酯	4.0	枇杷叶提取物	0.2
水杨酸乙基己酯	2.0	欧刺柏果提取物	0.3
甲氧基肉桂酸乙基己酯	2.0	松根提取物	0.2
硬脂酸镁	0.8	萹蓄提取物	0.3
二氧化钛	8.0	苯氧乙醇/乙基己基甘油	1.0
氧化铁红	0.7	云母	2.5
氧化铁黄	0.6	香精	0.2
氧化铁黑	0.05	去离子水	加至 100
二硬脂二甲铵锂蒙脱石	0.4		

制备工艺：

① 将二氧化钛、色粉（氧化铁红、氧化铁黄、氧化铁黑）、硅油（苯基三甲基硅氧烷、聚二甲基硅氧烷、环五聚二甲基硅氧烷）和乳化剂（PEG-10 聚二甲基硅氧烷）混合并研磨 2～3 次至细腻，得到第一混合物；

② 将碳酸二辛酯与硬脂酸镁混合，加热至 80～85℃至硬脂酸镁完全溶解透明，再加入余下乳化剂［月桂基 PEG-10 三（三甲基硅氧基）硅乙基聚甲基硅氧烷、月桂基 PEG-9 聚二甲基硅氧乙基聚二甲基硅氧烷］、油脂（红没药醇、环五聚二甲基硅氧烷/三甲基硅烷氧基硅酸酯、刺阿干树仁油、小麦胚芽油、橄榄果油、维生素 E 乙酸酯、异硬脂醇异硬脂酸酯）、防晒剂（水杨酸乙基己酯、甲氧基肉桂酸乙基己酯）、增稠剂（二硬脂二甲铵锂蒙脱石）搅拌均匀，与第一混合物混合，并加热至 50～60℃，均质分散至均匀无颗粒，得到第二混合物；

③ 将去离子水加热至 90℃，再加入无机盐（硫酸镁、氯化钠）、多元醇（甘油、丙二醇、丁二醇、双丙甘醇）搅拌溶解均匀，保温 30min 灭菌，再降温至 55℃以下，得到第三混合物；

④ 在搅拌状态下，将所述第三混合物缓慢均匀抽入所述第二混合物中，搅拌均匀，并均质；

⑤ 搅拌降温至 40℃，添加皮肤调理剂（β-葡萄糖、甘草酸二钾、百金花提取物、葡萄果提取物、假叶树根提取物、积雪草提取物、金盏花提取物、枇杷叶提取物、欧刺柏果提取物、松根提取物、萹蓄提取物）、防腐剂（苯氧乙醇/乙基己基甘油）、香精，均质并搅拌均匀，加入云母搅拌均匀即可。

配方 11：长效睫毛膏

组分	质量分数/%
羊毛脂	9.0
胶原蛋白	11.6
维生素 E	4.2
黄原胶	8.5
羟乙基纤维素	14.3
金银花提取物	3.2
硬脂酸	8.5
微晶蜡	12.2
巴西棕榈蜡	6.9
炭黑	17.5
三乙醇胺	4.2

制备工艺：

将油脂和蜡混合加热熔化，加入炭黑搅拌均匀，在 50℃下经过研磨机进行研磨、熔化，最后加入其余物料搅拌均匀（转速 25r/min，搅拌 20min）即可。

配方 12：红花粉美乳化妆品

组分	质量分数/%
天然番茄红素	2.5
红花粉	5.0
螺旋藻	3.0
海藻多糖	0.5
冰晶素维生素 E	0.1
复合氨基酸	0.05
透明质酸	0.01
角鲨烷	4.0
可可巴酯	1.0
乳木果油	3.0
芦芭油	7.0
芦芭胶	1.0
去离子水	加至 100

制备工艺：

将所有组分混合在一起，搅拌使之混合均匀，包装。

4.8 果实

4.8.1 枸杞

(1) 枸杞的主要成分和功效　枸杞（wolfberry）营养成分丰富，研究显示每百克枸杞果中含粗蛋白 4.49g，粗脂肪 2.33g，碳水化合物 9.12g，类胡萝卜素 96mg，硫胺素 0.053mg，核黄素 0.137mg，抗坏血酸 19.8mg，甜菜碱 0.26mg，并含有 K、Na、Ca、Mg、Fe、Cu、Mn、Zn 等元素（表 4-14），以及多种维生素和氨基酸。其中，干果中氨基酸含量为 9.5%，必需氨基酸占总氨基酸量的 24.74%；鲜果中氨基酸含量为 3.54%，其中必需氨基酸占 23.67%。

表 4-14　枸杞籽油中微量元素含量　　单位：mg/kg

元素名称	含量	元素名称	含量	元素名称	含量
K	5.38	Al	5.63	Sr	0.83
Ca	10.0	Ti	<0.01	Mn	0.33
Mg	1.38	Cr	3.0	Li	0.05
Na	10.0	Ni	<0.01	Se	0.0093
Fe	5.88	Sn	<0.01	Zn	1.63
Si	0.88	V	<0.01	Mo	0.013

枸杞提取液可增加皮肤中胶原蛋白含量，减少脂质过氧化产物 MDA 的含量，具有延缓皮肤衰老、营养皮肤的作用，用于面部时可使颜面皮肤细嫩、光滑。在发用化妆品中添加可防治脱发，使头发乌黑发亮，能促进头发黑色素的生成，对头发缺乏人体必需微量元素所引起的黄发、白发均具有较好效果。此外，枸杞提取物加入生发露中，对斑秃有很好的治疗作用。

（2）枸杞化妆品配方精选

配方 1：黑果枸杞眼霜

组分	质量分数/%	组分	质量分数/%
透明质酸钠	1.0	鲸蜡硬脂醇	1.0
丁二醇	2.0	鲸蜡硬脂基葡糖苷	1.0
黑果枸杞提取物	15.0	对羟基苯乙酮	0.4～1.0
牛油果脂	10.0	1,2-乙二醇	1.0～2.0
吐温-80	0.3	去离子水	加至 100

制备工艺：

将油相和水相分别制备，再混合均匀，补足水，灭菌、灌装，即得眼霜。

配方 2：枸杞护肤霜

组分		质量分数/%
A 组分	二甲基硅氧烷	6.0
	辛酸/癸酸三酰甘油	6.0
	棕榈酸异丙酯	4.0
	单甘酯	1.0
	硬脂酸	5.0
	羟苯甲酯	0.1
	羟苯丙酯	0.1
B 组分	1,2-丙二醇	6.0
	三乙醇胺	0.7
	枸杞水提物溶液	3.0
	去离子水	加至 100
C 组分	香精	0.1

制备工艺：

① 将 A 组分加热至 80℃，熔化搅拌均匀，作为油相；

② 将 B 组分各物质混合，加热至 85℃，搅拌溶解均匀，作为水相；

③ 将油相和水相加到乳化锅中，搅拌均匀，乳化均质 6min，搅拌冷却至 50℃时，加入 C 组分，搅拌均匀，冷却至 38℃，即为枸杞护肤霜。

配方 3：黑枸杞花青素精华乳

组分		质量分数/%
A组分	硅油	3.0
	氢化聚癸烯	1.0
	硅树脂	2.0
	WR乳化剂	2.5
	豆蔻酸异丙酯	3.0
B组分	丙二醇	7.0
	聚甘油醚-26	3.0
	三乙醇胺	0.1
	甲酯	0.1
	黄原胶	0.05
C组分	黑枸杞花青素	0.6
	VEO	0.3
	燕麦葡萄糖	0.8
	FL助乳化剂	0.7
D组分	香精和防腐剂	适量
	去离子水	加至100

制备工艺：

① 将组分C在40～42℃预先混合好；

② 将A组分和B组分加热至85～89℃，搅拌至溶解；

③ 将B组分放入乳化罐中85～89℃恒温搅拌20～30min；

④ 将A组分缓慢加入B组分乳化锅中，1000～2000r/min搅拌10～15min，搅拌冷却至40～42℃时，加入C组分，搅拌均匀，冷却至35～38℃，即为黑枸杞花青素精华乳。

配方4：洁面膏

组分	质量分数/%	组分	质量分数/%
黑果枸杞提取物	11.0～20.0	液体石蜡	6.0～10.0
北美金缕梅提取物	4.0～15.0	丙烯酸	1.0～4.0
鲸蜡硬脂醇	3.0～7.0	薄荷醇	1.0～2.0
甘油	7.0～15.0	对羟基苯乙酮	0.4～1.0
聚山梨醇酯	2.0～6.0	1,2-乙二醇	1.0～2.0
月桂醇硫酸酯钠	3.0～6.0	去离子水	加至100
卡波姆	2.0～5.0		

制备工艺：

① 取薄荷醇、液体石蜡、丙烯酸，混匀，均质乳化，得乳化物；

② 将其余原料溶解在热水中混匀搅拌，过滤，滤液与乳化物再次均质，

冷却后，灭菌、包装，即得洁面膏。

配方 5：免洗面膜

组分	质量分数/%	组分	质量分数/%
透明质酸	1.0	黑果枸杞提取物	15.0
甘油	8.0	积雪草提取物	6.0
聚乙二醇 PEG-400	5.0	白术挥发油	1.0
明胶	10.0	维生素 E	1.0
羧甲基纤维素钠	5.0	可溶性 β-葡聚糖	1.0
水解胶原蛋白	5.0	去离子水	加至 100

制备工艺：

将上述处方原料混合均匀，灭菌、装盒、包装，即得免洗面膜。

配方 6：素颜霜

组分	质量分数/%	组分	质量分数/%
透明质酸钠	1.0	丁二醇	3.0
β-葡聚糖	1.0	丙烯酸钠/丙烯酰二甲基牛磺酸钠共聚物	1.0
珍珠粉	1.0	异十六烷	1.0
黑果枸杞提取物	18.0	聚山梨醇酯-80	1.0
马齿苋提取物	12.0	去离子水	加至 100
蓖麻提取物	5.0	粉底液	适量
甘油	1.0		

制备工艺：

将除粉底液外的其他成分混合均匀，补足水后，与粉底液充分搅拌均匀，灭菌、包装，即得素颜霜。

配方 7：婴儿洗发水

<table>
<tr><th colspan="2">组分</th><th>质量分数/%</th></tr>
<tr><td rowspan="2">A 组分</td><td>由椰子、月桂和肉豆蔻提取的脂肪酸制备的烷醇酰胺</td><td>3.8</td></tr>
<tr><td>不同物质的量比的羊毛醇聚氧乙烯缩合物</td><td>4.2</td></tr>
<tr><td rowspan="4">B 组分</td><td>两性表面活性剂</td><td>18.0</td></tr>
<tr><td>丙二醇</td><td>10.0</td></tr>
<tr><td>枸杞子、地骨皮提取物</td><td>4.5</td></tr>
<tr><td>去离子水</td><td>加至 100</td></tr>
<tr><td rowspan="2">C 组分</td><td>香精</td><td>适量</td></tr>
<tr><td>防腐剂</td><td>适量</td></tr>
</table>

制备工艺：

将 A 组分、B 组分分别加热至 80℃，不断搅拌下将 A 组分加入 B 组分中，搅拌冷却至 50℃时，再加 C 组分，然后继续搅拌冷却至 30℃即可。

配方 8：护发素

组分		质量分数/%
A 组分	C_{16}～C_{18}醇	3.0
	液体石蜡	1.0
	乳化剂 165	0.5
	羟苯乙酯	0.15
B 组分	十八烷基三甲基氯化铵	2.0
	聚季铵盐-10	0.15
	柠檬酸	适量
	尿囊素	0.2
	甘油	2.0
	色素	适量
	去离子水	加至 100
C 组分	DC-8194(美国道康宁)	1.0
	枸杞子提取物	3.0
	DC-9040	1.0
	香精	0.2
	去离子水	2.0

注：DC-9040 为聚二甲基硅氧烷交联聚合物在环戊硅氧烷和聚二甲基硅氧烷中的混合物。

制备工艺：

① 将 A 组分、B 组分分别加热至 75～80℃，搅拌下将 A 组分加入 B 组分中；

② 用柠檬酸调节 pH 值至 4.5，均质 2～3min，搅拌下降温至 45℃，加入 C 组分，持续搅拌下降温至 35℃，即得。

4.8.2 柑橘

(1) 柑橘的主要成分和功效　柑橘（tangerine）是世界第一大水果，研究表明，柑橘类水果具有抗氧化活性、抗炎症、抗过敏以及抗菌等作用。这主要归功于柑橘中富含维生素 C、类黄酮、类胡萝卜素及类柠檬苦素等多种活性成分。

① 果胶。柑橘类果皮中含果胶 20%～30%，其中白皮层果胶含量较高。市售的果胶主要来自干燥的橙皮、柠檬皮、苹果皮。果胶是化妆品、药品、食品行业中良好的增稠剂和稳定剂。

② 柑橘皮色素。柑橘皮色素是一类性能较稳定、安全可靠的天然色素。柑橘皮色素可分为脂溶性色素和水溶色素。脂溶性色素主要由类胡萝卜素（叶黄素、玉米黄素、β-隐黄质、α-胡萝卜素、β-胡萝卜素和番茄红素）组成。胡萝卜素具有抗氧化、避免 DNA 氧化损伤、提高机体免疫力等作用。

③ 黄酮类化合物。柑橘类黄酮主要包括黄酮类、黄烷酮类、黄酮醇类以及花色苷类，其中黄烷酮类是柑橘中含量最多的类黄酮，约占类黄酮总量的 80%，其中橙皮苷、柚苷是柑橘中最主要的类黄酮，多甲氧基黄酮则是近年来柑橘中发现的具有最强抗氧化活性的黄酮类化合物。

(2) 柑橘化妆品配方精选

配方 1：含柑橘果皮成分化妆水

组分	质量分数/%
柑橘皮天然提取物	15～25
甘油	5.0～10.0
酒精	5.0～10.0
苯扎氯铵	0.01～0.05
维生素 E	0.2～0.5
香精	0.01～0.05
去离子水	加至 100

制备工艺：

在 40℃混合均匀各物质即得产品。

配方 2：柑橘美容霜

组分	质量分数/%
硬脂酸	15.0
C_{16}醇	2.0
单甘酯	1.0
聚氧乙烯脂肪醚(或聚氧乙烯脂肪酸酯)	3.0
白油	10.0
甘油	5.0
三乙酰胺	0.5
透明果皮汁	15.0
防腐剂	适量
去离子水	加至 100

制备工艺：

果皮汁加入油相，水相和油相分别加热至 70℃，在搅拌下混合两相并乳化即可。

4.8.3 黄瓜

(1) 黄瓜的主要功效　黄瓜 (cucumber) 属葫芦科植物，黄瓜的果实含糖类（如葡萄糖、鼠李糖、半乳糖、甘露糖、木糖、果糖）、异槲皮苷、绿原酸、磷脂、游离氨基酸、维生素（维生素 A、维生素 B_1、维生素 B_2、维生素 B_3、维生素 C)、黄瓜醇、矿物元素（如钾、磷、钙、镁、钠、铁）、黄瓜酶、苦味成分（葫芦素 A、葫芦素 B、葫芦素 C、葫芦素 D）等。此外，黄瓜籽油中含有油酸（58.49%）、亚油酸（22.29%）、棕榈酸（6.79%）、硬脂酸（3.72%）等油脂。

黄瓜是一种具有良好美容效果的天然植物原料，对人体皮肤的美容效果广为人知，因此也是日常护肤中较为常用的果蔬类原料。历代本草记载黄瓜有清热、利水、解毒、消炎的功用，可治咽喉肺痛、火眼、烫伤、解疮癣热毒等。

未成熟的黄瓜及嫩籽捣碎成浆，可起到滋润作用，并能治疗皮肤烧伤。研究显示，黄瓜中的黄瓜油在皮肤护理过程中起到关键的作用，黄瓜油能扩张毛细血管，加快血液循环，促进皮肤的氧化还原反应，改善皮肤营养状态，最终使皮肤细嫩和润滑。含黄瓜油的化妆品具有防止皮肤晒黑、预防皮肤粗糙、滋润和美化皮肤的作用，也可消除粉刺、雀斑、老年斑及皮肤炎症，还可提高毛发的柔软性，增加毛发的光泽。

(2) 黄瓜化妆品配方精选

配方 1：黄瓜面膜

组分		质量分数/%
A组分	Tc-65	3.2
	EPA(二十碳五烯酸)	4.3
	GTCC(辛酸/癸酰三酰甘油)	2.1
	混醇	2.1
	硅油(道康宁、DC-200)	0.5
	BHT	0.01
B组分	甲基丙二醇	5.3
	甘油	5.3
	抗菌剂(LGP)	0.5
	燕麦粉	16.0
	西瓜汁	加至100
	EDTA-Na_2	0.1

制备工艺：

① 将A组分混合，加热到48℃后搅拌，再将B组分（除燕麦粉）加热到70～80℃搅拌，之后将A组分缓缓倒入B组分中，在均质器下均质1min；

② 用搅拌器搅拌，使气泡逸出，最后加入燕麦粉，继续搅拌均匀即可。

配方 2：黄瓜雪花膏

组分	质量分数/%
蜂蜡	2.2
硬脂酸	6.0
C_{16}醇	3.0
异丙基豆蔻酸酯	2.5
聚氧乙烯山梨糖醇单硬脂酸酯	3.0
角鲨烷	6.0
黄瓜油	3.0
去离子水	加至100
苯甲酸钠	0.5
维生素E	2.2
香精	0.6

制备工艺：

① 将蜂蜡、硬脂酸、C_{16}醇、异丙基肉豆蔻酸酯、聚氧乙烯山梨糖醇单硬脂酸酯、角鲨烷、黄瓜油加入85℃去离子水中，高速搅拌15min；

② 降温至45℃，加入苯甲酸钠、维生素E及香精，高速搅拌10min，冷却得成品。

配方3：黄瓜护肤液

组分	质量分数/%
羊毛脂	15.0
聚氧乙烯山梨糖醇单硬脂酸酯	2.4
黄瓜油	4.0
去离子水	加至100
95%乙醇	5.0
香精	0.6

制备工艺：

① 将羊毛脂、聚氧乙烯山梨糖醇单硬脂酸酯、黄瓜油混合后加入85℃去离子水中，高速搅拌5min；

② 降温至40℃，加入95%乙醇及香精，高速搅拌5min，冷却得成品。

配方4：黄瓜皮肤消炎奶液

组分	质量分数/%
硬脂酸	4.0
C_{16}醇	1.5
羊毛脂	3.2
异丙基豆蔻酸酯	2.0
液体石蜡	9.5
聚氧乙烯鲸蜡醇单硬脂酸酯	1.5
黄瓜油	5.0
去离子水	加至100
苯甲酸钠	0.5
三乙醇胺	0.5
维生素E	1.7
香精	0.6

制备工艺：

① 将硬脂酸、C_{16}醇、羊毛脂、异丙基肉豆蔻酸酯、液体石蜡、聚氧乙烯鲸蜡醇单硬脂酸酯、黄瓜油混合，加入85℃去离子水，高速搅拌20min；

② 降温至50℃，加入苯甲酸钠、三乙醇胺、维生素E及香精，高速搅拌10min，冷却得成品。

配方 5：黄瓜保湿营养霜

组分		质量分数/%
A 组分	Tc-65	1.5
	CG	1.0
	GTCC	5.0
	EPA	5.0
	白油	3.0
	BHT	0.05
B 组分	甘油	3.0
	甲基丙二醇	3.0
	LGP	0.5
	EDTA-Na_2	0.1
	芦荟粉	0.2
	黄瓜汁	73.6

制备工艺：

① 将水相（B 组分）混合，加热到 48℃后搅拌，再将油相（A 组分）加热到 70～80℃搅拌，将油相缓缓倒入水相中，在均质器下均质 1min；

② 用搅拌器搅拌，使气泡逸出，调整 pH 值，即得产品。

配方 6：抗氧化肽美容养颜乳

组分	质量分数/%
胶原蛋白抗氧化肽	5.0～10.0
黄瓜提取物	4.0～8.0
维生素 C	1.0～3.0
维生素 E	0.5～3.0
卵磷脂	2.0～5.0
单硬脂酸甘油酯	1.0～2.5
小麦胚芽油	1.0～5.0
杰马 BP	0.2～1.0
甘油	1.0～4.0
透明质酸	0.4～2.0
纳米二氧化钛	0.5～2.0
茉莉精油	0.2～0.5
色素	0.1～0.5
去离子水	加至 100

制备工艺：

① 将卵磷脂、维生素 C、维生素 E、小麦胚芽油和单硬脂酸甘油酯混合加热升温到 80～95℃，并不断搅拌均匀，待各原料全部熔化得油相；

② 在含有去离子水的容器中按配比加入抗氧化肽、甘油、透明质酸、杰

马 BP，缓慢搅拌均匀并升温到 60～75℃，待各原料全部溶解得水相；

③ 将油相和水相物料混合、均质后，加入纳米二氧化钛，继续搅拌，慢慢冷却；

④ 待物料冷却至 40～50℃时，加入黄瓜提取物、茉莉精油、色素，待搅拌、混匀后，灌装即得产品。

配方 7：水感霜后乳

组分		质量分数/%
A组分	黄瓜提取物	4.0
	玫瑰花水	2.5
	乙氧基二甘醇	0.55
	甘油	6.0
	泛醇	1.8
	丙二醇	0.5
	丁二醇	0.5
	糖类同分异构体	0.25
	透明质酸钠	0.18
	尿囊素	0.15
	去离子水	加至 100
B组分	碳酸二辛酯	11.0
	辛基十二醇	5.5
	牛油果树果脂油	3.5
	矿油	0.4
	丙烯酸钠/丙烯酰二甲基牛磺酸钠共聚物	0.8
	鲸蜡硬脂醇橄榄油酸酯	1.8
	山梨坦橄榄油酸酯	1.2
	十三烷醇聚醚-6	0.45
C组分	生育酚乙酸酯	0.22
	氯苯甘醚	0.22
	羟苯甲酯	0.18
	柠檬酸钠	0.12
	柠檬酸	0.1
	香精	0.1

制备工艺：

① 称取 A 组分到水相锅内，加温溶解，至 70～85℃，保温，称取 B 组分到油相锅内，加热至熔融，温度至 75～90℃保温；

② 将上述 A 组分和 B 组分均抽入乳化锅，在 80～90℃下进行乳化，均质乳化结束后保温搅拌，再进行降温，当温度降至 45～55℃，加入 C 组分，保温搅拌；

③ 当温度冷却至 30～35℃，往复振荡 5～10min，振荡速度为 180～200r/min，

抽真空脱泡，检验合格后出料。

配方 8：精华源素

组分		质量分数/%
A 组分	玫瑰花水	5.0
	黄瓜提取物	3.0
	菜蓟叶提取物	2.0
	藻提取物	2.0
	透明质酸钠	0.2
	蛋白醇	0.002
	蛋白酶葡聚糖	0.002
	去离子水	加至 100
B 组分	甘油	5.0
	甘油聚丙烯酸酯	3.0
	丁二醇	1.0
	丙二醇	1.0
	乙氧基二甘醇	0.2
C 组分	尿囊素	0.18
	柠檬酸钠	0.15
	柠檬酸	0.1
	香精	0.01
D 组分	羟苯甲酯	0.002
	银	0.0002

制备工艺：

① 将 A 组分混合均匀，加热至 55～60℃，保持 30～40min；

② 加入 B 组分，搅拌均匀，之后静置自然降温至室温；

③ 加入 C 组分，搅拌均匀，再做 5～10min 超声振动，最后加入 D 组分，静置过夜，检验合格后出料。

配方 9：护肤膏

组分	质量分数/%
矿物油	10.0
凡士林	5.0
C_{16}醇	4.0
单甘酯	2.5
聚氧乙烯酯肪醇醚	2.5
硅油	2.0
黄瓜油	3.0
甘油	5.0
香精、防腐剂	适量
去离子水	加至 100

制备工艺：

黄瓜油加入油相并加热至70℃，水相混合溶解并加热至同样温度，混合两相进行乳化，冷却至45℃时加香精混合均匀后即可。

配方10：美容水

组分	质量分数/%
柠檬酸	0.1
山梨醇液(70%)	10.0
乙醇	15.0
黄瓜油	2.0
香精、防腐剂	适量
去离子水	至100

制备工艺：

香精与黄瓜油溶解于乙醇中，其他组分溶于水中，充分混合水部和醇部，均匀后静置、过滤即得产品。

配方11：营养洗发香波

组分	质量分数/%
AES	10.0
209表面活性剂	5.0
6501	3.0
甘油	5.0
EDTA	0.1
黄瓜油	1.0
香精、色素、防腐剂	适量
去离子水	加至100

制备工艺：

先将EDTA、防腐剂溶于水中并加热至60℃，然后将AES缓慢溶解于水中，充分搅拌均匀后加入其他组分，冷却至45℃时加入黄瓜油和香精、色素即可。

4.8.4 牛油果

(1) 牛油果的主要功效　牛油果（avocado）是一种脂肪含量高（≥40%）、胆固醇含量极低，且几乎不含糖的热带水果，牛油果脂是从生长在少雨干热的西部和中部非洲地区的一种木本油料植物——牛油树的果实中发现的一种新型天然油脂，也是牛油果中含量最高的有效成分。牛油果脂中单不饱和三酰甘油为主要成分（具体成分脂肪酸如表4-15），外观呈硬膏状，触感柔软，布满小颗粒状结晶，精炼前气味较大，颜色根据其加工生产过程不同，呈黄色或浅绿色。精炼后的牛油果脂呈白色，有淡淡的牛油果树特有的香味，储存运输极为方便。牛油果脂在化妆品种的主要功效表现为如下。

表 4-15 脂肪酸组成比较分析

研究单位(品种)	质量分数/%						
	棕榈酸	硬脂酸	油酸	亚油酸	亚麻酸	花生酸	未鉴定酸
云南热带植物研究所	3.7	42.6	45.4	5.4	1.4	0.6	0.9
中国科学院昆明研究所	5.7	36.5	51.6	6.2	0.0	0.0	0.0
非洲加纳油	3.2	40.4	49.9	5.2	—	0.9	0.4
自行精制	4.9	42.4	47.2	4.4	0.2	0.7	0.2

① 防晒。牛油果脂含有肉桂酸酯，用于防晒化妆品中可防止紫外线照射对皮肤造成的伤害，而且牛油果脂中的天然乳胶还可以防止由阳光照射引起的皮肤过敏。

② 抗衰老。牛油果脂可促进细胞再生和毛细血管循环，用于护肤品具有防止和延缓皮肤衰老作用。

③ 保湿。牛油果脂具有较强的锁水能力，对皮肤有良好的亲和力，应用于洗发水等发用制品中具有修复上皮和干燥易断的头发内部组织结构的作用，能使干燥、受损伤的头发恢复健康，并赋予头发润泽和光亮。

④ 其他。牛油果脂中的维生素 A 对许多皮肤缺陷（如皱褶、湿疹）具有良好的改善效果。优质的牛油果脂对治疗皮肤过敏症、皮肤干裂、皮肤溃疡、各类皮肤炎症、虫咬以及皮肤烧伤等均有改善作用。

(2) 牛油果化妆品配方精选

配方 1：胶原蛋白洁面膏霜

组分	质量分数/%	组分	质量分数/%
水解胶原蛋白水溶胶	1.0～2.0	固体石蜡	4.0～10.0
牛油果脂	2.0～4.0	白凡士林	5.0～10.0
硬脂酸	2.0～5.0	三乙醇胺	0.2～0.6
无水羊毛脂	2.0～6.0	β-胡萝卜素	0.005～0.15
鲸蜡醇	2.0～6.0	防腐剂	0.3～0.6
甘油	3.0～10.0	去离子水	加至 100
1,2-丙二醇	2.0～6.0		

配方 2：防紫外线的防晒乳液

组分	质量分数/%	组分	质量分数/%
牛油果脂	5.0	柠檬酸	0.02
氢化蓖麻油、硬脂酸锌	1.0	甘油	5.0
微晶蜡	1.0	硫酸镁	0.5
C_{16}～C_{18}酸异壬酯	15.0	香精、防腐剂	适量
对甲氧基肉桂酸辛酯	6.0	去离子水	加至 100

配方 3：发用制品

组分	质量分数/%
牛油果脂	4.0
蜡油	10.0
角鲨烯	10.0
甘油	8.0
二硬脂酸聚氧乙烯酯	2.0
司盘-20	2.0
辛基十二烷基聚氧乙烯醚	2.0
卡波树脂 1342	0.1
苯酚	0.1
羟苯甲酯	0.3
苯氧基乙醇	0.5
乙二胺四乙酸四钠	0.1
三乙醇胺	0.1
香精	0.2
去离子水	加至 100

配方 1～3 制备工艺：

将油相和水相分别加热至 70℃，混合两相进行乳化，冷却至 45℃时加香精、防腐剂即可。

配方 4：美白乳液

组分	质量分数/%
B 族维生素	5.0
维生素 C	2.0
维生素 P	2.0
牛油果提取物	10.0
中华猕猴桃果提取物	5.0
欧洲酸樱桃提取物	5.0
芦荟提取物	3.0
阿魏酸	1.0
苹果多酚	1.0
楮实子提取物	2.0
熊果苷	2.0
银杏叶提取物	1.0
白花蛇舌草提取物	1.0
乳化剂	20.0
收敛剂	10.0
去离子水	加至 100

制备工艺：

① 按量取B族维生素、维生素C、维生素P、芦荟提取物、阿魏酸、苹果多酚、熊果苷和白花蛇舌草提取物，加入30%～45%量的去离子水，在35～45℃条件下，搅拌15～25min，得到混合物A备用；

② 取牛油果提取物、中华猕猴桃果提取物、欧洲酸樱桃提取物、楮实子提取物、银杏叶提取物、乳化剂、收敛剂和40%～50%量的去离子水，先超声振荡30～40min后，加热至70～80℃，搅拌1～2h，随后降温至55～65℃加入混合物A和剩余的去离子水，继续搅拌2～3h，降温至40℃，在1500～2000r/min条件下搅拌30min后，即得。

配方5：美白霜

组分		质量分数/%
A组分	霍霍巴油	5.0
	聚二甲基硅氧烷	5.0
	角鲨烷	1.0
	牛油果脂	1.0
	鲸蜡硬脂酸	0.5
	鲸蜡硬脂基葡糖苷	1.5
	硬脂酸甘油酯/PEG-100	1.5
	硬脂酸甘油酯维生素E	0.05
	二甲基甲氧基苯并二氢吡喃棕榈酸酯	0.05
B组分	丁二醇	5.0
	甘油	5.0
	卡波姆	0.05
	透明质酸钠	0.05
C组分	三乙醇胺	0.05
	聚丙烯酸酯交联聚合物-6	0.1
D组分	聚谷氨酸	0.5
	烟酰胺	1.0
	芦荟提取物	0.5
	北美金缕梅提取物	1.0
	马齿苋提取物	0.5
	辛酰羟肟酸	0.5
	香精	0.001
去离子水		加至100

制备工艺：

① 将A组分加热至80℃，溶解完全，将B组分加入部分去离子水，一起加热到80℃，溶解完全，加至100的去离子水加入C组分中，分散完全；

② 快速搅拌下将A组分缓慢加入B组分中，高速均质均匀，保温15min；

③ 降温至70℃，加入用去离子水预分散好的C组分，均质均匀；

④ 降温至35℃，加入D组分搅拌均匀，即可得美白霜。

4.8.5 苹果

(1) 苹果的主要成分和功效 苹果中最为关键的活性物质是苹果多酚，苹果多酚可分为酚酸及其羟基酸酯类、糖类衍生物、黄酮类化合物（如儿茶素、表儿茶素、原花青素、二羟基查尔酮、黄酮醇配糖体等）等。

苹果果肉和果皮种均含有多酚类物质，其中果肉（鲜重）中酚酸含量为230～4920mg/kg，果皮（鲜重）中酚酸含量为546～6306mg/kg。黄酮类物质在果肉中含量为15～605.6mg/kg，果皮中的含量为834.2～2300.3mg/kg。苹果皮中的黄酮类成分主要包括黄烷醇类（60%）、黄酮醇类（18%）、二氢查尔酮类（8%）和花色苷（5%）。苹果是日常护肤和护肤品配方设计中较为常用的一种天然果蔬类物质，其主要功效表现为以下几个方面：

① 抗氧化作用。苹果多酚可清除体内过多的有害自由基，在水相系统中能够抑制不饱和脂肪酸的自动氧化，防止胡萝卜素的光破坏，防止水溶性维生素的破坏，消除超氧化自由基离子，因此它具有抗氧化、消除自由基、促进细胞自我修复等作用。

② 美白。苹果多酚提取物表现出良好的抑制酪氨酸酶活性的作用。苹果多酚提取物还是较强的二酚酶抑制剂，研究显示苹果多酚提取物对酪氨酸酶二酚酶的抑制率最高可达73.66%。苹果多酚提取物在低质量浓度下对酪氨酸酶表现为非竞争性抑制类型，而在高质量浓度下则表现为混合性抑制类型。此外苹果多酚还可以吸收紫外线，减少黑色素的生成。

(2) 苹果化妆品配方精选

配方1：剥离型苹果酵素面膜

组分		质量分数/%
成膜剂	聚乙烯醇	3.3
	聚乙烯吡咯烷酮	2.0
	乙二醇二月桂酸酯	0.3
	壳聚糖	4.7
	羧丙基纤维素	1.3
油分	霍霍巴油	1.3
	月见草油	1.7
	橄榄油	1.3
保湿剂	甘油	3.3
	透明质酸或透明质酸钠	3.3
	山梨醇	3.3

续表

组分		质量分数/%
粉剂	高岭土	1.3
	氧化锌	0.7
醇类	乙醇	6.7
表面活性剂	聚甘油脂肪酸酯	0.7
	聚氧乙烯硬化蓖麻油	1.3
苹果酵素粉		10.0
去离子水		加至100

制备工艺：

① 将苹果清洗去核，粉碎，在避光条件下进行发酵5～10天后，将发酵后的苹果与未发酵的苹果按1∶3比例混合发酵10～25天，并循环发酵；将循环发酵30～45天的发酵液与苹果进行粉碎处理，滤去不溶物后，将酵素清液进行杀菌后，进行冷冻干燥处理，制备为苹果酵素粉；

② 按比例将成膜剂溶入去离子水中，加热至沸后重新冷却至50～60℃，加入除苹果酵素粉外的余下组分后搅拌均匀，冷却至常温后加入苹果酵素粉，得到苹果酵素面膜。

配方2：苹果干细胞提取物乳液1

组分		质量分数/%
A组分	聚二甲基硅氧烷	5.0
	环五聚二甲基硅氧烷	4.0
	聚甲基苯基硅氧烷	2.0
	丙烯酸乙基己酯/VP/聚二甲基硅氧烷甲基丙烯酸酯共聚物	1.1
	聚丙烯酰胺/C_{13}～C_{14}异链烷烃/月桂醇聚醚-7	0.3
	透明质酸钠	0.02
B组分	甘油	6.0
	丙二醇	8.0
C组分	氮酮	1.0
	防腐剂	0.2
	去离子水	加至100

制备工艺：

① 将A组分原料投入油相锅中混匀，形成A相；

② 将B组分原料投入水相锅中混匀，形成B相；

③ 将A、B两组分别加热到85～90℃，开启搅拌，搅拌速度控制在15～20r/min，搅拌使原料溶解完全后保温20～30min；

④ 先将B组分抽入乳化锅，再将A组分抽入，乳化锅中搅拌速度控制在30～45r/min，开启均质5min，均质速度控制在2000～3000r/min，保温25～

30min，抽真空脱泡；

⑤ 待乳化锅冷却至 35～40℃时加入防腐剂、氮酮，搅拌均匀后再次抽真空脱泡即可。

配方 3：苹果干细胞提取物乳液 2

组分		质量分数/%
A 组分	鲸蜡硬脂基葡糖苷	2.0
	硬脂醇聚醚-2	1.8
	硬脂醇聚醚-21	1.4
	鲸蜡硬脂醇	2.0
	牛油果树果油	1.0
	豆蔻酸异丙酯	3.0
	辛酸/癸酸三酰甘油	4.0
	维生素 A 乙酸酯	3.0
	维生素 E 乙酸酯	7.0
	聚二甲基硅氧烷	2.0
	环五聚二甲基硅氧烷	5.0
	二氧化钛	1.0
B 组分	亚硫酸氢钠	0.1
	黄原胶	0.05
	透明质酸钠	0.03
	卡波姆	0.2
	甘油	5.0
	丙二醇	6.0
	去离子水	加至 100
C 组分	聚丙烯酰胺/C_{13}～C_{14}异链烷烃/月桂醇聚醚-7	0.8
	三乙醇胺	0.2
	苹果多酚	5.0
	苹果干细胞提取物	5.0
	防腐剂	0.2

制备工艺：

① A、B 两相分别加热到 85～90℃，开启搅拌，搅拌速度控制在 15～20r/min，搅拌使原料溶解完全后保温 20～30min；

② B 抽入乳化锅，再将 A 抽入，开启均质 2～3min，均质速度控制在 2000～3000r/min；

③ 加入聚丙烯酰胺/C_{13}～C_{14}异链烷烃/月桂醇聚醚-7，开启均质 2min，均质速度控制在 2000～3000r/min；开启搅拌，搅拌速度控制在 5～10r/min，加入三乙醇胺，保温 25～30min，抽真空脱泡，待乳化锅冷却至 35～40℃时

加入防腐剂、苹果干细胞提取物、苹果多酚，搅拌均匀后再次抽真空脱泡即得产品。

配方 4：雪花膏

组分	质量分数/%
硬脂酸	6.0
角鲨烷	6.0
蜂蜡	1.2
C_{16}醇	3.0
豆蔻酸异丙酯	2.5
山梨醇脂肪酸酯	3.0
苹果油	0.3
香精、防腐剂、抗氧化剂	适量
去离子水	加至 100

制备工艺：

油相和水相分别加热至 75℃时搅拌混合两相并乳化，冷却至 45℃时加入香精和苹果油，充分搅拌均匀即成。

配方 5：奶液

组分	质量分数/%
轻质白油	8.0
硬脂酸	2.0
C_{16}醇	0.5
豆蔻酸异丙酯	2.0
聚氧乙烯单硬脂酸酯	1.5
三乙醇胺	0.5
羊毛脂	2.0
苹果油	5.0
香精、防腐剂、抗氧化剂	适量
去离子水	加至 100

制备工艺：

油相和水相加热至 70℃，水相加入油相搅拌乳化，冷却至 40℃时加入香精，充分搅拌均匀即成。

配方 6：洗发膏

组分	质量分数/%
硬脂酸	8.0
羊毛脂	1.0
粉状 K-12	20.0
椰子油酰二乙醇胺	3.0

续表

组分	质量分数/%
氢氧化钠	1.0
CMC	0.5
甘油	5.0
苹果油	1.0
香精、色素、防腐剂	适量
去离子水	加至 100

制备工艺：

氢氧化钠先溶解于 1/3 的水中，除香精、色素、苹果油外的其他组分混合均匀并加热至 70℃，然后在搅拌下混合前后两组分体系，冷却至 45℃时加入香精、色素和苹果油即可。

配方 7：发乳

组分	质量分数/%
白油	37.5
凡士林	6.0
蜂蜡	2.0
粉状 K-12	1.0
山梨醇酐脂肪酸酯	1.0
硼砂	0.5
苹果油	2.0
香精、防腐剂、抗氧化剂	适量
去离子水	加至 100

制备工艺：

将前 3 种组分和防腐剂、抗氧化剂混合并加热至 70℃，除香精、苹果油外的其他组分混合并加热至同样温度，然后在搅拌下，将后者注入前者乳化，冷却至 40℃时加入香精和苹果油，充分搅拌均匀至室温即可。

4.8.6 樱桃

(1) 樱桃的主要成分　樱桃果含有蛋白质、糖、果酸及维生素 A、维生素 B_1、维生素 B_2、维生素 C、尼克酸、钙、磷、铁等多种维生素及矿物质，其中维生素 C 的含量高达 1215～3024mg/100g，是番石榴、木瓜及草莓等水果的 10～50 倍。研究显示，0.8mL 樱桃果提取液含 148.8μg 维生素 C 时，DPPH 自由基清除率达到 92.2%，同时在樱桃提取物浓度为 1.00mg/mL 时，对酪氨酸酶的抑制率达到了 98.6%。

(2) 樱桃化妆品配方精选

配方 1：樱桃酵素面膜

组分		质量分数/%
成膜剂	聚乙烯醇	5.0
	交联聚乙烯吡咯烷酮	3.0
	乙二醇二月桂酸酯	0.5
	壳聚糖	7.0
	糊精	8.0
	羧甲基纤维素钠	2.0
油分	角鲨烷	2.0
	西蒙得木油	2.5
	橄榄油	2.0
保湿剂	甘油	5.0
	透明质酸或透明质酸钠	5.0
	山梨醇	5.0
粉剂	高岭土	2.0
	氧化锌	1.0
醇类	乙醇	10.0
表面活性剂	聚甘油脂肪酸酯	1.0
	聚氧乙烯樱花蓖麻油	2.0
樱桃酵素粉		15.0
去离子水		加至100

制备工艺：

① 将樱桃清洗去核，粉碎，在避光环境下进行发酵；发酵完毕后将发酵液与樱桃进行粉碎，滤去不溶物后，将酵素清液进行杀菌后，进行冷冻干燥处理，制备为樱桃酵素粉。

② 按比例将成膜剂、壳聚糖溶入去离子水中，加热至沸后重新冷却至50～60℃，加入除樱桃酵素粉外的余下组分后搅拌均匀，冷却至常温后加入樱桃酵素粉得到樱桃酵素面膜。

配方2：除皱霜

组分	质量分数/%	组分	质量分数/%
聚乙二醇-400	10.0	夏枯草提取物	0.5
丁二醇	7.0	苯氧乙醇	0.5
丙二醇	5.0	卡波姆	0.3
水解燕麦蛋白	6.0	羟苯甲酯	0.1
甜菜碱	5.0	三乙醇胺	0.3
黄葵提取物	4.0	EDTA-Na_2	0.1
烟酰胺	3.0	透明质酸钠	0.1
甘油聚甲基丙烯酸酯	3.0	甘油磷酸肌醇胆碱盐	0.5
甘油	3.0	PEG-40氢化蓖麻油	0.05
樱桃提取物	3.0	色素CI 16255	0.001
泛醇	1.0	香精	0.01
尿囊素	0.2	去离子水	加至100

制备工艺：

① 将聚乙二醇-400、丁二醇、丙二醇、甜菜碱、烟酰胺、甘油聚甲基丙烯酸酯、甘油、泛醇、尿囊素、夏枯草提取物、苯氧乙醇、羟苯甲酯、EDTA-Na_2、去离子水搅拌，其中，去离子水的用量为去离子水总量的90%，加热至83℃，以25r/min搅拌35min，并保温0.4h，作为水相待用；

② 将卡波姆、透明质酸钠、去离子水搅拌，其中，去离子水的用量为去离子水总量的10%，加热至50℃，分散均匀，作为预分散相待用；

③ 将预分散相加入水相，停止加热，以30r/min搅拌35min；

④ 降温至36℃，加入水解燕麦蛋白、黄葵提取物、樱桃提取物、三乙醇胺、甘油磷酸肌醇胆碱盐、PEG-400氢化蓖麻油、香精、色素CI 16255，搅拌均匀，过滤即得产品。

配方3：抗辐射淡纹乳

组分	质量分数/%	组分	质量分数/%
维生素A	2.1	苹果多酚	1.3
维生素C	2.1	葡萄籽提取物	0.2
维生素E	3.4	松树皮提取物	0.4
维生素F	1.3	黄芪提取物	0.9
维生素P	1.7	人参提取物	0.9
维生素K	0.4	丹参提取物	1.3
欧洲酸樱桃提取物	3.0	当归提取物	0.9
石榴果实提取物	2.6	虎杖提取物	0.9
木瓜提取物	5.2	乳化剂(聚氧乙烯月桂醚)	6.4
半胱氨酸	3.4	保湿剂(聚乙二醇)	4.3
酶改性芸香苷	0.2	紫外线吸收剂(水杨酸-4-异丙基苄酯)	1.3
珍珠粉	2.1	去离子水	加至100
藏红花提取物	2.1		

制备工艺：

① 按量取维生素A、维生素E、维生素K和珍珠粉，在2000r/min条件下搅拌10min，得混合物A备用；

② 按量取维生素C、维生素F、生素P、欧洲酸樱桃提取物、石榴果实提取物、木瓜提取物、半胱氨酸、酶改性芸香苷、葡萄籽提取物、松树皮提取物和30%量的去离子水，边搅拌边加热到40℃，搅拌40min，得混合物B备用；

③ 按量取藏红花提取物、苹果多酚、黄芪提取物、人参提取物、丹参提取物、当归提取物、虎杖提取物、乳化剂、保湿剂、紫外线吸收剂和剩余去离子水，边搅拌边加热到50℃后搅拌0.75h，随后超声振荡20min，加入混合物

A 和混合物 B，升温到 60℃，搅拌 2h，缓慢降温到 50℃，高速搅拌 10min，即得。

4.8.7 其他果实

（1）葡萄 葡萄中提取得到的天然植物多酚类活性物质，广泛存在于葡萄的皮、籽、果肉中。葡萄籽中的多酚含量约 5%～8%。葡萄多酚主要由儿茶素、表儿茶素缩合而成低聚原花青素类物质构成。葡萄多酚具有较强的抗氧化性，能抵抗自由基的伤害，有效延缓衰老，促进新陈代谢的作用。

（2）沙棘 沙棘含有维生素 C、维生素 E、维生素 A、维生素 B_1、维生素 B_2、维生素 B_6、维生素 B_{12}、维生素 K、维生素 F、维生素 P 等多种维生素，沙棘果实中的维生素类以维生素 C 最为丰富，含量为 600～1294mg/100g，是山楂的 20 倍，猕猴桃的 2～3 倍，柑橘的 6 倍，苹果的 200 倍，西红柿的 80 倍。因此，沙棘能够抵抗自由基损伤和抑制酪氨酸酶活性。

（3）木瓜 木瓜含大量五环三萜类化合物，其中三萜酸有齐墩果酸、熊果酸、乙酰熊果酸、羟基熊果酸、马斯里酸、白桦脂酸、羟基白桦脂酸、香豆酰基白桦脂酸等，三萜醇有香豆酰基白桦脂醇、羽扇三醇等。皱皮木瓜果实中有机酸的含量为 6.1%，以苹果酸和柠檬酸为主，此外还含有酒石酸、抗坏血酸、苯甲酸、琥珀酸、苯基乳酸、乌头酸等。光皮木瓜中检测出了香草酸与藜芦酸，光皮木瓜中香草酸的相对含量为皱皮木瓜中的 13.41 倍，木瓜中总黄酮含量为 4.7%。

（4）配方精选

配方 1：酸石榴美白霜

组分		质量分数/%
A 组分	硬脂酸	3.5
	棕榈酸异丙酯	4.5
	乳化剂 S1	3.0
	羊毛脂	2.0
	霍霍巴油	3.0
	C_{16}～C_{18}醇	2.5
	羟苯甲酯	0.15
	羟苯丙酯	0.1
B 组分	乳化剂 S2	2.0
	甘油	5.0
	三乙醇胺	0.40
	去离子水	加至 100
C 组分	酸石榴美白活性物	2.0
	香精	0.2

制备工艺：

① 将A组分在75～80℃加热混合溶解，将B组分加入适量去离子水中，在75～80℃下混合均匀后，将A组分倒入B组分，均质乳化搅拌（开动搅拌浆，控制搅拌速率为1200r/min），反应15min，停止加热，保持搅拌；

② 缓慢降温至50℃时将C组分加入混合液体中，搅拌均匀，控制搅拌速率为800r/min，均质2min，继续降温至45℃出料，装入已消毒的瓶中，即制得酸石榴美白霜。

配方2：蚕丝抗菌化妆乳

组分	质量分数/%	组分	质量分数/%
去离子水	加至100	香料	0.3
丝精	1.2	麦芽酚	0.0
忍冬藤	2.8	蝎子草	1.2
维生素C	8.7	单甘酯	1.9
石榴提取物	12.5	液体石蜡	2.5
丙三醇	6.2		

制备工艺：

将忍冬藤、维生素C、石榴提取物、丙三醇、麦芽酚、蝎子草和单甘酯投入带有温度计、加热装置和搅拌装置的反应釜中，升温至40℃搅拌4h，加入丝精和剩余原料，升温至60℃，搅拌2h即可。

配方3：防衰老、美白、保湿精华液

组分	质量分数/%
石榴多肽HTF-1	0.8
甘油	16.3
橄榄油	16.3
D-泛醇	4.1
维生素E	4.1
谷胱甘肽	0.8
吡咯烷酮羧酸钠	8.1
乳酸钠	8.1
香精	0.8
去离子水	加至100

制备工艺：

① 将石榴清洗干净，绞碎，榨汁，加入木瓜蛋白酶和胰蛋白酶，加酶量20000IU/g石榴，酶解温度55℃，pH值7.0，酶解时间3h，酶解完成后92℃灭酶13min，过滤除去不溶物，得溶液，所得多肽溶液加入4%活性炭吸附脱色，用葡聚糖G-50进行多肽分离，20mol/L HCl溶液洗脱，流速

1.3mL/min，分别收集不同时间段的洗脱产物，调节溶液至 pH＝7.0，10000r/min 离心 15min，经大孔树脂 DA201-C 脱盐处理后，真空收缩，上清液冷冻干燥备用；经十二烷基硫酸钠-聚丙烯酰胺凝胶电泳（SDS-PAGE），回收小分子量的发带，其中经过功能验证，共得到 60 个具有抗衰老功能的小肽序列。

② 取石榴多肽 HTF-1，用甘油和橄榄油进行溶解。

③ 在搅拌下依次加入 D-泛醇、维生素 E、谷胱甘肽、吡咯烷酮羧酸钠、乳酸钠、香精，充分搅拌使完全溶解，混匀，调节溶液的 pH 值至 5.5～6.5，最后用去离子水补足余量，除菌过滤，分装，即得精华液。

配方 4：防衰老、美白、保湿精华乳液

组分	质量分数/%	组分	质量分数/%
皱皮木瓜提取物	0.05	丙二醇	8.0
硬脂酸	1.4	三乙醇胺	1.0
鲸蜡醇	0.1	羧乙烯基聚合物	0.35
2-乙基醇鲸蜡基硬脂酸酯	1.8	Arlacel 165	2.0
肉豆蔻酸异丙酯	0.2	防腐剂	0.2
2-己基-1-癸醇	1.0	香精	0.2
液体石蜡	7.5	去离子水	加至 100
甘油	3.0		

制备工艺：

① 称取皱皮木瓜种子 16g，将其研成粉末状，用 85% 乙醇 25 倍量（482mL）冷浸 24h，过滤收集滤液，重复 3 次，浓缩滤液，干燥，得粗提物；将粗提物经大孔树脂（D101）吸附脱色，95%乙醇洗脱后，将洗脱液浓缩蒸干，低温冷冻干燥，得皱皮木瓜种子提取物 1g，提取率为 6.25%。

② 将油相和水相分别在 75～80℃下加热混合溶解，将油相加入水相中，均质乳化搅拌，反应 15min，停止加热，保持搅拌，冷却，加入香精和防腐剂即得。

配方 5：木瓜护肤浴液

组分	质量分数/%	组分	质量分数/%
木瓜提取物	0.3	十二烷基硫酸钠	30.0
氯化钠	0.5	柠檬酸	0.06
香精	0.3	防腐剂	0.05
去离子水	加至 100		

制备工艺：

将木瓜提取物、十二烷基硫酸钠、氯化钠、柠檬酸溶解于去离子水中，混合均匀，加入防腐剂、香精，混匀即成。

配方 6：美白洗面奶

组分		质量分数/%	组分		质量分数/%
A 组分	单硬脂酸甘油酯	2.5	B 组分	羟苯甲酯	0.1
	C_{12}～C_{15}醇苯甲酸酯	3.0		烷基糖苷	3.0
	三氯生(DP-300)	0.2		CD-39	3.0
	羟苯丙酯	0.05		去离子水	加至 100
	硬脂酸	3.0	C 组分	木瓜提取物	8.0
	C_{16}～C_{18}醇	2.5		人参皂苷	0.06
	液体石蜡	5.0	D 组分	杰马-115	0.2
B 组分	乳化剂 1802	2.0		香精	0.2
	丙二醇	5.0			

制备工艺：

将 A 组分、B 组分的原料分别加热至 90℃，灭菌 20min 后，降温至 80℃备用，将 A 组分在搅拌下加入 B 组分，均质 2～3min 后，搅拌降温至 60℃，加入 C 组分原料，继续搅拌降温至 45℃时，加入 D 组分原料搅拌均匀，即得。

4.9 何首乌

4.9.1 何首乌的主要成分和功效

(1) 何首乌的主要成分　何首乌（heshouwu）来源于蓼科植物何首乌的块根，又被称为首乌、山精、地精、山首乌、赤首乌、赤敛、小独根等。何首乌主要含有二苯乙烯类（1.0%）、卵磷脂（3.7%）、蒽醌类（1.1%）、黄酮类、鞣质、微量元素等物质，此外还含有淀粉（45.2%）和脂肪（3.1%）。

二苯乙烯类包括二苯乙烯苷、白藜芦醇、白藜芦醇苷；蒽醌类包括大黄素、大黄素甲醚、拟石黄衣醇、大黄素-8-甲醚、橘红青霉素、ω-羟基大黄素、大黄素-8-O-β-D-吡喃葡糖苷、大黄素-8-O-(6-O-乙酰基)-β-D-吡喃葡糖苷、大黄素甲醚-8-O-β-D-吡喃葡糖苷等；磷脂类包括磷脂酰甘油、磷脂酰乙醇胺、磷脂酰胆碱、溶血磷脂酰胆碱等；黄酮类包括芦丁、木樨草素、槲皮素、槲皮苷、山奈酚、异红草素等；糖类有 D-葡萄糖、D-果糖、蔗糖等；微量元素主要有锌、钙、锰、铁、铁等。何首乌是护发化妆品中最为常用的一种天然组分，此外也用于护肤类化妆品的配方设计。

(2) 何首乌的主要功效

① 乌发作用。研究显示，何首乌中二苯乙烯苷在体外能显著刺激 B16 黑素瘤细胞中黑色素的生成，其机制是通过激活有丝分裂原活蛋白激酶 p38MAPK 和转录因子 MITF 促进酪氨酸酶基因的表达，增强酪氨酸酶的活

性，从而上调 B16 黑素瘤细胞中黑色素的生成来实现乌发的功效。当何首乌水提物在 1mg/mL 时可上调酪氨酸酶活性达 2.19 倍。何首乌提取液用量为 15%时，洗发水配伍性能和梳理性效果最好，具有改善头发梳理性能、修复头发、乌发的作用。

② 保水润肤。何首乌根富含卵磷脂、矿物盐和黏蛋白，能促进皮肤对水分的吸收，若与鞣酸共存时，则保水性能更佳。

4.9.2 何首乌化妆品配方精选

配方 1：洗发液

组分	质量分数/%
茶麸	38.1
黄芩	16.3
何首乌	9.5
柠檬	5.4
精制茶皂素	15.0
丝瓜提取物	6.8
甘草油	3.4
阿拉伯胶	2.75
瓜尔胶	2.75

制备工艺：

① 将茶麸、切片黄芩、何首乌加入去离子水浸泡 45min；

② 加热至沸腾，小火煮沸 1.5h，加入切片柠檬继续煮沸 45min，过滤得滤液；

③ 将丝瓜提取物、甘草油、精制茶皂素加入至滤液中搅拌均匀，将得到的混合液加热至 68℃，超声（功率为 110W）处理 30min；

④ 加入天然增稠剂（阿拉伯胶、瓜尔胶）搅拌均匀，即得。

配方 2：复方首乌洗发水

组分	质量分数/%	组分	质量分数/%
何首乌	10.0	甜菜碱表面活性剂(BS-12)	4.0
土槿皮	5.0	EDTA-Na_2	0.1
白及	3.3	GW-400	0.5
益母草	3.3	防腐剂	适量
苦参	3.3	柠檬酸	适量
强力珠光剂	1.2	香精	适量
6501-1	4.3	去离子水	加至 100
AES	8.3		

制备工艺：

① 将上述五味中药粉碎过 20 目筛，以 5000mL 95%乙醇渗漉；

② 渗滤液回收乙醇至稠膏状，与强力珠光剂、6501-1、防腐剂、柠檬酸混合溶化，得油相；

③ 冷却至80℃，将油相缓缓加入水相并不断搅拌，冷却至60℃，加入香精，混匀均匀，即得。

配方3：乌发洗发水

组分	质量分数/%	组分	质量分数/%
AES	16.0	$EDTA\text{-}Na_2$	0.3
椰油酰胺丙基氧化胺(CAO-30)	2.6	羊毛脂	0.12
CAB-35	2.2	氨基酸	0.1
6501	4.8	甘油	0.5
D-泛醇	0.2	氯化钠	2.0
瓜尔胶	0.15	何首乌提取液	20.0
柠檬酸	0.15	去离子水	加至100

制备工艺：

① 取适量去离子水，搅拌加入$EDTA\text{-}Na_2$，再加入瓜尔胶，搅拌至溶解；

② 将溶液①加热至60℃，搅拌加入AES、CAO-30、CAB-35、6501，搅拌至完全溶解；

③ 取适量去离子水加热至60℃，搅拌加入D-泛醇、羊毛脂、氨基酸、甘油，搅拌至完全溶解，之后与②混合；

④ 待膏体降温至45℃时，加入氯化钠、柠檬酸，并调节pH值至5.5～7.0；

⑤ 加入何首乌提取液和香精，搅拌均匀即得乌发洗发水。

配方4：洗发护发液

<table>
<tr><th colspan="2">组分</th><th>质量分数/%</th><th colspan="2">组分</th><th>质量分数/%</th></tr>
<tr><td rowspan="7">A组分</td><td>苹果</td><td>10.0</td><td rowspan="11">B组分</td><td>大蒜</td><td>1.0</td></tr>
<tr><td>桑葚</td><td>5.0</td><td>酵素</td><td>1.0</td></tr>
<tr><td>猕猴桃</td><td>5.0</td><td>红糖</td><td>1.0</td></tr>
<tr><td>无花果</td><td>10.0</td><td>羧甲基纤维素钠</td><td>1.0</td></tr>
<tr><td>木瓜</td><td>5.0</td><td>何首乌</td><td>5.0</td></tr>
<tr><td>杨桃</td><td>3.0</td><td>侧柏叶</td><td>5.0</td></tr>
<tr><td>橘子</td><td>10.0</td><td>姜黄</td><td>5.0</td></tr>
<tr><td rowspan="4">B组分</td><td>皂角</td><td>14.0</td><td>大黄</td><td>1.0</td></tr>
<tr><td>当归</td><td>5.0</td><td>白檀香</td><td>1.0</td></tr>
<tr><td>霜桑叶</td><td>3.0</td><td>海藻多糖</td><td>3.0</td></tr>
<tr><td>黄柏</td><td>5.0</td><td>薄荷汁</td><td>1.0</td></tr>
</table>

制备工艺：

① 将A组分洗净、切碎并于臭氧浓度为$40mg/m^3$、温度为35℃的环境

下，灭菌 90min 后放入无菌发酵罐中，加入红糖，搅拌均匀，密封并于室温条件下发酵 6 个月后，200 目下过滤，即得酵素。

② 称取皂角、何首乌、当归、侧柏叶、霜桑叶、姜黄、黄柏、大黄、大蒜、白檀香，经清洗、烘干后粉碎至 200 目，制得中药混合粉末；将中药混合粉末按固液质量比 1∶20 浸入水中 2h 后，再沸煮 2h，200 目下过滤，制得中药液；将所制得的中药液自然冷却至室温，加入酵素、海藻多糖、红糖、薄荷汁、羧甲基纤维素钠，搅拌均匀后，即得洗发护发液。

配方 5：草药洗发浸膏

组分	质量分数/%
茶麸	40～60
何首乌	4.0～15.0
人参	4.0～15.0
灵芝	4.0～15.0
川芎	4.0～15.0
黄芪	4.0～15.0
银杏叶	4.0～15.0

制备工艺：

将银杏叶、何首乌、灵芝、川芎、黄芪、人参用水浸泡 12h，加入茶麸共同煎煮至液体呈透明黏稠状，静置分层后过滤，得到草药洗发浸膏。

配方 6：首乌固发液

组分	质量分数/%	组分	质量分数/%
甜橙油	3.0	香豆素	0.1
柠檬香精	0.5	乙醇(70%)	5.0
甘油	2.0	何首乌提取物	2.0
防腐剂	适量	抗氧化剂	适量
去离子水	加至 100		

制备工艺：

将甜橙油、香豆素、柠檬香精溶于 70%乙醇中，其余物质溶于去离子水中，然后将两种液体混合搅拌均匀，再经静置过滤，即得首乌固发液。

配方 7：香波

组分	质量分数/%
AES	15.0
6501	5.0
BS-12	5.0
EDTA	0.1

续表

组分	质量分数/%
氯化钠	1.0～2.0
10%磷酸液	适量
维生素 B_1	0.5
何首乌提取液	4.0
香精、色素、防腐剂	适量
去离子水	加至100

制备工艺：

将AES缓慢加入至60℃的水中，待充分溶解均匀后，依次加入BS-12、6501、EDTA、氯化钠和防腐剂，充分搅拌均匀，冷却至45℃时加入香精、色素、维生素 B_1 和何首乌提取液。

4.10 其他天然植物原料在化妆品中的应用

近年来，随着人们对天然植物原料的组成和药理作用的不断研究，种类更为丰富的植物原料，以及经过安全性评价的提取物、组分尤其是多植物组分复配物被应用于化妆品配方的设计中。

配方1：四物美白霜

组分		质量分数/%
A组分	AVC	0.6
	鲸蜡基葡糖苷(M68)	1.0
	维生素E	0.2
	GTCC	2.0
	环戊硅氧烷和环己硅氧烷(DC-345)	2.0
B组分	去离子水	加至100
	尿囊素	0.3
	甘油	5.0
	1,3-丁二醇	10.0
	1%透明质酸	6.0
	EDTA-Na_2	0.05
C组分	黄原胶	0.4
D组分	四物美白剂	3.0
	聚乙烯吡咯烷酮K-30	1.0
	去离子水	5.0
	聚乙二醇衍生物(BL-600MT)	1.0
E组分	苯氧乙醇	0.5
	香精	0.02

制备工艺：

① 分别称好A、B、C、D组分，B组分中HA需用去离子水预处理成1%的凝胶状，D组分中BL-600MT需先用去离子水稀释处理再与D组分中其他物质混合；

② A组分加热至70℃，保温备用；

③ B组分加热至完全溶解之后，边搅拌边加入A组分中，继续搅拌至目测均匀，均质30s；

④ 加入C组分，趁热均质2～3min使之混合完全；

⑤ 搅拌冷却至45℃左右依次加入D、E组分，继续搅拌冷却至室温即可。

配方2：川芎美白霜

组分		质量分数/%
A组分	Montanov202	2.0
	SIMULSOL 165	1.0
	C_{16}醇	1.0
	婆罗树脂	1.0
	油溶性羊毛脂	1.0
	豆蔻酸异丙酯	7.0
	甘油三辛酸酯/三癸酸酯	3.0
	二甲基硅氧烷(350mPa/s)	2.0
	二甲基硅油(5cs)	1.5
B组分	甘油	6.0
	1,3-丁二醇	2.0
	HA	0.05
	羧乙基纤维素	0.3
	EDTA-Na_2	0.3
	去离子水	加至100
C组分	Sepiplus400	0.1
D组分	K220	0.3
	川芎活性成分	0.1

制备工艺：

① 将A组分加热至80℃，充分溶解后，保温备用；

② 将B组分加热至80℃，充分溶解后，均质2～3min，保温备用；

③ 边搅拌边将A组分缓慢倒入B组分中，搅拌均匀后立即均质3～5min，加入C组分，缓慢搅拌降温；

④ 待温度降至45℃时，依次加入防腐剂和川芎活性成分，充分搅拌降温至常温即可。

配方 3：粉刺消美容霜

组分		质量分数/%
A 组分	C_{18}醇	6.5
	白油	6.0
	单硬脂酸甘油酯	4.0
	棕榈酸异丙酯	3.0
	凡士林	7.0
	羟苯甲酯	0.15
	羟苯丙酯	0.05
	香精	0.3
	CY	0.05
B 组分	射干、野菊花、白芷、黄连、川芎、丹参提取物	3.0
	氮酮	2.0
	甘油	7.0
	丙二醇	2.0
	吐温-60	0.5
	K-12	0.5
	去离子水	加至 100

制备工艺：

将 A 组分（除香精）、B 组分分别置于容器中，水相加热至 85～90℃，将 A 组分缓缓加入 B 组分中，按同一方向不停搅拌混合，待温度降至 45℃，加入香精，搅至样品冷却，即得。

配方 4：黄柏化妆水

组分	质量分数/%
去离子水	加至 100
黄柏提取液	4.0
1,3-丁二醇	5.0
甘油	4.0
乙醇	10.0
聚氧乙烯十二醚	1.5
羊毛脂	0.5
香料	适量
防腐剂(羟苯甲酯)	适量

制备工艺：

将去离子水、黄柏提取液、1,3-丁二醇、甘油溶解后，依次加入乙醇、聚氧乙烯十二醚、羊毛脂及香料、防腐剂，搅拌溶解均匀，过滤得到稳定的化妆水。

配方 5：生发剂

组分	质量分数/%	组分	质量分数/%
黄柏提取液	15.0	L-薄荷脑	0.1
甘油	3.0	香料	0.3
甘草亭酸	0.1	去离子水	10.5
水杨酸	0.5	乙醇	70.0
辣椒酊剂	0.5		

制备工艺：

将黄柏提取液、甘油、甘草亭酸、水杨酸、辣椒酊剂、L-薄荷脑、香料、去离子水依次加入乙醇中，经搅拌溶解，制得生发剂。

配方 6：紫草唇膏

组分	质量分数/%
紫草	40.0
葡萄籽油	40.0
羊毛脂	13.0
蜂蜡	10.0
地蜡	14.0
单硬脂酸甘油酯	20.0
维生素 E	0.05
麝香草酚、柠檬油	适量

制备工艺：

① 净洗紫草颜色鲜艳部分，用去离子水冲净，晾干，剪成 1cm 大小段，称量；

② 加葡萄籽油浸泡 24h，加热，过滤，趁热加入研细的蜂蜡、地蜡、单硬脂酸甘油酯，熔化后加入羊毛脂，搅拌，加胶体磨中研磨，研磨时加入维生素 E、麝香草酚、柠檬油等；

③ 后压浇于铜或铝的模具中，凝固后取出，上光、包装。

配方 7：中药多功能香波

组分	质量分数/%
中药提取物	适量
十二烷基硫酸钠	18.0
氯化钠	2.5
AS-12	4.0
蔗糖硬脂酸酯	2.0
香精	适量
柠檬酸	适量
浸膏	20.0
去离子水	加至 100

中药提取物配方：

何首乌	黄柏	芦荟	甘草	白术	薏苡仁
100g	100g	100g	50g	50g	50g

制备工艺：

① 按处方量称取药物，加 10 倍量水浸渍 2h，加热煎煮 1.5h，过滤留液，药渣再用 6 倍量水煎煮 1h，滤液与前滤液合并，用乙醇调成含醇量达 65%，充分搅拌，静置 12h，再经 5000r/min 离心处理 30min，取上清液，减压浓缩成浸膏（提取液：生药=1：1）；

② 十二烷基硫酸钠用适量水制成溶液，加入蔗糖硬脂酸酯和 AS-12，搅拌分散均匀，再在动态中加入浸膏，用柠檬酸调 pH=6.5～7.0，加入香精后用氯化钠调节稠度，加入至全量，静置过滤，离心弃去沉淀，取上清液即得。

配方 8：黄芩雪花膏

组分		质量分数/%
A 组分	黄芩精	1.0
	蜂蜡	0.8
	角鲨烷	8.0
	异丙基棕榈酸酯	3.5
	C_{16}醇	9.5
	乙二醇硬脂酸酯	3.0
	硬脂酸甘油酯	6.0
	苯甲酸钠	0.5
B 组分	纯甘油	10.0
	三乙醇胺	0.3
	丙二醇	5.0
	去离子水	52
C 组分	香精	0.4

制备工艺：

分别取 A、B 组分物质混合均匀；将 A 组分用水浴加热至 80℃，加入 B 组分，以 3000r/min 速度搅拌 20min，充分乳化后加 0.4 份香精，再于 60℃下高速搅拌 5min，冷却至室温，得成品。

配方 9：红景天爽肤水

组分		质量分数/%
A 组分	去离子水	加至 100
	多元醇	3.50
	透明质酸钠	0.02
	尿囊素	0.10
B 组分	红景天水提浸膏	1.0
C 组分	PEG-40 氢化蓖麻油	0.03
	香精	适量
	防腐剂	适量
	双脱醛酒精	4.0

制备工艺：

① 红景天水提浸膏。称取红景天 200g，浸泡 30min，煎煮两次（加水量分别为 10、8 倍），每次加热回流 60min，合并两次煎煮液，200 目筛过滤，将提取液浓缩至 700mL，检测其中红景天苷和酪醇的含量，将其作为红景天水提浸膏的样品溶液。

② 精确称取 A、B、C 组分，将 A 组分于 80℃加热至完全溶解，保温 20min，冷却至 45℃以下加入 B 组分，搅拌均匀，水浴降温至体系温度为 40℃以下，再加入 C 组分，搅拌均匀，继续冷却降至室温，检测合格后用 1μm 微孔滤膜过滤后出料即得。

第5章

含动物成分化妆品及其配方举例

5.1 胎盘

胎盘（placenta）作为药材在中国已有悠久的历史，紫河车（健康人的干燥胎盘）是众所周知的治疗肾虚、气喘、盗汗、遗精、阳痿等病症的药材。近年来，胎盘（包括哺乳动物胎盘）提取物（水解液）作为一种生理活性组分，应用于化妆品，已引起了人们的关注。胎盘提取物经动物试验表明安全无毒，作为化妆品的营养、疗效添加剂，是安全、有效的。国外大都采用牛或人胎盘，国内除取人胎盘外，还有羊胎盘提取物。

5.1.1 胎盘的活性成分与功效

胎盘提取物作为一种生理活性成分，组成极其复杂。研究表明，胎盘中含有丰富的碳水化合物、酸性黏多糖（玻璃糖醛酸、软骨素硫酸等）、脂肪、蛋白质、氨基酸、酶、核酸、胺、甾体激素、维生素、有机酸和无机微量元素等。但提取物的组成和各种成分含量，随动物的种类、所采取胎盘的妊娠时间以及提取方法等的不同而有很大差别。

此外，大量临床试验还证明，根据胎盘中所含的激素量，特别是甾体激素的量和化妆品中的一般配比来考虑，与人每天自身产生的激素量相比，可以说是极微量的，远达不到对人体内分泌产生影响的量。因此，添加胎盘提取物的化妆品，一般不产生副作用。目前，已有许多这类添加了胎盘提取物的化妆品如营养霜、老年霜等，具有润肤、防皱及对皮肤干燥、老年斑等都有一定的疗效。

(1) 在化妆品中添加胎盘提取物的功效

① 具有显著的促进细胞新陈代谢和赋活功能，从而缓解皮肤老化。以人的新鲜皮肤切片涂敷含有动物胎盘提取液的软膏，测定氧化消耗量，并与未经处理的皮肤切片进行比较，前者的细胞呼吸显著增强，促进了组织的代谢作用。

② 能够增强血液的循环和皮肤腺的功能，可改善皮肤的干燥萎缩。

③ 对皮肤表皮角质层的水分散失有明显的抑制作用，即具有皮肤的保湿和软化作用。胎盘提取物中含有的蛋白质水解成分，如黏多糖物质对人皮肤表皮角质层水分散失有明显的抑制作用。同时还可使皮肤角质层软化并产生缓和的溶解作用，使皮肤中的异物和排泄物上浮到表皮排出。这两点无疑有助于增进皮肤柔软的效果。

④ 对皮肤黑色素的形成有显著的抑制作用，主要是胎盘提取物可抑制面部皮肤黑色素形成过程中起主导作用的酪氨酸酶的活性，从而阻碍黑色素形成的反应，因此，具有一定的减褪面部黑色素沉着和防晒的功效。

⑤ 胎盘提取物具有与胶朊水解物相似的蛋白质水解多肽，具有护发、护肤的功效。

(2) 胎盘有效成分的提取与应用　作为化妆品特殊添加剂的胎盘提取物，成分极其复杂，在选择确定提取方法和工艺条件时，除了应考虑如何使蛋白质水解为可溶性多肽及氨基酸之外，还要尽量保留各种生理成分，通常采取较为温和的水解提取工艺。通常，提取工艺应遵循低温、高浓度、短时间的原则。此外，为了保留生理活性成分，也可选择溶剂分级沉淀后酶解的方式。

在使用安全性方面，国外曾就动物胎盘提取物在人体经皮肤吸收后，是否产生致癌作用进行了长期、大量的动物试验和人体的临床试验工作。结果显示，通常情况下，胎盘提取物对人体无致癌作用，也无癌变促进作用，相反对于皮肤溃疡及皮肤癌具有一定的治疗效果。

5.1.2 胎盘化妆品配方精选

配方 1：胎盘营养蜜

组分		质量分数/%	组分		质量分数/%
A 组分	C_{18}醇	1.2	B 组分	丙二醇	4.5
	液体石蜡	12.0		去离子水	加至 100
	硬脂酸	2.0	C 组分	胎盘提取物	2.0
	乳化剂	3.0		防腐剂	适量
B 组分	维生素 C	0.3		香精	适量

制备工艺：

① 将A组分加热至75℃得油相，B组分加热至75℃得水相；

② 75℃下，边搅拌边将水相缓慢加入油相进行乳化；

③ 当温度降至45℃时加入C组分，搅拌均匀，静置冷却后即得。

配方2：柔性洗发水

组分	质量分数/%	组分	质量分数/%
水解胶原蛋白	20.0	十二烷基硫酸钠	25.0
季铵盐	0.2	柠檬汁	5.0
胎盘提取物	2.0	柠檬酸	0.1
香精	0.3	去离子水	加至100

制备工艺：

将除香精外的各组分加入去离子水中，搅拌均匀后，加入香精，搅拌混匀即得。

配方3：胎盘婴儿调理洗发水

组分	质量分数/%	组分	质量分数/%
十二烷基醚硫酸钠	40.0	椰油酰胺丙基甜菜碱	7.5
胎盘提取物	1.0	聚乙二醇二硬脂酸酯	1.0
柠檬酸	0.5	氯化钠	0.1
防腐剂	适量	香精	适量
色素	适量	去离子水	加至100

制备工艺：

① 将除香精、色素以外的各组分依次加入去离子水中，加热至75℃搅拌溶解；

② 冷却至45℃时加入香精、色素，搅拌均匀即可。

配方4：胎盘面膜

组分	质量分数/%	组分	质量分数/%
聚乙烯醇	10.0	成膜剂	5.0
硅油	5.0	丙二醇	5.0
三乙醇胺	3.0	C_{16}醇	3.0
氧化锌	3.0	二氧化钛	2.0
高岭土	5.0	胎盘提取液	3.0
香精	适量	防腐剂	适量
去离子水	加至100		

制备工艺：

将聚乙烯醇、成膜剂加入去离子水中，加热溶解，在冷却后将其他组分依次加入，搅拌均匀即得。

配方 5：胎盘护肤乳

组分		质量分数/%	组分		质量分数/%
A组分	聚乙二醇二壬酸酯	3.0	B组分	无水羊毛脂	3.0
	单异硬脂酸甘油酯	2.2		三乙醇胺	0.5
	硬脂酸	5.0		羟苯甲酯	0.1
	C_{16}醇	0.5		去离子水	加至 100
	羟苯乙酯	0.05	C组分	胎盘提取物	0.5
B组分	甘油	3.0		香精	适量
	聚乙二醇-600 异硬脂酸酯	5.0			

制备工艺：

① 将 A 组分加热至 65～75℃得油相，B 组分加热至 65～75℃得水相；

② 在缓慢搅拌中，将 B 组分加入 A 组分中；

③ 冷却至 35～45℃加入 C 组分，混合均匀，即得。

配方 6：胎盘润肤液

组分	质量分数/%	组分	质量分数/%
燕麦提取液	10.0	防腐剂	0.4
NMF-50	10.0	黄原胶	0.3
羊胎盘提取液	8.0	香精	0.02
1,3-丁二醇	6.0	聚氧乙烯-40 氢化蓖麻油	0.2
尿囊素	1.0	去离子水	加至 100
EDTA-Na_2	0.05		

制备工艺：

将上述原料依次加入去离子水中，搅拌混合均匀，灭菌入瓶装盒即得。

配方 7：复合糖肽美乳霜

组分		质量分数/%	组分		质量分数/%
A组分	羊胎盘蛋白肽	0.02	A组分	甘油	10.0
	林蛙油小分子肽	0.5		二乙二醇单乙基醚	10.0
	蜂乳蛋白肽	0.5		去离子水	加至 100
	胶原蛋白肽	1.0	B组分	鲸蜡醇	2.5
	海藻糖	3.0		棕榈酸异丙酯	4.0
	燕麦 β-葡聚糖	4.0		聚乙二醇椰油甘油酯	1.0
	α-甘露聚糖	3.0		羟苯酯	0.005
	透明质酸	0.2			

制备工艺：

① 按比例将 A 组分原料加入去离子水中，搅拌均匀得混合物；

② 将B组分在50～70℃下混匀，降至室温后加入A组分混合物中，搅拌均匀，即得。

配方8：护发止痒洗发水

组分		质量分数/%	组分		质量分数/%
A组分	月桂醇聚氧乙烯醚硫酸钠	14	B组分	麦芽四糖	1.0
	羟丙基三甲基氯铵瓜尔胶	0.3		硼砂	0.5
	邻苯二甲酰牛脂基胺	1.0		去离子水	加至100
	十二烷基硫酸钠	3.0	C组分	水解胶原蛋白	2.0
	尿囊素	0.5		香精	0.5
B组分	椰油酰胺丙基甜菜碱	10.0		吡啶硫酮锌	1.0
	聚季铵盐-10	3.0		羊胎盘提取物	0.5
	聚季铵盐-37	1.0		植物抗菌去屑剂LGZ	1.0
	乳酸月桂脂	1.0		紫草提取物	0.5
	水溶性羊毛脂	1.0		甲基异噻唑啉酮	0.1
	红没药醇	0.1		DMDM乙内酰脲	0.1

制备工艺：

① 将A组分加热至70℃成为液体，将B组分混合加入A组分中；

② 将A、B组分混合液降温至40℃加入C组分，搅拌均匀，即得。

配方9：祛斑面膜液

组分		质量分数/%	组分		质量分数/%
A组分	光果甘草提取液	8.8	C组分	磷酸酯钠	2.4
	骨胶原	1.7		甘草酸二钾	0.5
	多聚甘油	1.0		苯氧乙醇	2.0
B组分	牛油果油	5.4		去离子水	加至100
	金盏花提取液	6.8	D组分	柚皮苷	3.0
	卵磷脂	1.0		羊胎盘素	7.5
	三烯生育醇	2.0			

制备工艺：

① 将A组分加热至60～65℃均匀搅拌20～25min，将B组分加热至75～80℃搅拌12～16min；

② 将A、B组分合并，放入超声波处理器中，超声40～50min，得油相；

③ 将C组分加热至68～72℃均匀搅拌10～15min，得水相，降温至40～45℃；

④ 将D组分与油相混合后，加入水相，均质处理25～30min，即得。

配方10：活性肽面膜

组分		质量分数/%	组分		质量分数/%
A组分	丁二醇	5.0	B组分	对羟基苯乙酮	0.1
	甘油	0.5		1,2-己二醇	0.75
	β-葡聚糖	0.6	C组分	北美金缕梅提取物	0.08
	甘油聚丙烯酸酯	0.05		三肽-1-酮	0.07
	透明质酸	0.7		谷胱甘肽	0.06
	肌肽	0.06		寡肽-1	0.01
	甘草酸二钾	0.25		水解胎盘(羊)提取物	0.1
	聚谷氨酸	0.7		水解胶原	0.05
	去离子水	加至100		抗坏血酸多肽	0.2
				玫瑰花油	0.05

制备工艺：

① 将A组分加热至80～85℃均匀搅拌20min，然后降温；

② 当温度降至70℃时，加入B组分，混合均匀；

③ 当温度降至45℃时，加入C组分，并继续搅拌至38℃，即得。

配方11：保湿修复补水液

组分		质量分数/%	组分		质量分数/%
A组分	玫瑰草本纯露	27.0	B组分	防腐剂	0.6
	甜菜碱	1.5		泛醇	0.3
	糖醛酸	1.6	C组分	红景天苷	3.0
	亚麻油	5.3		去离子水	加至100
	葡聚糖	3.4		聚谷氨酸	0.2
	甘油	2.5	D组分	羊胎盘素	1.5
				辅酶 Q_{10}	0.7

制备工艺：

① 将A组分加热至65～70℃，均匀搅拌25～30min，将B组分加入A组分，用超声波处理器超声40～50min，得油相；

② 将C组分加热至75～85℃，均匀搅拌8～10min，得水相；

③ 将水相降温至40～45℃，加入D组分和油相，均质处理25～30min，即得。

配方12：美白洗面奶

组分		质量分数/%	组分		质量分数/%
A组分	石竹素提取物	1.0	A组分	去离子水	加至100
	椰油酰胺丙基甜菜碱	10.0	B组分	羊胎盘提取物	7.0
	硬脂酸甘油酯	30.0		天然蜂胶	10.0
	透明质酸	3.0			

制备工艺：

① 按比例将A组分加入去离子水中加热至70℃，均匀搅拌40min，然后冷却至35℃；

② 依次将B组分加入A组分混合物中，搅拌均匀即得。

配方13：胎盘营养润肤乳

组分		质量分数/%	组分		质量分数/%
A组分	白油	6.0	B组分	丙二醇	5.0
	硬脂酸	11.0		脂肪醇醚硫酸钠	1.2
	防腐剂	0.01		金盏花萃取液	0.3
	胆甾醇	0.1		去离子水	加至100
	C_{16}醇	1.5	C组分	胎盘提取物	0.3
				香精	0.5

制备工艺：

① 将A、B组分分别加热至70～75℃至混合均匀；

② 将B组分加入A组分中使其充分乳化；

③ 待温度降至40℃时加入C组分，搅拌均匀即得。

配方14：胎盘化妆水

组分		质量分数/%	组分		质量分数/%
A组分	甘油	5.0	B组分	乙醇	12.0
	柠檬酸钠	0.3		羟苯甲酯	0.1
	柠檬酸	0.1		咪唑烷基脲	0.1
	司盘-80	0.1		香精	0.5
	吐温-80	0.1	C组分	胎盘提取液	1.0
	去离子水	加至100		色素	适量

制备工艺：

① 将A、B组分分别混合后，搅拌加热至40℃溶解；

② 在搅拌下将两组分混合均匀后加入胎盘提取液，用色素调色后静置24h，过滤后即得。

配方15：胎盘美容乳液

组分	质量分数/%	组分	质量分数/%
角鲨烯	7.0	乙醇	5.0
白油	7.0	脂肪醇聚氧乙烯醚	1.5
蜂蜡	3.0	金樱子提取液	0.8
倍半油酸山梨醇酐	0.8	维生素E	0.1
胎盘提取液	0.5	去离子水	74.1
甘草二酸钾	0.2	香精、防腐剂	适量

制备工艺：

① 将金樱子提取液、胎盘提取液加入水相中，将水相、油相分别加热到75℃，在搅拌下将水相混合料缓缓加入油相混合料中，使乳化完全，继续搅拌；

② 待物料温度降至30℃时加入维生素E和香精。

配方16：胎盘滋养润肤霜

组分		质量分数/%	组分		质量分数/%
A组分	C_{16}脂肪醇聚氧乙烯醚	1.0	A组分	抗氧化剂	0.2
	豆蔻酸异丙酯	3.0		防腐剂	0.2
	鲸蜡	5.0	B组分	1,3-丁二醇	7.0
	液蜡	19.0		丙二醇	5.0
	橄榄油	3.0		胎盘提取液	12.5
	三乙醇胺	1.0		去离子水	加至100
	蛋白油酰胺	2	C组分	香精	0.5
	硬脂酸	4.0			

制备工艺：

① 将A组分加热至80℃混合均匀；

② 将B组分混合后加入A组分中，搅拌均匀冷却至45℃，加入C组分，即得。

配方17：调理洗发水

组分		质量分数/%	组分		质量分数/%
A组分	油酸	28.0	C组分	去离子水	加至100
	椰子油脂肪酸	1.0	D组分	防腐剂	适量
	丙二醇	20.0		茉莉香精	适量
B组分	胎盘提取液	2.0			
	三乙醇胺	28.0			

制备工艺：

① 将A组分油酸、椰子油脂肪酸加入丙二醇中，加热至60℃，再加入B组分；

② 中和至pH=7时，加入60℃的去离子水稀释，温度降至40℃时加入D组分，搅匀即得。

配方18：胎盘固发液

组分		质量分数/%	组分		质量分数/%
A组分	乙醇(70%)	5.0	B组分	胎盘提取液	1.0
	蓖麻油	2.0		黄原胶	2.0
	甘油	1.0	C组分	去离子水	加至100
	抗氧化剂	适量			
	防腐剂	适量			
	香精	1.0			

制备工艺：

① 将A组分原料依次加入乙醇溶液中充分溶解；

② 将B组分加入A组分中，搅拌均匀，最后加入C组分，即得。

配方19：胎盘卸妆乳液

组分		质量分数/%	组分		质量分数/%
A组分	聚乙二醇-300单油酸酯	1.0	B组分	防腐剂	0.2
	山梨醇聚氧乙烯醚	1.0		去离子水	加至100
	羊毛脂	5.0	C组分	胎盘提取液	3.0
	棕榈酸异丙酯	2.0		香精	适量
	矿物油	5.0			

制备工艺：

① 将A组分加热至60～80℃混合均匀，过滤；

② 向A组分加入热过滤的B组分，充分搅拌使其乳化；

③ 待乳液冷却至35～40℃时加入C组分进行均化，即得。

配方20：胎盘雪花膏

组分		质量分数/%	组分		质量分数/%
A组分	甘油	5.0	B组分	硬脂酸	20.0
	氢氧化钠	0.3		羊毛脂	2.0
	三乙醇胺	1.2		C_{16}醇	0.5
	羟苯乙酯	0.2	C组分	胎盘提取液	1.3
	去离子水	加至100		香精	0.5

制备工艺：

① 把A组分、B组分搅拌加热至75℃使其各组分溶解；

② 将两组分混合乳化，乳化后温度降至40℃时加入C组分，搅拌均匀即得。

5.2 蜂胶、蜂王浆、蜂蜜

蜂产品一般主要是指由蜜蜂采集自然界植物花蜜、花粉、树脂经加工酿造而成的物质（如蜂蜜、蜂胶）以及蜜蜂自身腺体的分泌物（如蜂王浆、蜂蜡）等。蜂蜡（beewax）可作为化妆品的基质原料，蜂蜜（honey）、蜂王浆（royal Jelly）及蜂胶（beewax）都含有极丰富的营养物质，是人类的天然营养滋补佳品，它们在保健食品、医药品及化妆品中得到了广泛的应用。

5.2.1 蜂胶

(1) 蜂胶的组分和功效　蜂胶（beewax）是蜜蜂采集植物芽蕊、树干上的黏胶与自身上颚腺的分泌物和蜂蜡等混合加工而成的复杂产物。它的化学成分相当复杂，主要是树脂类、多酚类、多糖类和蜂蜡的混合物。经分离测定，蜂胶含有黄酮类化合物（20余种）、酸、醇、酚、醛、酯及烯、烃、萜、甾体类化合物，还含有维生素 B_1、维生素A、多种氨基酸、酶及多种微量元素等，可以认为，蜂胶中含有生物生存所必需的大部分物质。

蜂胶具有广谱抗菌作用，它能抑制和杀灭多种细菌、真菌、病毒和原虫，还可促进生物机体防护能力、改善血液循环、促进肉芽生长、加速伤口愈合，并具有滋润皮肤、止痒、除臭、祛斑、减皱和防晒作用；蜂胶还对痤疮、疱疹、毛囊炎、黄褐斑、汗腺炎等皮肤疾病有治疗作用。在化妆品中，蜂胶有着广泛的应用，可添加到膏霜、乳液、发乳、洗发水、生发水等制品中，化妆品中多是利用蜂胶的乙醇提取物。蜂胶应用于化妆品中，近年来得到了较为深入的研究，蜂胶化妆品受到了消费者的普遍喜爱。除此以外，蜂胶还被广泛地应用于食品、医药品等工业领域，是一种非常有前途的化妆品添加剂。

（2）蜂胶化妆品配方精选

配方1：蜂胶雪花膏

组分		质量分数/%	组分		质量分数/%
A组分	石蜡	3.0	A组分	蜂蜡	12.0
	液体石蜡	20.0		单硬脂酸甘油酯	3.2
	豆蔻酸异丙酯	5.0	B组分	去离子水	加至100
	羊毛脂	4.0		丙二醇	2.0
	霍霍巴油	5.0	C组分	香精	适量
	蜂胶提取物	2.0		防腐剂	适量
	角鲨烷	7.0			

制备工艺：

① 将A组分和B组分分别加热至70℃使各组分溶解；

② 将B组分加入A组分进行乳化，当温度降至45℃以下时加入C组分，搅拌均匀，即得。

配方2：浴后护肤乳液

组分		质量分数/%	组分		质量分数/%
A组分	乳化剂SS	0.6	B组分	卡波树脂-2020	0.15
	C_{16}～C_{18}醇	0.6		尿囊素	0.2
	薏苡仁油	2.0		羟苯甲酯	0.12
	BHT	0.02		去离子水	加至100
	乳化剂SSE-20	1.9	C组分	10%氢氧化钠溶液	0.3
	角鲨烷	3.0	D组分	蜂胶提取物	5.0
	羟苯丙酯	0.06		金缕梅提取物	3.0
				杰马-115	0.3

制备工艺：

① 将A组分、B组分分别加热至90℃，持续20min消毒灭菌，搅拌下降温至75～80℃；

② 将A组分加入B组分中，均质2～3min；

③ 搅拌降温至50～55℃，加入10%氢氧化钠溶液，调节pH值至6；

④ 降温至45℃时加入D组分，搅拌下降温至36℃，即得。

配方3：蜂胶护发素

组分		质量分数/%	组分		质量分数/%
A组分	C_{16}～C_{18}醇	4.0	B组分	十八烷基三甲基氯化铵	2.0
	液体石蜡	4.0		柠檬酸	0.1
	羟苯乙酯	0.15		聚季铵盐	4.0
	C_{12}～C_{15}醇苯甲酸酯	1.0		色素	适量
	聚二甲硅氧烷	1.0		去离子水	加至100
			C组分	蜂胶提取物	5.0
				薰衣草精油	0.2

制备工艺：

① 将A组分、B组分分别加热至80℃，将A组分在搅拌下加入B组分中，均质2～3min；

② 搅拌降温至45℃时，加入C组分，搅拌均匀，降温至30～35℃时，即得。

配方4：蜂胶护肤霜

组分		质量分数/%	组分		质量分数/%
A组分	甲基葡糖苷硬脂酸酯	1.2	B组分	甲基葡糖苷聚氧乙烯-20醚	5.0
	C_{16}～C_{18}醇	2.0		尿囊素	0.2
	氧化聚癸烯	8.0		1,3-丁二醇	4.0
	乙酰化羊毛醇	2.0		去离子水	加至100
	二甲基硅油	1.0	C组分	杰马-115	0.3
	硬脂酸	2.0		蜂胶提取物	5.0
	碳酸二辛酯	5.0		香精	0.15
	羟苯丙酯	0.06			

制备工艺：

① 将A组分、B组分分别加热至90℃，灭菌20min后，降温至80℃备用；

② 在搅拌下将A组分加入B组分中，均质2～3min；

③ 降温至45℃，加入C组分，搅拌均匀，降温至36～38℃时，即得。

配方 5：蜂胶宝宝霜

组分		质量分数/%	组分		质量分数/%
A 组分	鲸蜡硬脂醇/鲸蜡硬脂基葡糖苷	5.0	B 组分	汉生胶	0.1
	角鲨烷	6.0		1,3-丁二醇	4.0
	三氯生(DP-300)	0.2		甘草酸二钾	0.2
	二甲基硅油	1.5		超细氧化锌	3.0
	$C_{16}\sim C_{18}$醇	1.0		三甲基甘氨酸	3.0
	薏苡仁油	3.0		去离子水	加至 100
	维生素 E 乙酸酯	0.5	C 组分	杰马-115	0.3
				蜂胶提取物	6.0
				柠檬油	0.1

制备工艺：

① 将 A 组分、B 组分分别加热至 90℃，灭菌 20min 后，降温至 80℃备用；

② 在搅拌下把 A 组分加入 B 组分中，均质 2～3min；

③ 降温至 45℃时，加入 C 组分，搅拌均匀，降温至 36～38℃时，即得。

配方 6：蜂胶祛痘霜 1

组分		质量分数/%	组分		质量分数/%
A 组分	鲸蜡硬脂基葡糖苷	3.5	B 组分	1,3-丁二醇	4.0
	$C_{16}\sim C_{18}$醇	1.0		L-乳酸钠	4.0
	薏苡仁油	3.0		L-乳酸	1.0
	角鲨烷	3.0		尿囊素	0.2
	氮酮	2.0		羟苯甲酯	0.1
	DP-300	0.3		去离子水	加至 100
	乳化剂 A-165	2.0	C 组分	脱敏剂	1.0
	二甲基硅油	1.5		大豆异黄酮	2.0
	霍霍巴油	1.5		茶树油	0.2
	维生素 E	0.5		汉防己甲素	6.0
	羟苯丙酯	0.05		蜂胶提取物	3.0

制备工艺：

① 取 A 组分、B 组分分别加热至 90℃持续 20min 消毒灭菌；

② 降温至 80℃时，将 B 组分加入 A 组分中，搅拌降温至 60℃时加入脱敏剂；

③ 降温至 45℃时加入 C 组分其他原料，搅匀即得。

配方 7：蜂胶祛痘霜 2

组分		质量分数/%	组分		质量分数/%
A组分	鲸蜡硬脂基葡糖苷	3.0	B组分	1,3-丁二醇	4.0
	二甲基硅油	1.5		L-乳酸钠	4.0
	薏苡仁油	2.0		尿囊素	0.4
	辛酸/癸酸三酰甘油	3.0		羟苯丙酯	0.12
	维生素A酸酯	0.15		甘草酸二钾	0.3
	羟苯丙酯	0.06		去离子水	加至100
	乳化剂A-165	2.0	C组分	汉防己甲素	6.0
	C_{16}～C_{18}醇	1.0		杰马-115	0.2
	角鲨烷	3.0		蜂胶提取物	5.0
	维生素E乙酸酯	0.5		香精	0.15
	DP-300	0.3			

制备工艺：

① 取A组分、B组分分别加热至90℃持续20min消毒灭菌；

② 降温至80℃时，在搅拌下将A组分加入B组分中，均质2～3min；

③ 搅拌下降温至45℃时加入C组分，搅拌下降温至36～38℃，即得。

配方8：祛痘精华液

组分		质量分数/%	组分		质量分数/%
A组分	羟乙基纤维素	0.2	B组分	汉防己甲素	5.0
	霍霍巴油(水溶)	1.0		蜂胶提取物	5.0
	丙二醇	4.0		水溶氮酮	1.0
	L-乳酸钠	4.0		壬二酸衍生物	4.0
	去离子水	加至100		聚氧乙烯氢化蓖麻油	0.2
	丁二醇	4.0		维生素E	1.0
	羟苯甲酯	0.1	C组分	杰马-115	0.2
				香精	0.05

制备工艺：

① 取A组分加热至90℃消毒灭菌20min；

② 降温至45℃时，依次加入同温的B组分、C组分，搅拌均匀，即得。

配方9：蜂胶护手霜1

组分		质量分数/%
A组分	蜂胶提取物	10.0
	聚乙烯吡咯烷酮	1.0
	肉豆蔻酸异丙酯	2.0
	硬脂酸	5.0
B组分	甘油	2.0
	三乙醇胺	1.0
	去离子水	加至100

制备工艺：

① 将A组分和B组分分别加热至85℃；

② 在搅拌下，将B组分缓慢加入A组分进行乳化，冷却后即得。

配方10：蜂胶润肤乳1

组分		质量分数/%	组分		质量分数/%
A组分	白蜂蜡	8.0	B组分	防腐剂	适量
	液体石蜡	39.0		去离子水	加至100
	白凡士林	11.0	C组分	蜂胶提取物	3.0
	羊毛脂	2.0		香精	适量
	司盘-60	2.0			
	吐温-60	1.0			

制备工艺：

① 将A组分、B组分分别加热至85℃，将B组分加入A组分混合均匀；

② 降温至45℃时，加入C组分，至40℃停止搅拌，即得。

配方11：蜂胶润肤乳2

组分		质量分数/%	组分		质量分数/%
A组分	硬脂酸	3.0	B组分	甘油	8.0
	单硬脂酸甘油酯	1.5		丙二醇	2.0
	C_{18}醇	5.0		三乙醇胺	0.3
	C_{16}醇	2.0		吐温-80	2.0
	白凡士林	5.0		防腐剂	适量
	液体石蜡	5.0		去离子水	加至100
	司盘-85	1.0	C组分	蜂胶乙醇溶液	2.0
				香精	适量

制备工艺：

① 将A组分、B组分分别加热至85～90℃搅拌20min；

② 将B组分加入A组分充分乳化，45℃时加入C组分，冷却后即得。

配方12：蜂胶润肤乳3

组分		质量分数/%	组分		质量分数/%
A组分	C_{16}醇	1.5	B组分	甘油	12.0
	单硬脂酸甘油酯	1.5		月桂醇硫酸钠	0.6
	C_{18}醇	1.5		去离子水	加至100
	液体石蜡	8.0	C组分	蜂胶乙醇溶液	2.0
	羊毛脂	0.5		香精	适量
	防腐剂、抗氧化剂	适量			

制备工艺：

① 将 A 组分、B 组分分别加热至 90℃，混合搅拌至乳化完全；

② 待 50℃时加入 C 组分，室温时停止搅拌即得。

配方 13：蜂胶保湿霜

组分		质量分数/%	组分		质量分数/%
A 组分	液体石蜡	6.0	B 组分	甘油	5.0
	凡士林	6.0		丙二醇	5.0
	C_{16}醇	6.0		蜂胶	2.1
	司盘-60	2.0		三乙醇胺	0.3
	硬脂酸	3.0		羟苯甲酯	0.2
	硬脂酸甘油酯	2.0		去离子水	加至 100
	没食子酸丙醇	0.1	C 组分	香精	0.5
	吐温-40	3.0			

制备工艺：

① 将 A 组分、B 组分分别加热至 75℃混合均匀；

② 在搅拌下将 B 组分加入 A 组分充分乳化，降温至 45℃，加入 C 组分混合均匀，即得。

配方 14：蜂胶护手霜 2

组分		质量分数/%	组分		质量分数/%
A 组分	单硬脂酸甘油酯	3.0	B 组分	甘油	8.0
	液体石蜡	2.0		尿囊素	0.8
	硅油	1.5		泛醇	1.2
	乳木果油	4.5			
	凡士林	3.5		去离子水	加至 100
	鲸蜡硬脂醇	3.0	C 组分	蜂胶提取液	6.0
	维生素 E 乙酸酯	0.4			
	三氯生	0.25			

制备工艺：

① 将 A 组分加热至 85℃搅拌均匀，趁热加入 B 组分中，均质 2min；

② 降温至 40℃加入 C 组分，冷却至室温，即得。

配方 15：美白保湿精华液

组分		质量分数/%	组分		质量分数/%
A 组分	积雪草	5.5	B 组分	柠檬精油	2.5
	皂角	3.0		橄榄油	2.5
	杜仲	3.0		黄原胶	0.6

续表

组分		质量分数/%	组分		质量分数/%
B组分	蜂胶提取液	0.3	C组分	羊奶	12.3
	山梨醇	1.2		维生素E	0.25
C组分	玫瑰提取液	7.5		去离子水	加至100
	三色堇提取液	4.0	D组分	硫黄	1.8
	人参精华	5.0		珍珠粉	4.0
	红石榴精华	3.0		水解玉米蛋白	1.2
	香精	1.2			

制备工艺：

① 将A组分粉碎成过200目筛的中药粉，将B组分加热至70℃搅拌20min；

② 将C组分加热至80℃保温20min灭菌；

③ 将以上三组分与D组分加入乳化锅内，在75℃下搅拌20min；

④ 降温至40℃，搅拌8min冷却至室温，即得。

5.2.2 蜂王浆

(1) 蜂王浆的组成和功效　蜂王浆（royal jelly）又称蜂皇浆或蜂乳，它是工蜂咽腺分泌的白色胶体物质，是蜂王的食品，故称为蜂王浆。蜂王浆是具有特殊功能的生物产品，其化学成分非常复杂，它含有极丰富的蛋白质、多种氨基酸、维生素、糖类、脂类、激素、酶类、微量元素及多种生物活性物质，还含有一种只有蜂王浆中才含有的不饱和脂肪酸——10-羟基-2-癸烯酸（可称其为王浆酸)。蜂王浆中含有的17～18种氨基酸，包含了人体生存所必需的氨基酸，如精氨酸、亮氨酸、异亮氨酸、组氨酸、蛋氨酸、缬氨酸、苯丙氨酸、色氨酸、苏氨酸、赖氨酸等，这些氨基酸是细胞赖以生成、并使细胞具有无穷生命力的物质基础。

蜂王浆中的氨基酸又是皮肤角质层中天然保湿因子的主要成分，可以使老化和硬化的皮肤恢复水合性，防止角质层水分损失，保持皮肤的湿润和健康；蜂王浆中含有的维生素A、维生素C、维生素E、维生素B_2、维生素B_5等都是人体生存所不可缺少的；蜂王浆所含的王浆酸具有抑制酪氨酸酶活性的显著作用，可防止皮肤变黑，蜂王浆所含的激素能直接起到美容作用，保持皮肤的湿润和毛发生长。

蜂王浆添加到化妆品中，这些生理活性成分可以促进和增强表皮细胞的生命力，改善细胞的新陈代谢，防止代谢产物的堆积，防止胶原、弹力纤维变性及硬化，能滋补皮肤、营养皮肤，使皮肤柔软、富有弹性，减少皮肤皱纹和皮肤色素沉着，从而推迟和延缓皮肤的衰老，并对痤疮、褐斑、脂溢性皮炎等多种皮肤疾病有预防和治疗的效果。在化妆品中蜂王浆可添加到膏霜、乳液、面膜、化妆水等多种制品中，添加量一般在 0.3%～1.5%。

(2) 蜂王浆化妆品配方精选

配方 1：蜂王浆营养霜

组分		质量分数/%	组分		质量分数/%
A 组分	C_{16}～C_{18}醇	8.0	B 组分	丙三醇	10.0
	硬脂酸	6.0		吐温-60	1.0
	羊毛脂	3.0		三乙醇胺	0.7
	白油	8.0		去离子水	加至 100
	防腐剂	适量	C 组分	蜂王浆	0.5
				香精	适量

制备工艺：

① 将 A 组分、B 组分分别加热至 85℃混合均匀，将 B 组分加入 A 组分中搅拌乳化；

② 待温度降至 80℃以下时加入蜂王浆，50℃左右时加入香精，搅拌至室温即得。

配方 2：擦洗型面膜

组分		质量分数/%	组分		质量分数/%
A 组分	羧甲基纤维素	2.0	B 组分	脂肪酸聚氧乙烯醚	1.5
	海藻酸钠	1.0		香精	适量
	去离子水	加至 100		乙醇	10.0
	聚乙二醇	5.0		防腐剂	适量
	羧乙烯聚合物	1.0	C 组分	三乙醇胺	0.5
				甘油	5.0
				蜂王浆	0.5

制备工艺：

① 将 A 组分、B 组分分别加热至 80℃混合均匀，将 A 组分加入 B 组分中均质 2～3min；

② 降温至 50℃加入 C 组分搅拌均匀，冷却至室温，即得。

配方 3：蜂王浆护肤乳液

组分		质量分数/%	组分		质量分数/%
A 组分	硬脂酸	3.0	B 组分	三乙醇胺	0.5
	白油	9.0		十二烷基硫酸钠	1.0
	凡士林	8.0		去离子水	加至 100
	蜂蜡	6.0	C 组分	蜂王浆	0.5
	单甘酯	5.0		香精	适量
	防腐剂	适量			

制备工艺：

① 将A组分、B组分分别加热至85℃混合均匀，将B组分加入A组分中搅拌乳化；

② 冷却至50℃时加入香精和蜂王浆，充分搅匀冷却至室温，即得。

配方4：蜂王浆雪花膏

组分		质量分数/%	组分		质量分数/%
A组分	山梨醇	2.8	B组分	橄榄油	6.0
	去离子水	加至100		白凡士林	5.0
B组分	C_{30}烷	12.0		防腐剂	适量
	丙二醇单月桂酸酯	2.0	C组分	蜂王浆	3.0
	单硬脂酸甘油酯	2.6		香精	适量
	硬脂酸	6.0			

制备工艺：

① 将山梨醇加入去离子水中并加热至75℃，再将B组分加热至75℃溶解混匀；

② 将A组分加入B组分中进行乳化，冷却至45℃时加入C组分，搅拌均匀，冷却至室温即得。

配方5：润肤美容蜜

组分		质量分数/%	组分		质量分数/%
A组分	橄榄油	2.0	B组分	三乙醇胺	0.3
	硬脂酸	1.5		丙二醇	4.0
	液体石蜡	18.0		去离子水	加至100
	单硬脂酸甘油酯	0.8	C组分	蜂王浆	3.0
				香精	适量
				布罗波尔	0.01

制备工艺：

① 将A组分和B组分分别加热至85℃，搅拌下将B组分加入A组分中进行乳化；

② 冷却至45℃，加入C组分，搅拌均匀即得。

配方6：蜂王浆面膜

组分		质量分数/%	组分		质量分数/%
A组分	聚乙烯醇	10.0	B组分	蜂王浆	1.0
	乙醇(95%)	15.0		甘油	5.0
	海藻酸钠	3.0		香精	适量
	防腐剂	适量		色素	适量
	去离子水	加至100			

制备工艺：

① 将A组分加热至70℃混合均匀；

② 待冷却后加入B组分，搅拌均匀，即得。

配方7：抗皱面膜

组分		质量分数/%	组分		质量分数/%
A组分	紫丁香香精	0.5	C组分	蜂王浆	2.0
	乙醇(95%)	11.0		灵芝提取液	1.0
B组分	硅酸铝镁胶体	8.5		大米淀粉	12.0
	去离子水	加至100		聚氧乙烯脂肪醇醚	1.0

制备工艺：

① 将A组分香精溶于乙醇中，将B组分硅酸铝镁胶体用去离子水溶胀；

② 将A组分、B组分混合均匀，搅拌下加入C组分，搅拌均匀后形成胶体，即得。

配方8：蜂王浆发油

组分		质量分数/%	组分		质量分数/%
A组分	白油	50.0	C组分	香精	适量
B组分	薏苡仁油	8.0		色素	适量
	杏仁油	20.0		抗氧化剂	适量
	乌桕子油	20.0			
	蜂王浆	2.0			

制备工艺：

① 将A组分加热至60℃，B组分加热至50℃，混合两组分；

② 冷却至45℃时加入C组分，搅拌均匀，过滤，即得。

配方9：美颜面膜

组分		质量分数/%	组分		质量分数/%
A组分	卡波姆	0.1	B组分	辛酰羟肟酸	0.5
	去离子水	加至100		芦荟提取物	0.2
B组分	珍珠提取物	2.0		桑叶提取物	0.2
	卷柏提取物	2.0		甘草提取物	0.2
	蜂王浆提取物	2.0		黄瓜提取物	0.2
	棕榈酸异丙酯	2.0		三乙醇胺	0.1
	大豆卵磷脂	2.0		透明质酸	0.1
	印度獐牙菜提取物	2.0		生物糖胶-1	0.1
	丁二醇	2.0		海藻糖	0.1
	甘油	2.0		维生素E	0.1
	红藻门藻提取物	0.2		丙二醇	0.5
	水解胶原	0.1		甘油辛酸酯	0.2
	甘草酸二钾	0.1		泛醌	0.5

制备工艺：

① 将A组分中去离子水加热至83～87℃，加入卡波姆，搅拌均匀；

② 待温度降至32～38℃，再依次加入B组分，搅拌均匀，得面膜原液；

③ 将面膜蚕丝布装袋进行无菌处理，面膜原液灌装入袋即得。

配方10：祛皱面霜

组分		质量分数/%	组分		质量分数/%
A组分	人参	6.0	B组分	蜂王浆	7.0
	灵芝	7.0		蜂蜜	6.0
	黄芪	5.0		葡萄籽油	4.0
	玉竹	5.0		甘油	3.0
	甘草	6.0		芦荟油	4.0
	去离子水	加至100		鲜奶	6.0
				貂油	3.0
				鲸脂	4.0

制备工艺：

① 将A组分人参、灵芝、黄芪、玉竹、甘草混合后，加入总质量8～12倍去离子水，在40～60℃下煎煮30～40min，分离药渣并收集药液；

② 向药渣中再加入质量5～8倍去离子水，40～60℃下煎煮20～30min，提取两次，合并三次药液，浓缩，得提取物；

③ 向提取物中加入B组分，混合均匀，即得。

5.2.3 蜂蜜

(1) 蜂蜜的组成和功效　蜂蜜（honey）是蜜蜂从开花植物的花中采得的花蜜在蜂巢中酿制的蜜。其主要成分是果糖和葡萄糖，两者含量合计约70%，尚含少量蔗糖、麦芽糖、糊精、树胶以及含氮化合物、有机酸、挥发油、色素、蜡、天然香料、植物残片（特别是花粉粒）、酵母、酶类、无机盐等。除了具有润肠通便、润肺止咳、滋养补中的功效，还具有缓泻、助消化、保肝、增强体质、抗菌、镇静、安眠等作用。

蜂蜜是理想的化妆品原料，它能促使皮肤富有弹性和光泽，这是因为蜂蜜具有天然的渗透力和优良的保湿效果，对皮肤有良好的保湿、滋养作用。利用蜂蜜可制成多种类型的膏霜、护肤乳液、浴用制品和化妆水等美容品。

(2) 蜂蜜化妆品配方精选

配方1：蜂蜜护肤霜

组分		质量分数/%	组分		质量分数/%
A组分	白油	6.0	B组分	丙三醇	10.0
	羊毛脂	2.0		吐温-80	1.0
	单甘酯	7.0		吐温-60	2.0
	混合脂肪醇	8.0		去离子水	加至100
	防腐剂	适量	C组分	蜂蜜	3.0
				香精	适量

制备工艺：

① 将A组分、B组分分别加热至85℃，在不断搅拌下，将B组分加入A组分混合乳化；

② 冷却至50℃左右时，加入C组分，充分混匀即得。

配方2：护肤乳液

组分		质量分数/%	组分		质量分数/%
A组分	白油	10.0	B组分	脂肪醇聚氧乙烯醚	0.7
	蜂蜡	3.0		丙二醇	5.0
	单甘酯	3.0		硼砂	0.3
	高级脂肪醇	1.0		去离子水	加至100
	防腐剂	适量	C组分	蜂蜜	3.0
				香精	适量

制备工艺：

① 将A组分、B组分分别加热至80℃，在搅拌下，将B组分加入A组分混合乳化；

② 降温至45℃左右时，加入C组分，冷却至室温，即得。

配方3：浴后乳液

组分		质量分数/%	组分		质量分数/%
A组分	鲸蜡硬脂基葡糖苷	3.0	B组分	海藻多糖	3.0
	角鲨烷	5.0		1,3-丁二醇	4.0
	羟苯丙酯	0.06		去离子水	加至100
	二甲基硅油	1.0		NMF-50	3.0
	维生素E乙酸酯	0.5		羟苯甲酯	0.12
	BHT	0.02	C组分	蜂蜜	3.0
B组分	黄原胶	0.2	D组分	杰马-115	0.3
	丙二醇	4.0		薰衣草精油	0.2
	尿囊素	0.2			

制备工艺：

① 取B组分中1,3-丁二醇、黄原胶，充分混合均匀后，加入B组分其他成分；

② 将A组分、B组分分别加热至90℃，持续20min消毒灭菌；

③ 搅拌下降温至75～80℃时，将A组分加入B组分中，均质2～3min后，搅拌下降温至45℃时，加入C组分、D组分，持续搅拌下降温至36℃，

即得。

配方 4：蜂蜜唇膏

组分		质量分数/%	组分		质量分数/%
A 组分	蓖麻油	14.0	B 组分	防腐剂	适量
	凡士林	10.0		抗氧化剂	适量
	氢化动物脂	10.0	C 组分	蜂蜜	3.0
	石蜡	20.0		水解胶原蛋白	3.5
	羊毛脂醇	10.0		巴西棕榈蜡	20.0
				色素	适量
	羊毛脂	8.0	D 组分	香精	适量

制备工艺：

① 将 A 组分混合加热至 80～90℃，加入 B 组分，过滤混匀；

② 在 60～70℃时加入 C 组分，待冷却至 45℃时加入香精，充分均质化，浇模成型即得。

配方 5：蜂蜜面膜

组分		质量分数/%	组分		质量分数/%
A 组分	聚乙烯醇	10.0	C 组分	甘油	5.0
	乙醇(95%)	15.0		香精	适量
B 组分	海藻酸钠	3.0		蜂蜜	3.0
	防腐剂	适量		色素	适量
	去离子水	加至 100			

制备工艺：

① 将 A 组分混合均匀，加入 B 组分，加热至 70℃使之混合均匀；

② 静置 24h，加入 C 组分，充分搅匀即得。

配方 6：蜂蜜营养霜

组分		质量分数/%	组分		质量分数/%
A 组分	硬脂酸	3.0	B 组分	苯甲酸钠	0.15
	C_{18}醇	5.0		去离子水	加至 100
	单硬脂酸甘油酯	7.0	C 组分	灵芝提取液	5.0
	C_{16}醇	3.0		蜂蜜	3.0
	白油	5.0		色素	适量
	羟苯乙酯	0.1		鱼肝油	适量
B 组分	甘油	5.0	D 组分	香精	0.6
	聚氧乙烯山梨糖醇酐单硬脂酸酯	0.5			

制备工艺：

① 将 A 组分、B 组分分别加热至 90℃混合均匀，将 B 组分加入 A 组分中；

② 温度降至 70℃时加入 C 组分，继续搅拌，50℃时加入 D 组分，冷却至室温即得。

配方 7：蜂蜜化妆水

组分		质量分数/%	组分		质量分数/%
A 组分	蜂蜜	10.0	B 组分	乙醇	12.0
	柠檬汁	5.0		甘油	2.0
				香精	0.7
	羟苯甲酯	0.2		维生素 E	0.1
	去离子水	加至 100	C 组分	色素	适量

制备工艺：

① 将 A 组分、B 组分分别加热至均匀溶解；

② 将 A 组分加入 B 组分中混合均匀后调色，过滤后即得。

配方 8：复合型营养霜

组分		质量分数/%	组分		质量分数/%
A 组分	硬脂酸	3.0	B 组分	苯甲酸钠	0.15
	C_{18}醇	5.0		去离子水	加至 100
	单甘醇	7.0	C 组分	灵芝提取液	5.0
	鲸蜡醇	3.0		蜂蜜	3.0
	11# 白油	5.0		磷脂	适量
	羟苯乙酯	0.1		鱼肝油	适量
B 组分	甘油	20.0		色素	适量
	乳化剂	0.5	D 组分	香精	0.6

制备工艺：

① 将 A 组分、B 组分分别加热至 90℃，将 B 组分加入 A 组分中进行乳化；

② 降温至 50～60℃时加入 C 组分，45℃时加入 D 组分，冷却至室温即得。

配方 9：营养性护肤霜

组分		质量分数/%	组分		质量分数/%
A 组分	C_{16}醇	3.0	A 组分	液体石蜡	8.0
	C_{18}醇	4.5		无水羊毛脂	2.0
	单硬脂酸甘油酯	6.0		防腐剂	适量
	硬脂酸	2.0			

续表

组分		质量分数/%	组分		质量分数/%
B组分	甘油	15.0	C组分	磷脂	适量
	吐温-60	1.5		维生素E	适量
	月桂醇硫酸钠	0.5		蜂蜜	2.5
	去离子水	55.0	D组分	香精	适量

制备工艺：

① 将A组分和B组分分别加热至90℃后混合搅拌，进行乳化；

② 当温度降至70℃以下时加入C组分，54℃时加入D组分混合均匀，冷却至室温即得。

配方10：中药化妆品

组分		质量分数/%	组分		质量分数/%
A组分	黄芩	3.9	B组分	维生素E	0.9
	蜂蜜	6.5		棕榈酸辛酯	7.1
	白芷	8.9		貂油	3.0
	氯霉素	4.8		去离子水	加至100
	虫草	1.8			
	蛇床子	2.4			
	D-高聚糖	1.2			

制备工艺：

① 将A组分加入反应釜中，70℃下搅拌1h；

② 向A组分中依次加入B组分，升温至80℃，搅拌2h混合均匀，冷却，即得。

配方11：黄瓜蜂蜜面膜

组分		质量分数/%	组分		质量分数/%
A组分	富硒黄瓜	23.5	C组分	丙酸钙	2.9
	马泡瓜	8.8		丙三醇	4.1
B组分	酸藤木根	17.6		烷基萘磺酸钠	0.1
	杏果	10.6		去离子水	加至100
C组分	蜂蜜	1.8	D组分	枫香油	8.8
	海藻糖	4.1			

制备工艺：

① 将A组分切成薄片，用破壁料理机破壁取汁，过滤，得滤液；

② 将B组分粉碎，对所得粉碎物进行萃取，得萃取物；

③ 将C组分溶于去离子水中，加入D组分混合，在真空下，10～50r/min转速下搅拌30min；

④ 将以上三组分混合，对混合物进行杀菌，即得。

5.3 动物油脂

在化妆品行业，油脂属于基础原料，是配方中的骨架部分，尤其是在精华油、卸妆油和彩妆行业等。所有油脂都有共同特点，不溶于水，成膜，增加肤感等。根据来源不同分类为动物油脂、植物油脂、矿物油脂等，其中动物油脂是从动物体内取得的油脂，如羊毛脂、水貂油、蛇油、马油、鸸鹋油、鹅油、鸵鸟油、动物来源的角鲨烷等。

5.3.1 羊毛脂及其改性产品

（1）羊毛脂的组成和功效 羊毛脂（lanolin）是羊的皮质腺分泌物，它是一种复杂的混合物，从洗羊毛废液中回收而得，为淡黄色或棕黄色的软膏状物，有黏性而滑腻，有特殊的气味。羊毛脂可以让皮肤光滑柔嫩，最早发现它的美肤作用是因为有人发现澳洲养羊的工人的双手一般都比常人的细嫩，后经研究发现是羊毛脂的作用。化妆品级羊毛脂是优良的滋润性物质，可使因缺少天然水分而干燥或粗糙的皮肤软化并得到恢复，它是通过延迟，而不是完全阻止水分透过表皮层来维持皮肤通常的含水量。

羊毛脂是由高级脂肪酸和高级一元醇形成的酯，它与普通动植物油脂不同，它不含甘油，属于蜡类，根据产地、提取方法的不同，所含成分的量也不一样。一般来说，商品羊毛脂中的酯含量约为94%，游离醇、游离酸和烃的含量约为4%、1%和1%，酯中非羟基酯约占60%，羟基酯约占40%（主要为α-羟基酯）。羊毛脂酸中约含有150多种单体酸，碳链长度为C_7～C_{40}。其中直链酸约为40%，羟基酸40%左右，支链酸（含反式）为20%。羊毛脂醇中烷基链长度为C_{14}～C_{36}。其中胆甾醇约为40%，三萜（烯）醇（主要为羊毛甾醇）35%和脂肪醇25%左右。

羊毛脂能吸收2倍质量的水，对皮肤有良好的滋润作用，又由于其结构中具有带有支链的脂肪酸和支链醇，与人的皮脂内脂肪酸的结构相似，当将其涂抹于皮肤时，表面可形成多孔性油膜，水蒸气可通过皮肤而不妨碍皮肤正常的生理活动。

羊毛脂以两种途径传递水分：一种是通过羊毛脂吸收水分渗透进入角质层；另一种是它与角质层的胞间类脂相容。因此，羊毛脂具有渗透性和保水性，被广泛地用于护肤霜膏、防晒制品、护发制品、口红、婴儿用化妆品中，是最为重要的也是使用最为广泛的化妆品原料之一。

但羊毛脂性质黏稠，不易涂敷，使用后会在皮肤上留下一层稠厚的黏膜。同时它的色泽与气味，使得其在化妆品特别是透明型产品中不利于应用。用物理和化学方法对之进行改性处理，得到的羊毛脂改性产品可以克服上述缺点与不足。羊毛脂改性后的产品用于化妆品中，即保持了原羊毛脂对皮肤具有的好的柔软性，又改进了其对皮肤的渗透与吸收性。

① 液体羊毛脂。羊毛脂经除去固体成分后，其主要组分即为低分子脂肪酸和羊毛脂醇的酯类。其对皮肤的亲和性、渗透性、扩散和柔软作用均较好，可用于面霜、液状美容制品、打底粉、婴儿护肤霜及头发制品等化妆品中。

② 羊毛脂酸。羊毛脂酸中的长链烃基可使其盐的抗水性增强，且调节性能好。羊毛脂酸的三乙醇胺盐的膨胀性较小，具有 O/W 型乳化特性，可用于面部和眼部化妆品中。

③ 羊毛醇。羊毛醇是一种蜡状固体，是 W/O 型乳化剂中最有效的一种。它比羊毛脂保水性能好，对皮肤富有极好亲和性和湿润性，可提高膏霜乳液的乳化稳定度。

④ 羊毛酸异丙酯。该产品中羟基酯含量高，亲水性好，具有 W/O 乳化活性。它可减少产品的油腻感，用于制备高级护肤乳液，或用于膏霜、浴剂等产品中。一般用量为 5%～10%。

⑤ 乙氧基化羊毛醇。随着乙氧基化度的增加，产品的 HLB 值逐渐增加。产品稳定性好，应用范围广。特别是在洗发产品中使用，起泡性好，洗后头发光泽好，易于梳理。

⑥ 乙酰化羊毛醇。具有十分优良的柔软皮肤功能，可作为液体柔软剂加到手用和身体用的润肤剂和洗涤剂中。乙酰化羊毛醇不溶于水，而能以任何浓度溶于矿物油、蓖麻油和植物油中。

⑦ 乙氧基化羊毛脂。随着环氧乙烷数目的增加，产品的水溶性和表面活性剂增加，当环氧乙烷达到 75mol 时，产品才具有水溶性。它作为洗涤组分可减轻表面活性剂的脱脂作用。

⑧ 乙酰化羊毛脂。该产品与原羊毛脂相比，油性有所增加，在冷的矿物油中能溶解，呈透明状，是极为有效的护肤剂。它的护肤效果优于任何一种羊毛脂改性后产品，和矿物油混合后可用于婴儿霜、唇膏等产品中。

⑨ 羟基化羊毛脂。产品的 W/O 型乳化活性比羊毛脂有所增强，黏附性得到改善，熔点升高，可用于美容等化妆品中。

⑩ 氢化羊毛脂。氢化羊毛脂色浅、味淡、不黏腻，其保水性比原羊毛脂

好，乳化性强，可用作膏霜和乳化液、口红等产品中。

⑪ 羊毛脂蜡。用溶剂分出液体羊毛脂后，再用溶剂分别结晶法取得的羊毛脂蜡产品，比原羊毛脂具有更好的 W/O 型乳化性能。它是一种软蜡，其熔点高，脆性小，可广泛地用于制备唇膏和口红，以增添产品的光泽。

⑫ 丙氧基化羊毛脂。这是高熔点羊毛脂蜡的环氧丙烷衍生物，熔点高，亲油性比羊毛脂强，使用于膏体中，具有使膏体渗透性能强和光泽好的特点。

(2) 羊毛脂化妆品配方精选

配方 1：羊毛脂润肤霜

组分		质量分数/%	组分		质量分数/%
A组分	聚氧乙烯氢化羊毛脂	3.0	B组分	甘油	5.0
	氢化羊毛脂	2.0		色素	适量
	矿物油/羊毛脂醇	1.0		去离子水	加至100
	轻质白油	15.0	C组分	香精	适量
	鲸蜡醇	10.0			
	防腐剂	0.15			

制备工艺：

① 将 A 组分、B 组分分别加热至 85℃混合均匀，在搅拌下将 B 组分加入 A 组分中乳化；

② 搅拌冷却至 40℃时加入 C 组分，冷却至室温，即得。

配方 2：冷霜

组分		质量分数/%	组分		质量分数/%
A组分	白凡士林	7.0	B组分	防腐剂	适量
	$18^{\#}$白油	34.0		抗氧化剂	适量
	蜂蜡	10.0	C组分	硼砂	0.6
	乙酰化羊毛醇	2.0		去离子水	加至100
	鲸蜡	4.0	D组分	香精	适量
	司盘-80	1.0			

制备工艺：

① 将 A 组分加热至 70℃，加入 B 组分混合均匀；

② 将 C 组分硼砂溶于去离子水中加热至 70℃；

③ 均匀搅拌下，将 C 组分加入上述混合物中，45℃时加入 D 组分，冷却，即得。

配方 3：羊毛脂清洁蜜

组分		质量分数/%	组分		质量分数/%
A 组分	1# 白油	30.0	A 组分	吐温-60	2.0
	羊毛脂油	5.0		抗氧化剂、防腐剂	适量
	乙酰化羊毛醇	2.0	B 组分	高黏度硅酸镁铝	0.5
	C_{16} 醇	1.0		去离子水	加至 100
	硬脂酸单甘酯	2.0	C 组分	香精	适量
	甘油	2.0			

制备工艺：

① 将 A 组分、B 组分分别加热至 75℃，再将 B 组分缓慢加入 A 组分中搅拌均匀；

② 冷却至 40℃时加入 C 组分，充分混匀，即得。

配方 4：羊毛脂口红

组分		质量分数/%	组分		质量分数/%
A 组分	石蜡	20.0	A 组分	抗氧化剂	0.05
	羊毛脂醇	10.0	B 组分	胶原	2.0
	凡士林	10.0		植物浸汁	2.0
	羊毛脂	8.0		巴西棕榈蜡	16.0
	氢化动物脂	10.0		颜料	8.0
	蓖麻油	13.0	C 组分	香料	1.0

制备工艺：

① 将除抗氧化剂外的 A 组分加热至 80～90℃，加入抗氧化剂，过滤、均化混合物；

② 在 60～70℃时加入 B 组分，冷却至 40℃加入 C 组分，充分均化静置，即得。

配方 5：羊毛脂唇膏

组分	质量分数/%	组分	质量分数/%
油醇	12.0	巴西棕榈蜡	2.0
羊毛酸异丙酯	5.0	地蜡	3.5
乳酸十四酯	2.0	植物蜡	5.0
加氢羊毛脂	3.0	司盘-20	1.0
羊毛蜡	2.0	抗氧化剂	0.1
石蜡	2.0	香精	适量
蜂蜡	1.0	蓖麻油	加至 100

制备工艺：

加热所有组分至熔化，混合均匀后注入模子冷却，即得。

配方 6：羊毛脂眉笔

组分		质量分数/%	组分		质量分数/%
A组分	凡士林	10.0	B组分	羊毛脂	10.0
	18# 白油	4.0		蜂蜡	18.0
	颜料	14.0		川蜡	12.0
				石蜡	33.0

制备工艺：

① 将A组分研磨均匀成颜料浆；

② 将B组分加热熔化，再加入A组分，搅拌均匀后浇入模子，冷却，即得。

配方 7：干性皮肤用面膜

组分		质量分数/%	组分		质量分数/%
A组分	C_{16}醇	3.0	B组分	骨胶原	8.0
	脂肪酸酯	6.0		吐温-80	3.0
	羊毛脂	4.0		去离子水	加至100
	液体羊毛脂	4.0			
	脂肪醇聚氧乙烯醚	4.0			

制备工艺：

① 将A组分、B组分分别加热至60～80℃混合均匀；

② 搅拌下，将B组分加入A组分中，冷却至室温，即得。

配方 8：羊毛脂剃须膏

组分		质量分数/%	组分		质量分数/%
A组分	三压硬脂酸	16.0	B组分	丙二醇	4.0
	白油	4.0		氢氧化钾	0.8
	无水羊毛脂	3.5		去离子水	加至100
	硬脂酸聚乙二醇单酯	3.2	C组分	松油醇	0.1

制备工艺：

① 将A组分、B组分分别加热至60℃，在搅拌下将B组分加入A组分中；

② 搅冷至40℃加入C组分，充分搅拌均匀，即得。

配方 9：头发调理剂

组分	质量分数/%
白凡士林	82.5
羊毛脂酸	7.5
乙氧基(5)化羊毛醇	2.5
乙氧基(25)化羊毛醇	2.5
香料	适量

制备工艺：

将除香料外的其他组分在慢搅拌下混匀加热至85℃，充分搅匀后冷却至45℃加香料，即得。

配方10：羊毛脂香波

组分		质量分数/%	组分		质量分数/%
A组分	脂肪醇聚氧乙烯醚硫酸钠	15.0	B组分	$EDTA\text{-}Na_2$	0.1
	乙酰化聚氧乙烯-10羊毛脂	5.0		柠檬酸	适量
	月桂酰二乙醇胺	3.5		氯化钠	1.5
	防腐剂	适量		去离子水	加至100
			C组分	香精	适量
				色素	适量

制备工艺：

① 将B组分加热至55～65℃溶解，缓慢加入A组分充分搅拌均匀；

② 约40℃时加入C组分，搅匀，即得。

配方11：羊毛酸浴皂

组分	质量分数/%
羊毛酸	15.0
牛脂-椰子油钠皂	74.2
山梨醇	6.0
三乙醇胺	4.0
防腐剂	适量

制备工艺：

将上述组分加热熔化，充分混合均匀后注入模子，冷却脱模，即得。

配方12：羊毛脂护发素

组分		质量分数/%	组分		质量分数/%
A组分	C_{16}～C_{18}醇	2.0	B组分	水溶性硅油	1.0
	乙酰化羊毛脂	3.0		三乙醇胺	0.6
	三压硬脂酸	3.0		十八烷基三甲基氯化铵	4.0
	聚乙二醇-400硬脂酸酯	3.0		去离子水	加至100
	单甘酯	3.0	C组分	香精	适量
	抗氧化剂、防腐剂	适量			

制备工艺：

① 将A组分、B组分分别加热至75℃，待B组分熔至透明后，将B组分加入A组分中；

② 搅拌10min后降温至45℃，加入C组分，即得。

配方13：羊毛脂护肤乳液

组分		质量分数/%	组分		质量分数/%
A组分	C_{16}～C_{18}醇	2.5	B组分	十二烷基磷酸酯钾盐	2.0
	单硬脂酸甘油酯	2.0		甘油	5.0
	15#白油	9.5		吐温-60	1.0
	乙酰化羊毛脂	1.5		防腐剂	适量
	甲基硅油	2.5		抗氧化剂	适量
				去离子水	加至100
			C组分	香精	适量

制备工艺：

① 分别将A组分、B组分加热至80℃，将B组分加入A组分中；

② 搅拌10min后，降温至45℃，加入C组分，即得。

配方14：羊毛脂擦面膏

组分		质量分数/%	组分		质量分数/%
A组分	C_{16}～C_{18}醇	2.0	B组分	吐温-60	1.5
	2-乙基己基鲸蜡醇酯	2.0		甘油	5.0
	乙酰化羊毛脂	3.0		天然杏核桃(120目)	3.0
	18#白油	7.0		防腐剂	适量
	聚乙二醇-400硬脂酸酯	3.0		抗氧化剂	适量
				去离子水	加至100
			C组分	香精	适量

制备工艺：

① 分别将A组分、B组分加热至80℃，将B组分加入A组分中；

② 搅拌10min后，降温至45℃，加入C组分，即得。

配方15：羊毛脂发乳

组分		质量分数/%	组分		质量分数/%
A组分	C_{16}～C_{18}醇	2.0	A组分	24#白油	24.0
	凡士林	8.0		甘油单硬脂酸	4.0
	乙酰化羊毛脂	2.0			

续表

组分		质量分数/%	组分		质量分数/%
B组分	甘油	3.0	B组分	抗氧化剂	适量
	十八醇聚氧乙烯(25)醚	2.0		去离子水	加至100
	吐温-60	2.0	C组分	香精	适量
	防腐剂	适量			

制备工艺：

① 将A组分、B组分分别加热至80℃，将B组分加入A组分中进行乳化；

② 搅拌10min后，降温至45℃，加入C组分，即得。

配方16：燕麦润肤霜

组分		质量分数/%	组分		质量分数/%
A组分	白油	12	B组分	单甘酯	2.0
				甘油	2.0
	二甲基硅油	10		山梨醇	4.0
				去离子水	加至100
	羊毛脂	3.0	C组分	燕麦浆(25%)	6.0
	肉豆蔻酸异丙酯	3.0	D组分	香精	适量
				防腐剂	适量

制备工艺：

① 将A组分、B组分分别加热至80℃；

② 将B组分加入A组分中混合乳化时加入C组分，于80℃下均匀搅拌5min；

③ 抽真空降温至室温，加入D组分，即得。

配方17：婴儿润肤霜

组分		质量分数/%	组分		质量分数/%
A组分	羊毛脂	17.0	B组分	山梨醇	5.0
	浅白色矿物油	16.0		柠檬酸	0.1
				去离子水	加至100
	白凡士林	10.0	C组分	吐温-60	4.0
	蜂蜡	5.0		司盘-60	3.0
	羟苯甲酯	0.15	D组分	香精	0.4

制备工艺：

① 将A组分、B组分分别混合搅拌加热至70℃；

② 将两组分加入 C 组分中后共同置于乳化器中进行乳化；

③ 乳化完成后加入 D 组分，静置 24h 后分装，即得。

5.3.2 水貂油

(1) 水貂油的组成和功效 水貂油（mink oil）简称貂油，指从水貂皮下脂肪中提取制得的油脂，经加工精制而得水貂油为无色或淡黄色的具有特殊作用的脂肪酸。水貂油含有多种营养成分，其理化性质与人体脂肪极相似，对人体皮肤的渗透性好，易于被皮肤吸收，尤其水貂油是天然的三酰甘油酯，无毒、无刺激性，擦用后，皮肤感觉舒适，滑而不腻，能使皮肤柔嫩而有弹性，对干燥皮肤尤为适用。此外，对黄褐斑、单纯糠疹、痤疮、干性脂溢性皮炎、冻疮、手足皲裂等均有一定疗效。它还能调节头发生长，使头发柔软而有光泽和弹性。貂油是由各种脂肪酸所组成的，其中不饱和脂肪酸含量高达 70%以上，具有特殊生理作用的脂肪酸，例如亚油酸、亚麻酸、花生酸所占的比例均在 9%以上。此外，在貂油内还含有大量的不饱和甘油酯，其中占多数的是不对称的异构体，如棕榈酸的含量就在 20%左右。

貂油作为化妆品的原料组分，具有很多独特优点：

① 貂油有较好的紫外线吸收性能，其吸收紫外线性能超过鳄梨油、芝麻油。因此，可将其用作化妆品防晒膏配方设计，其配方范围为 5%～10%。

② 貂油具有优良的抗氧化性能。貂油的抗氧化性比猪油、棉籽油要高 8～10 倍，貂油的抗热能力比较强，储存时不易变质。

③ 貂油使用于化妆品安全性高。精炼的貂油无异味，对人眼和皮肤不显任何刺激，对人体皮肤作用温和，经皮肤斑贴试验呈阴性。

④ 貂油的扩散系数大。它的扩散系数大约是异丙基肉豆蔻酸酯的两倍，而在水中则是同等黏度矿物油的三倍，当它涂擦在皮肤表面上时很快地形成一层均匀的薄膜，可以给皮肤一种滑润不腻的感觉。

⑤ 貂油有良好的乳化性和油溶性。貂油适合于 O/W 型乳化，易溶在一些含大量不饱和三酰甘油的油中，甚至在异丙醇、乙醇以及一些混合溶剂中都有相当大的溶解度。

⑥ 貂油对皮肤具有良好的营养作用。貂油中含有大量的不饱和脂肪酸和具有特殊生理作用的脂肪酸，含量在 75%以上，因而对肌肤富有营养作用。

尽管貂油有着很多独特的优点，但却有一种使人不快的骚腥气味。因此，如何在保持貂油原有特色和组成的前提下进行精制，就成了一个关键问题。精制技术通常包活貂油的精炼与脱臭两个方面。精炼貂油的生产可以采用溶剂萃取法或间歇碱炼法。溶剂萃取法所用的溶剂也可用混合溶剂。这种方法的优点是精油收率较高，但是设备复杂，往往为了回收溶剂需要相当的热能，成本较高。间歇碱炼法虽说工艺简单，设备少，但操作中不可避免要皂化一部分中性油，造成中性油的较大损失。在脱臭方面，国外大都采用相当复杂的工序，原料上也往往限定采取水貂的背部脂肪部分，但产品成本非常高。国内采用的是工艺简单、得率高、易于工业化生产的β-环状糊精脱臭工艺法，并取得了满意的效果。精制貂油产品有貂油、貂蜡和硬化貂油等不同品种，在室温下是一种淡黄色油状液体，其各项理化性质因样品来源不同而有所差异。

貂油作为日用化工产品、医药品、美容化妆品等添加组分，具有广泛的应用前景。目前将精制貂油用于各种护肤膏霜、护肤乳液以及发油、唇膏、口红、清洁霜、香皂等用品之中，对预防皮肤皱裂和衰老，软化头发，治疗皮肤病，保持青春健美都具有明显的功效。

(2) 水貂油化妆品配方精选

配方 1：貂油润肤霜

组分		质量分数/%	组分		质量分数/%
A组分	去离子水貂油	10.5	B组分	高级脂肪酸聚氧乙烯醚	3.0
				尿囊素	10.0
	单甘酯	8.0		聚乙二醇 400	4.5
	C_{18}醇	2.3		去离子水	加至 100
	防腐剂	适量	C组分	香精	适量
				色素	适量

制备工艺：

① 将A组分加热至75℃，将B组分中其他组分溶于水中加热至75℃；

② 将B组分在不断搅拌下加入A组分乳化，在45℃时加入C组分，搅拌至室温，即得。

配方 2：貂油唇膏

组分	质量分数/%	组分	质量分数/%
羊毛脂	3.0～5.0	聚乙烯硅氧烷液	1.5～2.5
鲸蜡	12.0～18.0	二氧化硅粉末	0.5～2.5
蜂蜡	9.0～12.0	卵磷脂	0.5～1.5
地蜡	5.0～7.0	珍珠膏	18.0～24.0
香精	0.5～1.0	貂油	加至 100
液用染料	10.0～16.0		

制备工艺：

将上述各组分加热至熔化，混匀后注入模子，即得。

配方 3：貂油洗面奶

组分		质量分数/%	组分		质量分数/%
A 组分	轻质油	15.5	B 组分	三乙醇胺	3.0
	精制貂油	5.0		1,3-丁二醇	5.0
	羊毛脂	3.5		去离子水	加至 100
	硬脂酸	3.5	C 组分	香精	适量
	凡士林	2.0		色素	适量
	防腐剂	适量			

制备工艺：

① 将 A 组分、B 组分分别加热至 80℃混合均匀；

② 在搅拌下将 B 组分加入 A 组分中乳化，冷却至 45℃时加入 C 组分，即得。

配方 4：水貂发油

组分		质量分数/%	组分		质量分数/%
A 组分	蓖麻油	44.5	B 组分	维生素 E	0.5
	水貂油	5.0		香精、色素	适量
	橄榄油	40.0		抗氧化剂	适量
	精制羊毛脂	10.0			

制备工艺：

① 将 A 组分混合，加热至 60℃，搅匀；

② 冷却至 40℃加入 B 组分搅拌均匀，澄清过滤后即得。

配方 5：貂油卷发液

组分		质量分数/%	组分		质量分数/%
A 组分	貂油	4.0	B 组分	三乙醇胺	7.0
	香叶油	0.5		吐温-80	0.6
	羊毛脂	8.0		氢氧化钠	3.2
	硬脂酸	2.0		去离子水	加至 100
	卵磷脂	2.0	C 组分	玫瑰香精	0.5
	硅油	0.8			
	太古油	0.4			
	假乙内酰硫脲酸	12.0			

制备工艺：

① 将 A 组分、B 组分分别加热至 70～80℃，在均匀搅拌下，将 B 组分加入 A 组分中乳化；

② 冷却至 40℃左右加入 C 组分，充分均化，即得。

配方 6：营养润肤晚霜

组分		质量分数/%	组分		质量分数/%
A组分	液体石蜡	26.0	A组分	氢化羊毛脂	0.5
	白蜂蜡	10.0		羟苯丙酯	0.2
	白凡士林	5.0	B组分	甘油	2.0
	豆蔻酸异丙酯	5.0		硼砂	0.6
	单硬脂酸甘油酯	3.0		羟苯甲酯	0.2
	C_{16}醇	3.0		去离子水	加至100
	角鲨烷	2.0	C组分	维生素E	0.05
	米糠油	2.0		香精	0.55
	水貂油	2.0			

制备工艺：

① 将A组分、B组分分别加热至75℃，将B组分加入A组分中进行乳化；

② 当温度降至45℃时加入C组分，搅拌均匀后即得。

配方7：保湿剂润肤乳

组分		质量分数/%	组分		质量分数/%
A组分	角鲨烷	2.0	A组分	白凡士林	5.0
	棕榈酸异丙酯	6.0		维生素A	0.02
	单硬脂酸甘油酯	2.5		维生素E	0.02
	羊毛脂醇	1.5		米糠油	2.0
	水貂油	1.25		液体石蜡	25.0
	氢化羊毛脂	0.5	B组分	甘油	2.0
	羟苯丙酯	0.1		硼砂	0.6
	C_{16}醇	2.5		羟苯甲酯	0.1
	白蜂蜡	10.0		去离子水	加至100
			C组分	香精	0.25

制备工艺：

① 将A组分、B组分分别加热至75℃，在搅拌下将B组分加入A组分中，搅拌10min；

② 当温度降至50℃时加入C组分，搅拌均匀，冷却至室温即得。

配方8：水貂油唇膏

组分		质量分数/%	组分		质量分数/%
A组分	蓖麻油	22.7	B组分	水貂油	10.9
	橄榄油	15.2		溴酸红染料	12.6
	椰子油	12.6		硅氧烷	1.7
	蜂蜡	10.9	C组分	维生素A	0.3
	巴西棕榈蜡	11.8		维生素E	0.3
	羟苯乙酯	0.3		香精	0.7

制备工艺：

① 在不锈钢混合机中加入 B 组分加热至 75℃，充分搅拌均匀后，从底部放料口送至三辊机研磨 3 次，然后转入真空脱泡锅内待用；

② 将 A 组分放入熔化锅内，加热至 82℃，熔化后充分搅拌均匀，过滤后转入真空脱泡锅内待用；

③ 将步骤①、②得到的产物混合均匀后，降温至 40℃，加入 C 组分，搅拌至彻底均匀；

④ 将步骤③得到的产物进行浇注后即得。

配方 9：保湿防皲裂霜

组分		质量分数/%	组分		质量分数/%
A 组分	蜂蜡	0.5	B 组分	尿囊素	0.1
	液体石蜡	3.0		去离子水	适量
	C_{16}醇	5.0	C 组分	丙三醇	5.0
	单甘酯	1.0		5%卡波姆	5.0
	羊毛脂	2.0		山梨醇	1.0
	硬脂酸	5.0		三乙醇胺	0.8
	角鲨烷	5.0		去离子水	加至 100
	水貂油	2.0	D 组分	防腐剂	0.1
	硅油	1.0		香精	适量

制备工艺：

① 将 A 组分在 75℃下加热至熔化，B 组分在 50℃下溶解，C 组分在 75℃下溶解均匀；

② 然后将 3 种溶液混合，在 70℃下用均质机搅拌，再加入 D 组分搅拌均匀即得。

配方 10：美白化妆品

组分		质量分数/%	组分		质量分数/%
A 组分	单硬脂酸甘油酯	2.0	C 组分	1,3-丁二醇	8.0
	鲸蜡硬脂醇	3.0		黄原胶	0.2
	聚二甲基硅氧烷	5.0		去离子水	加至 100
	辛酸/癸酸三酰甘油	5.0	D 组分	光果甘草提取物	5.0
	水貂油	3.0		烟酰胺	2.0
B 组分	噻克索酮	1.0		熊果苷	3.0
	维生素 E 乙酸酯	2.0	E 组分	聚丙烯酰胺	1.0
C 组分	EDTA-Na_2	0.3	F 组分	香精	适量
	尿囊素	0.5		防腐剂	适量
	甘油	8.0			

制备工艺：

① 将A组分混合加热至70～85℃，保持恒温加入B组分，搅拌均匀；

② 将C组分溶于去离子水中，加热至70～80℃，搅拌至其完全溶解；

③ 将步骤①物料抽入乳化锅，再缓慢抽入步骤②物料，混合均匀后加入D组分，混合均质10min，保温搅拌15min，抽真空降温；

④ 待降温至50～60℃时加入E组分，均质3min，降至35～45℃时加入F组分，搅拌均匀，即得。

配方11：水貂油护肤液

组分		质量分数/%	组分		质量分数/%
A组分	香叶天竺葵	12.0	B组分	甘油	2.0
B组分	豆蔻酸异丙酯	5.0		羟苯甲酯	0.02
	单硬脂酸甘油酯	2.0		羟苯丙酯	0.1
	氢化羊毛脂	3.0		脱臭水貂油	加至100
	三乙醇胺	0.5	C组分	香精	适量
	蜂蜡	1.0			

制备工艺：

① 将A组分进行粉碎、过筛后用乙醇水体系作为溶剂，制备提取液，水浴蒸发乙醇，得提取物备用；

② 将B组分加热至85℃混合均匀，80℃恒温下搅拌乳化30min；

③ 降温至45℃加入A组分和C组分，继续搅拌20min，冷却至室温，即得。

配方12：粉刺露

组分		质量分数/%	组分		质量分数/%
A组分	三硬脂酸甘油酯	4～5	A组分	薄荷脑	1～2.5
	精地蜡	0.5～1.5		天冬提取物	5～8
	石蜡	0.2～0.5	B组分	甘油	1～2
	羊毛脂	1.0～3.5		乙醇	2～5
	水貂油	6～10		三乙醇胺	0.3～0.8
	甲二磺酸锌	5～10		硼酸	0.1～0.5
	乳化蜡	4～8		去离子水	加至100
	三七提取物	1～5	C组分	香精	0.2～0.8

制备工艺：

① 将A组分加热至60～75℃混合均匀，B组分加热至80℃溶解完全；

② 将两组分混合进行乳化，温度降至 50℃加入 C 组分，即得。

配方 13：祛痘护肤水

组分		质量分数/%	组分		质量分数/%
A 组分	金缕梅萃取物	13.7	B 组分	1,3-丁二醇	10.3
	芦荟萃取物	17.1		甘油	5.1
	金银花萃取物	13.7		水貂油	6.8
B 组分	氨基苯甲酸甘油酯	6.8		去离子水	加至 100
	羟苯丁酯	0.85			

制备工艺：

① 将 A 组分用粉碎机粉碎再过滤，加热至 80～100℃，冷凝出萃取物；

② 将 B 组分混合，在 60～80℃下搅拌 50min，加入 A 组分，搅拌后冷却，即得。

配方 14：防皴防冻霜

组分		质量分数/%	组分		质量分数/%
A 组分	甘油	5.0	B 组分	水貂油	2.8
	尿囊素	0.28		牛油果树果脂	1.3
	甘草酸二钾	0.15		油橄榄果油	0.5
	透明质酸钠	0.025		鲸蜡硬脂基葡糖苷	1.5
	人参提取物	1.0		硬脂酸甘油酯	2.0
	甘草提取物	3.8		鲸蜡硬脂醇	5.2
	芍药提取物	1.5		角鲨烷	8.0
	姜提取物	1.0		维生素 E 乙酸酯	1.0
	去离子水	加至 100		霍霍巴油	1.0
			C 组分	异戊二醇	1.0
				乙基己基甘油	1.5

制备工艺：

① 将 A 组分加热至 82℃搅拌溶解，将 B 组分加热至 75℃搅拌熔化；

② 将 A 组分抽入乳化罐内，搅拌、升温，再将 B 组分抽入乳化罐中，搅拌混合均匀，在 80～83℃下搅拌乳化 25min；

③ 乳化结束后，降温至 46℃加入 C 组分，搅拌均匀，冷却至室温，即得。

5.3.3 马油

(1) 马油的组成和功效　马油（horse fat）起源于我国，是由极易被人体皮肤吸收的马的皮下脂肪精制而成。我国主要从马鬃（马颈）部位提取马油。日本和韩国的马油，以马脂肪作为主要的提取原料。一直以来，因为具有治疗手足皮肤炎症、生发护发、增白、治疗手足干裂粗糙等功效，马油被广泛应用于医疗、保健、美容等。

马油含有多种脂肪酸，马油中脂肪酸以 C_{16} 和 C_{18} 脂肪酸为主，占 94%以上，其中主要有棕榈酸、油酸、亚油酸、亚麻酸等。其中，油酸具有抗氧化性能。此外，马油还含有维生素 A、维生素 D_3、维生素 E 等脂溶性维生素和其他营养成分。

马油对皮肤黏膜有较强的亲和渗透性，这是由于它的不饱和脂肪酸含量较其他动物油高，且其组成与人体脂肪极为相似，较易被人体表皮吸收，对人体皮肤的渗透速度亦较其他动物油快，易被皮肤吸收，加速皮肤新陈代谢、增强细胞活力，将马油擦在皮肤上，不到数秒就能完全渗透进去，清爽不油腻。

不饱和脂肪酸是构成机体细胞膜的重要物质，不足往往导致皮肤出现炎症或过早发生白发或脱发以及老年斑等。马油常温下是一种黄色或橙黄色的软膏状脂肪，含有较多的不饱和脂肪酸，有很强的消炎和防过敏作用，马油能渗透到皮肤中抑制皮炎，一直以来都被用来治疗烧伤等皮肤病。

此外，马油中有效成分渗入皮下组织后，还能作为营养成分被血液吸收。渗透到内部的马油，将内部的空气逐出后，会产生油膜和外部隔绝，起到抗氧化作用。故而可发挥其对肌肤的营养作用和阻断氧化，抑制炎症的过程，达到消炎消肿的功效。

精制马油没有异味，易被人们接受，近年来马油美容护肤产品的种类越来越丰富，如手工皂、按摩霜、护肤乳、护手霜、洗发水等。

甚至，在日常使用时可以直接用马油清洁脸部和卸除彩妆，直接用马油以涂抹晚霜方式按摩皮肤能够隔绝空气和水分，达到保湿的效果。

(2) 马油化妆品配方精选

配方 1：马油润肤霜

组分		质量分数/%	组分		质量分数/%
A 组分	精制马油	15.0	C 组分	凡士林	4.0
	十二烷基硫酸钠	1.0		C_{18} 醇	9.0
B 组分	甘油	7.0		液体石蜡	1.5
	羟苯乙酯	0.03	D 组分	香精	0.05
	去离子水	加至 100			

制备工艺：

① 将精制马油与十二烷基硫酸钠混合得 A 组分；

② 将甘油、羟苯乙酯溶于去离子水中搅拌均匀得 B 组分；

③ 将凡士林、C_{18}醇、液体石蜡混合均匀得C组分；

④ 将A、B、C三组分混合，充分搅拌乳化后加入香精，即得。

配方2：马油手工皂

组分		质量分数/%	组分		质量分数/%
A组分	马油	21.0	B组分	氢氧化钠	9.0
	甜杏仁油	30.0		去离子水	加至100
	乳木果油	6.0	C组分	紫草浸泡油	1.2
	椰子油	3.0			

制备工艺：

① 将B组分氢氧化钠加入去离子水中，搅拌至氢氧化钠完全溶解，等待其温度降到50℃得水相；

② 将A组分加热至50℃混合均匀得油相，将水相加入油相中乳化；

③ 待皂液逐渐浓稠，加入C组分搅拌均匀，倒入模具并保温，待24～48h后脱模，切成适当大小，放在通风避光处成熟，4周后即得。

配方3：无硅油头发护理组合物

组分		质量分数/%	组分		质量分数/%
A组分	鲸蜡硬脂醇	2.0	B组分	聚季铵盐-10	0.1
	PEG-100硬脂酸酯	2.0		柠檬酸	1.0
	硬脂酸甘油酯	1.0		去离子水	加至100
	马油	5.0	C组分	羟苯甲酯	0.3
B组分	硬脂基三甲基氯化铵	2.0		甲基异噻唑啉酮	0.3
	二棕榈酰氧乙基羟乙基甲基铵甲基硫酸盐	5.0		香精	0.5
	水解胶原	5.0			

制备工艺：

① 将A组分、B组分分别搅拌加热至混合均匀，将B组分加入A组分中进行乳化；

② 待乳液冷却后加入C组分，冷却至室温即得。

配方4：马油雪花膏

组分		质量分数/%	组分		质量分数/%
A组分	精制马油	16.0	B组分	硫酸软骨素	10.0
	蜂蜡	12.0		丙二醇	20.0
	羊毛脂	8.0	C组分	苯甲酸钠	适量
	山嵛醇	4.0			
	C_{16}醇	10.0			
	C_{30}烷	20.0			

制备工艺：

① 将A组分原料加热至92℃并保温搅拌10min；

② 降温至85℃加入B组分，搅拌均匀；

③ 降温至50℃加入C组分，搅拌至室温，即得。

配方5：马油沐浴露

组分		质量分数/%	组分		质量分数/%
A组分	薰衣草花提取物	15.0	A组分	青瓜汁	7.0
	芦荟提取物	7.0		维生素C	6.0
	蛋清	7.0		马油	3.0
	蜂蜜	7.0		去离子水	加至100
	菊花提取物	10.0	B组分	甘油	5.0
	薄荷提取物	7.0	C组分	月桂醇聚醚硫酸酯钠	8.0

制备工艺：

将A组分原料加热至混合均匀，向其中加入B组分搅拌至混合物呈胶体，最后加入C组分，即得。

配方6：抗过敏手工皂

组分		质量分数/%	组分		质量分数/%
A组分	橄榄油	22.0	C组分	蛇油	4.0
				甘草酸二钾	1.5
	椰子油	13.0		徐长卿提取物	2.0
	棕榈油	12.0		黄柏提取物	0.5
	米糠油	7.0		艾叶提取物	1.0
	马油	9.0		黄芩提取物	1.0
				苦参提取物	1.0
B组分	氢氧化钠	8.0		五加皮提取物	1.0
	去离子水	加至100		旱莲草提取物	1.0

制备工艺：

① 将A组分混合，加热至42℃得混合油脂，将B组分氢氧化钠加入去离子水中，搅拌均匀，冷却至42℃，得碱水；

② 将上述两组分混合后匀速搅拌1h，搅拌过程中保持温度始终处于42℃，至皂化液状态后，加入C组分搅拌均匀后倒入模具，降温至固化，室温放置4～6周即得。

配方7：马油护肤品

组分		质量分数/%	组分		质量分数/%
A组分	乳木果油	7.0	B组分	甘油	1.0
	马油	8.0		透明质酸钠	0.2
	鲸蜡硬脂醇	2.0		尿囊素	0.5
	单硬脂酸甘油酯	2.0		去离子水	加至100
	硬脂酸	1.0	C组分	表皮生长因子	0.008
				防腐剂	0.1
				香精	0.2

制备工艺：

① 将A组分、B组分分别加热至80～90℃混合均匀，得油相和水相；

② 将水相缓慢加入油相中，用均质乳化机乳化20～30min，得油包水型乳液；

③ 待乳液冷却后，加入提前溶解好的C组分，搅拌均匀并降温至35℃，即得。

配方8：马油防皱乳1

组分		质量分数/%	组分		质量分数/%
A组分	精制马油	32.0	B组分	羟苯乙酯	0.019
	十二烷基硫酸钠	6.5		去离子水	加至100
B组分	维生素C	0.5	C组分	香精	0.01
	维生素E	1.0			

制备工艺：

① 将精制马油、十二烷基硫酸钠混合搅拌均匀，得A组分；

② 将维生素C、维生素E、羟苯乙酯加入去离子水中溶解，得B组分；

③ 将B组分加入A组分中，充分搅拌乳化，加入香精即得。

配方9：马油防皱乳2

组分		质量分数/%	组分		质量分数/%
A组分	精制马油	37.0	B组分	维生素E	1.0
	十二烷基硫酸钠	1.5		去离子水	加至100
B组分	维生素C	0.5	C组分	香精	0.02

制备工艺：

① 将精制马油、十二烷基硫酸钠混合搅拌均匀，得A组分；

② 将维生素C、维生素E加入去离子水中溶解，得B组分；

③ 将B组分加入A组分中，充分搅拌乳化，加入C组分即得。

配方10：马油护肤霜

组分		质量分数/%	组分		质量分数/%
A组分	甘油	12.0	B组分	马油	8.0
	PEG-100硬脂酸酯	1.2		刺阿干树仁油	3.5
	去离子水	加至100		辛酸/癸酸三酰甘油	15.0
				透明质酸钠	1.5

制备工艺：

① 将甘油、PEG-100硬脂酸酯加入水中，加热至75℃溶解，混合均匀，均质3min，得A组分；

② 将A组分冷却至45℃，搅拌下加入B组分，混合均匀，冷却至室温即得。

配方11：保湿护手霜

组分		质量分数/%	组分		质量分数/%
A组分	马油	25.0	B组分	甘油	12.0
	硬脂酸	0.05		吐温-60	0.35
	司盘-60	0.05		去离子水	加至100
	单硬脂酸甘油酯	0.05	C组分	玫瑰精油	2.0
B组分	尿囊素	5.0			
	芦荟精华	8.0			

制备工艺：

① 将A组分加热至75℃搅拌均匀，灭菌保温，得油相；

② 将B组分加热至75℃搅拌均匀，灭菌保温，得水相；

③ 将油相分两次加入水相中混合均匀，待冷却后加入C组分，即得。

配方12：滋润保湿面霜

组分		质量分数/%	组分		质量分数/%
A组分	马油	26.0	B组分	泛醇	3.0
	甘油	23.0		玻尿酸	3.0
	卵磷脂	4.0		氨基酸	2.0
	甘油聚甲基丙烯酸酯	1.0		去离子水	加至100
	豆蔻酸酯	3.0	C组分	水解胶原蛋白	3.0
B组分	海藻提取物	3.0		维生素E	1.0
	花生四烯酸	3.0		珍珠提取物	2.0
	绿茶提取物	2.0		柠檬提取物	2.0
	当归提取物	2.0			

制备工艺：

① 将A组分、B组分分别按比例混合均匀，将B组分分两次加入A组分中，搅拌均匀；

② 依次加入C组分原料，混匀后离心，过滤掉多余水分，即得。

配方13：芳香型护手霜

组分		质量分数/%	组分		质量分数/%
A组分	脂肪酸钠	30.0	A组分	珍珠粉	3.0
	亚麻酸	12.0		去离子水	加至100
	乳木果油	11.0	B组分	沙棘提取物	9.0
	马油	4.0		海藻提取物	9.0
			C组分	精油	4.0

制备工艺：

① 将A组分原料混合，搅拌均匀，于70℃下加热25min，冷却，静置40min；

② 向A组分中加入B组分，搅拌均匀，于45℃下加热40min，冷却，静置25min；

③ 向体系中加入C组分，搅拌均匀，进行均质乳化10min，即得。

配方14：美白沐浴露

组分		质量分数/%	组分		质量分数/%
A组分	马油	3.0	B组分	月桂醇硫酸钠	6.0
	鞣花酸	5.0		维生素C	2.5
B组分	矿物填充物	8.0		维生素E	2.5
	纯牛奶	10.0		去离子水	加至100
	烟酰胺	3.0	C组分	茉莉花提取物	15.0
	蜂蜜	7.0		红石榴提取物	6.0

制备工艺：

① 矿物填充物包括硫酸镁和红柱石粉末，两者按质量比1∶0.2混合；

② 将A组分、B组分分别加热至混合均匀，混合两相至均匀乳化；

③ 冷却后加入C组分，搅拌均匀，即得。

配方15：祛斑精华液

组分		质量分数/%	组分		质量分数/%
A组分	棕榈酸异丙酯	5.0	A组分	聚甲基苯基硅氧烷	1.0
	角鲨烷	8.0		杏仁油	6.0
	马油	10.0			

续表

组分		质量分数/%	组分		质量分数/%
B组分	聚乙烯吡咯烷酮	3.0	C组分	素馨花提取物	2.0
	香兰素	1.3		鸡蛋果提取物	3.0
				沙生槐提取物	2.5
	去离子水	加至100		山梨醇甘油酸酯	2.0

制备工艺：

① 取A组分原料在72～78℃下搅拌均匀，取B组分原料在45～50℃下搅拌均匀；

② 将C组分加入B组分中，在55～60℃条件下，搅拌10min后加入A组分中，在60～65℃下搅拌25min即得。

配方16：马油蛋白护发素

组分		质量分数/%	组分		质量分数/%
A组分	山嵛基三甲基氯化铵	4.0	B组分	甘油	3.0
	鲸蜡硬脂醇	7.0		1,2-己二醇	0.5
	马油	0.5		羟乙基纤维素	0.3
	澳洲坚果籽油	1.5		谷氨酸二乙酸四钠	0.05
	霍霍巴油	1.5		泛醇	0.3
	氢化聚癸烯	2.0		水解丝胶蛋白	0.5
	碳酸二乙基己酯	2.0		去离子水	加至100
	十二烷十六烷基三甲基氯化铵	0.7	C组分	香精	0.5
	葡萄糖发酵产物	0.6			

制备工艺：

① 将A组分加入乳化罐中，在70～90℃下加热搅拌溶解；将B组分加到另一个罐中，在70～90℃下加热搅拌溶解。

② 将B组分加入A组分中，搅拌5～10min混匀，乳化，待降温至40℃以下时加入香精，搅拌均匀即得。

配方17：马油香紫苏护肤品

组分		质量分数/%	组分		质量分数/%
A组分	纯化马油	40.0	B组分	黄原胶	0.35
	香紫苏精油	4.0		吐温-80	2.0
	蜂蜡	10.0		乳酸	2.0
	茶多酚	0.03			
	柠檬酸	0.02		去离子水	加至100

制备工艺：

① 向纯化马油中加入茶多酚和柠檬酸，混合均匀，加热至80～85℃，加入加热熔化后的蜂蜡，搅拌均匀，冷却至50℃以下时，加入香紫苏精油，混合均匀，得A组分；

② 将黄原胶、吐温-80、乳酸加入去离子水中，搅拌均匀，得B组分；

③ 在80～85℃条件下，将A组分加入B组分中，乳化即得。

配方18：马油修护润唇膏1

组分		质量分数/%	组分		质量分数/%
A组分	蜜蜡	10.0	A组分	马油	50.0
	可可脂	10.0		乳木果油	2.0
	金盏花浸泡油	4.0		EV橄榄油	6.0
	红棕榈油	6.0	B组分	氢化超支化聚烯烃	12.0

制备工艺：

① 将A组分混合，搅拌并加热至60～70℃直至溶解；

② 降温至50℃时，迅速加入B组分，搅拌均匀，静置待冷却成为膏体，即得。

配方19：马油修护润唇膏2

组分		质量分数/%	组分		质量分数/%
A组分	蜜蜡	15.0	A组分	马油	40.0
	可可脂	10.0		乳木果油	4.0
	金盏花浸泡油	2.0		EV橄榄油	8.0
	红棕榈油	13.0	B组分	氢化超支化聚烯烃	8.0

制备工艺：

① 将A组分混合，搅拌并加热至60～70℃直至溶解；

② 降温至50℃时，迅速加入B组分，搅拌均匀，静置待冷却成为膏体，即得。

5.4 卵磷脂

卵磷脂（lecithin）广泛存在于动、植物体内，如动物的内脏、脑髓、神经组织、血液和卵黄中。卵磷脂对生物体的新陈代谢和组织结构具有重要的作用，是一种重要的生命物质。

5.4.1 卵磷脂的结构、提取和功效

卵磷脂是一种较为安全的食品和化妆品用添加剂、乳化剂，一般从蛋黄中制取，蛋黄中卵磷脂的含量为8%～10%。一般磷脂产品呈黄色，通常是卵磷脂、脑磷脂以及肌醇磷脂等的混合物，纯净的磷脂呈白色，没有明显的熔点，随温度升高而变软，最后成为液滴但并不熔合，直到200℃时才具有明显的清晰液面。磷脂难溶于水，易溶于有机溶剂如乙醇、乙醚等，且随温度升高其溶解度增大。

卵磷脂具有两亲分子结构。两个脂肪酸链为疏水基，磷酸和胆碱基团为亲水基。因此磷脂表面活性剂具有界面和胶体性质，如界面活性、乳化性、胶体性质、热性质及成盐和复合物等性质。

卵磷脂分离提取最常用的办法是溶剂萃取法。提取的主要原理是利用卵磷脂易溶于乙醇，其他磷脂如脑磷脂、肌醇磷脂不溶于乙醇获得卵磷脂粗产品，并利用卵磷脂在丙酮中溶解度差的特点，将其从磷脂粗产品中分离出来。除乙醇外，还可以用甲醇、异丙醇、丙二醇或者混合溶剂等提取卵磷脂。

精制的卵磷脂为膏状至蜡状，不溶于水、但可以溶于乙醇和乙醚、精制植物油、精制动物油、矿物油、单甘酯等载体中，而广泛用于食品、化妆品、医药、增塑剂、颜料、染料等产品中。化妆品所用的卵黄磷脂是用溶剂萃取法制造的，由此方法获得的卵磷脂，可加热去除溶剂，因此所用的卵磷脂会有着色现象，多为淡褐色。此外，加热的过程中氨臭的发生和微量卵黄蛋白的混入使天然卵磷脂的状态发生变化。因此，为了保证卵磷脂的质量和纯度，需要严格控制萃取温度，通常需要在低温条件下进行操作。

卵磷脂对皮肤具有很好的适应性、渗透性，能增进皮肤的柔软性，对防止头皮脂溢出以及头发软化均具有较为明显的作用。此外，卵磷脂具有乳化、保湿性能，是一种具有前景的化妆品原料，常用于洗面奶、护发素、护肤霜、乳液等产品的配制。由于化妆品多与人体皮肤直接接触，因此，要求所用卵磷脂满足化妆品级别。

5.4.2 卵磷脂化妆品配方精选

配方1：卵磷脂润肤霜

组分		质量分数/%	组分		质量分数/%
A组分	硬脂酸单甘酯	7.0	A组分	脂肪醇聚氧乙烯醚	2.5
	白油	16.0		防腐剂	适量
	C_{16}醇	3.5	B组分	季铵盐化合物	0.2-0.5
	羊毛脂	2.0		去离子水	加至100
	卵磷脂	1.5	C组分	香精	适量

制备工艺：

① 将A组分混合后加热至70℃，将B组分季铵盐化合物溶于去离子水中并加热至70℃；

② 在搅拌下将A组分加入B组分中，冷却至45℃时，加入C组分，即得。

配方2：美白护肤液

组分		质量分数/%	组分		质量分数/%
A组分	氢化卵磷脂	1.8	B组分	硫酸软骨素钠	0.01
	聚氧乙烯氢化蓖麻油	0.2		山梨醇	5.0
	角鲨烷	0.2		PEG_{20000}	5.0
	维生素E乙酸酯	0.05		维生素C	0.03
				去离子水	加至100
			C组分	香精	适量

制备工艺：

① 将A组分、B组分分别混合后加热至70～75℃，将B组分加入A组分中，在搅拌下混合乳化；

② 降温至45℃时加入C组分，冷却至室温即得。

配方3：卵磷脂护发素

组分		质量分数/%	组分		质量分数/%
A组分	卵磷脂	0.5	B组分	十八烷基三甲基氯化铵	1.5
	酪蛋白	0.5		1,3-丁二醇	5.0
	硅油	3.0		羟苯甲酯	0.3
	C_{16}醇	2.2		去离子水	加至100
	十八烷基聚氧乙烯醚	0.5	C组分	香精	适量
	角鲨烷	3.0			

制备工艺：

① 将A组分原料混合，并加热至75～85℃；

② 将B组分原料混合并加热至75～85℃，待溶解后加入A组分中，均匀乳化；

③ 待温度降至35～40℃时加入C组分，搅拌混匀，即得。

配方4：卵磷脂化妆液

组分		质量分数/%	组分		质量分数/%
A组分	硅酸镁铝	1.1	B组分	聚乙二醇	3.0
	纤维素胶	0.5		丙二醇	8.0
	去离子水	加至100		三乙醇胺	0.80

续表

组分		质量分数/%	组分		质量分数/%
C组分	异硬脂酸异丙酯	5.5	C组分	棕榈酸异辛酯	2.0
	矿物油、羊毛脂醇	3.5		硬脂酸甘油酯	2.0
	己二酸二辛酯/硬脂酸异辛酯/棕榈酸异辛酯	3.0	D组分	钛白粉	3.5
	椰子油酰肌氨酸	0.5		滑石粉	4.0
	三压硬脂酸	2.0		氧化铁类	0.66
	卵磷脂	0.5	E组分	丙二醇/重氮烷基脲/尼泊金甲酯/羟苯丙酯	1.0

制备工艺：

① 将A组分加热到75℃，混合至完全溶解，然后加入B组分；

② 将C组分混合后加热至70℃，将C组分加入上述A、B组分混合物中，均质；

③ 加入预混合的D组分，冷却，60℃时加入E组分，冷却至室温，即得。

配方5：增白润肤霜

组分		质量分数/%	组分		质量分数/%
A组分	亚油酸	1.0	B组分	氢氧化钾	0.05
	氢化卵磷脂	0.1		柠檬酸	0.05
	二丁羟基甲苯	0.05		羟苯甲酯	0.05
	乙醇	15.0		磷酸二氢钠	0.5
	甘油	8.0		酒石酸钠	0.03
	氢化蓖麻油聚氧乙烯醚	1.0		去离子水	加至100

制备工艺：

① 将A组分混合加热至70℃，将B组分物料加入去离子水中加热至70℃溶解均匀；

② 将B组分缓慢加入A组分中，搅拌至乳化均匀，即得。

配方6：胚芽护肤霜

组分		质量分数/%	组分		质量分数/%
A组分	蜂蜡	12.0	B组分	硼砂	1.5
	卵磷脂	1.0		甘油	5.0
	羊毛脂	1.0		去离子水	加至100
	C_{16}醇	5.0	C组分	香精	适量
	胚芽油	12.0			
	防腐剂、抗氧化剂	适量			

制备工艺：

① 将 A 组分混合并加热至 75℃，再将 B 组分溶于去离子水中也加热至 75℃；

② 在搅拌中将 B 组分加入 A 组分中，冷却至 45℃时加入 C 组分，即得。

配方 7：口红

组分		质量分数/%	组分		质量分数/%
A 组分	地蜡	5.0	A 组分	卵磷脂	2.0
	蜂蜡	15.0		可可脂	5.0
	巴西棕榈蜡	5.0		无水羊毛脂	5.0
	微晶蜡	3.0	B 组分	色素	5.0
	丙二醇单酯	5.0		蓖麻油	46.0
	氢化蓖麻油	3.0	C 组分	香精	1.0

制备工艺：

① 将 A 组分加热至熔融态，将 B 组分中色素分散于蓖麻油中；

② 将 B 组分与熔融态的 A 组分混合研磨，再加入 C 组分，搅拌均匀，浇注成型，即得。

配方 8：卵磷脂护肤霜 1

组分		质量分数/%	组分		质量分数/%
A 组分	卵磷脂	0.35	C 组分	钛白粉	18.0
	聚二甲基硅烷	12.5		硫酸钡	1.5
B 组分	卡拉胶	0.1		滑石粉	0.35
	阿拉伯胶	0.5		氧化镁黑	0.25
	丙二醇	10.5		氧化铁黄	1.4
	吐温-80	0.15		氧化铁红	0.4
	去离子水	加至 100	D 组分	支链淀粉	4.0
				香精	适量

制备工艺：

① 将 A 组分加热至 70℃，将 B 组分加热至 75℃，混合均匀且完全溶解；

② 在搅拌下将 B 组分加入上述 A 组分混合物中进行乳化；

③ 向乳液中加入预混合的 C 组分，降温至 40℃时加入 D 组分，冷却至室温，即得。

配方 9：卵磷脂护肤霜 2

组分		质量分数/%	组分		质量分数/%
A 组分	卵磷脂	1.5	B 组分	硼砂	1.0
	胆甾醇	0.5		去离子水	加至 100
	鲸蜡	10.0	C 组分	香精	适量
	凡士林	44.0			
	粗晶石蜡	15.0			
	羟苯乙酯	适量			

制备工艺：

① 将 A 组分加热至均匀熔化，将 B 组分硼砂加入去离子水中加热至完全溶解；

② 将 B 组分加入 A 组分中混合乳化，待冷却至 45℃时，加入 C 组分，搅拌均匀，即得。

配方 10：卵磷脂黑色染发剂

组分		质量分数/%	组分		质量分数/%
A 组分	410 号黑色染剂	1.0	B 组分	卵磷脂	1.0
	异丙醇	20.0		香精	0.5
	苯甲酸	6.0		羧甲基纤维素	0.8
	柠檬酸	1.1			
	去离子水	加至 100			

制备工艺：

① 将 410 号黑色染剂、异丙醇、苯甲酸、柠檬酸溶解于去离子水中，得 A 组分；

② 将 B 组分加入 A 组分中，搅拌均匀，即得。

配方 11：美容养颜化妆品

组分		质量分数/%	组分		质量分数/%
A 组分	卵磷脂	3.0	B 组分	透明质酸	1.0
	维生素 C	2.0		杰马 BP	0.8
	维生素 E	2.0		去离子水	加至 100
	小麦胚芽油	3.0	C 组分	纳米二氧化钛(60nm)	1.5
	单硬脂酸甘油酯	1.5	D 组分	黄瓜提取物	6.0
B 组分	胶原蛋白抗氧化肽	8.0		茉莉精油	0.4
	甘油	3.0		色素	0.3

制备工艺：

① 将 A 组分加热至 85℃搅拌均匀，至原料全部熔化，保持熔融状态；

② 将 B 组分原料加入去离子水中加热至 70℃搅拌均匀，至全部溶解；

③ 将 A 组分、B 组分混合，均质，加入 C 组分，待冷却至 45℃时，加入 D 组分混匀，即得。

配方 12：舒缓修复面膜

组分		质量分数/%
A 组分	尿囊素	0.2
	甘油	5.0
	双甘油	2.0
	EDTA-Na_2	0.05
	馨鲜酮	0.40
	去离子水	加至 100
B 组分	1,3-丙二醇	5.0
	聚丙烯酸	0.15
C 组分	乳酸杆菌/大米发酵产物/麦芽糖醇/精氨酸	0.5
D 组分	氢化卵磷脂	0.15
	聚甘油-6 二硬脂酸酯/霍霍巴酯类/聚甘油-3 蜂蜡酸酯/鲸蜡醇	0.35
D 组分	乙基己酸三酰甘油	0.8
	甘油辛酸酯	0.05
	角鲨烷	1.0
E 组分	海淤泥提取物	6.0
	羟苯基丙酰胺苯甲酸	0.8
	神经酰胺 3	0.08
	乳酸杆菌/豆浆发酵产物滤液	0.5
	海藻糖	1.0
	泛醇	0.5
	龙胆根提取物	0.5
	精氨酸	0.15

制备工艺：

① 将 A 组分、D 组分分别加热至 75℃搅拌溶解，将 B 组分聚丙烯酸用 1,3-丙二醇分散均匀，备用；

② 将 A 组分 90％抽入乳化锅中，再加入 B 组分，在 75℃下均质 8min 至无颗粒状，加入 A 组分剩余原料；

③ 缓慢将 C 组分加入乳化锅中，保温搅拌 10min，分散至均匀状态，加入 D 组分，在 3000r/min 下均质 8min 后继续搅拌 15min（40r/min）；

④ 降温至 65℃ 加入 E 组分，搅拌至无颗粒黏稠状态，冷却至室温，即得。

配方 13：祛痘印霜

组分		质量分数/%
A 组分	氢化卵磷脂	4.0
	辛酸/癸酸三酰甘油	4.0
	鲸蜡硬脂醇	1.5
	硬脂酸	1.0
A 组分	白池花籽油	3.0
	油橄榄果油	1.5
	羟苯甲酯	0.2
	羟苯丙酯	0.1

续表

组分		质量分数/%	组分		质量分数/%
B组分	环聚二甲基硅氧烷	4.0	D组分	红没药醇	0.5
	环聚二甲基硅氧烷混合组分	1.5		羽衣草提取物	4.5
C组分	$EDTA-Na_2$	0.02		番石榴果提取物	2.0
	丁二醇	4.5		积雪草苷	1.5
	甘油	4.5		芦荟凝胶粉	0.6
	黄原胶	0.2	E组分	苯氧乙醇	0.3
	透明质酸钠	0.02		香精	0.05
	泛醇	1.0			
	去离子水	加至100			

制备工艺：

① 将A组分加热至80～85℃完全溶解，将B组分搅拌分散均匀加入A组分中；

② 将C组分加热至80～85℃搅拌均匀，溶解完全后加入乳化锅中；

③ 抽真空并开均质与搅拌，利用负压将步骤①混合物抽入乳化锅中，乳化25～30min；

④ 降温至40～45℃时依次加入D组分和E组分，搅拌均匀，即得。

配方14：舒缓面膜敷前精华

组分		质量分数/%	组分		质量分数/%
A组分	甘油	3.0	C组分	精氨酸	0.38
	1,2-戊二醇	4.0	D组分	玫瑰花水	20.0
	1,2-己二醇	1.0		海藻糖	1.0
	对羟基苯乙酮	0.4		甘油/羟基化卵磷脂	0.3
	$EDTA-Na_2$	0.04		甘草酸二钾	0.04
	去离子水	去离子水		水/丁二醇/1,2-戊二醇/乳酸杆菌/豆浆发酵产物滤液	1.5
B组分	丁二醇	8.0			
	卡波姆	0.4		莲胚芽提取物/甘油	1.5

制备工艺：

① 将A组分原料加入去离子水中加热至80℃搅拌10min，至溶解状态，将B组分分散至无颗粒状态备用；

② 抽入2/5的A组分至乳化缸下，再加入分散均匀的B组分，在3000r/min下均质5min，使其完全分散均匀；

③ 加入剩余A组分，在80℃、40r/min下搅拌至均匀状态，保温15min；

④ 降温至65℃时，加入C组分，搅拌至无颗粒黏稠状态后，继续降温；

⑤ 降温至40℃时，依次加入D组分原料，搅拌10～15min，直至溶解完全，冷却至室温，装瓶，即得。

配方15：卸妆啫喱

组分		质量分数/%	组分		质量分数/%
A组分	PPG-4-鲸蜡醇聚醚-20	6.0	D组分	甘油	0.0001
	丁二醇	7.0		β-葡聚糖	0.0004
	双丙甘醇	1.0		海淤泥提取物	0.0003
	去离子水	加至100		皱波角叉菜提取物	0.0003
B组分	卡波姆	0.2		葡萄柚果提取物	0.001
C组分	甜扁桃油	0.35		水解蜂王浆蛋白	0.0001
	氢化植物油	0.3		山梨酸	0.00005
	PEG-7甘油椰油酸酯	6.0		氨甲基丙二醇	0.1
	辛酸/癸酸甘油三酯	1.0		丁羟甲苯	0.05
	氢化卵磷脂	0.8		香精	0.05
	大红橘果皮油	0.4		苯氧乙醇	0.3
				乙基己基甘油	0.015
				甲基异噻唑啉酮	0.002

制备工艺：

① 将A组分在1000r/min下搅拌10min，使其充分混合；

② 将B组分加入A组分中，加热至75～85℃，在2500r/min下搅拌30min；

③ 将C组分加热至75～85℃充分混合，与上述组分混合，在2000r/min下搅拌15min，真空脱泡，降温；

④ 冷却至40～50℃时加入D组分混合均匀，即得。

配方16：抗过敏乳液

组分		质量分数/%	组分		质量分数/%
A组分	柠檬酸	0.3	B组分	氢化卵磷脂	10.0
	柠檬酸钠	0.65		胆固醇	3.0
	丁二醇	15.0	C组分	神经酰胺3	0.6
	去离子水	加至100		泛醌	3.0
				厚朴酚	3.0

制备工艺：

① 将A组分原料加入去离子水中溶解均匀，向B组分中加入适量无水乙醇，加热至50℃超声混合均匀；

② 向C组分中加入少量无水乙醇，快速搅拌加热至45℃溶解，加入B组分中，超声混合5min；

③ 在58℃水浴下，将A组分加入上述混合液中，搅拌30min，减压除去乙醇溶液，冷却至室温，即得。

5.5 珍珠

珍珠（pearl）是贝类受进入体内外界物质的刺激、产生防护作用所分泌的珍珠质形成的霰石晶型结晶物。珍珠浑圆晶莹、珠光宝色、色彩绚丽，古今中外一直被视为珍贵的象征。我国是世界采捕和应用珍珠最早的国家之一，珍珠不仅是精美的装饰品，而且具有医药养生之功效，是高级美容佳品。《本草纲目》记载珍珠味咸、甘寒无毒，有明目安神、治聋和解毒等功效。

珍珠在中医美容中应用溯源流长。20世纪70～80年代，珍珠在化妆品中的应用达到空前水平，化妆品市场上珍珠霜独占风骚。20世纪90年代初南方某名牌产品珍珠膏，突出了珍珠的魅力，风靡大江南北。近年来珍珠化妆品产品质量没有提高，加之伪劣假冒，一些根本没有珍珠成分的产品充斥市场，致使珍珠化妆品由盛转衰，逐步淡出市场。近年来，随着崇尚天然、回归自然的市场潮流的发展，传统天然美容品——珍珠又被重视。

5.5.1 珍珠的组成和功效

珍珠的主要成分为碳酸钙，约占其总量的91.5%左右，其余含水3.97%、有机物3.83%、其他物质0.7%。现代研究证明珍珠具有美容护肤之功效是其中含有珍珠素，珍珠素由α-珍珠素、β-珍珠素和γ-珍珠素组成。α-珍珠素主要成分为活性钙；β-珍珠素成分为16种微量元素，主要有铁、锌、钴、铬、锰、锶和镍等；γ-珍珠素主要成分为18种人体需要的氨基酸。

珍珠的美容护肤功能有：

① 珍珠中的活性钙是人体必需的一种矿物质，钙与毛细管渗透有关，人体缺乏钙造成皮肤粗糙并引起早衰。因此，珍珠具有抗衰老、抑制脂褐质的生成的功效，可使皮肤光滑细嫩、白皙清新。

② 珍珠含有铁元素，铁是人体内必需的一种重要元素，人的“红颜”是血液中的血红素铁的表现。此外，铁能维护皮肤的弹性，使颜面美丽。因此，珍珠美容可使皮肤增加弹性，减少皱纹，增加皮肤天然血色，饱满红润。

③ 珍珠含有锌元素，锌维持皮肤的光泽和柔滑，锌有很高的营养价值，与约300种酶的活性有关。因此，珍珠可促进人体酶的活力，调节血液酸、碱度，增强细胞的生命力，阻止或延缓皮肤的衰老，使皮肤皱纹减少，青春靓丽。

④ 珍珠中含有铜、锰和铬等微量元素。其中，铜与人体皮肤弹性、润泽度有关，皮肤、毛发色素代谢等生理过程都离不开铜；锰可增加人体内代谢酶

的活性，并可祛除氧自由基等物质在体内积累，阻止和延缓器官的老化；铬对人的生理功能和球蛋白的代谢有重要的作用，能降低血胆固醇，增加高密度蛋白，可使皮肤细嫩柔软，富有弹性。

⑤ 珍珠含多种氨基酸，氨基酸是蛋白质分解的最小单位，可被人体直接吸收。因此珍珠可使皮肤弹性增强，并可促进组织再生，使皮下组织丰满，皱纹变浅甚至消失。

5.5.2 水解珍珠

珍珠在化妆品中的应用历史悠久，传统的方法是将固态珍珠粉直接添加在化妆品载体之中。固态珍珠粉人体不易吸收，即使粉碎成极细的颗粒，人体吸收率仅为29%左右。而经水解或酶解后，人体吸收率可在95%以上，因此，珍珠在化妆品中的应用，宜经过水解或酶解。

珍珠水解液具有抗皱、增白、祛斑、护肤的作用，常用于制作护肤、祛斑化妆品。珍珠水解液的有效成分被人体吸收后，参与人体代谢，达到全身肌肤的整体调理和保养；珍珠水解液能促进新生细胞生成，并不断补充营养到皮肤表层，使皮肤光滑、细腻、有弹性；珍珠水解液对有细小瘢痕和较为敏感的面部肌肤亦有明显的效果；珍珠水解液可促进人体肌肤SOD的活性，抑制黑色素的形成，保持皮肤白皙，并防止皮肤衰老和产生皱纹。珍珠水解液在化妆品中制作珍珠护肤膏霜类、露类、水剂、洁面素、洗发液和香皂等多种产品，添加量一般在2%～5%，添加在水相中为宜。

5.5.3 珍珠化妆品配方精选

配方1：珍珠润肤雪花膏

组分		质量分数/%	组分		质量分数/%
A组分	角鲨烷	5.0	B组分	山梨醇酯	3.2
	蜂蜡	2.0		去离子水	加至100
	C_{16}醇	2.8	C组分	水解珍珠	0.5
	硬脂酸	4.5		防腐剂	适量
	豆蔻酸异丙酯	2.6		香精	0.2
				抗氧化剂	适量

制备工艺：

① 将A组分混合组成油相，将B组分混合成水相，分别将油相和水相加热至70℃；

② 在70℃下，边搅拌边将水相加入油相中进行乳化；

③ 当温度降至45℃以下时加入C组分，搅拌均匀，静置冷却后即得。

配方2：珍珠洗发水

组分		质量分数/%	组分		质量分数/%
A组分	水解胶原蛋白	2.0	A组分	椰油酰胺丙基甜菜碱	3.0
	十二烷基硫酸钠	20.0		去离子水	加至100
	异硬脂酰乳酸钠	2.5	B组分	香精	适量
	聚乙二醇二硬脂酸酯	2.0		色素	适量
	C_{14}～C_{16}烯烃硫酸钠	20.0		水解珍珠	0.5
	月桂酰胺二乙醇胺	3.0		防腐剂	适量

制备工艺：

将A组分在去离子水中混合，加热至60℃，轻轻缓缓地搅匀，冷至40℃时加入B组分，即得。

配方3：珍珠眼影膏

组分		质量分数/%	组分		质量分数/%
A组分	微晶蜡	26.5	B组分	二氧化钛	3.0
	白凡士林	13.0		角鲨烷	2.0
	液体石蜡	15.0		颜料	12.0
B组分	羊毛脂	5.0	C组分	蜂蜡	5.0
	珍珠粉	18.0	D组分	香精	0.5

制备工艺：

① 将A组分加热至50℃，加入B组分搅拌，研磨，调整色泽后，加入C组分；

② 加热至85℃，保温搅拌10min，使其混合均匀，在50～60℃下浇入模子前加入D组分，快速冷却成型，以防颜料下沉，在浇模时要避免空气混入。

配方4：珍珠指甲油

组分		质量分数/%	组分		质量分数/%
A组分	甘油	35.0	C组分	水解珍珠	1.0
	树脂	6.0		颜料	4.0
	硝化纤维素	14.0		骨胶原水解物	5.0
B组分	乙酸丁酯	25.0			
	磷酸三甲苯酯	3.0			
	邻苯二甲酸丁酯	7.0			

制备工艺：

将A组分原料溶解于B组分混合溶剂中，搅拌均匀，然后将C组分加入上述混合物中，搅拌即得。

配方5：水解珍珠香皂

组分	质量分数/%	组分	质量分数/%
皂片	99.1	留兰香油	0.3
水解珍珠	0.2	薏苡仁提取物	0.2
香精	0.2		

制备工艺：

将干燥的皂片放入拌料斗中，依次加入留兰香油、水解珍珠、薏苡仁提取物、香精，充分搅拌均匀，经压条、打印，即得。

配方6：多效祛斑粉

组分		质量分数/%	组分		质量分数/%
A组分	氧化锌	7.0	C组分	珍珠粉	1.0
	米淀粉	5.0		香精	适量
	钛白粉	6.0		抗氧化剂	适量
B组分	滑石粉	80.0			

制备工艺：

① 将氧化锌、钛白粉与米淀粉混合，得A组分；

② 将A组分按等量递增法与滑石粉混合均匀，最后加入C组分混匀，过120目筛即得。

配方7：珍珠青春护肤液

组分	质量分数/%	组分	质量分数/%
水解珍珠	1.0	天冬氨酸	2.0
氯化镁	0.1	磷酸氢二钠	1.1
香精	0.3	去离子水	适量

制备工艺：

将配料中各原料溶于去离子水中，搅拌均匀，经静置保存后过滤，即得。

配方8：珍珠润肤露1

组分		质量分数/%	组分		质量分数/%
A组分	失水山梨醇聚氧乙烯醚	3.2	B组分	甘油	19.0
	单硬脂酸甘油酯	8.5		去离子水	加至100
	硬脂酸	3.2		珍珠粉(2μm)	2.0
	白油	3.2	C组分	香精	适量
	C_{16}醇	4.2			
	二丁基羟基甲苯	0.2			

制备工艺：

① 将A组分混合热熔，于80℃下加入二丁基羟基甲苯，搅拌混合均匀；

② 将B组分中甘油和珍珠粉溶于80℃去离子水中；

③ 在搅拌下将A组分加入B组分中均质乳化，45℃时加入C组分，搅拌至冷凝，即得。

配方9：珍珠润肤露2

组分		质量分数/%	组分		质量分数/%
A组分	聚氧乙烯羊毛醇醚	3.0	B组分	甘油	15.0
	羊毛醇	3.0		吐温-60	2.0
	硬脂酸	4.0		去离子水	加至100
	鲸蜡醇	3.0	C组分	珍珠粉和银耳提取物	适量
	单甘酯	7.0	D组分	香精	适量
	18#白油	10.0			
	防腐剂	适量			

制备工艺：

① 将A组分、B组分分别混合后加热至85℃，于搅拌下将A组分加入B组分中乳化；

② 降温至75℃，加入C组分，45℃时加入D组分，调和均匀，即得。

配方10：珍珠营养面霜

组分		质量分数/%	组分		质量分数/%
A组分	黄原胶	0.5	B组分	单硬脂酸甘油酯	1.0
	甘油	3.0		十八烷基聚氧乙烯醚	3.0
	丁二醇	3.0		羟苯甲酯	0.1
	去离子水	加至100	C组分	硬脂酸镁	0.1
B组分	C_{16}醇	2.0		珍珠粉	8.0
	C_{18}醇	3.0	D组分	乳酸	0.5
	液体石蜡	5.0		双咪唑烷基脲	0.1
	辛酸/癸酸三酰甘油	4.0		香精	适量

制备工艺：

① 将A组分混合并加热至80℃，备用；

② 将B组分加热至100℃混合均匀，然后加入硬脂酸镁使其完全溶解，再加入珍珠粉充分搅拌均匀；

③ 将步骤②组分加入 A 组分中乳化 10min，降温至 45℃时加入 D 组分，搅拌均匀，冷却至室温灭菌，即得。

配方 11：酵素水解珍珠粉精华液

组分		质量分数/%	组分		质量分数/%
A 组分	甲基丙二醇	3.0	B 组分	甘氨酸	0.8
	聚谷氨酸	3.0		抗坏血酸	1.5
	马油	0.1		神经酰胺	0.5
	丁二醇	2.0		羟乙基纤维素	3.0
	PEG-10 氢化蓖麻油	0.5		透明质酸	2.0
	PEG-60 氢化蓖麻油	0.5	C 组分	聚丙烯酰胺	0.1
	氢化聚异丁烯	0.5	D 组分	酵素	3.0
	卡波姆	1.7	E 组分	1,2-丁二醇	0.5
	尿囊素	5.0		去离子水	2.0
	去离子水	4.0	F 组分	1,2-戊二醇	0.1
B 组分	玫瑰花提取物	1.0		1,2-已二醇	0.8
	烟酰胺	1.1		珍珠粉	1.0

制备工艺：

① 将 A 组分、B 组分置于混合锅中混合，在 78℃下加热搅拌 30min 以上至完全溶解；

② 冷却降温至 52℃后在混合物中加入 C 组分和 D 组分，搅拌混合；

③ 继续冷却降温至 50℃，依次加入 E 组分和 F 组分，搅拌均匀，即得。

配方 12：增白美容膏

组分		质量分数/%	组分		质量分数/%
A 组分	珍珠粉	3.2	B 组分	甘草提取液	3.2
	草果	2.6		人参提取液	3.2
	人参	1.6		黄芪提取液	3.2
	藏红花	4.2		蜂蜜	3.2
	黑芝麻	2.0		鲜牛奶	10.5
				去离子水	加至 100
			C 组分	香精	适量

制备工艺：

① 将 A 组分各原料磨细，过 200 目筛，搅拌混合均匀；

② 将 B 组分与 A 组分混合，搅拌分散均匀，加入 C 组分，混合均匀后即得。

配方 13：珍珠粉修复面膜

组分		质量分数/%	组分		质量分数/%
A 组分	吐温-20	2.0	C 组分	EDTA-Na_2	0.5
	吐温-80	0.6	D 组分	丙二醇	8.0
	聚乙二醇-400	2.5		甜菜碱	3.0
B 组分	白凡士林	3.4	E 组分	去离子水	加至 100
	C_{16}～C_{18}醇	2.5	F 组分	珍珠粉(1.5μm)	35.0
	甘油	6.0	G 组分	复方氯雷酊	25.0

制备工艺：

① 先将 B 组分加热至 80℃保温 10min，再将 A 组分、C 组分、D 组分和 G 组分分散在 E 组分中形成水溶液，并加热至 80℃；

② 将 B 组分缓慢地加入上述水溶液中，在 80℃下搅拌 20min，得到水包油乳液，待冷却至 40℃时，加入 F 组分，搅拌 30min 后，即得。

配方 14：珍珠修复液

组分		质量分数/%	组分		质量分数/%
A 组分	透明质酸钠	0.1	B 组分	葡聚糖	0.5
	琥珀酸钠	0.02		羟乙基脲	0.25
	丙烯酰二甲基牛磺酸铵类共聚物	0.2		烟酰胺	0.1
				沙棘油	0.05
	甘油	0.1	C 组分	水解珍珠粉	2.0
	去离子水	加至 100			

制备工艺：

① 将 A 组分溶解在去离子水中，搅拌并加热至 85℃使其充分溶解分散，保温 30min 灭菌；

② 降温至 60℃，加入 B 组分，继续搅拌约 30min，使加入的原料充分溶解并分散均匀；

③ 继续降温至 45℃，加入水解珍珠粉，搅拌均匀，即得。

配方 15：美白祛斑珍珠霜

组分	质量分数/%	组分	质量分数/%
水解珍珠粉	1.5	玫瑰精油	0.1
甘油	9.0	维生素 E	0.2
凡士林	15.0	咪唑烷基脲	0.05
鲸蜡脂肪醇	16.5	去离子水	加至 100
三乙醇胺	6.0		

制备工艺：

将各组分原料按比例混合搅拌 30min，即得珍珠霜剂。

配方 16：珍珠透白隔离霜

组分		质量分数/%	组分		质量分数/%
A组分	丁二醇	7.0	B组分	辛酸/癸酸三酰甘油	3.0
	甘油	3.0		新戊二醇二庚酸酯	8.0
	珍珠水解液脂质体	7.0		维生素 E	2.5
	山梨(糖)醇	3.0		膨润土	1.5
	甘油聚醚-26	4.0		纳米珍珠粉	0.3
	丙二醇	5.0	C组分	鲸蜡基 PEG/PPG-10/1-聚二甲基硅氧烷	1.0
	氯化钠	0.5			
	尿囊素	0.3		双-PEG/PPG-14/14-聚二甲基硅氧烷	1.275
	羟苯甲酯	0.3			
	O-伞花烃-5-醇	0.05		聚二甲基硅氧烷	0.225
	去离子水	加至 100		香精	0.1
B组分	环己硅氧烷	8.0	D组分	甘草酸二钾	0.3
	二氧化钛(CI 77891)	8.0		3-*O*-乙基抗坏血酸	1.5
	角鲨烷	5.0		锰紫(CI 77742)	0.005
	碳酸二辛酯	5.0			

制备工艺：

① 将B组分用胶体磨研磨均匀后加入乳化锅中，加热到 80～85℃，冷却至 40℃，加入C组分均质 2min；

② 将A组分加热到 80～85℃，冷却至 40℃，加入D组分搅拌均匀；

③ 将A组分和D组分的混合原料在真空下缓慢抽入乳化锅中，高速均质 5～8min；

④ 搅拌 8～10min，放真空，即得。

配方 17：珍珠唇釉

组分		质量分数/%	组分		质量分数/%
A组分	橄榄油	84.6	B组分	小烛树蜡	7.0
	珍珠粉	2.1	C组分	维生素 E	0.8
	蜂蜜	0.6		薄荷香精油	0.9
	食用色粉	4.0			

制备工艺：

① 将A组分混合，研磨至粉质细腻，加入B组分，搅匀，于 80～85℃的

水浴中溶解；

② 降温后加入C组分，搅拌均匀，即得。

配方18：珍珠粉护发素

组分		质量分数/%	组分		质量分数/%
A组分	女贞果	8.0	A组分	何首乌	16.0
	芦荟	12.0		去离子水	加至100
	老生姜	12.0	B组分	珍珠粉	8.0
	人参	7.0	C组分	薄荷精油	5.0
	甘草	10.0			

制备工艺：

① 将A组分置于2/3配方量去离子水中，加热煮沸，熬制3～18h，过滤，滤液回收；

② 将所得滤渣加余量去离子水煎煮3h，过滤，滤液回收，重复2次后，将所得滤液混合均匀；

③ 按配比将B组分加入混合液中，45℃熬制6h，并经纱布再过滤，定容；

④ 向定容后的液体中加入C组分，即得。

配方19：含天然提取物护肤品

组分		质量分数/%	组分		质量分数/%
A组分	银杏叶	3.7	C组分	玫瑰精油	5.5
	乌梅粉	3.0		葡萄籽提取物	7.3
	珍珠粉	4.3		去离子水	9.1
B组分	红花萃取物	12.2		薄荷精油	3.7
	芦荟萃取物	7.9		无患子提取物	8.5
	蜂蜡	7.3	D组分	羟乙基纤维素	12.2
	凡士林	6.1		去离子水	9.1

制备工艺：

① 将A组分混合后加入研磨机中研磨20min；

② 加入B组分，混合后加入搅拌釜中，低速搅拌（搅拌速率为200r/min）20min；

③ 加入C组分，混合后在30℃下加热10min，最后加入D组分，充分搅拌，冷却至室温后静置2h，即得。

5.6 鹿茸

5.6.1 鹿茸的组成和功效

鹿茸（*cornu cervi pantotrichum*）为鹿科动物梅花鹿（*cervus nippon*）或马鹿（*cervus elaphus*）的雄鹿未骨化密生茸毛的幼角，是一种名贵药材，具有极高的药用价值和保健功效，能够预防和治疗多种疾病。中医认为鹿茸具有温肾壮阳、生津益血、补髓健胃等功能，是滋补健身的珍品。鹿茸性温而不燥，具有振奋和提高机体功能，对全身虚弱、久病之后患者有较好的保健作用。鹿茸可以提高机体的细胞免疫和体液免疫功能，促进淋巴细胞的转化，具有免疫促进剂的作用。它能增加机体对外界的防御能力，调节体内的免疫平衡，从而避免疾病发生和促进创伤愈合、病体康复，从而起到强壮身体、抵抗衰老的作用。鹿茸含有比人参更丰富的氨基酸、卵磷脂、维生素和微量元素等，其中含有的生物活性物质有鹿茸总脂、鹿茸磷脂类化合物、鹿茸多胺、蛋白质、氨基酸、肽类、核苷酸、核糖核酸、酸性黏多糖类物质、透明质酸、脂肪、酯类、脂肪酸、酶、抗氧化活性物、维生素、各种无机盐和微量元素等，其中氨基酸（如脯氨酸、赖氨酸、丙氨酸等）的量占鹿茸干重组织的一半以上。

鹿茸的活性成分在化妆品中有如下功效：

① 鹿茸中的营养物质如蛋白质、氨基酸、胶质、维生素、脂肪酸、磷脂等对皮肤具有良好的营养作用，其中一部分可通过皮肤进入真皮和表皮组织，为皮下组织新陈代谢提供营养、加快表皮细胞的生长，起到延缓皮肤衰老的作用。

② 鹿茸中含有丰富的多种保湿剂，如透明质酸、鹿脂酸、胆固醇油酸等，可保持和调节皮肤中的水分，使皮肤湿润、光泽、富有弹性。

③ 鹿茸和鹿茸血中含有丰富的自由基清除剂、SOD（超氧化物歧化酶）、CAT（过氧化氢酶）、维生素A、维生素E等，能最大限度地清除皮肤组织中的自由基，阻断自由基对皮肤组织的系统损伤，对酪氨酸酶具有明显的抑制作用，故可有效地减轻皮肤的色素沉着和皱纹，消除老年斑等，起到延续皮肤衰老的作用。

④ 鹿茸中所含的生物活性成分，如黏多糖、核糖核酸、甾醇类及多种微量元素，具有增强皮肤细胞的活力，促进其生长，改善皮肤细胞的新陈代谢，促进表皮组织的再生等作用，使其获得良好的抗皮肤衰老效果。

5.6.2 鹿茸化妆品配方精选

配方1：鹿茸面霜

组分		质量分数/%	组分		质量分数/%
A组分	白蜂蜡	12.0	A组分	米糠油	2.0
	白凡士林	4.0		矿物油	20.0
	角鲨烷	2.0	B组分	水解胶原蛋白	0.5
	棕榈酸异丙酯	5.0		去离子水	加至100
	C_{16}醇	2.0	C组分	鹿茸提取物	5.0
	单硬脂酸甘油酯	2.0		香精	适量

制备工艺：

① 将A组分加热至70℃混合均匀，将B组分中水解胶原蛋白溶于去离子水中，加热至70℃；

② 边搅拌边将B组分加入A组分中进行乳化；

③ 当温度降至45℃以下时加入C组分，搅拌均匀，静置冷却后即得。

配方2：鹿茸润肤露

组分		质量分数/%	组分		质量分数/%
A组分	白凡士林	12.0	B组分	甘油	3.0
	单硬脂酸甘油酯	4.5		三乙醇胺	0.1
				去离子水	加至100
	矿物油	15.0	C组分	鹿茸提取物	2.0
				防腐剂	适量
	鲸蜡	4.5		香精	适量

制备工艺：

① 将A组分和B组分分别混合后加热至85℃；

② 在搅拌下，将B组分加入A组分中进行乳化；

③ 降温至45℃以下时加入C组分，搅拌均匀，静置冷却后即得。

配方3：淡斑涂液

组分		质量分数/%	组分		质量分数/%
A组分	马油	8.0	A组分	白芷	5.0
	当归	5.0		白扁豆	7.0
	生地	4.0		白僵蚕	5.0
	川芎	4.0		去离子水	加至100
	血竭	4.0	B组分	鹿胶	6.0
	红花	4.0		龟胶	6.0
	白附子	4.0		阿胶	6.0

制备工艺：

① 将A组分原料洗净后加入去离子水中煎30～40min，然后浓缩至原加

水量的 1/20；

② 将 B 组分加入浓缩液中继续加热至沸腾，冷却后即得。

配方 4：鹿茸除皱霜

组分		质量分数/%	组分		质量分数/%
A 组分	硬脂酸	2.0	B 组分	丙二醇	5.0
	氢化羊毛脂	2.0		去离子水	加至 100
	辛基十二醇	6.0	C 组分	胎盘提取物	0.5～1.0
	单硬脂酸甘油酯	2.0		鹿茸提取物	0.01
	C_{18}醇	7.0		香精	适量
	角鲨烷	5.0		防腐剂	适量
	C_{16}醇聚氧乙烯醚	3.0			

制备工艺：

① 将 A 组分和 B 组分分别加热至 85℃；

② 搅拌下将两组分混合至乳化均匀，当温度降至 45℃以下时加入 C 组分，搅拌均匀，静置冷却后即得。

配方 5：鹿茸皮肤修复肥皂

组分		质量分数/%
A 组分	氢氧化钠	10.0
	去离子水	加至 100
B 组分	鹿茸胶原蛋白	5.0
	动物油脂	50.0
	植物油脂	72.0
	精油	1.0

制备工艺：

① 将 A 组分氢氧化钠缓慢地溶于水中并搅拌均匀；

② 将 B 组分在水浴中加热至 50℃，在不断搅拌下缓慢倒入 A 组分中，保持温度在 50℃，搅拌反应 4h；

③ 当混合物变为乳白色黏稠液体时，倒入模具中自然冷却，放置通风处 2～3 周即可脱模成肥皂。

配方 6：鹿茸化妆水

组分		质量分数/%	组分		质量分数/%
A 组分	鹿茸提取液	2.5～5	A 组分	水百合萃取原液	1.5～2.5
	玫瑰精油	5～7.5		蜂胶萃取原液	7.5～9
	七叶树萃取原液	6～7.5		木瓜酵素萃取原液	5～10
	龙胆草萃取原液	2.5～4		人参萃取原液	10～12.5
	小米草萃取原液	5～7.5			

续表

组分		质量分数/%	组分		质量分数/%
B组分	水解酵母蛋白	10～15	B组分	白芷	4～5
	银耳	1.5～3		牛奶	5～6
	牡丹根皮提取物	10～12.5		白苏	10～12.5
	白附子	5～12.5		芦荟胶	2.5～4

制备工艺：

① 将A组分混合均匀，加热至70～75℃搅拌60min；

② 依次加入B组分各原料，在60～80℃下搅拌溶解，待混合溶液降温至40℃时，消毒装瓶即得。

配方7：新型化妆品组合物

组分	质量分数/%	组分	质量分数/%
人参	10.0	太子参	11.9
当归	3.0	仙鹤草	5.7
雪莲花	6.0	玉竹	3.5
艾叶	10.0	鹿茸	3.5
三七	6.0	龙胆	1.5
乳香	2.3	辛夷	8.0
佩兰	1.5		

制备工艺：

将以上原料按比例混合均匀即得。本品为纯中药配方，可以适用于任何肌肤。

配方8：祛斑护肤霜

组分		质量分数/%	组分		质量分数/%
A组分	地丁树干细胞提取物	1.5	B组分	透明质酸钠	1.5
	杜仲提取物	5.0		去离子水	加至100
	鹿茸提取物	1.5	C组分	甘油	2.0
				珍珠粉	0.3
	石斛提取物	4.5	D组分	秋葵汁	1.8

制备工艺：

① 按比例将A组分混合均匀，将B组分混匀，升温至65℃使完全溶解；

② 向B组分中加入C组分，搅拌均匀，降温至40℃后，加入D组分；

③ 再将A组分加入上述混合物中，搅拌均匀，即得。

配方 9：修复精华液

组分	质量分数/%	组分	质量分数/%
甘油	2.0	地肤子提取物	0.01
丙二醇	0.5	紫花地丁提取物	0.01
三乙醇胺	0.1	人参提取物	0.01
甲基硅油	1.0	玛咖提取物	0.01
单甘酯	0.8	三白草提取物	0.01
聚氧乙烯失水山梨醇单月桂酸酯	0.4	冰片提取物	0.01
透明质酸	0.3	刺蒺藜提取物	0.01
黄原胶	0.2	黄柏提取物	0.01
尿囊素	0.1	马齿苋提取物	0.01
蚕丝蛋白	0.01	鹿茸提取物	0.01
大豆蛋白	0.01	竹皮提取物	0.01
牛奶蛋白	0.01	洋甘菊提取物	0.01
玉米醇溶蛋白	0.01	菊芋提取物	0.01
鳕鱼片胶原蛋白	0.01	玫瑰精油	1.0
金花茶提取物	0.01	去离子水	加至 100

制备工艺：

将以上组分按比例混合均匀，使用高速分散器搅拌 1h 即得修复精华液。

配方 10：祛痘精华液 1

组分	质量分数/%	组分	质量分数/%
甘油	8.0	甘草提取物	0.3
丙二醇	2.0	百合提取物	0.3
蚕丝蛋白	1.0	丹参提取物	0.3
三乙醇胺	0.4	鹿茸胶原蛋白	1.0
绿茶提取物	0.3	海萝藻提取物	0.5
黄芩提取物	0.3	甲基硅油	1.5
重楼提取物	0.3	单甘脂	2.0
芦荟原液	0.3	聚氧乙烯失水山梨醇单月桂酸酯	1.2
茯苓提取物	0.3	复合乳化剂 AC-402	0.8
苦参提取物	0.3	黄原胶	0.4
金银花提取物	0.3	玫瑰精油	1.0
连翘提取物	0.3	去离子水	加至 100

制备工艺：

将以上组分按比例混合均匀，使用高速分散器搅拌 1h 即得祛痘精华液，其中 AC-402 是一种由聚氧乙烯脂肪醇醚、烷基磷酸酯盐等多种成分组成的自乳化型复合乳化剂。

配方 11：祛痘修复乳液

组分	质量分数/%	组分	质量分数/%
甘油	8.0	重楼提取物	0.3
丙二醇	2.0	芦荟原液	0.3
蚕丝蛋白	1.0	丹参提取物	0.3
三乙醇胺	0.4	海萝藻提取物	0.3
薰衣草精油	0.3	鹿茸胶原蛋白	1.0
玫瑰精油	0.3	甲基硅油	1.5
茶树精油	0.3	单甘酯	2.0
洋甘菊精油	0.3	聚氧乙烯失水山梨醇单月桂酸酯	1.2
丝柏精油	0.3	复合乳化剂 AC-402	0.8
佛手柑精油	0.3	黄原胶	0.4
百合精油	0.3	玫瑰香精/柠檬香精	1.0
绿茶提取物	0.3	去离子水	加至 100
黄芩提取物	0.3		

制备工艺：

将以上组分按比例混合均匀，使用高速分散器搅拌 1h 即得祛痘修复乳液。

配方 12：鹿茸多肽护肤品

组分		质量分数/%	组分		质量分数/%
A 组分	鹿油	10.0	B 组分	甘油	6.0
	C_{22}醇	8.0		丙二醇	5.0
	C_{18}醇	4.0		羟苯甲酯	0.2
	羊毛脂	1.0		去离子水	加至 100
	乳木果油	4.0	C 组分	尿囊素	0.2
	角鲨烷	3.2	D 组分	香精	0.1
	棕榈酸异丙酯	1.5		杰马 B	0.5
	二甲基硅油	1.0	E 组分	鹿茸多肽原液	4.8
	维生素 E	0.7			
	氮酮	1.0			

制备工艺：

① 将 A 组分（除维生素 E）混合并加热至 90℃，保温 30min 后，加入维生素 E，得油相；

② 将 B 组分混合并加热至 90℃，保温 30min 后，加入 C 组分，溶解后得水相；

③ 将水相与油相混合、均质，搅拌冷却至 40～50℃时加入 D 组分，在 37℃以下向该混合液中加入 E 组分，经高压低温均质 30min，即得。

配方 13：鹿茸美白霜

组分		质量分数/%	组分		质量分数/%
A 组分	C_{16}醇	7.0	B 组分	人参提取物	7.0
	橄榄油	3.0		鹿茸提取物	5.0
	角鲨烷	0.25		甘草提取物	1.0
	硬脂酸	2.0		甘油	9.0
	单硬脂酸甘油酯	1.0		去离子水	加至 100
	吐温-80	2.1	C 组分	精油	1.5
				香精	适量

制备工艺：

① 将 A 组分搅拌均匀加热到 83℃使其溶解完全；

② 将 B 组分溶于去离子水中，加热至 83℃，搅拌均匀；

③ 将 A 组分加入 B 组分中，在 1000r/min 下搅拌 40min，加入 C 组分冷却至室温即得。

配方 14：鹿茸护肤霜

组分		质量分数/%	组分		质量分数/%
A 组分	橄榄油	9.6	B 组分	聚乙醇胺	0.5
	蜂蜡	13.4		棕榈酸	1.0
	液体石蜡	8.0		去离子水	加至 100
	蓖麻油	1.6	C 组分	胡萝卜	1.6
	胶原蛋白	3.2		人参	0.5
B 组分	硬脂酸	2.7		鹿茸	0.5
	单硬脂酸甘油酯	3.2	D 组分	天然香料	0.5

制备工艺：

① 将 A 组分倒入搅拌器中，加热搅拌至全部溶解，将 B 组分倒入去离子水中，搅拌均匀；

② 将 A 组分、B 组分混合物倒入反应釜中混合均匀，将胡萝卜榨汁、人参与鹿茸磨粉，加入反应釜中，再加入天然香料，搅拌均匀，冷却至室温即得。

配方 15：祛痘精华液 2

组分		质量分数/%	组分		质量分数/%
A 组分	甘油	8.0	A 组分	玫瑰香精	1.0
	丙二醇	2.0		三乙醇胺	0.4
	蚕丝蛋白	1.0		去离子水	加至 100

续表

组分		质量分数/%	组分		质量分数/%
B组分	鹿茸胶原蛋白	3.0	B组分	聚氧乙烯失水山梨醇单月桂酸酯	1.2
	海萝藻提取物	1.5			
	甲基硅油	1.5		复合乳化剂 AC-402	0.8
	单甘酯	2.0		黄原胶	0.4

制备工艺：

① 将A组分加入去离子水中，在70℃下加热搅拌直至溶解；

② 将B组分在60℃条件下搅拌均匀；

③ 在不断搅拌下，将B组分缓慢地加入A组分中，使用高速分散器（搅拌速度为5000r/min）搅拌15min，冷却，即得。

5.7 胶原蛋白

5.7.1 胶原蛋白和水解胶原蛋白

(1) 胶原蛋白的功效　胶原蛋白（collagen）也称为胶朊，是构成动物皮肤、软骨、筋、骨骼、血管、角膜等结缔组织的白色纤维状蛋白质，一般占动物总蛋白含量的30%以上，在皮肤真皮组织的干燥物中胶原蛋白占90%之多。胶原蛋白是由3个α螺旋肽链绞合而成的大分子（分子量约30万），在每个肽链上约含1200个氨基酸。在动物组织中，胶原蛋白不溶于水，但体现出较强的结合水的能力。

胶原蛋白及其水解产物应用于化妆品主要有如下功效：

① 营养性。胶原蛋白可进入皮肤深层，给予皮肤所必需的营养成分（氨基酸），维持皮肤胶原纤维结构的稳定性和完整性，增强皮肤中胶原的活性，使皮肤细胞的生存环境得到改善，并促进组织的新陈代谢，达到营养滋润、美容养发的目的。

② 保湿性。胶原蛋白中含有大量的甘氨酸、羟脯氨酸、羟赖氨酸等天然保湿因子，这些物质是保持皮肤水分的重要物质。胶原蛋白分子外侧存在大量的羟基和羧基等亲水基团，使胶原分子极易与水形成氢键，提高了皮肤的储水能力，并且补充人体流失的胶原蛋白，使皮肤有着良好的亲合性。

③ 修复性。胶原蛋白与皮肤中的胶原结构相似，所以具有优良的生物学特性，皮肤对胶原蛋白又有良好的吸收作用。被吸收后，胶原蛋白能促进上皮细胞的增生修复，使受损老化的皮肤得到填充和修复。

④ 亲和性。胶原蛋白的生物相容性好，与皮肤及头发表面的蛋白质分子有较强的亲和力，主要通过物理吸附与皮肤和头发结合。胶原蛋白分子能扩散

到皮肤表皮和头发里面，达到营养皮肤的作用，且不刺激皮肤和眼睛，性质温和。

⑤ 配伍性。胶原蛋白在与其他化妆品组分混合时，可起到调节稳定 pH 以及稳定泡沫乳化胶体等作用。同时，胶原蛋白作为一种功能性成分在化妆品中还可减轻各种酸、碱、表面活性剂等刺激性物质对皮肤和毛发的损害。

⑥ 抗衰老性能。胶原蛋白与皮肤角质层结构的相似性决定了它与皮肤良好的相容性、良好亲和力和渗透性，能渗透入皮肤表皮层，被皮肤充分吸收，并在皮肤表面形成一层极薄的膜层，从而使皮肤丰满、皱纹舒展，同时提高皮肤密度，产生张力，具有抗皱作用。

⑦ 美白性能。胶原蛋白中的酪氨酸残基与皮肤中的酪氨酸竞争，与酪氨酸酶的活性中心结合，从而抑制酪氨酸酶催化皮肤中的酪氨酸转化为多巴，阻止皮肤中黑色素的形成，达到美白的作用。

(2) 水解胶原蛋白　通过酸、碱或酶的作用可得到可溶性的水解胶原蛋白。水解胶原蛋白性能温和、安全，并与皮肤表面的蛋白质结合，起到天然保湿剂的作用，此外还可降低其他组分对皮肤的刺激性。水解胶原蛋白在护发产品中，主要用作调理剂，使头发柔软，易于梳理，丰满有生机；在洗发水和泡沫浴中有增泡、稳泡、抗沉积作用；用于染发和烫发剂中，可防止头发受损伤，使受损头发复原。在家用洗涤剂中添加 2%～3%的水解胶原，可减少表面活性剂对皮肤的刺激作用，且可降低皮肤紧绷感和粗糙感。

5.7.2 胶原蛋白化妆品配方精选

配方 1：胶原蛋白保湿化妆品

组分		质量分数/%	组分		质量分数/%
A组分	深海鱼皮胶原蛋白粉	5.0	B组分	卵磷脂	0.2
	虫草提取物	1.0		四氢胡椒碱	0.1
	蜗牛提取物	2.0		羧甲基纤维素钠	0.06
	香菇多糖	5.0		甘油	0.2
	海藻糖	4.0	C组分	橄榄油	0.3
	去离子水	加至 100		透明质酸钠	0.2

制备工艺：

① 将 A 组分混合均匀，在 55℃下加热 10min 得到功能性溶液；

② 将 B 组分搅拌均匀于 55℃下加热 2min 得到辅助溶液；

③ 将这两种溶液与 C 组分充分搅拌均匀，冷却至室温，即得。

配方 2：美容化妆水

组分		质量分数/%	组分		质量分数/%
A组分	硫酸软骨素	0.3	B组分	乙醇	15.0
	胶原水解物	0.5		聚氧乙烯硬化蓖麻油	0.5
	吡咯烷酮羧酸三乙醇胺盐	1.8		香精	适量
	丙二醇	4.0	C组分	色素	适量
	苯甲酸钠	0.2			
	去离子水	加至100			

制备工艺：

① 在室温下将A组分混合溶解于去离子水中；

② 将B组分混合溶解，加入A组分中，缓缓搅拌使之充分混溶；

③ 加入C组分进行调色，经过滤、检验后装瓶，即得。

配方3：胶原护肤霜

组分		质量分数/%	组分		质量分数/%
A组分	硬脂酸	3～5	B组分	甘油	3～5
	单硬脂酸甘油酯	3～4		丙二醇	1～3
	棕榈酸异丙酯	5～8		吐温-60	1～2
	C_{18}醇	3～5		去离子水	加至100
	羊毛脂醇	0.5～1.5	C组分	骨胶原水解物	2～5
	羟苯丙酯	0.05～0.10		香精	适量

制备工艺：

① 将A组分混合后加热至70～75℃，使各组分熔融后，搅匀待用；

② 将B组分加热至70℃混合均匀，在不断搅拌下将A组分加至B组分中进行乳化；

③ 搅拌冷却至40～45℃时，加骨胶原水解物，继续搅拌至35～40℃时，加入香精，降温至30℃即得。

配方4：多维润肤霜

组分		质量分数/%	组分		质量分数/%
A组分	水解胶原	3.0	B组分	蓖麻油	20.0
	羟苯甲酯	0.2		硬脂酸	5.0
	羟苯丙酯	0.1		维生素E	0.012
	去离子水	加至100		液蜡	30.0
B组分	维生素A	0.8	C组分	三乙醇胺	1.0
	羊毛脂	10.0	D组分	叶绿素	0.1
	维生素F	3.0		香精	1.0

制备工艺：

① 在 A 组分溶于沸腾的去离子水中，加热 10min，得水相；

② 将 B 组分在 75～80℃下加热至熔化，加入 C 组分，加热 10min，得油相；

③ 将油相与水溶液混合 10～15min，冷却至 20～25℃，加入 D 组分，均化即得。

配方 5：高级早晚霜

组分		质量分数/%	质量分数/%
		早霜	晚霜
A 组分	C_{16}烷基磷酸酯	0.8	0.8
	霍霍巴油	2～3.6	3.2
	羊毛脂/2-吡咯烷酮-5-羧酸钠	1.2～2.8	2.4
	凡士林羊毛脂	4	3.2
	咪唑烷基脲	0.32	0.24
	C_{16}～C_{18}氧聚乙烯醚	0.8	0.8
	2-羟基-4-甲氧基二苯酮	0.08～0.24	0.16
	硬脂酸甘油酯	4	4
	硬脂酸	2	2.4
	2,4,4′-三氯-2′-羟基二苯醚	0.12	0.4
	C_{18}醇	2.8	3.2
	丁羟基苯甲醚	0.016	0.024
	庚酸十八烷酯	2.4	1.6
	聚二甲基硅氧烷	1.68	0.4
	三乙醇胺	0.24	0.16
	羟苯甲酯	0.16	0.12
	羟苯丙酯	0.08	0.12
	甲基葡萄糖乙氧基化合物	3.2	2.4
B 组分	透明质酸	0.032～0.048	0.04
	核糖核酸	0.32	0.4
	胶原	0.4～1.2	0.4
	3-氯丙烯基氯化六亚甲基四胺鎓		0.016
	去离子水	加至 100	加至 100
C 组分	香精	0.24	0.16

制备工艺：

① 将 A 组分、B 组分分别加热混合均匀，然后于搅拌下将两相混合，均质乳化；

② 降温至 40℃加入 C 组分香精，分散均匀，即得。

配方 6：日夜霜

组分		质量分数/%	质量分数/%
		日霜	夜霜
A组分	霍霍巴油	2.5～4.5	4
	羊毛脂/2-吡咯烷酮-5-羧酸钠	1.5～3.5	3.0
	2-羟基-4-甲氧基二苯酮	0.1～0.3	0.2
	硬脂酸甘油酯	5	4
	凡士林/羊毛脂		4
	C_{18}醇	3.5	4
	硬脂酸	2.5	3
	甲基葡萄糖乙氧基化物		3
	庚酸十八烷酯		2
	C_{16}～C_{18}醇聚氧乙烯醚	0.5	1
	聚二甲基硅氧烷	2.1	0.5
	咪唑烷基脲	0.4	0.3
	三乙醇胺	0.3	0.2
	羟苯丙酯	0.1	0.15
	羟苯甲酯	0.2	0.15
	2,4,4′-三氯-2′-羟基二苯醚	0.15	0.02
	丁羟基苯甲醚	0.02	0.02
B组分	透明质酸	0.04～0.06	0.05
	胶原	0.5～1.5	0.5
	核糖核酸	0.4	0.5
	氯丙烯基氯化六亚甲基四胺		0.02
	去离子水	加至100	加至100
C组分	香精	0.3	0.2

制备工艺：

① 将A组分、B组分分别加热混合均匀，然后将两组分混合均质化；

② 在40℃下加入C组分，分别得到日霜和夜霜。

配方7：西洋参营养雪花膏

组分		质量分数/%	组分		质量分数/%
A组分	西洋参提取液	2.5	A组分	蓖麻油	2.0
	霍霍巴油	6.0		羟苯丙酯	0.3
	脱臭羊毛脂	3.0		香精	0.3
	胶原水解蛋白	2.5	B组分	丙二醇	9.0
	C_{16}醇	2.5		甘油	10.0
	凡士林	3.0		软骨素硫酸钠	0.4
	C_{30}烷	5.0		去离子水	适量
	单硬脂酸甘油酯	2.6			

制备工艺：

① 分别将A组分、B组分加热到70℃，使各种成分溶解；

② 在搅拌下将A组分加到B组分中，搅匀，冷却至30℃即得。

配方8：海藻护发素

组分		质量分数/%	组分		质量分数/%
A组分	无水羊毛脂	4.0	B组分	羟苯甲酯	0.2
	桃仁油	3.0		硬脂酰二甲基苄基氯化铵	1.0
	单硬脂酸甘油酯	0.5		胶原蛋白	4.0
	羟基苯甲酸丙酯	1.0		去离子水	加至100
B组分	直链聚酯	0.01		色素	适量
	海藻提取液	0.6	C组分	香精	适量
	乙二胺四乙酸钠	0.3		氢氧化钠溶液(10%)	适量

制备工艺：

① 将A组分、B组分分别加热至80℃混合均匀，将B组分加入A组分中，充分搅拌使其乳化完全；

② 冷却至40℃时加入香精，随着慢速搅拌冷却至室温；

③ 用10%的氢氧化钠溶液将pH值调至5.5即得成品。

配方9：蛋白质唇釉

组分		质量分数/%	组分		质量分数/%
A组分	蓖麻油	13.0	B组分	抗氧剂	适量
	石蜡	20.0		防腐剂	适量
	凡士林	10.0	C组分	蜂蜜	3.0
	羊毛脂醇	10.0		胶原水解蛋白	3.5
	氢化动物脂	10.0		巴西棕榈蜡	16.0
	羊毛脂	8.0		色素	5.0
			D组分	香精	1.0

制备工艺：

① 将A组分加热至80～90℃时加入B组分，然后过滤混匀；

② 在60～70℃时加入C组分，待冷却至40℃时加入D组分，充分均化，浇模成型即得。

配方10：金盏花口红

组分		质量分数/%	组分		质量分数/%
A组分	石蜡	20.0	A组分	羊毛醇	0.8
	巴西棕榈蜡	3.0		凡士林	10.0
	羊毛脂	8.0		氢化动物脂	10.0

续表

组分		质量分数/%	组分		质量分数/%
B组分	丁基羟基茴香醚	0.05	C组分	蓖麻油	10.0
C组分	颜料	8.0		丙二醇	9.2
	胶原水解蛋白	2.0	D组分	香精	1.0
	金盏花萃取液	2.0			

制备工艺：

① 将A组分混合加热至80～90℃，使其完全熔化，加入B组分，过滤得均化混合物；

② 加热并使C组分混匀，在30～40℃下过滤，将滤液与上述均化混合物混合；

③ 加入D组分，最后浇注入模，成型即得。

配方11：胶原蛋白口红

组分	质量分数/%	组分	质量分数/%
白凡士林	30.0	樟脑	0.5
水貂油	4.0	胶原水解蛋白	3.5
轻质矿物油	31.0	香精	0.2
纯地蜡	30.0	色素、防腐剂	适量
戊基二甲基对氨基苯甲酸酯	0.5		

制备工艺：

将配方中各组分充分混匀，加热至60℃缓慢搅拌直至溶液澄清为止，然后浇注入模，成型后即得。

配方12：含明胶与氨基酸的洗发水

组分		质量分数/%	组分		质量分数/%
A组分	瓜尔羟丙基三甲基氯化鎓	0.5	B组分	C_{18}醇	1.0
	去离子水	加至100		水解骨胶原	1.0
B组分	月桂醇聚氧乙烯醚硫酸钠	20.0		丙基三甲基铵水解骨胶原	1.0
	月桂酸二乙醇酰胺	3.0		甘油	1.0
	C_{16}醇	1.0		羟基甲酯	0.25
	明胶	2.0	C组分	维生素E乙酸酯	0.2
	小麦氨基酸	1.0		二羟甲基二甲基乙内酰脲	0.2
	蜂蜜	1.0	D组分	柠檬酸	0.3
	二甲基硅氧烷	0.25		香精	适量
	月桂醇硫酸钠	12.0		氯化钠	适量
	赖氨酸盐酸盐	0.25			

制备工艺：

① 将A组分加热至65℃混合成均质状，在混合的同时将B组分加入A组

分中，65℃保温，呈均匀状时开始冷却；

② 冷却至50℃以下加入C组分，再通过加入D组分调节pH值及黏度，降至室温即得。

配方13：胶原蛋白润肤霜

组分		质量分数/%	组分		质量分数/%
A组分	硬脂醇醚-2	3.0	B组分	防腐剂	适量
	硬脂醇醚-21	2.0		α-没药醇	2.0
	C_{16}醇	1.0		尿囊素	0.2
	硬脂酸	1.5		去离子水	加至100
	棕榈酸异丙酯	10.0	C组分	胶原蛋白	5.0
B组分	丙二醇	3.5		香精	适量

制备工艺：

① 将A组分、B组分分别加热混合均匀，然后于搅拌下将两相混合，均质乳化；

② 降温至40℃时加入C组分，分散均匀，即得。

配方14：润肤乳液

组分		质量分数/%	组分		质量分数/%
A组分	C_{16}～C_{18}醇	1.0	A组分	羟基甲酯	0.2
	单硬脂酸甘油酯	2.0		羟基丙酯	0.06
	羊毛脂	1.5	B组分	甘油	8.0
	液体石蜡	3.0		乳化剂	0.2
	辛酸/癸酸三酰甘油	4.0		三乙醇胺	0.3
	棕榈酸异丙酯	2.5		去离子水	加至100
	二甲基硅油	1.0	C组分	胶原蛋白水溶液	4.0
	咪唑烷基脲	0.25		香精	0.2

制备工艺：

① 将A组分、B组分分别加热混合均匀；

② 在搅拌下将A组分加入B组分中混合，均质乳化；

③ 40℃下加入C组分，分散均匀，即得。

5.8 其他

5.8.1 地龙

(1) 地龙的组成和功效　地龙（geosaurus）俗称蚯蚓，为钜蚓科动物参环毛蚓（*pheretima aspergilum*）、通俗环毛蚓（*pheretima vulgari*）、威廉环毛蚓（*pheretima guillelmi*）或栉盲环毛蚓（*pheretima pectinifera*）的干燥体。地龙作为药材应用在我国历史悠久，《本草纲目》中记述，地龙可用于内科药物，也可以用于治疗疮痈等外科疾病。具有清热定惊、通络、平喘、利尿的功效，常炒制后用于镇静、抗惊厥、解热、降血压、抗心律失常、平喘、抗过敏、活血化瘀等。

地龙体内富含蛋白质，干燥体中粗蛋白含量高达 66.5%，还含有一定量人体所必备的氨基酸。此外，还含有琥珀酸钠、脂肪酸、类脂化合物、胆甾醇、胆碱、次黄嘌呤等多种成分。对于地龙有效成分的提取，通常采用水醇法或简单的水煮法。

近年来，地龙作为一种富含蛋白质和营养成分的天然动物体，其提取液在化妆品中得到了较为广泛的应用。经临床研究证明，这种添加适量地龙提取液的化妆品有很强的皮肤再生能力，有明显的消炎生肌、滋润和营养皮肤细胞的功效，对于痤疮形成的瘢痕有软化和治疗作用。

由于地龙提取液富含蛋白质等营养成分，使得产品在生产和储存、使用过程中容易受到微生物的侵袭而导致产品霉变和腐败。因此，对添加地龙提取液化妆品，在抗菌防腐问题上提出了更高的要求。对地龙等富含蛋白质成分的化妆品，单独使用尼泊金酯类防腐剂是不够理想的，而把尼泊金酯类防腐剂与近年来开发的新型水溶性防腐剂复配使用，可取得满意结果，如极美（germall115）、杜维山（dowicil 200）、布罗波尔（bronopol）、对氯间二甲苯酚（PCMX）等防腐剂。

(2) 地龙化妆品配方精选

配方 1：地龙护肤霜 1

组分		质量分数/%	组分		质量分数/%
A 组分	硬脂酸	20.0	B 组分	氢氧化钾	1.0
	C_{16}醇	2.0		去离子水	加至 100
	单硬脂酸甘油酯	2.0	C 组分	香精	适量
	地龙提取物	2.0		防腐剂	适量

制备工艺：

① 将 A 组分加热至 90℃混合均匀，B 组分中氢氧化钾溶解于去离子水中；

② 在搅拌下，将 A 组分缓慢加入 B 组分中进行乳化；

③ 温度降至 45℃时，加入 C 组分搅拌均匀，冷却至 30℃即得。

配方 2：地龙面膜

组分		质量分数/%	组分		质量分数/%
A组分	丙二醇	3.0	C组分	海藻酸钠	5.0
	甘油	5.0		高岭土	5.0
	三乙醇胺	3.0		香精	适量
	阿拉伯胶	2.0		氧化锌	2.0
	去离子水	加至100		地龙提取物	2.0
B组分	三硬脂酸甘油酯	5.0		防腐剂	适量
	硬脂酸	3.0			

制备工艺：

① 将A组分、B组分分别加热至70℃混合均匀；

② 将两组分在同温状态下混合乳化，冷却后加入C组分，搅拌均匀，即得。

配方3：地龙护肤霜2

组分		质量分数/%	组分		质量分数/%
A组分	白油	12.0	B组分	甘油	10.0
	单甘酯	2.5		脂肪醇硫酸钠	0.8
	鲸蜡醇	8.0		地龙提取液	2.0
	脂肪醇聚氧乙烯醚	0.2		去离子水	加至100
	防腐剂	适量	C组分	香精	适量

制备工艺：

① 将A组分、B组分分别加热至80℃混合均匀；

② 在搅拌下将A组分加入B组分中搅拌乳化，冷却至40℃时加入C组分，即得。

配方4：地龙乳液

组分		质量分数/%	组分		质量分数/%
A组分	蜂蜡	2.5	B组分	硼砂	0.2
	白油	11.0		丙二醇	5.0
	C_{18}醇	1.0		地龙提取液	2.0
	单甘醇	2.2		去离子水	加至100
	脂肪醇聚氧乙烯醚	1.5	C组分	香精	适量
	防腐剂	适量			

制备工艺：

① 将A组分、B组分分别加热至75℃；

② 在搅拌下将B组分加入A组分中，混合并乳化，冷却至40℃时加入C

组分，即得。

配方 5：地龙洗发水

组分		质量分数/%	组分		质量分数/%
A组分	咪唑啉两性表面活性剂	10.0	C组分	地龙提取液	2.0
	月桂酰二乙醇胺	3.0		色素	适量
	十二烷基硫酸钠	40.0		防腐剂	适量
	去离子水	加至100		香精	适量
B组分	乙二醇单硬脂酸酯	2.0			

制备工艺：

① 将A组分原料依次溶解于去离子水中搅拌均匀；

② 将B组分加热熔融，迅速加入A组分中搅拌冷却，46℃时加入C组分，混合均匀即得。

配方 6：地龙头发调理剂

组分		质量分数/%	组分		质量分数/%
A组分	C_{16}醇	1.0	B组分	地龙提取液	2.0
	羊毛醇	1.0		C_{16}烷基二甲基氯化铵	2.0
	壬基酚聚氧乙烯醚	2.0		丙二醇	10.0
	防腐剂	适量		去离子水	加至100
			C组分	香精	适量
				色素	适量

制备工艺：

① 将A组分、B组分分别加热至70℃，混合两组分搅拌并乳化；

② 冷却至45℃时加入C组分，搅拌均匀，即得。

配方 7：润肤滋养霜

组分		质量分数/%	组分		质量分数/%
A组分	西洋参提取物	1～3	B组分	丙二醇	3～9
	羊毛脂	1～3		软骨素硫酸钠	0.1～0.3
	C_{16}醇	0.8～2.4		广地龙粉	1～3
	C_{30}烷	1.5～4.5		珍珠粉	0.2～0.6
	蓖麻油	0.7～2.1		甘油	3～9
	霍霍巴油	1～3		锻月石	1～3
	水解胶原蛋白	0.8～2.4		羟苯丙酯	0.1～0.3
	凡士林	1～3		轻粉	0.1～0.3
	单硬脂酸甘油酯	0.8～2.4		去离子水	加至100
	腊月白鹅的纯净脂肪油	1～3	C组分	香精	0.1～0.3

制备工艺：

① 将 A 组分、B 组分分别加热至 90℃，使各组分溶解；

② 在搅拌下将 A 组分加入 B 组分中混合均匀并乳化，冷却至 30℃时加入 C 组分，搅匀即得。

配方 8：乌发止痒洗发水

组分		质量分数/%	组分		质量分数/%
A 组分	液体羊毛脂	0.5～1.5	B 组分	蛇油	2～6
	羟苯甲酯	0.1～0.3		月桂醇硫酸三乙醇胺	6～18
	苯甲酸甲酯	0.1～0.3		月桂酰二乙醇胺	2～6
	$EDTA-Na_2$	0.05～0.15		十二烷基硫酸钠	3～9
	地龙提取液	1～3	C 组分	香精	0.2～0.6
	海藻提取物	1～3		色素	0.1～0.3
	桑葚浸液	2～6		氯化钠(20%)	0.2～0.6
	去离子水	加至 100			

制备工艺：

① 将 A 组分搅拌加热至 80℃使其溶解，然后依次加入 B 组分，搅拌混合均匀；

② 当温度降至 40℃时加入 C 组分，即得。

配方 9：祛痘化妆品

组分		质量分数/%	组分		质量分数/%
A 组分	丝胶	16.0	B 组分	羟苯甲酯	0.3
	羊毛脂	8.6		氯化钠	1.3
	豆蔻酸	3.2		苯氧基乙醇	0.24
B 组分	地龙	7.5		去离子水	加至 100
	甘草	6.4	C 组分	香精	适量
	绿豆粉	2.7			

制备工艺：

① 将 A 组分混合加热至 70～80℃，搅拌 30min；

② 向 A 组分中加入 B 组分升温至 80～90℃，搅拌 1h，降温后加入 C 组分即得。

配方 10：美容去皱膏

组分		质量分数/%	组分		质量分数/%
A 组分	芦荟提取液	3.0	A 组分	白芷提取液	4.4
	桃花提取液	1.9		地龙提取液	3.0

续表

组分		质量分数/%	组分		质量分数/%
B组分	水溶性氮酮	1.9	C组分	维生素E	0.06
	蜂蜜	75.0		珍珠粉	1.9
	去离子水	加至100		卵磷脂	1.25
C组分	胶原蛋白粉	3.0		玫瑰蜂花粉	1.25
	蜂王浆	1.9			

制备工艺：

① 将A组分混合均匀浓缩成膏，50℃恒温烘干，粉碎成细粉，得混合物a；

② 将B组分混合均匀，依次加入C组分搅拌均匀，得混合物b；

③ 将混合物a加入混合物b中，搅拌均匀，过胶体磨，即得。

5.8.2 蚕丝提取物

(1) 蚕丝的组成和功效　蚕丝（silk）的生产和应用在我国已有几千年的历史，天然蚕丝具有珍珠般光泽，洁白晶莹，手感光滑柔软。蚕丝是一种天然蛋白纤维，其蛋白质含量达96%以上，且其结构与皮肤、毛发相似。蚕丝蛋白中含有丰富的氨基酸，主要有丝氨酸、丙氨酸、甘氨酸、酪氨酸等，如250μg桑蚕丝含氨基酸245.86μg，占有率为98.34%。应用到化妆品中的蚕丝提取物主要有两种：

① 丝粉。丝粉（silk protein）又称丝素，是由精选的家蚕（如桑蚕）丝经缓和的化学处理加工而成的一种白色粉末状高分子蛋白质，保持了蚕丝的原始结构和化学组成。丝粉细腻滑爽，透气性好，附着力强，随着温度和湿度的变化，能吸收或释放水分，并具有独特的截留油分的性能。此外，丝粉保持了天然蚕丝的美丽光泽。

丝粉的主要成分是氨基酸，故具有护肤和美容（改变皮肤光泽）的特性，此外其对人体无毒、无副作用、无刺激性，对皮肤角质层的水分有良好的保湿能力，并能吸收紫外线。在化妆品中，丝素多作为美容类化妆品（如唇膏、粉饼、眼部化妆品等）之原料，当丝粉用于以云母粉为基质的美容化妆品时，有助于降低反射光，使色彩更逼真、更自然。此外，丝素具有良好的热稳定性，在这类粉质美容化妆品中使用量可达20%，并能改善涂抹性能，提高产品使用的舒适度。

② 丝肽。丝肽（silk peptide）亦称水解丝蛋白，它是蚕丝的一种水解物，为浅黄或琥珀色的透明液体。丝肽含有多种氨基酸，其中以丙氨酸、甘氨酸和丝氨酸居多，可溶于水，与常用的表面活性剂都相溶。通过平均分子量对丝肽

进行分类，根据水解程度不同，可得到分子量从几百到几千的丝肽产品，根据需要进行选用。

丝肽分子结构的侧链含有大量的氨基、羧基、羟基等亲水性基团，能够有效地结合水分子，使丝肽具有很好的吸湿保湿作用。丝肽有较强的渗透力，尤其低分子量（1000以下）的丝肽，可透过角质层与皮肤上皮细胞结合，参与和改善皮肤细胞的代谢而起着营养作用，使皮肤滋润、柔软、光泽和富有弹性，对皮肤无刺激、无过敏反应，且对皮肤伤口愈合效果十分显著。

丝肽的保湿作用不受环境（温度、湿度等）变化的影响，具有较好的成膜性，能在皮肤和头发表面形成一层保护膜，这类保护膜具有良好的韧性、弹性、柔软性，同时兼具营养肌肤、延缓衰老、减少皱纹的作用；丝肽还能抑制皮肤中黑色素的生成，分子量小的丝肽对黑色素生成的抑制更为有效，减少黑色素形成，使皮肤白嫩。由于丝肽分子中的氨基酸与人体皮肤中的氨基酸组成结构相似，它使皮肤具有极佳的亲和性，素有“第二皮肤”之美誉，其渗透性能好，易被皮肤吸收，是现代保湿剂中的营养佳品，可广泛用于化妆品，它与化妆品其他原料有良好的配伍性，多将它添加到膏霜、乳液、护发等各类美容制品中。

（2）蚕丝化妆品配方精选

配方1：美容霜

组分		质量分数/%	组分		质量分数/%
A组分	硬脂酸	7.0	B组分	丝素	2.0
	羊毛脂	3.0		甘油	10.0
	高级脂肪醇	2.0		三乙醇胺	0.5
	豆蔻酸异丙酯	5.0		去离子水	加至100
	防腐剂	适量	C组分	香精	适量

制备工艺：

① 将A组分加热至75℃至溶解均匀，将B组分中丝素先溶于去离子水中加热至75℃，再加入其余组分；

② 将B组分加入A组分中混合搅拌并乳化，冷却至40℃时加入C组分，即得。

配方2：护发乳液

组分		质量分数/%
A组分	蜂蜡	3.0
	凡士林	15.0
	白油	40.0

续表

组分		质量分数/%	组分		质量分数/%
B组分	脂肪醇聚氧乙烯醚	1.0	B组分	丝素	1.0
	聚氧乙烯硬脂肪酸	3.0		去离子水	加至100
	油醇聚氧乙烯醚	2.0	C组分	香精	适量
	防腐剂	适量			

制备工艺：

① 将A组分、B组分分别混合加热至75℃；

② 在搅拌下将B组分加入A组分中，在40℃时加入C组分，即得。

配方3：丝素化妆水

组分		质量分数/%	组分		质量分数/%
A组分	丙二醇	2.0	B组分	羟苯甲酯	0.2
	甘油	4.0		叔丁基羟基苯甲醚	0.02
	丝素	1.0		香精	0.18
	乙醇	17.0	C组分	色素	适量
	去离子水	加至100			

制备工艺：

① 将A组分、B组分分别加热至40℃搅拌溶解；

② 在搅拌下将B组分加入A组分中混合均匀，加入C组分进行调色，静置24h即得。

配方4：丝素多功能香波

组分		质量分数/%	组分		质量分数/%
A组分	丝肽(M=1000g/mol)	3.0	B组分	乙二醇双硬脂酸酯	1.0
	丝氨酸90	5.0		甜菜碱	3.0
	去离子水	加至100		聚季铵盐	0.8
B组分	月桂基三乙醇胺	15.0		聚酰胺	0.8
	月桂醇聚氧乙烯醚磺酸	6.0		聚氧乙烯羊毛脂	0.5
	三乙醇胺		C组分	羟苯酯	0.2
	可可酸二乙醇酰胺	3.0		柠檬酸	适量
	双十二烷基磷酸酯钾	1.0		香精、色素	适量

制备工艺：

① 将A组分混合搅拌均匀，控温在35℃以下；

② 将B组分在搅拌下加热至80℃至完全溶解后加入A组分溶液中，搅拌至乳化；

③ 再加入C组分，用柠檬酸调节pH值至5左右，得到膏状体后在20～25℃条件下陈化24h即得。

配方5：丝肽润肤霜

组分		质量分数/%	组分		质量分数/%
A组分	硬脂酸钙	1～3	B组分	甘油	5～7
	乙酰化羊毛醇	4～6		去离子水	加至100
	棕榈酸异丙酯	1～3	C组分	丝肽	4～6
	硬脂酸甘油酯	1～3		丝素	2～3
	烷基酚聚氧乙烯(10)醚	1～3		香精	适量
	羟苯甲酯	0.2			

制备工艺：

① 将A组分加热至70～80℃，混合均匀；

② 将B组分加热至70℃，在搅拌下慢慢加入A组分中，搅拌均匀；

③ 降温至40～45℃时加入C组分，搅匀，冷却至室温，即得。

配方6：丝素粉底霜

组分		质量分数/%	组分		质量分数/%
A组分	卡波树脂	0.10	B组分	脂肪醇聚氧乙烯(10)醚	2～4
	透明质酸(2%)	3～5		烷基酚聚氧乙烯(10)醚	1～3
	聚乙二醇	2～4		三乙醇胺	0.2
	去离子水	加至100	C组分	丝素	1～3
B组分	白油	3～5		丝肽	2～4
	硬脂酸锌	0.5～0.8		香精	适量
	羟苯甲酯	0.15			

制备工艺：

① 将A组分、B组分分别加热至70℃混合均匀；

② 将A组分在搅拌下缓慢加入B组分中乳化，冷却至40～45℃时加入C组分，冷却至室温，即得。

配方7：丝素眼影膏

组分		质量分数/%	组分		质量分数/%
A组分	钛白粉	6～10	B组分	羊毛脂醇	2～4
	云母粉	20～30		乙酰化羊毛醇	4～6
	高岭土	6～10		蜂蜡	1～3
	硬脂酸锌	5～7	C组分	丝素	18～24
	钛云母珠光颜料	18～22		香精	适量

制备工艺：

① 将A组分用混料机充分混匀，将B组分加热到80～90℃混熔；

② 将B组分液体缓慢加入A组分粉料中，充分混匀；

③ 降温至50℃时加入C组分混合均匀；

④ 经粉碎机粉碎后过筛，细度要求小于76μm，最后经压块成型即得。

配方8：丝素面膜

组分		质量分数/%	组分		质量分数/%
A组分	聚乙烯醇	10.0	C组分	乙醇	6.0
	苯甲酸钠	0.1		丝素	1.7
	去离子水	加至100		丝肽	3.2
B组分	聚乙酸乙烯乳液	8.0		香精	0.04
	钛白粉	5.0			
	多孔性氢氧化铝粉	10.0			
	山梨醇	2.0			

制备工艺：

① 将A组分中聚乙烯醇加入去离子水中加热至80～90℃，搅拌2～3h至聚乙烯醇完全溶解后加入苯甲酸钠，过滤后缓慢地加入B组分搅拌混匀；

② 待冷却至50℃以下时再加入C组分，搅拌混合1～2h即制得。

配方9：丝肽洗面奶

组分		质量分数/%	组分		质量分数/%
A组分	C_{18}醇	3.0	B组分	脂肪醇聚氧乙烯醚磺化琥珀酸单/二钠	3.0
	单硬脂酸甘油酯	4.0		甘油	4.0
	硬脂酸	1.0		羟苯乙酯	适量
	凡士林	4.0		去离子水	加至100
	液体石蜡	1.5	C组分	一枝黄花提取液	6.0
	甲基硅油	1.0		丝肽500	1.0
	维生素E	1.0		香精	适量
	氮酮	1.0		防腐剂	适量

制备工艺：

① 将A组分、B组分分别混合均匀，并加热至80～85℃；

② 将A组分和B组分投入乳化釜中，在80～85℃下快速搅拌乳化30min；

③ 冷却至60℃时加入C组分，慢速搅拌冷却至48℃以下，即得。

配方10：婴儿爽身粉

组分		质量分数/%	组分		质量分数/%
A组分	滑石粉	40～50	A组分	硬脂酸镁	6～8
	硬脂酸锌	2～3	B组分	丝肽	8～12

续表

组分		质量分数/%	组分		质量分数/%
C组分	羊毛脂醇	1～3	C组分	硼酸	3～6
	单硬脂酸甘油酯	2～4		香精	0.1～0.3
	丝素	30～40			

制备工艺：

① 将A组分分别用碾磨机磨成粒度过200目筛的细粉后，混合均匀，放入铁锅中用微火炒热；

② 将B组分喷洒入炒锅内，同时快速炒拌粉料，炒匀为止；

③ 冷却至40℃时加入C组分，搅拌均匀，经粉碎过筛，即得。

配方11：丝肽润肤膏

组分		质量分数/%	组分		质量分数/%
A组分	甘油	4.7	D组分	丝肽	3.5
	珍珠粉	0.05		貂油	3.0
	C_{18}醇	0.6		氯霉素片	3.0
	胆固醇酯	1.8		羟苯甲酯	0.03
B组分	乙二胺	0.05		甜橙油	0.001
	皂苷	0.3		去离子水	加至100
C组分	新鲜玫瑰	6.0			
	凡士林	17.6			
	氯化钠	0.8			

制备工艺：

① 将A组分放入反应釜中，升温至90℃，边加热边搅拌直至全部熔化；

② 加入B组分，在100r/min下搅拌3h，降温至70℃，加入C组分，搅拌至50℃；

③ 加入D组分，在100r/min下搅拌至室温，放置冷却，老化12h，即得。

配方12：婴儿保湿护肤品

组分		质量分数/%	组分		质量分数/%
A组分	丝肽粉	10.0	B组分	蜂蜜提取物	2.8
	去离子水	加至100		壳聚糖	2.0
B组分	羊毛脂	7.0		脂质体	3.0
	丝肽表面活性剂	10.0	C组分	柠檬酸	2.8
	茶多酚绿色防腐剂	2.0			

制备工艺：

① 将A组分中丝肽粉研细，加入去离子水中，搅拌7min后加热至65℃，保温；

② 将B组分加入A组分中充分搅拌至混合均匀，再加入C组分调节pH值至6.5，继续搅拌至室温，真空脱泡后即得。

配方13：蚕丝保湿护肤品

组分		质量分数/%	组分		质量分数/%
A组分	野山参	1.6	B组分	丝肽	3.5
	石榴提取物	6.6		蜂王浆	6.6
	三乙醇胺	0.3		凡士林	17.7
	C_{18}醇	2.2		棕榈酸辛酯	7.1
	磷酸酯	1.1		维生素C	8.9
	去离子水	加至100			

制备工艺：

① 将A组分投入反应釜中，加热至90℃搅拌2h；

② 将B组分加入A组分中混合均匀，于55℃下搅拌5h，冷却至室温，即得。

配方14：抗过敏乳液

组分		质量分数/%	组分		质量分数/%
A组分	茉莉花	9.0	C组分	丝素	7.0
	菊花	11.0		乙酰化羊毛脂	10.0
	去离子水	适量	D组分	单硬脂酸甘油酯	8.0
B组分	柠檬酸	适量		明胶	8.0
C组分	液体石蜡	3.0		聚乙烯乙基醚	6.0
	甘油	10.0		维生素A	12.0
	丝肽	6.0			

制备工艺：

① 将A组分加入65℃去离子水中提取1.5h，分离上清液，合并溶液，浓缩后得提取液；

② 将B组分加入A组分中，调节pH值至7.1，然后加入C组分，于55℃下加热25min，冷却，加入D组分，混合均匀，即得。

第6章 菌类化妆品和海洋产物化妆品

6.1 灵芝

6.1.1 灵芝的主要功效

(1) 灵芝的化学成分　灵芝 (ganoderma) 化学成分复杂，因所用菌种的培养方式、提取方法等而有所差异，经测定分析，干灵芝籽实体含水分12.0%～13.0%、纤维素54.0%～56.0%、木质糖13.0%～14.0%、灰分0.22%、粗脂肪1.9%～2.0%、总氮1.6%～2.1%、单糖1.0%～1.2%、甾体0.14%～0.16%、总酚0.08%～0.12%。目前，已经从中分离得到150多种具有生物活性的化合物，包括糖类（多糖和低聚糖）、三萜类、蛋白类、多肽类、生物碱、挥发油、氨基酸等，此外，其中还含有Ag、Al、Cu、Ca、Fe、K、Na、Mg、Mn、Pb、Sn、Zn等元素。现在，糖类、三萜类以及蛋白类是研究最多的灵芝活性成分。

(2) 灵芝在化妆品中的应用

① 抗衰老。实验显示灵芝多糖能够提高皮肤中羟脯胺酸和SOD的含量，具有延缓皮肤衰老的效果，同时发现灵芝多糖对皮肤代谢的LIG1、PKL1、

ACTB 等基因表达有上调作用，能修复 DNA 损伤，促进细胞生长，也有对抗细胞衰老的作用。

② 抗氧化。灵芝多糖和三萜皂苷的体外实验研究显示，其具有良好的还原能力，对超氧阴离子自由基和羟自由基具有良好的清除效果。

③ 美白。实验表明灵芝醇提物的质量浓度在 5g/L 时对酪氨酸酶的抑制效果与熊果苷相当，抑制率大于 95%。从灵芝醇提物中分离出的灵芝萜烯酮醇和过氧化麦角甾醇对黑色素 B16 细胞合成的影响研究显示，这两种化合物能有效地抑制黑色素的分泌和释放，最大抑制率分别为 59.1%和 67.8%，对抑制黑色素的 IC_{50} 分别为 55.457mmol/L 和 51.449mmol/L，具有良好的美白功效。

④ 抗炎、抗过敏。对灵芝三萜的抗炎活性进行研究显示，灵芝三萜能够抑制脂多糖引起的炎症反应，能抑制 TNF-α、IL-6、NO、PGE2 的释放，此外灵芝三萜能抑制 iNOS 和 COX-2 的表达，具有较好的抗炎作用。

⑤ 抗菌。对灵芝酸的抗菌效果进行研究，结果发现灵芝酸对大肠杆菌、产气杆菌、金黄色葡萄球菌和肠炎杆菌的抑制效果较好。灵芝三萜类化合物对大肠杆菌、金黄色葡萄球菌、枯草芽孢杆菌、黑曲霉和青霉有明显的抑制作用，MIC 分别为 25mg/mL、25mg/mL、50mg/mL、100mg/mL 和 50mg/mL。

⑥ 其他作用。灵芝还具有促进皮肤微循环、增加皮肤含水量以及防止冻伤等功效。

6.1.2 灵芝化妆品配方精选

配方 1：护肤乳

组分	质量分数/%	组分	质量分数/%
硬脂酸	5.0	聚氧乙烯失水山梨醇	0.8
C_{16}醇	5.0	单油酸酯	77.4
液体石蜡	2.0	去离子水	加至 100
单硬脂酸甘油酯	1.3	灵芝籽实提取物	0.1
单硬脂酸失水山梨醇酯	1.5	防腐剂	适量
三乙醇胺	0.7	香料	适量
丙二醇	6.0		

制备工艺：

① 将 A 组分（硬脂酸、C_{16}醇、液体石蜡、单硬脂酸甘油酯、单硬脂酸失水山梨醇酯、聚氧乙烯失水山梨醇、单油酸酯）和 B 组分（三乙醇胺、丙二醇、去离子水）分别加热至 85℃；

② 在85℃下，边搅拌边将A组分缓慢加入B组分中进行乳化；

③ 当温度降至45℃以下时加入灵芝籽实提取物、防腐剂、香料，搅拌均匀，静置冷却后包装。

配方2：化妆水

组分	质量分数/%	组分	质量分数/%
灵芝籽实提取物	0.1	柠檬酸钠	0.1
丙二醇	5.0	去离子水	加至100
1,3-丁二醇	5.0	防腐剂	适量
柠檬酸	0.1	香料	适量

制备工艺：

将所有的组分加热至50℃，搅拌均匀即可。

配方3：面膜

组分	质量分数/%	组分	质量分数/%
乙醇	10.0	防腐剂	适量
起泡型表面活性剂	2.0	去离子水	加至100
甘油	7.0	灵芝籽实提取物	0.2
聚乙烯醇	12.0	香料	适量

制备工艺：

① 取聚乙烯醇加入适量的去离子水搅拌、溶胀，备用；

② 将乙醇、起泡型表面活性剂、甘油、适量去离子水、灵芝籽实提取物、防腐剂、香料搅拌混合均匀；

③ 将溶胀搅拌后的液体与混合液②混合均匀，用去离子水补足余量即可。

配方4：复方灵芝孢子霜

组分	质量分数/%	组分	质量分数/%
液体石蜡	10.0	硬脂酸	19.0
甘油	5.0	灵芝提取液	5.0
凡士林	5.0	灵芝孢子油	0.6
橄榄油	10.0	山梨酸	0.15
羊毛脂	2.0	去离子水	加至100
三乙醇胺	4.0	茉莉香精	适量

制备工艺：

① 灵芝提取液制备。取灵芝子实体 20g，切成 0.5～1cm^3 碎块，加水 280mL 煎煮 2h，滤过残渣再加水 240mL，煎煮 2h，滤过滤液合并静置 12h 后，取上清液浓缩至相对密度 1.08。

② 灵芝孢子油制备。取灵芝孢子粉 20g，加入 300mL 石油醚超声提取 30min 后，过滤残渣用石油醚超声提取 30min，过滤合并滤液，浓缩即得灵芝孢子油。

③ 将硬脂酸、凡士林、羊毛脂、橄榄油、液体石蜡加热熔化，加入山梨酸，调节温度至 80℃溶解得油相。

④ 将三乙醇胺、甘油加入去离子水中，加热至 80℃，搅拌 1h，制成水相。

⑤ 将油相、水相分别加热至 100℃维持 5min，待降温至 80℃，在水相中加入灵芝提取液，并在充分搅拌下将油相加入水相中。

⑥ 待温度降至 45℃左右加入茉莉香精及灵芝孢子油，搅匀至冷即得。

配方 5：灵芝润肤霜

组分		质量分数/%
A 组分	C_{16}～C_{18}醇	4.6
	硬脂酸	7.3
	白油	8.0
	单甘酯	1.0
B 组分	三乙醇胺	1.1
	有硒灵芝提取物	1.0
	去离子水	加至 100

制备工艺：

油相（A 组分）、水相（B 组分）分别加热熔化后，并保持温度 80℃将水相缓慢倒入油相并不停搅拌，放冷即得。

配方 6：灵芝保湿面霜

组分		质量分数/%
A 组分	硬脂酸	4.0
	单甘酯	4.0
	C_{18}醇	4.0
	甜杏仁油	5.0
	雨生红球藻粉提取液	2.0
	油溶性维生素 E	2.0

续表

组分		质量分数/%
B组分	低分子量玻尿酸(透明质酸)1%原液	1.5
	高分子量玻尿酸(透明质酸)1%原液	1.5
	甘油	6.0
	灵芝水提液	5.0
	灵芝醇提液	5.0
	蚕丝蛋白粉	1.0
	玫瑰纯露	加至100
	蜂蜜	2.0
	混合型抗菌剂(羟苯甲酯、羟苯丙酯)	适量
	乳化剂	5.0

制备工艺：

① 灵芝水提液。称取灵芝粉40g，加85%乙醇1000mL，浸泡过夜，过滤，取滤渣，60℃烘干，再加入1000mL超纯水，80℃超声提取45min，料水比1∶25，减压浓缩至1g/mL，即得。

② 灵芝醇提液。称取灵芝粉40g，加75%乙醇1000mL，65℃超声提取45min，料液比1∶25，减压浓缩至干，加无水乙醇使终浓度为1g/mL。

③ 油相A组分、水相B组分分别加热熔化后，并保持温度80℃将水相缓慢倒入油相并不停搅拌，放冷即得。

配方7：活性肽面霜

组分	质量分数/%	组分	质量分数/%
甘油	30.0	海藻多糖	8.0
芦荟提取液	15.0	合成霍霍巴油	15.0
玫瑰提取液	15.0	矿物元素结合肽	3.0
灵芝提取物	8.0	紧肤六元肽	5.0
燕窝	5.0	聚二甲基硅氧烷	5.0
桑白皮提取液	20.0	D-葡聚糖	3.0

制备工艺：

① 将甘油、芦荟提取液、玫瑰提取液、灵芝提取物、燕窝、桑白皮提取液混合后加入搅拌釜中进行低速搅拌，搅拌速率为100～300r/min，搅拌时间为5～10min，静置得到混合液；

② 在混合液中加入海藻多糖、合成霍霍巴油、聚二甲基硅氧烷混合后加入水浴锅中进行加热，水浴锅的温度控制在60～80℃，反应时间为

10～15min，得到混合液；

③ 在混合液中加入矿物元素结合肽、紧肤六元肽、D-葡聚糖，充分混合后将混合液快速冷却至室温，静置 1h 后放入冷藏室冷藏 5h，即得活性肽面霜。

配方 8：营养洗面水

组分	质量分数/%	组分	质量分数/%
人参	2.0	灵芝	0.5
何首乌	1.0	羚羊膏	0.5
芦荟	6.0	白瓜仁	1.0
党参	0.5	茯苓	1.0
珍珠	3.0	川芎	0.5
黄芪	3.0	去离子水	加至 100
甘菊	1.0		

制备工艺：

将混合液配料后灌装分瓶，置 5～35℃环境中保存。

配方 9：眼霜

组分		质量分数/%	组分		质量分数/%
A 组分	GC	4.0	B 组分	尿囊素	0.2
	C_{18}醇	2.0		抗过敏剂(GD-2901)	3.0
	红没药醇	0.2		去离子水	加至 100
	羟苯丙酯	0.06	C 组分	CMG	0.2
	角鲨烷	5.0		灵芝提取物	4.0
	氮酮	1.5		1%透明质酸溶液	10.0
	辅酶 Q_{10}	0.05		丙二醇	4.0
	豆蔻酸异丙酯	3.0		内皮素拮抗剂	0.02
B 组分	1,3-丁二醇	4.0	D 组分	三乙醇胺(20%)	适量
	羟苯甲酯	0.12		杰马-115	0.3
	NMF-50	3.0		香精	0.3
	卡波姆-2020	0.3			

制备工艺：

① 先取 C 组分混合、溶解，加热至 40℃备用；

② 将 A 组分、B 组分分别加热至 80℃，将 A 组分加入 B 组分中，均质乳化 3min；

③ 搅拌降温至45℃，加入C组分；

④ 加入20%三乙醇胺，调pH值至6.0，加入香精、杰马-115，继续搅拌至36℃，即得。

配方10：抗皱霜

组分		质量分数/%	组分		质量分数/%
A组分	GC	2.0	B组分	NMF-50	3.0
	二甲基硅油	1.0		海藻寡糖	4.0
	合成角鲨烷	6.0		羟苯甲酯	0.12
	羟苯丙酯	0.05		羟丙基纤维素	0.3
	液晶乳化剂(biobase S)	4.0		尿囊素	0.2
	霍霍巴油	1.5		抗过敏剂(GD-2901)	3.0
	羟脯氨酸二棕榈酸酯	1.0		去离子水	加至100
	辅酶Q_{10}	0.05	C组分	丙二醇	4.0
	维生素E	1.5		0.5%透明质酸溶液	10.0
	豆蔻酸异丙酯	3.0		CMG	0.2
	BHT	0.02		灵芝提取物	4.0
	氮酮	2.0	D组分	杰马-115	0.3
B组分	1,3-丁二醇	4.0		香精	0.2

制备工艺：

① 先取C组分混合、溶解，加热至40℃备用；

② 再取A组分前7种组分混合加热至90℃，持续20min灭菌，降温至80℃，加入豆蔻酸异丙酯、辅酶Q_{10}、BHT、维生素E、氮酮；

③ 另取B组分1，3-丁二醇、羟丙基纤维素投入80℃去离子水中，分散后加入其他原料，加热灭菌至80℃；

④ A组分、B组分温度相等时，将A组分加入B组分中，均质乳化3min后，搅拌降温至45℃时加入C组分同温药物溶液、D组分，继续搅拌降温至36℃，即得。

配方11：美白柔肤水

组分		质量分数/%	组分		质量分数/%
A组分	1,3-丁二醇	4.0	A组分	丙二醇	4.0
	霍霍巴油	1.0		尿囊素	0.2
	L-乳酸钠	4.0		L-乳酸	2.0
	抗过敏剂(GD-2901)	3.0		EDTA-Na_2	0.05
	羟苯甲酯	0.1		去离子水	加至100

续表

组分		质量分数/%	组分		质量分数/%
B组分	灵芝提取物	1.0	B组分	杰马-115	0.3
	薰衣草精油	0.05		氢化蓖麻油	0.2

制备工艺：

将A组分在搅拌下加热至80℃，搅拌均匀后降温至45℃时加入B组分，搅拌温度降至35℃，即得。

配方12：灵芝营养霜

组分		质量分数/%
A组分	硬脂酸	3.0
	单甘酯	7.0
	白油(11号)	5.0
	C_{18}醇	5.0
	鲸蜡醇	3.0
	羟苯乙酯	0.1
B组分	甘油	20.0
	苯甲酸钠	0.15
	乳化剂	0.5
	去离子水	加至100
C组分	灵芝水提取液	5.0
	蜂蜜	3.0
	磷脂、色素	适量
	鱼肝油	适量
	香精	0.6

制备工艺：

将A组分、B组分物料分别在90℃下加热，然后置入乳化罐中，开机搅拌，在适宜温度下加C组分，5℃时加香精，45℃时停止搅拌，冷却至室温即可装瓶。

6.2 茯苓

茯苓（*Poria cocos*）隶属多孔菌科卧孔菌属，属好氧性真菌，寄生于松科植物赤松（*Pinus densiflora*）或马尾松（*Pinus massoniana*）的根茎部位，是最早纳入《中华人民共和国药典》的药用食用菌之一，味甘、淡，性平，具有健胃、祛湿、健脾、安神、增强免疫力、抗癌等功效，被誉为“仙药之上品”。我国食用茯苓的历史已有2000余年，近年来，茯苓被广泛应用于医药、保健品和食品领域，据统计以茯苓为原料的中成药可达200余种。

6.2.1 茯苓的成分和功效

(1) 茯苓的成分　随着对茯苓化学成分的药理作用和活性成分的不断研究，从茯苓中提取到多种活性物质。茯苓的主要化学成分为茯苓糖（表6-1），含量约84.2%，主要有β-茯苓聚糖、葡萄糖、蔗糖及果糖；其次为四环三萜类化合物，主要以酸的形式存在，包括茯苓酸、松苓酸、松苓新酸等；此外，还含麦角甾醇、硬烷（0.68%）、纤维素（2.84%），还含有三萜类、辛酸、月桂酸、组氨酸、胆碱、蛋白质、脂肪、酶、腺嘌呤、树胶等成分。

表6-1　具有生物活性的茯苓多糖

化合物	结构特点
PCM1、PCM2	由鼠李糖、木糖、甘露糖、半乳糖、葡萄糖及葡萄糖醛酸组成
PCM3	β-(1→3)-D-葡聚糖
PCM4	由D-葡萄糖和葡萄糖醛酸组成
ATPCP	主链为1,6糖苷键,支链为1,4糖苷键
Pi-PCM0、Pi-PCM1、Pi-PCM2	主要由葡萄糖、半乳糖和甘露糖组成
PCS3-Ⅱ、PCS4-Ⅰ、PCS4-Ⅱ	β-(1→3)-D-葡聚糖
SGP-1、SGP-2	主要由半乳糖、鼠李糖组成
Pachyman	主链为葡聚糖,支链为甘露聚糖
ab-PCM1、ab-PCM2-Ⅰ、ab-PCM2-Ⅱ、ab-PCM3-Ⅰ	由α-(1→3)-D-葡萄糖、α-D-甘露糖,β-D-半乳糖和N-乙酰葡萄糖胺组成
PC-PS	中性多糖组成
CMP	羧甲基化的葡聚糖
PCSG	β-(1→3)-D-葡萄糖
Polysaccharide HI 1	(1→3)-(1→6)-β-D-葡聚糖
Carboxymethylpachymaram	由葡萄糖和甘露聚糖组成
Carboxymethylated *P*. cocos polysaccbarides	羧甲基化的β-(1→3)-D-葡聚糖

茯苓中的三萜化合物种类很多（表6-2），占茯苓干重的2%左右。茯苓三萜多为羊毛甾型的酸类物质。茯苓三萜主要采用有机溶剂（甲醇、乙醇）进行萃取，也可采用超临界CO_2萃取。

表 6-2 茯苓三萜化合物的类型

三萜化合物类型	结构特点
羊毛甾-8-烯型	母环 8(9)位有一个双键
羊毛甾-7,9(11)-二烯型	母环 7(8)和 9(11)位各有一个双键
3,4-开环-羊毛甾-7,9(11)-二烯型	母环 7(8)和 9(11)位各有一个双键,49(28)位有一个碳碳双键
3,4-开环-羊毛甾-8-烯型	毛甾-8-烯型三萜类物质 3,4 位开环所形成
三环二萜类	去氢松香酸甲酯
齐墩果烷型三萜	五环型的三萜

(2) 茯苓的功效

① 抗炎作用。茯苓三萜类化合物和茯苓多糖均具有抗炎作用。研究发现，茯苓三萜化合物 3β-对-羟基苯甲酰去氢-16α-羟基齿孔酸对 TPA 引起的耳水肿有一定的治疗效果；茯苓酸可通过血红素氧合酶-1（HO-1）的活性调控 NF-KG 和 Nrf2 的表达，进而具有治疗口腔炎症的功效。据报道，茯苓多糖对皮下肉芽肿和耳肿的形成都有较好的抑制作用；茯苓多糖化合物 SGP-1 和 SGP-2，可抑制脂多糖（LPS）诱导的巨噬细胞相关基因（如 iNOS、TNF-α、IL-6 等胞内基因）的表达，且可抑制细胞外信号分子介导的 Erk、JNK 基因的表达，因此具有显著的抗炎效果。

② 保湿作用。茯苓多糖具有较好的吸湿性和保湿性。研究显示，RH43%条件下，茯苓多糖 24h 吸湿率可达到 25.13%，而海藻酸钠只有 19.95%。24h，茯苓多糖的保湿率为 14.02%，高于甘油和海藻酸钠。

③ 美白抗衰老作用。研究显示，茯苓提液可提高豚鼠皮肤酪氨酸 mRNA 表达水平，能在基因转录水平下调酪氨酸 RNA 表达，抑制酶蛋白的生物合成。茯苓能不同程度增加血清中 SOD 活性，降低丙二醛（MDA）含量，具有抗寒、抗衰老作用，茯苓水提液还可通过提高皮肤中羟脯氨酸的含量来延缓皮肤衰老，此外研究发现，白茯苓对酪氨酸酶有显著的抑制作用且为竞争性抑制，通过抑制酪氨酸酶活性可减少黑色素生成量，因此具有显著的美白效果。

6.2.2 茯苓化妆品配方精选

配方 1：茯苓冷霜

组分	质量分数/%	组分	质量分数/%
液态凡士林	52.0	蜂蜡	14.0
硼砂	1.0	茯苓粉	1.0
香料	适量	去离子水	加至 100

制备工艺：

① 将茯苓充分研磨过筛；

② 将凡士林和蜂蜡置入容器中，水浴加热，后缓缓加硼砂和水，用力搅拌；

③ 当温度升至 60℃时加香料，继续搅拌；

④ 温度降至 50℃时加茯苓粉，搅匀，维持 50℃，即可。

配方 2：茯苓润肤霜

组分	质量分数/%	组分	质量分数/%
液体石蜡	16.0	对羟基甲酸甲酯	0.2
C_{16}醇	6.0	香料	0.1
橄榄油	2.0	茯苓粉	0.2
卵磷脂	1.0	去离子水	加至 100
N-月桂酰谷氨酸钠	1.0		

制备工艺：

将茯苓充分研磨过筛，去杂质，然后与其他组分一并加入液体石蜡中，按制润肤霜常规方法加工。

配方 3：凝胶状茯苓霜

组分	质量分数/%	组分	质量分数/%
茯苓粉	0.2	聚乙烯酶	10.0
乙醇	10.0	甘油	3.0
香料	0.05	去离子水	加至 100

制备工艺：

将茯苓研磨成细粉状，与上述物料加入水中混合均匀即成透明凝胶状茯苓霜。

配方 4：祛黄褐斑面霜

组分	质量分数/%	组分	质量分数/%
去离子水	加至 100	桑白皮提取液	3.1
甘油	11.5	鲜益母草汁	0.6
单硬脂酸甘油	11.5	珍珠母汁	0.2
硬脂酸	6.1	白僵蚕汁	0.4
白果提取液	3.3	茯苓汁	0.2
黑豆提取液	1.9	防腐剂	适量

制备工艺：

① 取白果、黑豆、桑白皮干燥后分别粉碎至10～20目，投入蒸馏锅中，加10倍量的乙醇，在45～50℃条件下浸提4h，过滤，得滤液，真空浓缩，回收乙醇，干燥，分别制得白果提取液、黑豆提取液、桑白皮提取液；

② 分别取珍珠母、白僵蚕捣烂并用水浸泡，过滤得珍珠母汁和白僵蚕汁；

③ 取茯苓用水浸泡，过滤浸汁的茯苓汁；

④ 将鲜益母草捣汁得鲜益母草汁；

⑤ 将去离子水、甘油、单硬脂酸甘油、硬脂酸、白果提取液、黑豆提取液、桑白皮提取液、鲜益母草汁、珍珠母汁、白僵蚕汁、茯苓汁混合加热至70℃，搅拌并进行乳化，当温度降至45℃时加防腐剂，静置24h后分装。

配方5：祛痘精华液

组分		质量分数/%
A组分	甘油	8.0
	丙二醇	2.0
	蚕丝蛋白	1.0
	香精	1.0
	三乙醇胺	0.4
	去离子水	加至100
B组分	茯苓提取物	3.0
	海萝藻提取物	1.5
	甲基硅油	1.5
	单甘酯	2.0
	聚氧乙烯失水山梨醇单月桂酸酯	1.2
	复合乳化剂AC-402	0.8
	黄原胶	0.4

制备工艺：

① 将茯苓清洗、干燥、粉碎后过60目筛得茯苓粉，将20g茯苓粉用无水乙醇40℃恒温提取两次，浓缩至总体积为10mL，得茯苓提取物；

② 将海萝藻洗净、冷冻干燥后，粉碎、过60目筛后得海萝藻粉，取10g海萝藻粉用20%的甲醇液超声提取两次，浓缩至原体积的1/5，得海萝藻提取物；

③ 将A组分混合后，70℃加热搅拌直至溶解，制成水相液；

④ 将B组分在60℃条件下混合搅拌均匀，制成油相液；

⑤ 将油相液缓慢地加入水相液中，使用高速分散器搅拌15min，冷却出

料，即得精华液。

配方 6：抗糖化面膜

组分	质量分数/%				
	例 1	例 2	例 3	例 4	例 5
丁二醇	5.0	0.5	10	10	10
1,2-己二醇	0.5	5.0	2.0	2.0	2.0
透明质酸钠(分子量 100000Da)	0.1	0.01	0.03	0.03	0.03
豌豆提取物	0.01	5.0	0.5	2.0	2.0
茯苓提取物	5.0	0.01	0.5	2.0	2.0
肌肽	0	0	0.01	0.03	0.03
鲟鱼子酱提取物	0	0	0.5	1.0	1.0
羟乙基纤维素	0.3	0.02	0.2	0.2	0.2
卡波姆钠	0.03	0.2	0.1	0.1	0.1
羟苯甲酯	0.1	0.1	0.1	0.1	0.1
苯氧乙醇	0.2	0.2	0.2	0.2	0.2
甘草酸二钾	0.1	0.1	0.1	0.1	0.1
EDTA-Na_2	0.01	0.01	0.01	0.01	0.01
去离子水	加至 100	加至 100	加至 100	加至 100	加至 100
面膜基布	棉纤维	海藻纤维	竹炭纤维	生物纤维	铜氨纤维

制备工艺：

① 向搅拌锅中加入去离子水、甘草酸二钾、羟乙基纤维素、羟苯甲酯、EDTA-Na_2，搅拌均匀；

② 加透明质酸钠、卡波姆钠分散在多元醇中（丁二醇、1，2-己二醇），投入搅拌锅；

③ 加热到 85℃，均质 3min，搅拌下保温 30min；

④ 降温到 48℃，依次加入苯氧乙醇、抗糖化组合（如，豌豆提取物、肌肽、茯苓提取物、鲟鱼子酱提取物），搅拌均匀，35℃出料；

⑤ 通过灌装机将面膜精华液灌入预先装有面膜基布的面膜袋中即可。

配方 7：生物美白祛斑面霜

组分	质量分数/%	组分	质量分数/%
柠檬片	3.5	白茯苓	2.8
牛奶	7.0	杏仁	4.7
蜂蜜	2.3	去离子水	18.6

续表

组分	质量分数/%	组分	质量分数/%
干桃花	1.4	内皮素拮抗剂	0.7
艾叶	5.8	添加剂	0.9
侧柏叶	3.5	乳膏基质	加至100
白芷	2.3		

制备工艺：

① 将柠檬片放入密闭的容器内，随后依次加入牛奶和蜂蜜，搅拌均匀后，添加去离子水，密封后放入低温2℃的环境中储存，备用；

② 将干桃花、艾叶、侧柏叶、白芷、白茯苓和杏仁洗净、剪碎，加入剩余的去离子水用文火煎煮5h，滤出药液，并将药液继续煎煮呈糊状；

③ 将步骤①中制备的混合液中的柠檬片滤除并与步骤②中制备的糊状药液混合，搅拌均匀；

④ 把乳膏基质加热至80℃，添加步骤②中的混合物，搅拌均匀，随后将内皮素拮抗剂和添加剂加入其中，搅拌均匀后冷凝，灌装即得。

6.3 银耳

6.3.1 银耳的成分和功效

银耳（tremella）又称白木耳，属银耳目，银耳科，银耳属，是我国传统食药兼用真菌。据国内学者统计银耳属约60余种，分布于全世界，除少数种类生于土壤或其他真菌上之外，绝大多数银耳都腐生于各种阔叶树或针叶树的原木。

银耳中含有多种活性成分，包括银耳多糖、黄酮类、多酚类物质等。研究发现，银耳能提高机体免疫力，抗肿瘤，清除自由基，诱导人体产生抗体和干扰素，降低高血压、高血脂等多种功效。在银耳来源的活性物质中，最受研究者关注的是银耳多糖。大量研究显示，银耳多糖具有保湿、美白和抗氧化作用。

6.3.2 银耳化妆品配方精选

配方1：银耳雪花膏

组分	质量分数/%	组分	质量分数/%
硬脂酸	14.9	茉莉香精	1.5
银耳甘油	4.5	乙醇	3.0
碳酸氢钠	1.5	去离子水	加至100

制备工艺：

① 取银耳 5g，浸入 95mL60%的甘油中，7 天后即为银耳甘油；

② 将碳酸氢钠加入水中，加热至 80℃左右，搅拌，再加乙醇和银耳甘油，搅匀，维持 80℃左右；

③ 将硬脂酸加热至 80℃左右，熔化后在搅拌条件下把碳酸氢钠溶液缓缓加入其中，搅拌，直至成乳色软膏；

④ 温度升至 40℃左右时，加茉莉香精，搅拌均匀后即得。

配方 2：人参银耳霜

组分	质量分数/%	组分	质量分数/%
硬脂酸	2.0	非离子表面活性剂Ⅱ	1.0
白油	10.0	丙二醇	5.0
羊毛脂	2.0	香精、防腐剂	适量
凡士林	5.0	人参、银耳浸膏	2.0
高级脂肪醇	2.0	去离子水	加至 100
非离子表面活性剂Ⅰ	2.5		

制备工艺：

将人参、银耳浸膏、非离子表面活性剂Ⅰ溶解于水相，非离子表面活性剂Ⅱ加入油相，然后在搅拌下将加热至 75℃的水相注入 75℃的油相中，搅拌乳化，冷却至 40℃时加香精即可。

配方 3：修复皮肤的护肤品

组分	质量分数/%	组分	质量分数/%
银耳提取物	65.0	大豆籽提取物	0.2
甘油	2.5	稻胚芽粉	0.2
甘露醇	2.0	稻提取物	0.2
聚谷氨酸	2.5	谷胱甘肽	0.05
EGF 活性因子	0.05	去离子水	加至 100

制备工艺：

将银耳提取物、甘油、甘露醇、聚谷氨酸、去离子水采取高温蒸汽灭菌，EGF 活性因子、大豆籽提取物、稻提取物、稻胚芽粉、谷胱甘肽采取常温过滤除菌后，混合，即得修复皮肤产品。

配方 4：含银耳、橙皮苷及可溶性蛋白的抗衰祛皱精华液

组分	质量分数/%	组分	质量分数/%
去离子水	78.6～88.3	对羟基苯乙酮	0.15～0.25
1,3-丙二醇	8～15	葡糖基橙皮苷	0.08～0.15

续表

组分	质量分数/%	组分	质量分数/%
聚乙二醇-8	1.2～2.5	可溶性蛋白多糖	0.7～1.2
牛蒡提取物	0.5～0.7	3-*O*-乙基抗坏血酸	0.05
枸杞提取物	0.3～0.4	银耳多糖	0.08～0.15
家榆树皮提取物	0.2～0.3	透明质酸钠	0.1
香橙果提取物	0.05～0.1	聚丙烯酸酯交联聚合物-6	0.04
1,2-己二醇	0.18～0.25	薄荷醇	0.03
PEG-40 蓖麻油	0.04	突厥蔷薇花油	0.002

制备工艺：

① 将去离子水加入反应釜中，然后加热至100℃，保温45min，然后冷却至60℃备用；

② 分别将1,3-丙二醇、聚乙二醇-8、牛蒡提取物、枸杞提取物、家榆树皮提取物、香橙果提取物加入，搅拌至完全溶解；

③ 再分别将1,2-己二醇、对羟基苯乙酮、葡糖基橙皮苷、可溶性蛋白多糖、3-*O*-乙基抗坏血酸、银耳多糖、透明质酸钠、聚丙烯酸酯交联聚合物-6加入，搅拌至完全溶解；

④ 最后将薄荷醇、PEG-40 蓖麻油、突厥蔷薇花油溶解后加入，搅拌至完全溶解，冷却至温度为45℃，检测出料。

配方5：含植物活性弹力因子AEF润肤霜

组分		质量分数/%
A组分	薯蓣根提取物、银耳提取物、余甘子提取物与丁二醇	5.0
	甘油	5.0
	透明质酸钠	0.03
	三甲基甘氨酸	1.5
B组分	植物油	0.3
	高级脂肪醇	1.0
	氢化植物油	0.5
	硬脂酸甘油酯	1.0
	植物甾醇类	0.3
	维生素E	0.01
	牛油果树果脂	2.0
	维生素E乙酸酯	2.0

续表

组分		质量分数/%
C组分	辛酸/癸酸三酰甘油	3.0
	环聚二甲基硅氧烷	5.0
	硬脂酸甘油酯	3.0
	高级脂肪醇	2.0
	辛基聚甲基硅氧烷	2.0
	羟苯甲酯	0.2
	羟苯丙酯	0.1
D组分	丙烯酸羟乙酯/丙烯酰二甲基牛磺酸钠共聚物	0.3
	丙烯酸(酯)类/C_{10}～C_{30}烷醇丙烯酸酯交联聚合物	0.2
	EDTA-Na_2	0.03
	去离子水	100
E组分	氨甲基丙醇	0.12
	苯氧乙醇	0.75
	香精	适量

制备工艺：

① 将C组分和D组分分别加热至78℃，混合后搅拌，置于乳化器中充分乳化，保温搅拌20min，降温；

② 当温度降至45℃时加入A组分和B组分等活性物质，以及E组分等辅助成分，搅拌均匀。

配方6：晒后修护面贴膜

组分	质量分数/%				
	1	2	3	4	5
甘油	5.0	5.0	10.0	10.0	10.0
聚甘油-8	0.5	0.5	5.0	5.0	5.0
香蜂花花/叶/茎水	1.0	5.0	3.0	3.0	3.0
银耳多糖	0.05	0.02	0.05	0.05	0.05
β-葡聚糖	0.03	0.1	0.1	4.5	4.5
欧洲七叶树籽提取物	0	0	2.5	0.5	0.5
葡萄籽提取物	0	0	2.5	0.5	0.5
库拉索芦荟叶提取物	0	0	0.5	0.5	0.5
羟乙基纤维素	0.3	0.03	0.2	0.2	0.2
脱氢黄原胶	0.03	0.3	0.1	0.1	0.1
羟苯甲酯	0.2	0.2	0.2	0.2	0.2

续表

组分	质量分数/%				
	1	2	3	4	5
苯氧乙醇	0.3	0.3	0.3	0.3	0.3
甘草酸二钾	0.05	0.05	0.05	0.05	0.05
EDTA-Na_2	0.01	0.01	0.01	0.01	0.01
去离子水	92.5	87.99	75.49	71.09	71.09
面膜基布	棉纤维	海藻纤维	竹炭纤维	生物纤维	铜氨纤维

制备工艺：

① 向搅拌锅中加入水、银耳多糖、羟乙基纤维素、羟苯甲酯、EDTA-Na_2、甘草酸二钾，搅拌均匀；

② 将脱氢黄原胶分散在多元醇中（甘油、聚甘油-8），投入搅拌锅，加热到85℃，均质3min，搅拌下保温30min；

③ 降温到48℃，依次加入苯氧乙醇、晒后修护组合物（如，香蜂花花/叶/茎水、β-葡聚糖、欧洲七叶树籽提取物、葡萄籽提取物、库拉索芦荟叶提取物），搅拌均匀，35℃出料；

④ 检验合格后，通过灌装机将面膜精华液灌入预先装有面膜基布的面膜袋中即可。

6.4 发酵类

6.4.1 曲酸及其衍生物

(1) 曲酸的制备、性质和功效　曲酸（kojic acid），又称为曲菌酸，化学名称为5-羟基-2-羟甲基-4-吡喃酮，外观为无色或浅黄色棱柱形结晶，易溶于水。曲酸最早是由日本学者斋藤贤道在米曲霉菌酿造的酱油中发现，后来日本、印度、加拿大、美国等学者从黄曲霉的某些菌株发酵产物中也分离出曲酸，并且产量高于米曲霉发酵。

曲酸及其衍生物的美白机理是通过与铜离子螯合，使得酪氨酸酶失去铜离子而失去催化活性，此外曲酸也同时抑制DHI的聚合和DHICA氧化酶活性，因此可抑制黑色素的生成，具有增白祛斑的功效。曲酸来自微生物发酵，是一种安全性较高的美白剂，因此在化妆品产业方面备受青睐，如日本柯赛公司、山之岗制药公司、埃泽伊公司合作研制了曲酸增白美容乳，日本关西化妆品有限公司开发将曲酸用于洗面奶和沐浴露等清洁类化妆品的配方设计。

但是，由于曲酸不稳定，对光和热敏感，在空气中易被氧化。另外，曲酸与很多金属离子螯合，尤其是与 Fe^{3+} 螯合产生黄色螯合物，所以加入曲酸的化妆品稳定性较差。因此，结构更为稳定的曲酸衍生物，如曲酸氨基酸、曲酸脂肪酸酯、曲酸醚、曲酸磷酸酯等衍生物被逐渐应用于美白祛斑化妆品的配方设计中。

（2）曲酸化妆品配方精选

配方 1：美白祛斑霜

组分		质量分数/%
A 组分	脂肪醇聚醚复合物(340B)	3.5
	乳化剂 A-165	3.5
	鲸蜡硬脂酸	4.0
	硬脂酸	2.0
	霍霍巴油	2.0
	液体石蜡	6.0
	辛酸/癸酸三酰甘油	5.0
	聚二甲基硅氧烷	2.0
	乙氧基二甲醇	2.5
	曲酸二棕榈酸酯	3.0
	泛醌	0.1
	氮卓酮	1.5
B1 组分	甘草酸二钾	0.2
	尿囊素	0.2
	3-O-乙基抗坏血酸	2.0
	海藻糖	2.0
	去离子水	加至 100
B2 组分	甘油	3.0
	黄原胶	0.15
C 组分	光果甘草根提取物	5.0
	环五聚二甲基硅氧烷	3.0
D 组分	水解蜂王浆蛋白	1.0
	香精	0.05
	氧化苦参碱	0.15
	氯苯甘醚/苯氧乙醇	0.5

注：A-165 是聚乙二醇（100）硬脂酸酯和硬脂酸甘油酯。

制备工艺：

① 将 A 组分加入油相锅中，加热升温至 80～85℃；

② 将B1组分加入水相锅中，加热至80～85℃，加入B2组分，恒温20min，得B组分；

③ 将B组分加入均质锅中，加入A组分，搅拌乳化5min，均质3min；

④ 将温度降至60℃，加入C组分，搅拌均匀，均质1min，降温至40～42℃，加入D组分搅拌均匀，降至室温，即得。

配方2：祛斑美白乳液

组分		质量分数/%
A组分	复合乳化剂9122	2.57
	角鲨烷	1.93
	维生素E	0.97
	氮酮	1.29
	曲酸二棕榈酸酯	1.29
	维生素C磷酸酯镁	1.29
	二叔丁基对甲基酚	0.01
	羟苯丙酯	0.04
	二甲基硅油	0.97
	豆蔻异丙酯	3.22
B组分	1,3-丁二醇	2.25
	NMF-50	2.57
	尿囊素	0.19
	羟苯甲酯	0.08
	苯海拉明	0.64
B组分	EDTA-Na_2	0.03
	去离子水	加至100
C组分	甘草黄酮	3.22
D组分	丙二醇	1.93
	0.5%透明质酸	1.93
	芦荟提取物	2.57
E组分	咪唑烷基脲	0.19
	香精	适量

制备工艺：

① 将D组分原料混合均匀并加热至45～55℃；

② 将A组分、B组分原料分别放入两个加热容器中，加热至85～95℃，保温8～12min，高温灭菌；

③ 搅拌降温至75～85℃，将A组分缓慢加入B组分溶液中，在50～70r/min的情况下搅拌4～6min，在3000～4000r/min条件下均质6～10min；

④ 温度降至55～65℃，加入C组分、D组分；

⑤ 在30～40r/min下搅拌降温至30～40℃，加入E组分，混合均匀即可。

6.4.2 微生物酵素

(1) 微生物酵素的概念和功效　酵素（enzyme）是酶的旧称，酶是由德国科学家毕希纳在破碎酵母细胞中确认的，是各种生化反应的催化剂。广义上酵素包含了酶及其产酶微生物和相关调节因子以及相互作用，如激活剂及抑制剂、协同及反馈调控因子等。人体内有许多种酵素，它们互相协同，使人体的新陈代谢、能量摄取、成长和繁殖等生命现象能够有条不紊地进行。皮肤中也含有多种酵素。

微生物酵素是以新鲜蔬菜、水果为原料，经多种益生菌发酵而产生的微生物制剂，其中含有丰富的酶、维生素、矿物质和次生代谢产物。近年来，微生物酵素在化妆品中应用较为广泛，是一类新兴的化妆品功效添加剂。

酵素主要起到促进表皮细胞新陈代谢，消化分解老化细胞，加速老化细胞脱落，促进真皮纤维的再生和皮脂腺、汗腺的分泌等作用；酵素也可清洁皮肤、去除油脂、消除青春痘、淡化皱纹，改善肌肤状况，使其紧实、细致、有光泽；对于老化或病变的皮肤，酵素能起到复活作用，可赋予细胞活力，加速血液循环，并使肌肤长时间保持湿润；酵素对有害微生物有抑制作用，研究显示酵素对大肠杆菌、铜绿假单胞菌、金黄色葡萄球菌以及三种痤疮病原菌都具有抑制作用。此外，酵素还有良好的抗氧化性能，研究显示膏状酵素的蛋白酶、超氧化物歧化酶含量较高，有很好的抗衰老和清洁皮肤能力，并有研究植物酵素具有一定的超氧阴离子自由基、羟自由基、DPPH自由基的清除效果。

(2) 酵素化妆品配方精选

配方1：祛斑乳霜

组分		质量分数/%
A组分	乳化剂SSE-20	1.8
	乳化剂SS	1.2
	鲸蜡醇酯	2.0
	硬脂酸甘油酯	2.0
	硬脂酸	1.5
	聚二甲基硅氧烷	1.5
	霍霍巴籽油	1.5

续表

组分		质量分数/%
A组分	角鲨烷	5.0
	异壬酸异壬酯	5.0
	植物甾醇	0.5
	维生素E乙酸酯	0.5
	乙基己基甘油	0.5
	丁二醇	7.0
B1组分	去离子水	加至100
	库拉索芦荟叶提取物	0.3
	木糖醇	2.0
	甜菜碱	3.0
	烟酰胺	2.0
	3-*O*-乙基抗坏血酸	2.0
	水解燕麦蛋白	3.0
B2组分	甘油	3.0
	黄原胶	0.15
C组分	酸乳提取物	1.0
	去离子水	4.0
	L-乳酸	0.2
	蜂蜜提取物	5.0
D组分	10%氢氧化钾溶液	适量
E组分	水解蜂王浆蛋白	1.0
	香精	0.05
	PHENONIP	0.5
	植豆酵素	0.3

注：乳化剂SS是甲基葡糖苷倍半硬脂酸酯，SSE-20是甲基葡糖苷倍半硬脂酸酯-EO-20；PHENONIP是防腐剂，2-苯氧基乙醇、尼泊金甲酯、尼泊金丙酯、尼泊金乙酯、尼泊金丁酯、尼泊金异丁酯的混合物。

制备工艺：

① 将A组分加入油相锅中，加热至80～85℃，搅拌均匀；

② 将B1组分加入水相锅中，加热至80～85℃，搅拌均匀，加入B2组分，恒温20min，得B组分；

③ 将B组分加入均质机中，加入A组分搅拌乳化5min，均质3min；

④ 降温至45℃，加入预热后的C组分搅拌均匀，加适量的D组分调节pH值为5.5～6.0，搅拌均匀；

⑤ 加入E组分搅拌降温至室温，即得祛斑乳霜。

配方2：酵素抗过敏眼霜

组分		质量分数/%	组分		质量分数/%
A组分	丹皮酚	1.0	B组分	海藻提取液	0.7
	去离子水	加至100		丹参提取液	0.6
B组分	玻尿酸	0.5		葡萄籽提取液	0.5
	熊果苷	0.5		丝瓜提取液	0.8
	光甘草定	1.5	C组分	丁香提取液	0.9
	虾青素	1.6		维生素C	0.8
	蜗牛蛋白粉	1.5		透明质酸	0.7
	苹果提取液	1.1		核黄素	1.0
	松树皮提取液	1.3		葡萄糖氧化酶	0.9
	芦荟提取液	1.2		德式乳杆菌乳酸亚种	1.1
	褪黑素	1.3		咖啡酸	1.2
	酵母提取液	1.8		辛酰水杨酸	1.0
	山金车提取液	1.1		乳化蜡	1.6
	果阿魏酸	0.6		香料	1.6
	甘草提取液	0.7			

制备工艺：

① 将A组分中丹皮酚置于41倍去离子水中，加热至49.5℃，搅拌190min至全溶后，于37.1℃时加入剩余的去离子水，搅拌均匀；

② 加入B组分各种物质均质搅拌193min；

③ 加入C组分中除了香料以外的组分，恒温在25.6℃搅拌191min；

④ 加入香料充分搅拌83min，恒温在26.6℃厌氧发酵96.6h即可。

配方3：虫草酵素精华

组分	质量分数/%	组分	质量分数/%
虫草酵素	10.0	3-*O*-乙基抗坏血酸	0.3
甘油	4.0	维生素E	0.5
丁二醇	3.0	红没药醇	0.1
烟酰胺	3.0	羟乙基纤维素	0.2
蔗糖	2.0	纤维素胶	0.4
泛醇	1.5	甘草酸二钾	0.05
水杨酸	1.0	EDTA-Na_2	0.05

续表

组分	质量分数/%	组分	质量分数/%
透明质酸	1.0	全高效增溶剂(solubillisant LRI)	5.0
辛酰羟肟酸	0.7	去离子水	加至100
1,2-乙二醇	0.3		

制备工艺：

将羟乙基纤维素在去离子水中加热溶胀，加入其他组分溶解分散，即得。

配方4：缓释生物酵素剃须洁面凝胶

组分		质量分数/%				
		Ⅰ	Ⅱ	Ⅲ	Ⅳ	Ⅴ
A组分	脂肪酶	0.01	0.05	0.1	0.15	0.2
	菠萝蛋白酶	0.3	0.2	0.1	0.05	0.01
	丙三醇	3.0	3.0	3.0	3.0	3.0
	海藻糖	2.0	2.0	2.0	2.0	2.0
	L-乳酸	0.5	0.75	1.0	1.25	1.5
B1组分	高酰结冷胶	0.1	0.1	0.1	0.1	0.1
	低酰结冷胶	0.1	0.1	0.1	0.1	0.1
B2组分	氯化钙	0.05	0.10	0.15	0.75	0.125
C组分	月桂基硫酸钠	3.5	3.5	3.5	3.5	3.5
	癸基糖苷	1.6	1.6	1.6	1.6	1.6
	椰油酰胺丙基甜菜碱	0.7	0.7	0.7	0.7	0.7
D组分	防腐剂、香精、色素	适量				
	去离子水	加至100				

制备工艺：

① 将适量去离子水加至反应罐中，加热至100℃，保温；

② 将C组分溶于水中，搅拌至溶解完全，加热至30～35℃，加入A、B1、D各组分，最后加入B2组分即可。

配方5：软状剥离酵素面膜

组分	质量分数/%	组分	质量分数/%
酵素纳米粉	1.0～3.0	甘油	2.0～6.0
香精	0.2～0.6	POE失水山梨醇单月桂酸酯	0.5～1.5
聚乙烯醇	6.0～18.0	角鲨烷	1.0～3.0
二氧化钛纳米粉	2.0～6.0	橄榄油	1.5～4.5

续表

组分	质量分数/%	组分	质量分数/%
聚乙烯吡咯烷酮	2.0～6.0	乙醇	0.2～0.6
山梨醇	2.5～7.5	防腐剂	0.2～0.6
柏树精油	1.0～3.0	去离子水	加至100

制备工艺：

① 将二氧化钛纳米粉、山梨醇、甘油、水加热至75～80℃搅拌均匀制成水相；

② 将聚乙烯醇、聚乙烯吡咯烷酮、柏树精油、橄榄油、角鲨烷共同混合加热至75～80℃搅拌均匀，制成油相；

③ 油相温度降至40℃时，将乙醇、香精、防腐剂和POE失水山梨醇单月桂酸酯、酵素纳米粉加入油相，充分混合溶解制成醇相；

④ 分别将水相和醇相加入真空乳化罐，混合、搅拌、均质、脱气后，将混合物在板框式压滤机中进行过滤，过滤后在储罐中，置真空消毒储存间待装。

配方6：杀菌消炎酵素面膜

组分	质量分数/%	组分	质量分数/%
麦饭石纳米粉	2.0～6.0	液体石蜡	5.0～15.0
酵素纳米粉	2.0～6.0	蜂胶纳米粉	1.0～3.0
陶土纳米粉	3.0～9.0	失水山梨醇单硬脂酸甘油酯	1.0～3.0
松针提取物纳米粉	1.0～3.0	防腐剂	0.2～0.6
氧化锌纳米粉	1.0～3.0	聚氧乙烯-20失水山梨醇单油酸酯	1.0～3.0
二氧化钛纳米粉	1.0～3.0	香精	0.2～0.6
去离子水	加至100		

制备工艺：

① 在80℃下，将液体石蜡、失水山梨醇单硬脂酸甘油酯、聚氧乙烯-20失水山梨醇单油酸酯、去离子水混合均匀后加入麦饭石纳米粉、陶土纳米粉、松针提取物纳米粉、氧化锌纳米粉、二氧化钛纳米粉、蜂胶纳米粉中，混合均匀；

② 搅拌渐冷至40℃左右加入酵素纳米粉、香精、防腐剂，混匀，冷却至室温即可灌装。

6.5 海藻

6.5.1 海藻的主要成分和功效

(1) 海藻的主要成分　海藻（seaweed）成分复杂，除富含维生素、矿物质、氨基酸及糖类外，还含有多糖、蛋白质、不饱和脂肪酸、甾类及多萜、微量元素等多种活性物质，此外还含有粗蛋白(14.1%～19.6%)、粗脂肪(1.8%～2.5%)、粗纤维(5.4%～9.6%)、不溶性膳食纤维(14.7%～19.6%)、褐藻胶(12.4%～26.2%)、褐藻淀粉(0.04%～0.38%)、岩藻黄素(0.26～0.74mg/g)、褐藻多酚(1.34～6.48mg/g)、甘露醇(0.43%～0.45%)。

(2) 海藻的主要功效

① 护发功能。海藻中的糖醛酸衍生物、岩藻糖聚合物及硫酸化半乳聚糖等活性成分可与头发蛋白结合，形成保湿性的复合物，从而能增强头发的色泽度和柔软度，减少头发静电的形成。海藻还能提供给头发生长所必需的营养物质，促进头发和头皮的新陈代谢，有助于提高头发质量，防止分叉，去除头屑，改善头发结构，从而使头发柔润并富有光泽性和弹性。

② 保湿功能。海藻糖分子中的羟基、羧基和其他极性基团可与水分子形成氢键而结合大量的水分；海藻糖分子链还可相互交织形成网状，可进一步增强其保水作用；在胞外基质中，海藻糖分子与皮肤中的其他多糖以及纤维状蛋白质共同组成含大量水分的胞外胶状基质，可为皮肤提供水分；海藻多糖具有良好的成膜性能，可在皮肤表面形成一层均匀的薄膜，减少皮肤表面的水分蒸发，使水分从基底组织弥散到角质层，诱导角质层进一步水化，保存皮肤自身的水分。研究显示，1%的海藻糖能将表皮水流失（TEWL）降低 26%。

③ 抗菌消炎。海藻中的萜类化合物对金黄色葡萄球菌、分枝杆菌和巨大芽孢杆菌等多种菌有抑制活性，对真菌有中度抑制活性；溴酚化合物和脂肪族化合物对革兰氏阳性菌和阴性菌均有抑制活性；多糖对石膏样毛癣菌、石膏样小孢子菌、絮状表皮癣菌和白色念珠菌等皮肤真菌具有一定的抑菌活性；从褐藻属大果藻提取的活性成分 Sargafuran，对痤疮丙酸杆菌的 MIC 为 15μg/mL。因此，配入海藻提取物的化妆品具有抗菌消炎、防止皮肤感染、抑制过敏和祛痘等功效。

④ 美白。褐藻鼠尾藻多酚如鹅掌菜酚、双鹅掌菜酚、间苯三酚、7-间苯三酚基二鹅掌菜酚具有抗氧化作用，并能够抑制酪氨酸酶活性，防止黑色素生成，其中双鹅掌菜酚比熊果苷和曲酸有更强的抑制酪氨酸酶活性，能更好地抑制黑色素形成。

⑤ 防晒。研究发现，拟甲色球藻能够合成具有紫外吸收作用的伪枝藻素和类菌胞素氨基酸（MAAS），其中伪枝藻素对 UVA 和 UVB 波段都有较强的紫外吸收，类菌胞素氨基酸（MAAS）在 310～360nm 的 UVA 紫外光区有较强的吸收能力。因此，在达到相同防晒指数的情况下，添加微藻防晒成分也可明显降低有机防晒剂的用量，提高产品安全性。

6.5.2 海藻化妆品配方精选

配方 1：保湿洗面奶

组分	质量分数/%	组分	质量分数/%
海藻提取液	47.1	硝酸镁	0.00003
月桂醇聚醚硫酸酯钠	7.6	氯化镁	0.00003
月桂醇磷酸酯钾	7.5	玫瑰香精	0.00005
丙二醇	5.5	薰衣草香精	0.00005
甲基氯异噻唑啉酮	0.00100	去离子水	加至 100
甲基异噻唑啉酮	0.00080		

制备工艺：

① 将水、清洁剂、丙二醇加入反应釜中，升高反应釜内部温度至78℃后进行搅拌，搅拌速度为 35r/min，搅拌时间为 19min，得到第一次混合物；

② 将反应釜内部温度降低至 49℃，加入海藻提取液，搅拌速度为35r/min，搅拌时间为 16min，搅拌结束后，调节反应体系 pH 至中性，得到第二次混合产物；

③ 继续降低反应釜内部温度至 37℃，加入防腐剂以及香精，搅拌速度为35r/min，搅拌时间为 11min，待搅拌结束后，将反应釜温度降至 30℃，静置5min，得到保湿洗面奶。

配方 2：生物美白保湿日霜

组分	质量分数/%	组分	质量分数/%
二十烷基二十二烷基醇和二十烷基糖苷	5.0	bEGF	2000 万 IU
聚丙烯酸 13/聚异丁烯/聚山梨酸酯 20	1.0	透明质酸钠	0.3
霍霍巴油	5.0	肝素钠	0.2
角鲨烷	3.0	海藻糖	4.0
维生素 E	0.5	1,3-丁二醇	5.0
辛酸/癸酸三酰甘油	5.0	玫瑰精油	0.1
杰马 PLUS(Germall Plus)	0.4	羟苯甲酯	0.2
羟苯丙酯	0.1	去离子水	加至 100

配方 3：活肤精华乳

组分	质量分数/%	组分	质量分数/%
二十烷基二十二烷基醇和二十烷基糖苷	3.0	SOD	2000 万 IU
丙烯酰胺共聚物/矿物油/C_{13}～C_{14}异链烷烃/聚山梨酸酯 85	1.0	透明质酸钠	0.3

续表

组分	质量分数/%	组分	质量分数/%
霍霍巴油	2.0	肝素钠	0.2
角鲨烷	3.0	海藻糖	4.0
维生素 E	1.0	1,3-丁二醇	5.0
辛酸/癸酸三酰甘油	5.0	玫瑰精油	0.1
羟苯甲酯	0.2	Germall Plus	0.4
羟苯丙酯	0.1	去离子水	至 100

配方 4：保湿洁面乳

组分	质量分数/%	组分	质量分数/%
烷基磷酸酯钾盐(30%)	20.0	聚乙二醇 6000 硬脂酸酯	2.0
月桂酰肌氨酸钠	6.0	椰油酰胺羟磺基甜菜碱	4.0
十二烷基硫酸铵(70%)	6.0	香精	0.2
十二烷基丙基氧化胺	4.0	甲基二溴戊二腈(和)苯氧乙醇	0.2
丙二醇	2.0	去离子水	加至 100
海藻糖	4.0		

配方 2～4 制备工艺：

① 将油相组分、水相组分的原料分别加热至 90℃，灭菌 20min 后，降温至 85℃备用；

② 将油相组分在搅拌下加入水相组分中，均质 2～3min 后，搅拌降温至 60℃，加入香精和防腐剂，即得。

配方 5：藻泥面膜

组分	质量分数/%	组分	质量分数/%
藻泥	10.0	烟酰胺	1.0
去离子水	加至 100	传明酸	0.5
甘油	5.0	海藻糖	2.0
NMF-50	3.0	维生素 B_6	0.5
丙二醇	0.5	甘醇酸	1.0
丁二醇	0.5	壬二酸	1.0
透明质酸钠(分子量 20 万～40 万)	0.1	水溶性 α-红没药醇	0.5
透明质酸钠(分子量 90 万～120 万)	0.1	甘草酸二钾	0.1
透明质酸钠(分子量 120 万～160 万)	0.1	神经酰胺	0.2
红酒多酚	1.0	蚕丝蛋白粉	0.2

续表

组分	质量分数/%	组分	质量分数/%
左旋维生素 C	1.0	胶原蛋白粉	0.2
柠檬酸	2.0	燕麦 β-葡聚糖	0.2
苯氧乙醇	0.025	聚合杏仁蛋白	0.2
桑普 K-15	0.025	六胜肽	0.1
熊果苷	0.5	珍珠水解液	0.2
高分子纤维素	1.4	黄原胶	0.4

制备工艺：

① 取藻泥加入适量去离子水溶胀、搅拌，备用；

② 将除高分子纤维素和黄原胶以外的辅料溶于适量去离子水中；

③ 将溶胀搅拌后的原料与上述辅料混合均匀，边搅拌边加入均匀混合后的高分子纤维素和黄原胶，用去离子水补充余量，得到藻泥面膜。

配方 6：海藻凝胶

组分	质量分数/%	组分	质量分数/%
甘油	5.0～7.0	生物糖胶	1.0～2.0
丙二醇	2.0～3.0	胶原蛋白	1.1～1.5
1,3-丁二醇	1.5～2.0	对咪唑烷基脲	0.2～0.5
聚丙烯酸甘油酯	1.0～2.0	EDTA-Na_2	0.05～0.1
金缕梅蒸馏液	3.0～4.0	香精	0.01～0.05
海藻提取液	1.5～2.5	去离子水	加至 100
透明质酸钠	0.08～0.12		

制备工艺：

① 用 70～80℃去离子水搅拌溶解 EDTA-Na_2，过滤，得滤液；

② 将丙二醇、1,3-丁二醇、金缕梅蒸馏液混合后过滤，滤液搅拌溶解海藻胶，然后加入 70～80℃去离子水充分搅拌，得溶液；

③ 将聚丙烯酸甘油酯、海藻提取液用 70～80℃去离子水搅拌溶解，得溶液；

④ 用甘油搅拌溶解透明质酸钠，然后加入 40～50℃去离子水充分搅拌，得溶液；

⑤ 用 40～55℃去离子水搅拌溶解胶原蛋白，得溶液；

⑥ 将步骤①～⑤获得的各溶液混合在一起，在 40～45℃下加入生物糖胶、对咪唑烷基脲，搅拌溶解，然后在 35～40℃下加入香精，搅拌均匀，得海藻凝胶。

配方 7：海藻乳液

组分		质量分数/%
A组分	PEG-100 硬脂酸酯	2.0
	硬葡聚糖	0.5
	橄榄油	4.0
	鲸蜡硬脂醇	0.8
	辛酸/癸酸三酰甘油	4.0
	羟苯甲酯	0.1
	羟苯乙酯	0.05
B组分	海藻提取物	7.0
	卡波姆	0.3
	甘油	7.0
	去离子水	加至 100
	丙烯酸(酯)类/C_{10}～C_{30}烷醇丙烯酸酯交联聚合物	1.2
C组分	三乙醇胺	1.5
	香精	0.06

制备工艺：

① 将 A 组分于油相锅中加热至 80～85℃搅拌熔化，得油相；

② 将 B 组分中海藻提取物、卡波姆、甘油、水在水相锅中搅拌溶解，转速控制在 500～600r/min，温度控制在 80～85℃，然后加步骤① 中的油相溶液到水溶液中，均质 5min，再加丙烯酸（酯）类/C_{10}～C_{30}烷醇丙烯酸酯交联聚合物，再均质 5min；

③ 均质后保温搅拌 20min 后，冷却至 40～45℃，加入 C 组分，搅拌均匀，38℃即可出料，自然降温至室温灌装后包装即得。

配方 8：祛痘精华液

组分		质量分数/%
A 组分	甘油	4.0
	1,3-丁二醇	6.0
	丙二醇	4.0
	透明质酸钠	0.1
	去离子水	加至 100
B 组分	纳米硫	1.0
	奥氏海藻提取物	0.1
	香柠檬果提取物	0.2

制备工艺：

将A组分加热到85℃，待其完全溶解后，搅拌30min，使用循环冷却搅拌降温至45℃时，边加B组分边搅拌，直至搅拌均匀即可。

配方9：祛痘面霜

组分		质量分数/%
A组分	鲸蜡硬脂醇橄榄油酸酯/山梨坦橄榄油酸酯	3.0
	聚二甲基硅氧烷	4.0
	豆蔻酸甲酯	4.0
B组分	甘油	11.0
	1,3-丁二醇	4.0
	去离子水	加至100
C组分	纳米硫	1.5
	奥氏海藻提取物	0.4
	香柠檬果提取物	0.4

制备工艺：

将油相（A组分）和水相（B组分）分别加热溶解，待温度为85℃后，将两相混合，启用均质机均质5min，启用搅拌器进行搅拌30min，循环冷却搅拌降温至45℃时，边加C组分边搅拌，直至搅拌均匀即得产品。

配方10：海藻提取物洗护化妆品

组分	质量分数/%	组分	质量分数/%
烷基糖苷	10.0	海藻提取物角叉菜	25.0
椰子油脂肪酸二乙醇酰胺	25.0	香料	0.05
甘油	15.0	防腐剂	1.0
乙二醇	12.0	去离子水	加至100

制备工艺：

① 将去离子水加热至45～50℃，加入表面活性剂（烷基糖苷、椰子油脂肪酸二乙醇酰胺），乳化均质；

② 在控温及搅拌条件下将乙二醇和甘油加入，充分搅拌均匀；

③ 将香料及防腐剂加入充分混合均匀，得到浆状混合溶液；

④ 将海藻提取物角叉菜加入混合溶液中，控制温度在55～65℃，充分乳化均匀后，冷却至35℃，得海藻提取物角叉菜的洗护用化妆品。

配方 11：抗衰老护肤霜

组分	质量分数/%	组分	质量分数/%
褐海藻	10.0	凡士林	3.0
红海藻	8.0	C_{18}醇	4.0
绿海藻	7.0	二甲基硅油	2.0
甘油	2.0	去离子水	加至 100
丙二醇	6.0	香精、防腐剂	适量
硬脂酸	6.0		

制备工艺：

① 将褐海藻、红海藻、绿海藻粉碎、混合后放入 90% 甲醇溶液中浸泡 1h，残渣过滤后得滤液，将残渣再用甲醇溶液浸泡提取 2 次，合并滤液后静置 2h，减压浓缩至 15%（体积分数），得海藻提取物溶液；

② 将甘油、丙二醇、去离子水加热至 90℃；

③ 将其余组分混合并加热至 90℃，保持温度将混合物加入步骤②获得的溶液中，保持温度搅拌 1h，搅拌均匀后冷却至室温，即得抗衰老护肤霜。

配方 12：铜藻粗多糖护肤霜

组分		质量分数/%
活性成分	铜藻粗多糖	10.0
保湿剂	左旋乳酸钠	4.0
	丙二醇	3.0
	丁二醇	3.0
防腐剂	苯氧乙醇	0.5
	桑普 K-15	0.5
抗过敏剂	水溶性 α-红没药醇	0.05
	甘草酸二钾	0.05
营养添加剂	神经酰胺	1.0
	蚕丝蛋白粉	1.0
	珍珠水解液	1.0
	聚合杏仁蛋白	1.0
油性原料	霍霍巴油	10.0
	豆蔻酸异丙酯	5.0
抗氧化剂	红酒多酚	0.5
金属离子螯合剂	左旋维生素 C	0.2

续表

组分		质量分数/%
中和剂	三乙醇胺	0.2
增白剂	传明酸	1.0
	维生素 B_3	1.0
增稠剂	高分子纤维	1.0
	黄原胶	1.0
香精	玫瑰精油	0.5
去离子水		加至100

制备工艺：

① 将铜藻粗多糖加入去离子水中搅拌使其溶胀，加热至70℃溶解；

② 将油性原料在70℃加热溶解后，与步骤①溶液混合，均质乳化得乳液；

③ 将乳液冷却至50～60℃，加入保湿剂、抗氧化剂、防腐剂、抗过敏剂、营养添加剂、金属离子螯合剂、中和剂和增白剂，搅拌3min；

④ 冷却至40～45℃，加入增稠剂、玫瑰精油搅拌即可。

配方13：化妆水

组分		质量分数/%
A组分	甘油	5.0
	丁二醇	5.0
	卡波姆-980	0.1
	EDTA-Na_2	0.02
	去离子水	加至100
B组分	三乙醇胺	0.1
C组分	褐藻低聚糖	0.5
	红藻低聚糖	1.0
	香精	0.05
	PEG-60氢化蓖麻油	0.2
	防腐剂 euxyl K350	0.3

制备工艺：

① 将A组分物质混合加热至70℃，分散溶解均匀；

② 搅拌降温至50℃时加入B组分，搅拌中和；

③ 搅拌降温至45℃时加入C组分物质，搅拌均匀即可。

配方 14：护肤霜

组分		质量分数/%
A 组分	甘油	6.0
	丁二醇	4.0
	卡波姆-980	0.2
	EDTA-Na_2	0.02
	碳酸二辛酯	4.0
	去离子水	加至 100
B 组分	鲸蜡硬脂醇乙基乙酸酯	3.0
	乙基己酸三酰甘油	2.0
	硅油	1.0
	鲸蜡硬脂醇	2.0
	甘油硬脂酸柠檬酸酯	2.5
C 组分	三乙醇胺	0.2
D 组分	褐藻低聚糖	1.0
	红藻低聚糖	1.0
	防腐剂 euxyl K350	0.3
	香精	0.1

制备工艺：

① 将 A 组分和 B 组分分别加热至 75℃混合分散溶解均匀；

② 将 B 组分加入 A 组分中进行乳化，并使用均质机均质 3min；

③ 乳化结束后加入三乙醇胺，使用均质机均质 1min，并搅拌降温；

④ 搅拌降温至 45℃时加入 D 组分物质，使用均质机均质 1min 即可。

配方 15：抗衰老面膜

组分		质量分数/%
A 组分	植物油	5.0～30.0
	维生素 E 乙酸酯	0.5～3.0
	辛酸/癸酸三酰甘油	1.0～5.0
	豆蔻酸异丙酯	5.0～15.0
	环聚二甲基硅氧烷	1.0～5.0
	乳化剂	1.0～10.0
	防腐剂	0.01～0.5
B 组分	甘油	5.0～15.0
	蜂蜜	1.0～15.0

续表

组分		质量分数/%
B组分	硬脂酸	1.0～2.0
	丙二醇	1.0～10.0
	EDTA-Na_2	0.01～0.3
	去离子水	加至100
C组分	三乙醇胺	0.1～0.3
	藻蓝蛋白	0.01～10.0
	藻多糖	5.0～20.0
	芦荟提取液	0.1～20.0
	香精	0.1～2.0

制备工艺：

① 将A组分加热至85℃而使其全部溶解搅拌均匀；

② 将B组分加热至85～90℃溶解完全，抽入已预热的均质乳化锅中；

③ 将A组分缓慢抽入乳化锅中，搅拌均匀，均质5～10min后降温至50℃；

④ 将C组分加入并搅拌即可制成抗衰老面膜。

6.6 海洋动物

6.6.1 虾壳、蟹壳系列

(1) 来源于虾壳、蟹壳的化妆品原料

① 甲壳质 (chitin)。虾壳、蟹壳的基本化学成分是钙质（碳酸钙和磷酸钙)、蛋白质和甲壳质。其中，甲壳质又称甲壳素，是一种高分子量的聚乙酰氨基葡萄糖，在虾壳、蟹壳中含量高达50%以上，其生物合成量大约每年几十亿吨，是一种仅次于纤维素的丰富生物聚合物。纯甲壳质是白色或灰白色半透明的片状或粉状固体，无味、无臭、无毒性，生物体中甲壳质的分子量为1×10^6～2×10^6，经提取后甲壳质的分子量为3×10^5～7×10^5。

甲壳质应用范围很广泛，在工业上可作布料、衣物、染料、纸张和水处理等，在农业上可作杀虫剂、植物抗病毒剂。甲壳质对细胞无排斥力，具有修复细胞之功效，并能减缓皮肤过敏；研究证实甲壳质具有抗氧化的能力，能活化细胞，防止细胞老化，促进细胞新生；甲壳质中亦含有高效保湿成分，甲壳质中含有的β-葡聚糖能有效保持皮肤水分，在化妆品中常作为美容剂、毛发保护剂、保湿剂等。

然而甲壳质几乎不溶于水及各种有机溶剂，这限制了其使用，因此常对甲壳质进行结构修饰制成水溶性甲壳质衍生物，使其变成阴离子型水溶性聚合物，扩大使用范围。

② 壳聚糖（chitosan）。虾壳、蟹壳经过“三脱”，即在常温下用稀盐酸脱钙，在稀碱液中脱蛋白质，在高温浓碱液中脱乙酰基，获得壳聚糖。壳聚糖是甲壳质脱 *N*-乙酰基的产物，又称为聚葡萄糖胺。一般，*N*-乙酰基脱去 55%以上，或者能在 1%乙酸或 1%盐酸中溶解度可达 1%的脱乙酰甲壳质，均可被称为壳聚糖。纯壳聚糖都是一种略带珍珠光泽的白色或灰白色半透明的片状或粉状固体，无味、无臭、无毒性。由甲壳质制得的壳聚糖分子量则略低，为 $2\times10^5\sim5\times10^5$。

壳聚糖分子中带有游离氨基，在特定的条件下，壳聚糖能发生水解、烷基化、酰基化、羧甲基化、磺化、硝化、卤化、氧化、还原、缩合和络合等化学反应，可获得各种不同性能的壳聚糖衍生物，从而扩大了壳聚糖的应用范围。

壳聚糖与蛋白质有成膜能力，在高湿度下粘连性低。壳聚糖对皮肤和头发有较好的亲和作用，能形成透明的保护膜。此外，壳聚糖具有良好的吸湿、保湿、调理、抑菌等功能，适用于润肤霜、淋浴露、洗面奶、高档膏霜、乳液、胶体化妆品等。壳聚糖在化妆品原料中最为突出的特征是具有良好的保湿性能，与透明质酸相近。

此外，壳聚糖还可用作香料、染料和活性剂胶囊的成膜剂，也在伤口愈合和人造皮肤方面有突出的表现。

(2) 甲壳质和壳聚糖化妆品配方精选

配方 1：滋润保湿霜

组分		质量分数/%	组分		质量分数/%
A组分	马油	3.0	B组分	丙二醇	3.0
	鲸蜡硬脂醇	1.0		去离子水	加至 100
	鲸蜡硬脂醇葡糖苷	2.0	C组分	卡波姆	0.2
	氢化聚癸烯	1.0		氢氧化钠	0.04
	聚二甲基硅氧烷	1.0		透明质酸钠	0.1
	维生素 E 乙酸酯	0.4		壳聚糖	2.0
	鲸蜡硬脂醇橄榄油酯/山梨坦橄榄油酸酯	1.0		β-葡聚糖	1.0
				可溶性蛋白多糖	2.0
	BHT	0.02		香叶天竺葵油	0.1
	羟苯丙酯	0.04		甲基异噻唑啉酮	0.02
B组分	甘油	7.0		碘丙炔醇丁基氨甲酸酯	0.01

制备工艺：

① 将A组分中的原料除维生素E乙酸酯外依次加入油相反应釜中，B组分中的原料加至水相反应釜中；

② 经过滤将油相全部加入真空乳化釜中，加入维生素E乙酸酯，搅拌，然后经过滤加入水相，均匀搅拌至乳化，此时乳化釜内温度不应低于80℃；

③ 保温搅拌10～15min，开始降温，温度降至70℃以下，加入C组分中的卡波姆（2%水溶液），搅拌均匀，降低到60℃以下加入中和剂氢氧化钠溶液，调节pH值；

④ 膏体温度下降至45℃时，加入C组分中其他物料，充分搅拌均匀35～38℃出料，静置24h，温度低于38℃即得产品。

配方2：壳聚糖保湿霜

组分		质量分数/%
A组分	C_{16}～C_{18}醇	4.6
	硬脂酸	7.3
	白油	8.0
	单甘酯	1.0
B组分	三乙醇胺	1.1
	壳聚糖	1.0
	去离子水	加至100

制备工艺：

将水相（B组分）、油相（A组分）分别加热至75℃，将油相加入水相中，高速乳匀5min，搅拌冷却至室温，即得。

配方3：海洋多糖保湿乳剂

组分		质量分数/%	组分		质量分数/%
A组分	蜂蜡	2.0	A组分	羟苯甲酯	0.01
	C_{16}醇	1.0	B组分	甘油	2.5
	羊毛脂	1.0		丙二醇	1.0
	硬脂酸	2.0		三乙醇胺	1.0
	液体石蜡	2.0		羧甲基壳聚糖	0.2
	硅油	3.0		卡拉胶寡糖	0.1
	橄榄油	1.0		透明质酸	0.2
	单甘酯	2.0		去离子水	加至100
	豆蔻酸异丙酯	3.0			

制备工艺：

将水相（B组分）、油相（A组分）分别加热至75℃，按照交替加入法，高速乳匀5min，搅拌冷却至室温，即得。

配方4：护发素

组分		质量分数/%	组分		质量分数/%
A组分	C_{18}烷基醇	3.0	B组分	甲酸	0.76
	羊毛脂	1.0		3-(低聚乙氧基)-十八烷基磷酸铵	2.0
	凡士林	1.0			
B组分	壳聚糖	0.3		去离子水	加至100

制备工艺：

将A组分混合加热至70℃成油相，B组分混合加热至同样温度成水相，在搅拌下，将水相加入油相中，搅冷至室温即得。

配方5：敏感皮肤用润肤霜

组分		质量分数/%	组分		质量分数/%
A组分	洋甘菊	9.0	B组分	甲基羟丙基纤维素	0.2
	白术	5.0		尿素	1.1
	黄芪	4.0		羊毛脂	5.0
	竹叶	4.5		辛酰基甘氨酸	3.8
	柠檬酸	7.0		过氧化苯甲酰	2.8
	芝麻油	2.5		豆蔻酸异丙酯	2.2
	薄荷油	4.5		棕榈酰羟化小麦蛋白	2.5
	维生素E	3.0		邻苯二甲酸酯	0.5
B组分	脱乙酰甲壳质	15.0		去离子水	加至100
	羧甲基壳聚糖	4.5	C组分	抗氧化剂	0.1
	玉米淀粉磺化丁二酸酯	3.5		防腐剂	0.1

制备工艺：

① 将A组分中洋甘菊、白术、黄芪、竹叶混合研磨成粉状，加入剩余组分，搅拌混合均匀；

② 将B组分原料按比例混合均匀，升温至120℃，搅拌30min，降至室温；

③ 将B组分加入A组分中，升温至60～80℃，加入C组分搅拌均匀，制成膏霜，即得。

配方 6：膏状美白面膜

组分		质量分数/%	组分		质量分数/%
A组分	高岭土	8.0	B组分	甲壳质	4.0
	滑石粉	5.0		增稠剂	5.0
	氧化锌	4.0		杏仁粉	13.0
	甘油	6.0	C组分	三乙醇胺	0.2
	去离子水	加至100	D组分	香精	适量
B组分	橄榄油	2.0		防腐剂	适量
	二甲基硅油	3.0			

制备工艺：

① 将A组分原料混合加热至90℃，搅拌使其溶解，待温度冷却至70℃时加入B组分充分搅拌使其乳化；

② 温度冷却至50℃时加入C组分调节其pH值在6.5～7.0；

③ 降温至40℃时加入D组分，混合搅拌均匀，即得。

配方 7：多功能防晒霜

组分		质量分数/%	组分		质量分数/%
A组分	甲壳质	2.0	A组分	芦丁	2.0
	肉桂酸	2.0		去离子水	54.0
	水解胶原蛋白	4.0	B组分	复合油脂	14.0
	熊果苷	3.0		橄榄油乳化蜡	4.0
	海藻素	1.5		角鲨烷	6.0
	透明质酸	6.0	C组分	连翘酚	1.5

制备工艺：

① 将A组分加入去离子水中，在72℃下加热搅拌36min，得水相；

② 将B组分在72℃恒温搅拌至完全溶解，得油相；

③ 将水相加入油相中，均匀乳化，待温度降至38℃时加入C组分，搅拌均匀即得。

配方 8：营养精华乳液

组分		质量分数/%	组分		质量分数/%
A组分	冬瓜皮	20.0	A组分	葡萄籽	5.0
	荷叶	30.0		去离子水	加至100
	冬青	13.0			

续表

组分		质量分数/%	组分		质量分数/%
B组分	黄瓜	13.0	C组分	芦荟提取液	15.0
C组分	甲壳素	4.0		黄原胶	0.05
	丙二醇	0.01		氨基酸	3.0
	透明质酸	2.0		胶原蛋白	5.0

制备工艺：

① 将A组分清洗干净，烘干、粉碎成400目粉状，加去离子水搅匀浸泡3天，过滤去渣，取汁液；

② 将黄瓜洗净切块，进行榨汁，过滤，去残渣得汁液；

③ 将制得的汁液混合，加入C组分均质乳化20min，灭菌，即得。

配方9：保湿组合物

组分	质量分数/%
透明质酸钠	4.0
羧甲基脱乙酰壳多糖	6.0
铁皮石斛提取物	40.0
去离子水	加至100

制备工艺：

将透明质酸钠加入去离子水中，加热至80～85℃搅拌均匀，降温至40～45℃后，加入羧甲基脱乙酰壳多糖和铁皮石斛提取物溶解搅拌均匀，即得。

配方10：防晒护肤品

组分		质量分数/%	组分		质量分数/%
A组分	豆蔻酸异丙酯	2.3	A组分	PEG-12聚二甲基硅氧烷	2.2
	甜菜根提取物	2.4		樱桃李提取物	2.4
	丁间二醇	2.2		甘草酸二号钾	2.2
	甲壳素	2.4		聚乙二醇衍生物	2.4
	二棕榈酰脯氨酸	2.2		NMF-50	2.2
	胚胎素	2.4		水仙花鳞茎提取物	2.4
	旱金莲提取物	2.2		甲基丙二醇	2.2
	蜂王浆提取物	2.6		去离子水	加至100
	羟乙基纤维素	2.2	B组分	罗勒精油	2.4
	海藻多糖	2.4	C组分	蜂蜜	2.2

制备工艺：

① 将A组分按配比加入去离子水中，超声高速分散60min；

② 加入B组分超声高速分散50min，加入C组分，超声高速分散40min，混合均匀后即得。

配方11：舒敏保湿水

组分		质量分数/%	组分		质量分数/%
A组分	丁二醇	6.0	B组分	叶绿素	4.0
	1,2-己二醇	4.0		芽孢杆菌/大豆发酵产物提取物	3.0
	透明质酸钠	0.03			
	柠檬酸	0.04		叶酸	2.0
	黄原胶	0.08		羧甲基脱乙酰壳多糖	3.0
	去离子水	加至100		木糖醇	2.0
				ε-聚赖氨酸	0.4

制备工艺：

将A组分加热至75～85℃，保温搅拌20～30min，自然降温至30～35℃，加入B组分，均质5～10min即得。

配方12：壳聚糖修护膜

组分		质量分数/%	组分		质量分数/%
A组分	卡波姆	0.8	C组分	三乙醇胺	0.8
	甘油	15.0	D组分	芦芭油	5.0
	1,3-丁二醇	10.0		食品级水溶性壳聚糖	3.0
	去离子水	加至100		NMF-50	5.0
B组分	聚丙烯酰胺/异链烷基/脂肪醇聚氧乙烯醚	1.5		维生素B_5	3.0
				燕麦蛋白	3.0
	聚二甲基硅氧烷	2.0		燕麦多肽	3.0
	维生素E	0.5		马齿苋提取液	5.0
	芦荟油	4.0	E组分	防腐剂	0.2
	棕榈酸异辛酯	2.0			
	香精	0.05			

制备工艺：

① 将A组分加热至85～90℃，均质搅拌溶解均匀，保温15min，抽真空

消泡后降温，降温至45℃；

② 把预分散好的B组分加入A组分中，搅拌均匀，加入C组分中和；

③ 搅拌均匀后依次加入D组分、E组分，继续搅拌15min，即得。

配方13：壳聚糖修护因子油

组分		质量分数/%	组分		质量分数/%
A组分	卡波姆	0.1	C组分	透明质酸	0.05
	丙二醇	3.0		积雪草提取液	0.5
	1,3-丁二醇	3.0		食品级水溶性壳聚糖	1.0
	去离子水	加至100		燕麦蛋白	1.0
B组分	三乙醇胺	0.1		燕麦多肽	1.0
C组分	D-泛醇	1.0		马齿苋提取液	1.0
	NMF-50	1.0	D组分	防腐剂	0.1
	芦芭油	1.0			

制备工艺：

① 将A组分加热至85～90℃，均质搅拌溶解均匀，保温15min，抽真空消泡后降温；

② 加入B组分中和，搅拌均匀后依次加入C组分、D组分，继续搅拌15min，即得。

配方14：壳聚糖修护霜

组分		质量分数/%	组分		质量分数/%
A组分	乳化剂M-68	1.0	A组分	甲酯	0.1
	乳化剂A-165	0.5		丙酯	0.1
	C_{16}～C_{18}醇	1.0	B组分	1,3-丁二醇	3.0
	吐温-60	0.3		丙二醇	3.0
	辛酸/癸酸三酰甘油	2.0		NMF-50	1.0
	霍霍巴油	2.0		芦芭油	1.0
	聚二甲基硅氧烷	1.0		透明质酸	0.05
	角鲨烷	2.0		尿囊素	0.1
	芦荟油	2.0		维生素B_5	1.0
	乳木果油	1.0		去离子水	加至100
	植物甾醇酯	1.0	C组分	EG增稠剂	0.3

续表

组分		质量分数/%	组分		质量分数/%
D组分	维生素 B_5	1.0	D组分	马齿苋提取液	1.0
	积雪草提取液	0.5		辅酶 Q_{10}	0.5
	燕麦蛋白	1.0	E组分	防腐剂	0.1
	食品级水溶性壳聚糖	1.0		香精	0.03
	燕麦多肽	1.0			

制备工艺：

① 将A组分、B组分分别加热至80～85℃，搅拌溶解均匀；

② 把A组分加入B组分中，均质7～10min，加入C组分搅拌均匀，保温抽真空消泡15min后开始降温；

③ 降温至40℃依次加入D组分、E组分，继续搅拌15min，即得。

配方15：水凝去角质凝露

组分		质量分数/%	组分		质量分数/%
A组分	卡波姆	0.8	A组分	NMF-50	0.5
	山梨醇	3.0		食品级水溶性壳聚糖	1.0
	甘油	3.0		去离子水	加至100
	丙二醇	3.0	B组分	十四烷基三甲基氯化铵	6.0
	D-泛醇	1.0	C组分	防腐剂	0.1

制备工艺：

① 将A组分加热至85℃溶解完全，保温15min抽真空消泡后降温；

② 降温至40℃依次加入B组分、C组分，搅拌均匀，即得。

配方16：剥离型面膜

组分	质量分数/%	组分	质量分数/%
聚乙烯醇	4.2	乙醇	4.2
聚乙烯吡咯烷酮	2.1	异丙醇	1.6
乙二醇二月桂酸酯	0.4	聚甘油脂肪酸酯	0.8
壳聚糖	3.7	聚氧乙烯樱花蓖麻油	0.8
羧丙基纤维素	1.1	苹果酵素粉	10.6
霍霍巴油	1.1	去离子水	加至100
月见草油	1.6	甘草次酸	0.5
橄榄油	1.6	鱼石脂	0.3

续表

组分	质量分数/%	组分	质量分数/%
甘油	4.2	洋甘菊提取物	1.1
透明质酸钠	1.6	芦荟提取物	0.5
山梨醇	1.6	四己基癸醇抗坏血酸酯	1.6
高岭土	0.5	壬二酸	0.5
氧化锌	1.1		

制备工艺：

① 按比例将壳聚糖溶入去离子水中，加热至沸腾后重新冷却至60℃；

② 加入除苹果酵素粉外的余下组分后搅拌均匀，冷却至常温后加入苹果酵素粉，即得。

6.6.2 牡蛎

(1) 牡蛎的组分和功效　牡蛎（oyster）为牡蛎科动物长牡蛎（*Crassostrea gigas*）、大连湾牡蛎（*Ostrea talienwhanensis crosse*）或近江牡蛎（*Ostrea rivularis gould*）的贝壳。广泛分布在沿海城市，近江牡蛎在我国南北沿海都有分布，但是主要分布在南方的广西、广东、海南和福建。目前，我国对牡蛎壳的研究领域包括医药、保健品、添加剂、污水处理剂等。贝壳是牡蛎入药的部分，具有平肝潜阳、软坚散结、收敛固涩的功效，可用于制酸止痛、抗溃疡、镇静、安神、抗病毒、抗炎等。

牡蛎壳由角质层、棱柱层、珍珠层组成，其结构中含大量2～10μm微孔结构。其中叶片状结构的棱柱层为其主要组成部分。牡蛎壳主要由矿物质组成，以钙为主，占38.89%，此外还含有钠、钡、铬、铜、铁、镁、锰、锌等多种元素。牡蛎壳还含有少量的蛋白质和色素，从牡蛎壳分离到的贝壳酸蛋白经水解可得到亮氨酸、丙氨酸等17种氨基酸。此外，牡蛎壳含有的氨基多糖及特性蛋白等生物活性物质，具有较强的黏附性能，能容纳一定量的大分子物质和小分子物质。

目前，我国对牡蛎海产品的加工局限于可食用的肉部，对占牡蛎质量60%以上的牡蛎壳的加工却很少，取肉后大量的牡蛎壳被作为垃圾丢弃，对牡蛎壳的进一步应用将在提高资源利用度的同时降低对环境的污染。在牡蛎壳的深加工中，较为常见的做法是将其加热后冷却研磨成80～1000目粉，获得牡蛎壳粉，进而将其用作化工填料，如在化妆品中常用作牙膏增白剂，此外作为护肤型化妆品原料可给皮肤充分的滋养和保健，能使皮肤润泽、柔软，并具有增白功效。

（2）牡蛎化妆品配方精选

配方 1：牡蛎面膜

组分	质量分数/%	组分	质量分数/%
淀粉	50.0	高岭土	20.0
氧化锌	5.0	膨润土	5.0
粉状成膜剂	10.0	牡蛎粉	10.0

制备工艺：

将上述各粉状原料混合搅拌均匀即得。本品为粉末状面膜原料，使用时用水调匀敷于面部，可给皮肤充分的滋养和保健，能使皮肤润泽、柔软、增白。

配方 2：美容防晒霜 1

组分		质量分数/%	组分		质量分数/%
A 组分	硬脂酸	2.0	B 组分	吐温-80	适量
	单硬脂酸甘油酯	5.0	C 组分	牡蛎壳粉	0.5
	防腐剂	适量		维生素 E	1.0
B 组分	液体石蜡	15.0		香精	适量
	甘油	6.0		去离子水	加至 100
	氢化蓖麻油	适量			

制备工艺：

① 将 A 组分混合后加热到 75℃搅拌溶解，B 组分混合搅拌均匀后，将 B 组分加入 A 组分中，升温至 90℃保持 10min 后降至 65℃；

② 加入去离子水，搅拌 20min，再降温到 50℃时加入维生素 E，充分搅拌使之乳化；

③ 冷却至 40℃，加入牡蛎壳粉、香精搅拌 30min，直至气泡完全赶尽后冷却至室温即得。

配方 3：美容防晒霜 2

组分		质量分数/%	组分		质量分数/%
A 组分	硬脂酸	2.0	B 组分	吐温-80	适量
	单硬脂酸甘油酯	5.0	C 组分	牡蛎壳粉	0.5
	防腐剂	适量		维生素 E	1.0
B 组分	液体石蜡	15.0		香精	适量
	甘油	6.0		去离子水	加至 100
	红树林植物提取液	1.0			

制备工艺：

① 将A组分混合后加热到75℃搅拌溶解，B组分混合搅拌均匀后，将B组分加入A组分中，升温至90℃保持10min后降至65℃；

② 加入去离子水，搅拌20min，再降温到50℃时加入维生素E，充分搅拌使之乳化；

③ 冷却至40℃，加入牡蛎壳粉、香精搅拌30min，冷却至室温即得。

配方4：美白化妆品

组分	质量分数/%
牡蛎	63.7
土瓜根	30.3
白蜜	适量

制备工艺：

将牡蛎、土瓜根研磨为粉末，过250目筛，用白蜜调和，即得。

配方5：湿疹爽身粉

组分	质量分数/%	组分	质量分数/%
蚕丝粉	21.1	硬脂酸锌	6.0
香蒲花粉	6.0	香料	0.5
珍珠粉	6.0	米粉	9.0
红花花粉	6.0	糠粉	6.0
金银花粉	12.1	牡蛎粉	6.0
玉米淀粉	15.1	黄芪粉	6.0

制备工艺：

将原料粉碎至大于150目，高温杀菌，封装即得。本品不含滑石粉，具有治疗湿疹、美白、杀菌抑菌等功效。

6.7 其他海洋物质成分

6.7.1 深层海洋水

（1）深层海洋水的组成和功效　海洋深层水（deep ocean water）是指光合成所必要的太阳光线到达不了的水层，水深约在2000米以下，水温为通常水温的一半。因太阳光无法到达，海水中的浮游植物不能进行光合作用，因此在海洋深层水中光合成所需的各种营养盐保留丰富。海洋深层水中无大肠杆菌和一般细菌的污染，就是对海洋性细菌来说，其数量也远较表层为少，极为清洁。海洋深层水的水温一般约在 9.5℃，含有氮、磷、硅等植物生长所必需的营养盐分。因此，海洋深层水具有低温性、稳定性、富营养性和清洁性等优点。

海洋水含有丰富的矿物质，可促进新陈代谢并维持皮脂膜的健康与完整，在很久以前就已经将其添加在健康和美容产品中。例如，法国 CODIF 推出的微量元素促渗因子（atoligomer）是一种富含矿物质的海洋深层水浓缩液，在各种清洁类产品中常作为功能性添加剂。Atoligomer 中含有镁、氯、钠、钙、铁、锌、锰、铜、碘、钾等矿物质，能补充生理活性矿物质以及微量元素，具有人体内微量元素平衡、矿物质平衡以及内循环平衡的作用，此外还具有改善细胞凝聚力，激发角质化细胞和成纤维细胞的活性，舒缓皮肤，增强皮肤渗透性，提高皮肤保水性等作用。又如，法国素莲丝的脱盐海泉水是从海底水库中收集后脱盐获得的，其中富含天然的矿物质和微量元素，且 Mn、Si、Zn 的含量远高于一般海水，其成分接近于羊水，具有增加表皮油脂的合成，提高皮肤渗透性，改善表皮和真皮的结合，增加水分循环，防止皱纹的形成等作用。

（2）深层海洋水化妆品配方精选

配方：一种含有脱盐海泉水的化妆品

组分		质量分数/%	组分		质量分数/%
A 组分	甲基葡糖倍半硬脂酸酯	1.0	B 组分	多肽组合物	7.0
	甘油硬脂酸酯/PEG-100 硬脂酸酯	1.0		去离子水	适量
	豆蔻酸异丙酯	5.5	C 组分	丙烯酸钠/丙烯酰二甲基牛磺酸钠共聚物	0.5
	PEG-20 甲基葡糖倍半硬脂酸酯	1.0			
	鲸蜡硬脂醇	5.0	D 组分	氢氧化钾	0.09
	聚二甲基硅氧烷	4.5	E 组分	丁羟甲苯	0.1
B 组分	甘油	6.0		红没药酸	0.3
	丁二醇	5.0		甘草酸二钾	0.1
	黄原胶	0.25		生育酚	0.2
	丙二醇	4.0		芦丁	0.1
	透明质酸钠	3.0		苯氧乙醇/乙基己基甘油	0.18

制备工艺：

① 多肽组合物是将元蘑 19 份、猴头蘑 15 份、正红菇 12 份加脱盐海泉水 20 份蒸煮 6～15min 后自然冷却，再倒入打浆机打浆 2～5min 后过滤，取滤液与 0.15 份五肽-1、0.14 份小麦肽络合而成的。

② 将B组分按配方混合。搅匀后，依次加入A组分、C组分、D组分、E组分，充分混匀即得。

6.7.2 海盐

（1）海盐的功效

盐水能起到杀菌、清洗伤口或刺激伤口的效果，由于含有无机盐和微量元素，可用作收敛剂与调和剂，也能改善皮肤，调整pH值作为配方中的缓冲剂。当盐水质量分数在1%～2%时可制取洗面奶以及脸部用的喷雾剂和凝胶，当盐水质量分数在5%～40%时可用作浴用凝胶及遮蔽剂。海水自然蒸发可得到海盐（sea salt），海盐中主要成分是氯化钠，同时也含少量的钙、钾、镁、碘、溴等元素，浴用时，这些成分可使肌体恢复活力。

（2）海盐的配方精选

配方1：海盐磨砂膏

组分	质量分数/%
死海盐磨砂	77.7
含羞草汁	22.2

制备工艺：

由死海盐磨砂加入含羞草汁进行混合均质，加入少量天然咖啡粉至糊状，然后于8℃以下冷藏，所述的死海盐磨砂与含羞草汁混合的质量比为3.5∶1。

配方2：樱花精油洗面奶

组分	质量分数/%	组分	质量分数/%
海盐	8.0～13.0	甘油	13.0～16.0
樱花精油	20.0～32.0	维生素E	7.0～13.0
氧化铝	20.0～30.0	干姜	4.0～9.0
当归	2.0～6.0	肉桂酸	2.0～5.0
果酸	6.0～14.0	季戊四醇四异硬脂酸酯	1.0～3.0
豆蔻酸	4.0～8.0	八甲基环五硅氧烷	2.0～5.0
珠光片	11.0～18.0	奶酪	1.0～4.0
二元醇	3.0～7.0	美白剂	2.0～6.0
茶树提取液	10.0～50.0	乳化剂	10.0～20.0
光甘草定	2.0～10.0	表面活性剂	2.0～10.0
四氢姜黄素	2.0～5.0	分散剂	3.0～7.0
苯氧乙醇	1.0～3.0		

制备工艺：

① 将光甘草定、四氢姜黄素、苯氧乙醇、乳化剂、表面活性剂、分散剂混合、超声分散后，加入茶树提取液精馏 3～5 次，高温干燥、研磨、过筛（80～200 目）、造粒后得美白剂；

② 将所有组分混合后即得产品。

6.7.3 海洋淤泥

（1）海洋淤泥的功效 海洋淤泥（marine mud）是由海底获得后干燥、粉碎得到的黑色超细颗粒，味咸，具有硫黄味。海洋淤泥中富含钙、钾、镁、钠、硅、硫、铝、铁、碘化物、碳酸盐、硫酸盐、氯化物、磷酸盐、溴化物、硼酸盐等元素和矿物质，以及微量的阴、阳离子。这种海洋淤泥具有特殊的美容效果，能增加皮肤的温度，帮助皮肤进行呼吸，增强血液循环。此外，淤泥的吸收深入到毛孔，能彻底去除沉积于皮肤的脏物、油脂及化妆品等。通过转换渗透，皮肤可从泥中吸收重要的矿物质来保持活力。海洋淤泥还可使皮肤收紧并且变得柔和，改善皮肤的外观和手感。因此海洋淤泥常用作脸部护理品和泥敷剂（含量 1%～30%）、护发用品（含量 5%～15%）和遮蔽剂（wrappinss）（含量 10%～30%）。

（2）海洋淤泥化妆品配方精选

配方：死海泥面膜

组分	质量分数/%	组分	质量分数/%
辛酸/癸酸三酰甘油	1.0～5.0	十三烷醇硬脂酸酯	0.1～3.0
新戊二醇二辛酸酯/二癸酸酯	0.1～3.0	二聚季戊四醇六辛酸酯/六癸酸酯	0.1～3.0
十三烷醇偏苯三酸酯	0.1～3.0	鲸蜡硬脂醇	0.1～3.0
净落硬脂基葡糖苷	0.1～1.0	环五聚二甲基硅氧烷	0.1～3.0
牛油果树果脂	0.1～1.0	C_{20}～C_{22}醇磷酸酯	0.5～3.0
氢化橄榄油癸醇酯类	0.1～3.0	椰子油	0.1～3.0
聚二甲基硅氧烷	0.1～3.0	聚二甲基硅氧烷醇	0.1～1.0
PPG-26-丁醇聚醚-26	0.1～1.0	黄原胶	0.1～5.0
聚丙烯酸酯交联聚合物-6	0.1～5.0	氨甲基丙醇	0.1～1.0
EDTA-Na_2	0.01～0.1	多元醇	5.0～15.0
金钗石斛茎提取物	0.1～5.0	红参提取物	0.1～5.0
死海泥	0.1～5.0	去离子水	加至 100

制备工艺：

将死海泥与其他组分依次加入去离子水中，搅拌均匀即得。

第7章 化妆品的检测

7.1 化妆品的行业标准

化妆品是以涂抹、喷洒或其他类似方法，散布于人体表面的任何部位的一大类化学工业产品或精细化工产品。为了防止化妆品对人体健康的危害，确保化妆品的使用安全，世界各国都非常重视对化妆品的质量检测、管理标准的建立和对生产过程的监控。许多国家把化妆品与食品、药品列为同类需要特别管理的产品。随着化妆品行业的不断发展，我国也陆续颁布一系列化妆品国家标准和行业标准（附录1～4），对化妆品的卫生、安全性、稳定性作了规定。2015年12月23日，国家食品药品监督管理总局对《化妆品卫生规范》（2007年版）进行修订，并更名为《化妆品安全技术规范》，于2016年12月1日起实施。此外，中华人民共和国国家卫生健康委员会下设“化妆品安全性评审组”，负责对全国化妆品安全性的有关重大和疑难问题进行评审。

7.2 化妆品的理化性质测定

化妆品的理化性质决定了化妆品的储存性、使用安全性和稳定性，因此化妆品的理化性质检验是化妆品最为基础的检测，主要包含稳定性、pH值、浊度、相对密度、颗粒度、折光指数、色泽、乳化性能、耐寒性等检测（附录1）。

7.2.1 稳定性评价

7.2.1.1 离心稳定性

离心试验是检验乳液类化妆品货架寿命的试验，是加速分离试验的必要检验法。

具体操作方法：将样品置于离心机中，以2000～4000r/min的转速试验30min后，观察产品的分离、分层状况。

7.2.1.2 色泽稳定性

色泽是化妆品的一项重要性能指标，色泽的稳定性则是化妆品的主要质量问题之一，色泽稳定性试验是检验有色化妆品色泽是否稳定的试验。由于各类化妆品的组成、性状等各不相同，所以其检验方法也各不相同。如发乳的色泽稳定性试验采用紫外线照射法，香水、花露水的色泽稳定性试验采用干燥箱加热法。

干燥箱加热法：取试样两份分别倾入两支ϕ2cm×13cm的试管中，试样高度约为管长的2/3，塞上软木塞，把其中一支放入预先调节到（48±1)℃的恒温箱内，1h后打开塞子，然后重新塞好，继续放入恒温箱内，经24h取出和另一份试样进行比较，颜色应无变化。在规定温度时，试样仍维持原有色泽不变，则该试样检验结果为色泽稳定，不变色。

7.2.2 相对密度

相对密度是指一定体积的物料质量与同体积水的质量之比。它是液状化妆品的一项重要性能指标。相对密度的测定方法常用密度计法、密度瓶法（GB/T 13531.4—2013)，具体测定原理和步骤如下：

7.2.2.1 密度计法

将蒸馏水置于洁净干燥的量筒中，插入温度计，再将量筒置于规定温度的恒温水浴中，保持20min，待蒸馏水达到规定温度后，采用密度计测定其密度。然后将试样加入洁净干燥的量筒中，按照测定蒸馏水密度的方法进行恒温测量。相对密度的计算公式如下：

$$D_t^{t_0}=\frac{\rho_1}{\rho_2}$$

式中 $D_t^{t_0}$——试样在t℃时相对于t_0℃时同体积水的相对密度；

ρ_1——试样在t℃时的密度，g/mL；

ρ_2——水在t_0℃时的密度，g/mL。

7.2.2.2 密度瓶法

取洁净的密度瓶置于100～105℃的干燥箱中干燥至恒重，称其质量（精确至0.0001g）。然后加入刚经煮沸并冷却至比规定温度低约2℃的蒸馏水，装满密度瓶，插入温度计，然后将瓶置于规定温度的恒温水浴中，保持20min，待蒸馏水达到规定温度后，用滤纸擦去毛细管溢出的水，盖上小帽，然后将密度瓶从水浴中取出，擦干外部的水，称其质量（精确至0.0001g）。将试样小心地加入洁净干燥的同一密度瓶中，插入温度计，按照称取蒸馏水质量的方法进行恒温称重。按照以下公式计算试样相对密度：

$$D_t^{t_0}=\frac{G_2-G_0}{G_1-G_0}$$

式中 G_2——试样和密度瓶的质量和，g；

G_0——空密度瓶的质量，g；

G_1——水和密度瓶的质量和，g。

7.2.3 黏度、pH值和浊度

7.2.3.1 黏度

流体受外力作用流动时，在其分子间呈现的阻力称为黏度（或称黏性）。黏度是流体的一个重要的物理特性，是膏霜类和乳液类化妆品的重要质量指标之一。黏度一般用旋转式黏度计测定，具体测定步骤如下：取适量的试样倒入量筒中，使试样沿着烧杯壁流动，以防止产生气泡。测定室温下试样的温度后，量程表正确选用旋转黏度计转子型号和转速进行黏度测试。

7.2.3.2 pH值

由于皮肤表面分布有皮肤和汗液，而汗液中含有一些乳酸、游离氨基酸、尿酸和脂肪酸等酸性物质，使得人体皮肤的pH值一般都在4.5～7.5，偏酸性。皮肤表皮角质易溶于稀碱溶液，表皮皮脂腺分泌皮脂而起着保护皮肤的作用，如果化妆品中具有脱脂力强的强碱性物质，皮脂将彻底被清除，使得表皮组织直接暴露于空气，这样虽然清洁了皮肤，但也将造成皮肤干燥、粗糙、破裂等不良的后果，因此人体用的化妆品尤其是用于清洁的化妆品的pH值应接近7或者接近于皮肤表面的pH值，以减少角质层的化学变质。因此，pH值是化妆品一项重要的性能指标（GB/T 13531.1—2008）。

pH值测定的具体实验操作：称取试样一份（精确至0.1g），加入经煮沸冷却后的实验室用水（三级水，电导率≤5μS/cm）9份，并不断搅拌，加热至40℃，使其完全溶解，冷却至（25±1）℃或室温，待用。如为含油量较高的产品可加热至70～80℃，冷却后去掉油块待用；粉状产品可沉淀过滤后待用。按照pH计说明书，采用校正过的pH计测定处理液的pH值。

7.2.3.3 浊度

香水、花露水、爽肤水和化妆水类制品或由于静置陈化时间不够而部分不溶解的沉淀物尚未析出完全，或由于香精中不溶物中的含蜡量度过高，都易使产品变混浊，因此浊度是这些化妆品的主要质量问题之一，浊度的测定主要用目测法。具体方法如下：

在烧杯中放入冰块或冰水，使其低于测定温度5℃。

取试样两份，分别倒入两支预先烘干的ϕ2cm×13cm玻璃试管中，样品高度为试管长度的1/3。将其中一份用串联温度计的塞子塞紧试管口，使温度计的水银球位于样品中间部分。试管外部套上另一支ϕ3cm×15cm的试管，使装有样品的试管位于套管的中间，注意不使两支试管的底部相接触。将试管置于加有冷冻剂的烧杯中冷却，使试样温度逐步下降，观察到达规定温度时的试样是否清晰。观察时用另一份样品做对照。重复测定一次，两次结果应一致。在规定温度时，试样仍与原样的清晰程度相等，则该试样通过检测。不同的样品规定的指标温度不同。例如，香水为5℃、花露水为10℃。

7.2.4 耐热耐寒性评价

(1) 耐热性评价

将电热恒温培养箱调节到(40±1)℃，取两份样品，将其中一份置于电热恒温培养箱内保持24h后，取出，恢复室温后与另一份样品进行比较，观察其是否有变稀、变色、分层及硬度变化等现象，判断产品的耐热性能。

(2) 耐寒性评价

先将电冰箱调节到[(−15～−5)±1]℃，然后取两份样品，将其中一份置于电冰箱内保持24h后，取出，恢复至室温后与另一份样品进行比较，观察其是否有变稀、变色、分层及硬度变化等现象，以判断产品的耐寒性能。

7.3 有害物质和微生物的检测

7.3.1 有害物质的检测

多数化妆品在使用的过程中需要和人直接接触，而化妆品又是一类精细化学品，因此在其生产的过程中使用了大量的化学试剂，除了国家标准和法规中明文规定禁止使用的一些化学品以外，由于化工原料在生产过程中其他原料的使用使得化妆品中含有一些重金属物质和一些常规的溶剂，为了保证化妆品的使用安全，包括中国在内的所有的国家对化妆品中的重金属物质（汞、砷、铅、镉）和甲醇、二噁烷和石棉的限制，根据2015年版本的《化妆品安全技术规范》，其中汞、砷、铅、镉的检出限为1mg/kg、2mg/kg、10mg/kg、

5mg/kg，二噁烷的检出限为30mg/kg，甲醇的检出限为2000mg/kg，石棉不得检出，常规有害物质的检测见附录2。

7.3.1.1 汞含量的测定

汞是自然生成的元素，常见于空气、水和土壤中，是一种剧毒非必需元素，广泛存在于各类环境介质和食物链（尤其是鱼类）中，FAO/WHO将汞定为优先研究的有害金属之一。汞和含汞化合物对消化道有腐蚀作用，对肾脏、毛细血管均有损害作用。汞离子能够干扰皮肤中酪氨酸变成黑色素的过程，因此氯化汞在美白化妆品中长期被使用。但是随着人们对汞及其化合物的研究深入，汞及其化合物能够通过皮肤屏障透皮吸收进入人体进而影响机体的健康，已经被证实。因此我国化妆品卫生标准中对汞的含量做了严格的规定，其中眼部化妆品（如眼影）可使用0.007%以下的硫柳汞，其他化妆品中均禁止使用汞化物，汞的检出限为1mg/kg。

化妆品中通常汞含有量较少，因此对检测方法的灵敏度要求较高，一般来说常用的检测方法有无火焰原子吸收法和汞斑法。我国化妆品卫生化学标准检验方法（GB/T 7917.1—1987）中采用的方法为无火焰原子吸收法。具体操作如下：

（1）样品预处理

①湿式回流消解法。称取约1.000g试样，置于250mL圆底烧瓶中，样品如含有乙醇等有机溶剂，先在水浴或电热板上低温挥发，不得蒸干。加入30mL硝酸（样品中含有碳酸钙等碳酸盐类的粉剂，在加酸时应缓慢加入，以防二氧化碳气体的产生过于猛烈）、5mL水、5mL硫酸及数粒玻璃珠，加热回流消解2h，消解液一般呈微黄或黄色。从冷凝管上口注入10mL水，继续加热回流10min，放置冷却。用预先用水湿润的滤纸过滤消解液，除去固形物。对于含油脂蜡质多的试样，可预先将消解液冷冻使油脂蜡质凝固。用蒸馏水洗过滤器数次，合并洗涤液于滤液中，定容至50mL，备用。

②湿式催化消解法。称取约1.000g试样，置于100mL锥形瓶中，样品如含有乙醇处理同上。加入50mg五氧化二钒、7mL浓硝酸，加热至微沸。冷却后，加5mL硫酸，135～140℃下继续消解，必要时补加少量硝酸，直至溶液呈透明蓝绿色或橘红色。冷却后，加少量水继续加热煮沸约2min以驱赶二氧化氮。定容至50mL，备用。

（2）测定和计算

移取0.00～2.00mL系列体积的汞标准溶液（0.1μg/mL）、适量样品溶液和空白溶液，置于100mL容量瓶中，用10%硫酸定容至一定体积。将标准系列、空白和样品逐个倒入汞蒸气发生瓶中，加入2mL氯化亚锡溶液迅速塞紧瓶塞。开启仪器气阀，待指针至最高读数时，记录其读数。绘制工作曲线，从曲线上查出测试液中汞含量。计算样品中汞的含量 w，单位为 mg/kg。

$$w=\frac{(m_1-m_0)V}{mV_1}$$

式中 m_0——从工作曲线上查得用试剂做空白试验的汞质量，μg；

m_1——从工作曲线上查得样品测试液中的汞质量，μg；

m——称样质量，g；

V_1——取样品溶液体积，mL；

V——样品溶液总体积，mL。

7.3.1.2 砷含量的测定

砷对人体而言是必需元素，在元素周期表中砷为非金属物质，然而化学性质与金属相似，所以往往将其视为重金属元素。砷可区分为有机砷及无机砷，有机砷化合物绝大多数有毒，有些还有剧毒。另外有机砷及无机砷中又分别分为三价砷（As_2O_3）及五价砷（$NaAsO_3$），在生物体内砷价数可互相转变。FAO/WHO在考虑化学污染物时，将砷排在优先研究的有毒金属的第一位。砷与汞类似，被吸收后容易跟硫氢根或双硫根结合而影响细胞呼吸及酵素作用；甚至使染色体发生断裂。长期使用含砷高的化妆品，可能造成皮肤色素异常，如出现斑点，头发变脆、断裂或脱落，严重者患皮肤癌，因此我国化妆品卫生标准规定砷及其化合物为限用物质，也是必须检测的指标。

测定砷的方法有斑点比色法、银盐比色法、原子荧光光谱法、原子吸收光谱法、分光光度法等。在此介绍二乙氨基二硫代甲酸银分光光度法。

（1）检测原理

经灰化或消解后的试样，在碘化钾和氯化亚锡的作用下，样液中五价砷被还原为三价砷。三价砷与新生态氢生成砷化氢气体。通过用乙酸铅溶液浸泡的棉花除去硫化氢干扰，然后与溶于三乙醇胺、氯仿中的二乙氨基二硫代甲酸银作用，生成棕红色的胶态银，并可进行比色定量。

（2）样品预处理

HNO_3-H_2SO_4 湿式消解法：试样如含有乙醇等溶剂，则应预先使溶剂挥发，不得干涸。如含甘油较多的试样，消解时应特别注意安全。称取约1.00～2.00g经充分混匀的试样，同时用试剂做空白试验。置于250mL定氮消解瓶或125mL锥形瓶中，加入数颗玻璃珠。加5mL水、10～15mL硝酸，放置片刻，小火缓缓加热，待反应缓和，放冷。沿瓶壁加入5mL或10mL硫酸继续加热消解，若消解过程中溶液出现棕色，可加少许硝酸继续消解。如此反复，直至溶液澄清或微黄。放置冷却后加20mL水，继续加热煮沸至产生白烟，如此处理两次，将消解液定量转移至50mL容量瓶中，加水定容至刻度，备用。此溶液每 10mL 相当于体积比为 1∶1 的硫酸 2mL。

干灰化法：称取约 1.00～2.00g 经充分混匀的试样，置于 50mL 瓷蒸发皿中，同时用试剂做空白试验。加入 10mL10%的硝酸镁溶液、1g 氧化镁粉末。将试样及灰化助剂充分混匀，在水浴上蒸干水分，然后在小火上炭化至不冒烟，移入箱形电炉，在 600℃下灰化 4h，冷却取出，向灰分中加水少许，使其润湿，然后用 20mL 体积比为 1∶1 的盐酸分数次加入用以溶解灰分及清洗蒸发皿。加水定容至 50mL，备用。此溶液每 10mL 相当体积比为 1∶1 的盐酸 2.0mL。

(3) 测定

取系列体积的砷标准（控制最终砷浓度为 0.0～0.2mg/mL)、待测试样，分别置于砷化氢发生瓶中，样品若采用湿式消解法处理，加入硫酸使总酸量相当于体积比为 1∶1 的硫酸 10mL；样品若采用干灰化法处理，加入体积比为 1∶1的盐酸使总酸含量为 10mL。然后加水至总体积为 50mL。

各加 2.5mL15%的碘化钾溶液及 2.0mL40%氯化亚锡溶液，摇匀。放置 10min 后，加入 3～5g 锌粒，立即接上塞有乙酸铅棉的导气管，并将其插入已加有 5.0mL 二乙氨基二硫代甲酸银溶液的吸收管，25℃下反应 1h。反应完毕，若吸收液体积减少，则用氯仿补至 5.0mL。将部分吸收液移入 1cm 比色皿中，以氯仿为参比，在分光光度计上，于波长 515nm 处测量吸光度。绘制工作曲线，从曲线上查出测试液中砷含量。

样品中砷的含量 w 按下式计算，单位为 mg/kg。

$$w=\frac{(m_1-m_0)V}{mV_1}$$

式中 m_0——从工作曲线上查得用试剂做空白试验的砷量，μg；

m_1——从工作曲线上查得样品测试液中的砷含量，μg；

m——称样量，g；

V_1——分取样品溶液体积，mL；

V——样品溶液总体积，mL。

7.3.1.3 铅含量的测定

铅对人体为非必需元素，其对所有生物体均具有毒性。

人体过量铅的摄入，会对血液循环、神经、消化和泌尿系统产生毒性效应，表现为头痛、头晕、易疲劳、失眠、贫血等症状，还会损害肾脏、肝胆，引起慢性中毒。

铅和铅化合物色彩鲜艳，还可增白，在我国古代曾用含铅的化合物作为粉剂化妆品，至今还有些不法制造商为了追求化妆品的短期效果，在产品中添加过量的铅元素，因此检测化妆品中的铅含量非常必要。

测定铅的方法有分光光度法、原子吸收光谱法、极谱法等。在此介绍火焰原子吸收分光光度法。

（1）测定原理 化妆品样品经预处理使铅以离子状态存在于样品溶液中，样品溶液中铅离子被原子化后，基态铅原子吸收来自铅空心阴极灯发出的共振线，其吸光度与样品中铅含量成正比。在其他条件不变的情况下，根据测量被吸收后的谱线强度，与标准系列比较进行定量。方法的检出限为 0.15mg/L，定量下限为 0.50mg/L。若取 1g 样品测定，定容至 10mL，本方法的检出浓度为 1.5μg/g，最低定量浓度为 5μg/g。

（2）样品预处理

①湿式消解法。准确称取混匀试样约 1.00～2.00g 置于消解管中，同时做试剂空白。样品如含有乙醇等有机溶剂，先在水浴或电热板上低温挥发。若为膏霜型样品，可预先在水浴中加热使瓶壁上样品熔化流入瓶的底部。加入数粒玻璃珠，加入硝酸（50%）10mL，由低温至高温加热消解，当消解液体积减少到 2～3mL，移去热源，冷却。加入高氯酸（70%～72%）2～5mL，继续加热消解，缓缓摇动使均匀，消解至冒白烟，消解液呈淡黄色或无色。浓缩消解液至 1mL。冷至室温后定量转移至 10mL（如为粉类样品，则至 25mL）具塞比色管中，以水定容至刻度，备用。如样液浑浊，离心沉淀后可取上清液进行测定。

②浸提法。准确称取混匀试样约 1.00g，置于 50mL 具塞比色管中。随同试样做试剂空白。样品如含有乙醇或为膏霜型样品，预处理同湿式消解法。在水浴中加热使管壁上样品熔化流入管底部。加入硝酸（50%）5.0mL、过氧化氢（30%）2.0mL，混匀，如出现大量泡沫，可滴加数滴辛醇。沸水浴加热 2h。取出，加入盐酸羟胺溶液（120g/L）1.0mL，放置 15～20min，用水定容至 25mL。该法只适用于不含蜡质的化妆品。

（3）测定和计算 测定移取铅标准溶液（10mg/L）0.00～6.00mL，分别置于 10mL 具塞比色管中，加水至刻度。将仪器的分析条件调至最佳状态。在扣除背景吸收下，分别测定校准曲线系列、空白和样品溶液。如样品溶液中铁含量超过铅含量 100 倍，不宜采用氘灯扣除背景法，应采用塞曼效应扣除背景法除去铁。绘制标准曲线，计算样品含量。

将标准、空白和样品溶液转移至蒸发皿中，在水浴上蒸发至干。加入盐酸（7mol/L）10mL 溶解残渣，转移至分液漏斗，用等量的甲基异丁基酮（MIBK）萃取两次，保留盐酸溶液。再用盐酸（7mol/L）5mL 洗 MIBK 层，合并盐酸溶液，必要时赶酸，定容。按仪器操作程序，进行测定。

样品中铅含量 w 按下式计算，单位为 mg/kg。

$$w=(\rho_1-\rho_0)V/m$$

式中 w——样品中铅的质量分数，μg/g；

ρ_1——测试溶液中铅的质量浓度，mg/L；

ρ_0——空白溶液中铅的质量浓度，mg/L；

V——样品消化液总体积，mL；

m——样品取样量，g。

7.3.1.4 镉含量的测定

采用火焰原子吸收分光光度法测定化妆品中总镉的含量。

（1）样品预处理 样品的预处理可采用湿式消解法、微波消解法和浸提法，其中浸提只适用于不含蜡质的样品。基本操作与铅测定的预处理方式相同。

（2）测定

① 标准溶液的制备：配制 0.00～1.00mg/mL 的镉标准溶液（7 组），其中硝酸的浓度为 0.692％。

② 测定：按照操作要求，在扣除背景吸收下，分别测定标准系列、空白和样品溶液，绘制浓度-吸光度曲线，计算样品含量。

③ 铁背景扣除：如样品溶液中铁含量超过镉含量 100 倍，则不宜采用氘灯扣除背景法，应采用塞曼效应扣除背景法。

7.3.1.5 甲醇含量的测定

甲醇（又名木醇或木酒精）作为溶剂可添加于香水及喷发胶系列产品中。甲醇主要经呼吸道和胃肠道吸收，皮肤也可部分吸收。甲醇吸收至体内后，可迅速分布在机体各组织内，其中以脑髓液、血、胆汁和尿中含量最高，眼房水和玻璃体中的含量也较高。甲醇在体内主要被醇去氢酶氧化，最后代谢产物为甲醛和甲酸。甲醇主要作用于中枢神经系统，具有明显的麻醉作用，可引起脑水肿，对视神经及视网膜有特殊选择作用，引起视神经萎缩，可导致双目失明。甲醇是易挥发性溶剂，因此最为常用的方法是气相色谱法。具体操作如下：

（1）样品预处理 液体或低黏度化妆品，且甲醇含量较高时，可取 10mL 试样，加无甲醇乙醇至总体积为 50mL，必要时可过滤，作为样液备用。甲醇含量低的花露水等，也可不经稀释直接测定。样品黏度较大，可以取 10g 试样，置于蒸馏瓶中，加 50mL 蒸馏水、2g 氯化钠、30mL 无甲醇乙醇，在沸水浴中蒸馏，收集约 40mL 蒸馏液于 50mL 容量瓶中，冷至室温后，加无甲醇乙醇至刻度，作为待测样。

（2）测定 配制甲醇标准溶液（0.05％～0.20％）注入气相色谱仪中，记下各次色谱面积，并绘制面积-甲醇浓度曲线。再取配好的样液，注入气相色谱仪，记录色谱峰面积，从标准曲线上查出对应的甲醇浓度。

7.3.1.6 二噁烷含量的测定

(1) 样品预处理

称取样品 2g（精确到 0.001g），置于顶空进样瓶中，加入 1g 氯化钠，加入 7mL 去离子水，分别精密加入二噁烷标准系列溶液（0～100μg/mL）1mL，密封后超声，轻轻摇匀，作为加二噁烷标准系列溶液的样品。置于顶空进样器中，待测。

(2) 测定

标准曲线：取二噁烷标准溶液（0～100μg/mL）1mL，置于顶空进样瓶中，加入 1g 氯化钠，加入 7mL 去离子水，密封后超声，轻轻摇匀，作为二噁烷定性标准溶液。

顶空条件：汽化室温度 70℃，定量管温度 150℃，传输线温度 200℃，振荡气液平衡 40min，进样时间为 1min。

气相色谱-质谱条件：采用交联 5% 苯基甲基硅烷毛细管柱（30m × 0.25mm × 0.25μm）色谱柱或等效色谱柱；色谱柱温度为 40℃（5min）或 150℃（2min）；进样口温度为 210℃；色谱-质谱接口温度为 280℃；氦气流速 1.0mL/min；电离方式为 EI，能量 70eV；采用离子检测（SIM）选择检测离子（m/z）；分流进样，分流比 10∶1；进样量为 1.0mL。

7.3.2 微生物检测

化妆品含有水分、油脂、蛋白质、多元醇等，特别是一些高级的护肤膏等含有蛋白质、氨基酸、维生素以及各种植物的提取液等营养成分较高的物质，为霉菌、细菌等微生物的滋生、繁殖提供了良好的条件，影响了产品的货架时间，并严重危害人体健康。

在国外，许多国家所制定的化妆品微生物控制标准相当严格。欧美一些国家要求化妆品的杂菌数每克（或每毫升）控制在 100～1000 个，不允许有致病菌。我国药品微生物检验法规定，乳剂或外用液体每克（或每毫升）含杂菌数按品种不同控制在 500～1000 个。以下根据国家标准的规定（附录 2），主要介绍菌落总数、大肠杆菌、铜绿假单胞菌、金黄色葡萄球、霉菌和酵母菌的检测方法。

7.3.2.1 样品的采集及注意事项

所采集的样品，应具有代表性，一般视每批化妆品数量大小，随机抽取相应数量的包装单位。检验时，应分别从两个包装单位以上的样品中共取 10g 或 10mL。包装量小于 20g 的样品，采样量应适量增加，其总量应大于 16g。供检验样品，应严格保持原有的包装状态，进口产品应为市售包装。容器不应有破裂，在检验前不得打开，防止样品被污染。接到样品后，应立即登记，编写检验序号，并按检验要求尽快检验。如不能及时检验，样品应放在室温阴凉干燥处。若只有一份样品而需同时做多种分析，如微生物、毒理、化学分析等，应先做微生物检验，再将剩余样品做其他分析。在检验过程中，从打开包装到全部检验操作结束，均须防止微生物的再污染和扩散，所用采样用具、器皿及材料均应事先灭菌，全部操作应在无菌室内进行，或在相应条件下，按无菌操作规定进行。

7.3.2.2 供检样品的制备

(1) 液体样品

① 水溶性液体样品：量取 10mL 样品与 90mL 灭菌生理盐水混匀，得1：10 检液。

② 油性液体样品：取样品 10mL，先加 5mL 灭菌液体石蜡混匀，再加 10mL 灭菌的吐温-80，在 40～44℃水浴振荡 10min，加入预温的灭菌生理盐水 75mL，在 40～44℃水浴中乳化，得 1：10 悬液。

(2) 膏、霜、乳剂半固体状样品

① 亲水性样品：称取 10g 样品，加到装有玻璃珠及 90mL 灭菌生理盐水的三角瓶中，振荡混匀，静置 15min，上清液为 1：10 检液。

② 疏水性样品：称取 10g 样品，放到灭菌的研钵中，加 10mL 灭菌液体石蜡，研磨成黏稠状，再加入 10mL 灭菌吐温-80，研磨待溶解后，加 70mL 灭菌生理盐水，在 40～44℃水浴中充分混合，得 1：10 检液。

(3) 固体样品　称取 10g，加到 90mL 灭菌生理盐水中，充分振荡混匀混悬，静置，上清液为 1：10 检液。

如有均质器，上述水溶性膏、霜、粉剂等，可称 10g 样品加入 90mL 灭菌生理盐水，均质 1～2min；疏水性膏、霜及眉笔、口红等，称 10g 样品，加 10mL 灭菌液体石蜡、10mL 灭菌吐温-80、70mL 灭菌生理盐水，均质3～5min。

7.3.2.3 菌落总数

菌落总数（aerobic bacterial count）是指化妆品检样经过处理，在一定条件下培养后，1g（1mL）检样中所含菌落的总数。所得结果只包括本方法规定的条件下生长的嗜中温的需氧性菌落总数。具体操作如下：

用灭菌吸管吸取预制备的检液 2mL，注入两个灭菌平皿内（每皿 1mL）。另取 1mL 注入 9mL 灭菌生理盐水试管中（勿使吸管接触液面），更换吸管，充分混匀，得 1：100 检液。吸取 2mL，分别注入两个灭菌平皿内，每皿 1mL。如样品含菌量高，还可再稀释成 1：1000、1：10000 等，稀释应更换吸管。

将熔化并冷至 45～50℃的卵磷脂吐温-80 营养琼脂培养基倾注到含检液的

平皿内，每皿约15mL，随即转动平皿，使样品与培养基充分混合均匀，待琼脂凝固后，翻转平皿，置37℃培养箱内培养48h。另取一个不加样品的灭菌空平皿，同法操作，作为空白对照。

为便于区别化妆品中的颗粒与菌落，可在每100mL培养基中加入1mL0.5%的2,3,5-氯化三苯基四氮唑（TTC）溶液，染色菌落为红色。

菌落计数先用肉眼观察，点数菌落数，然后再用放大5～10倍的放大镜检查，以防遗漏。记下各平皿的菌落数，求出同一稀释度各平皿生长的平均菌落数。若平皿中有连成片状的菌落或花点样菌落蔓延生长时，该平皿不宜计数。若片状菌落不到平皿中的一半，而其中一半中菌落数分布均匀，则可将此半个平皿菌落计数后乘以2，以代表全皿菌落数。

按照下列方法计算出细菌总数：

选取平均菌落数在30～300个的平皿，作为菌落总数测定范围。若只有一个稀释度的平均菌落数符合此范围时，即以该平皿菌落数乘其稀释倍数（表7-1，1）。若有两个稀释度复合条件，求出两菌落总数之比值来决定，若其比值≤2，则报告平均数，若＞2则报告稀释度较低平皿的菌落数（表7-1，2和3）。若所有稀释度的平均菌落数均＞300个，则应按稀释度最高的平均菌落数乘以稀释倍数报告（表7-1，4）。若所有稀释度的平均菌落数均＜30个，则应按稀释度最低的平均菌落数乘以稀释倍数报告（表7-1，5）。若所有稀释度的平均菌落数均不在30～300个，其中一个稀释度＞300个，而相邻的另一稀释度＜30个时，则以接近30或300的平均菌落数乘以稀释倍数报告（表7-1，6）。若所有的稀释度均无菌生长，报告数为每克或每毫升＜10CFU（CFU为菌落形成单位）。

菌落计数的报告，菌落数在10以内时，按实有数值报告之，大于100时，采用两位有效数字，在两位有效数字后面的数值，应四舍五入约去，也可采用科学计数法表示（表7-1）。

表7-1 菌落计数结果及报告方式

编号	不同稀释度平均菌落数			菌数之比	菌落总数/(CFU/mL或CFU/g)	报告方式/(CFU/mL或CFU/g)
	10^{-1}	10^{-2}	10^{-3}			
1	1365	164	20	—	16400	16000或1.6×10^4
2	2760	295	46	1.6	38000	38000或3.8×10^4
3	2890	271	60	2.2	27100	27000或2.7×10^4
4	不可计	4650	513	—	513000	510000或5.1×10^5
5	27	11	5	—	270	270或2.7×10^2
6	不可计	305	12	—	30500	31000或3.1×10^4
7	0	0	0	—	＜10	＜10

7.3.2.4 粪大肠菌群

粪大肠菌群（fecal coliforms）是生长于人和温血动物肠道中的一类细菌，可随粪便排出体外。我国化妆品卫生标准规定，在化妆品中不得检出粪大肠菌群，如存在则说明该产品有被粪便污染并携带其他肠道致病菌或寄生虫等病原体的可能，这些菌群进入人体后，可引起肠道性疾病，因此粪大肠菌群被列为重要的卫生指标。

粪大肠菌群是一群需氧及兼性厌氧革兰氏阴性无芽孢杆菌，在44.5℃下培养24～48h能发酵乳糖产酸并产气，加入伊红亚甲蓝指示剂，能和分解产生的酸染色呈紫色且有金属光泽。将粪大肠菌群接种于蛋白胨水培养基中，在37℃培养44h，粪大肠菌群能分解蛋白质中的色氨酸产生靛基质，可与二甲基氨基苯甲醛作用生成红色化合物——玫瑰靛基质。具体检测方法如下：

取10mL 1∶10稀释的检液，加到10mL双倍浓度的乳糖胆盐培养基中，置（44±0.5)℃培养箱中培养24～48h，如体系不产酸也不产气，则表明样品中无粪大肠菌群检出。如若有酸性物质或气体产生，则需进一步检测。

将体系中的培养液划线接种至伊红亚甲蓝琼脂平板上，置37℃培养18～24h。经培养后，在接种平板上观察有无典型菌落生长。典型的粪大肠菌群经过染色后应该呈现紫红色的圆形，边缘整齐表面光滑，具有金属光泽，部分呈紫黑色，不带或略带金属光泽，或粉紫色，中心较深。

挑取上述可疑菌落，涂片作革兰氏染色镜检，如革兰氏染色呈紫色，则表明未检出粪大肠菌群，如未呈紫色，则表明还需要进一步进行实验验证。取原培养液1～2滴接种到蛋白胨水中，置44℃培养24h，加入靛基质试剂约0.5mL，观察靛基质反应。如液面呈玫瑰红色（阳性）说明样品中有大肠杆菌检出；如液面呈试剂本色——棕黄色，则为阴性反应，表明无大肠杆菌检出。

最终根据发酵乳糖产酸产气，平板上有典型菌落，并经证实为革兰氏阴性短杆菌，靛基质试验阳性可报告被检样品中检出粪大肠菌群。

7.3.2.5 绿脓杆菌

绿脓杆菌（*Pseudomonas aeruginosa*）或称铜绿假单胞菌，属假单胞菌属，是一种致病力较低但抗药性强的杆菌。广泛存在于空气、水、土壤及正常人皮肤、肠道和呼吸道中，是伤口感染较常见的一种细菌，能引起化脓性病变，特别是烧伤、烫伤及外伤患者感染上绿脓杆菌常使病情恶化，严重时可引起败血症，眼睛受伤感染后可引起角膜溃疡导致穿孔，严重可致失明，是临床上较常见的条件致病菌之一。感染后因脓汁和渗出液呈绿色得名。由于含水分较多的化妆品（如霜、乳、水剂型的产品）较容易受绿脓杆菌污染，因此作为皮肤接触类产品，国内外对化妆品中绿脓杆菌有严格的限制，尤其是眼部用的化妆品。

绿脓杆菌属于假单胞菌属，为革兰氏阴性杆菌，氧化酶阳性，可产生代谢产物绿脓菌素。绿脓杆菌的检测原理是，其能够液化明胶、分解葡萄糖，将硝酸盐还原为亚硝酸盐并进一步分解产生氮气，在42℃条件下能生长。此外，因为绿脓杆菌具有氧化酶，能将盐酸二甲基对苯二胺（或四甲基对苯二胺）氧化成红色的醌类化合物。具体检测方法如下。

增菌和分离：取1∶10样品稀释液10mL加到90mL SCDLP液体培养基中，置37℃培养18～24h。如有绿脓杆菌生长，培养液表面多有一层薄菌膜，培养液常呈黄绿色或蓝绿色。从培养液的薄菌膜处挑取培养物，划线接种在十六烷基三甲基溴化铵（或乙酰胺）琼脂平板上，置37℃培养18～24h。该培养基具有对绿脓杆菌较强的选择性，大肠杆菌无法生长，革兰氏阳性菌生长受到限制，绿脓杆菌在此其上表现为菌落扁平无定形，向周边扩散或略有蔓延，表面湿润，菌落呈灰白色，菌落周围培养基常扩散有水溶性色素。绿脓杆菌在乙酰胺培养基上变现为菌落扁平，边缘不整，菌落周围培养基略带粉红色，其他菌也不生长。

染色镜检：挑取可疑的菌落，涂片，革兰氏染色，镜检为革兰氏阴性者应进行氧化酶试验。

氧化酶试验：取一小块洁净的白色滤纸片放在灭菌平皿内，用无菌玻璃棒挑取绿脓杆菌可疑菌落涂在滤纸片上，然后在其上滴加一滴新配制的1%二甲基对苯二胺试液，在15～30s之内，出现粉红色或紫红色时，为氧化酶试验阳性；若培养物不变色，为氧化酶试验阴性。

绿脓菌素试验：取可疑菌落2～3个，分别接种在绿脓菌素测定培养基上，置37℃培养24h，加氯仿3～5mL，振荡绿脓菌素溶解于氯仿，待氯仿提取液呈蓝色，用吸管将氯仿移至另一试管，并加入1mL盐酸（1mol/L），振荡后，静置。如上层盐酸液内出现粉红色到紫红色现象时为阳性，表示被检物中有绿脓菌素存在。

硝酸盐还原产气试验：挑取可疑的绿脓杆菌纯培养物，接种在硝酸盐蛋白胨水培养基中，置37℃培养24h，观察结果。凡在硝酸盐蛋白胨水培养基内的小导管中有气体者，即为阳性，表明该菌能还原硝酸盐，并将亚硝酸盐分解产生氮气。

明胶液化试验：取绿脓杆菌可疑菌落的纯培养物，穿刺接种在明胶培养基内，置37℃培养24h，取出放冰箱10～30min，如仍呈溶解状时即为明胶液化试验阳性，如凝固不溶者为阴性。

42℃生长试验：挑取可疑的绿脓杆菌纯培养物，接种在普通琼脂斜面培养基上，放在41～42℃培养箱中，培养24～48h，若绿脓杆菌能生长，即为阳性，而近似的荧光假单胞菌则不能生长。

检出标准：被检样品经增菌分离培养后，在分离平板上有典型或可疑菌落生长，经证实为革兰氏阴性杆菌，氧化酶及绿脓菌素试验皆为阳性者，即可报告被检样品中检出绿脓杆菌；如绿脓菌素试验阴性而液化明胶、硝酸盐还原产气和 42℃生长试验三者皆为阳性时，仍可报告被检样品中检出绿脓杆菌。

7.3.2.6 金黄色葡萄球菌

金黄色葡萄球菌（*Staphylococcus aureus*）隶属于葡萄球菌属（*Staphylococcus*），有“嗜肉菌”的别称，因其在代谢过程中产生金黄色脂溶性色素而得名。金黄色葡萄球菌在自然界分布广泛，对外界抵抗力较强，能耐浓度高达 15%的 NaCl 溶液。金黄色葡萄球菌为侵袭性细菌，能产生毒素，对肠道破坏性大，中毒症状严重，主要表现为呕吐、发热、腹泻。该菌是葡萄球菌中对人类致病力最强的一种，能引起人体局部化脓性病灶，严重时可导致败血症。因此国内外多数国家要求化妆品中不得含有金黄色葡萄球菌。

金黄色葡萄球菌为革兰氏阳性球菌，该菌能分解多种糖类，能分解甘露醇产生酸，可液化明胶，能产生溶血素，可使血液培养基的红细胞溶解，在菌落周围产生溶血圈，还能产生血浆凝固酶。根据金黄色葡萄球菌特有的形态和培养特性，以及能够分解甘露醇和血浆凝固酶等特征，综合鉴别。具体检测方法如下。

增菌和分离：取检液 10mL 接种到 90mL SCDLP 液体培养基中，置 37℃培养箱，培养 24h。自培养液中，取 1～2 接种环，划线接种在 Baird Parker 平板或血琼脂平板上，置 37℃培养 24～48h。在血琼脂平板上菌落呈金黄色，圆形突起，光滑，周围有溶血圈。在 Baird Parker 平板上为圆形，光滑，凸起，湿润，直径为 2～3mm，颜色呈灰色到黑色，边缘为淡色，周围有浑浊带，在其外层有透明带。用接种针接触菌落似有奶油树胶的软度。偶见非脂肪溶解的类似菌落，但无混浊带及透明带。挑取单个菌落接种在血琼脂平板上，置 37℃培养 24h。

染色镜检：挑取分纯菌落，涂片，进行革兰氏染色，镜检。金黄色葡萄球菌为革兰氏阳性菌，排列成葡萄状，无芽孢，无荚膜，致病性葡萄球菌，菌体较小，直径为 0.5～1μm。

甘露醇发酵试验：取上述分纯菌落接种到甘露醇发酵培养基中，在培养基液面上加入 2～3mm 的灭菌液体石蜡，置 37℃培养 24h，金黄色葡萄球菌应能发酵甘露醇产酸。

血浆凝固酶试验：吸取 1∶4 新鲜血浆 0.5mL，放入灭菌小试管中，加入待检菌 24h 肉汤培养物 0.5mL。混匀，放 37℃恒温箱或恒温水浴中，每 30min 观察一次，6h 之内如呈现凝块即为阳性。以已知血浆凝固酶阳性和阴性菌株肉汤培养物及肉汤培养基各 0.5mL，分别加入灭菌 1∶4 血浆 0.5mL，混匀，作为对照。

检出标准：经增菌培养后，在分离平板上有典型或可疑菌落生长，经染色镜检，证明为革兰氏阳性葡萄球菌，并能发酵甘露醇产酸，血浆凝固酶试验阳性，则可报告被检样品检出金黄色葡萄球菌。

7.3.2.7 霉菌和酵母菌

霉菌（moulds），是丝状真菌的俗称，它们往往能形成分枝繁茂的菌丝体。霉菌在环境中无处不在，常见于温暖潮湿的环境。霉菌繁殖迅速，常造成食品、用具大量霉腐变质，部分有益种类已被广泛应用，是人类实践活动中最早利用和认识的一类微生物，部分霉菌在繁殖或代谢的过程中容易产生毒素。酵母菌（saccharomyce）是一些单细胞真菌，是子囊菌、担子菌等几科单细胞真菌的通称，泛指能发酵糖类的各种单细胞真菌，可用于酿造生产，有的为致病菌。由于霉菌和酵母菌中有一部分是对人体不利的，因此在化妆品中对霉菌和酵母菌的总数有一定的检出限的要求。

霉菌和酵母菌总数是指化妆品检样在一定条件下培养后，1g 或 1mL 化妆品中所污染的活的霉菌和酵母菌菌落总数。具体检测方法如下。

增菌培养：取检液 2mL 分别注入 2 个灭菌平皿内（每皿 1mL），若菌量较多时可顺序再做 10 倍稀释。以灭菌空平皿，作空白对照。每皿分别注入熔化并冷至 45℃左右的虎红培养基约 15mL，充分摇匀。凝固后，翻转平板，置 28℃培养箱，培养 72h，计数平板内生长的霉菌和酵母菌数。若有霉菌蔓延生长，为避免影响其他霉菌和酵母菌的计数，于 48h 应及时将此平板取出计数。

计算方法：先点数每个平板上生长的霉菌和酵母菌菌落数，求出每个稀释度的平均菌落数。判定结果时，应选取菌落数在 5～50 个范围之内的平皿计数，乘以稀释倍数后，即为每克（或每毫升）检样中所含的霉菌和酵母菌数。其他范围内的菌落数报告参照菌落总数报告方式（表 7-1）。

7.4 功能性检测

赋予天然化妆品特定的功效，是化妆品科技发展的一个主导方向，是现代人身心健康的需要。正如中国改革开放 40 多年来，化妆品消费人群已逐渐由女性扩展至男性、由青年延伸至中老年。化妆品消费观念也在发生着变化，由奢侈品到日常生活用品，再到护理用品转变。消费者的消费理念也逐渐理性化，对广告的诱导和概念炒作不再盲目追随，开始侧重关注天然化妆品的安全性、功效性，如保湿、抗皱、防晒、美白祛斑、育发防脱、健美瘦身、美乳丰胸和抗粉刺等。为此，目前世界各国的知名化妆品企业和有关研究机构都加强了在天然化妆品功效方面的基础研究，确定功效性评定方法，建立并完善功效性评价体系。

附录1～3为化妆品行业标准的各项标准，其中涉及了化妆品中各种物质的使用标准、有毒物质和低毒物质的使用和检测标准、卫生化学标准和微生物标准，但是关于功能化检测标准和处理原则较少涉及，目前可查的只有QB/T 4256—2011《化妆品保湿功效评价指南》、SN/T 1032—2018《进出口化妆品中紫外线吸收剂的测定 液相色谱法》。然而，随着社会的不断进步，化妆品行业的不断发展，化妆品的功能化成为该行业的发展趋势之一，因此功能化检测将成为化妆品检测的一个重要方面。以下主要介绍护肤类化妆品的功能化检测的方法。

7.4.1 防晒功能性评价

(1) 防晒指数SPF值的测定 选取无光敏史的20名健康志愿者为受试者。选取受试者双前臂屈侧皮肤进行自身对照。左侧为试验组，按常规用法涂测试样品；右侧为空白对照组，不涂抹任何防晒霜。受试者接受德国Waidmann UV801 BL窄谱311nm紫外线治疗仪照射，根据情况逐渐增加照射量，隔日1次，观察左右前臂屈侧出现红斑的照射量及时间，确定最小红斑量（MED)，进而计算化妆瓶的SPF值（SPF＝使用防晒化妆品时的MED/不使用防晒化妆品时的MED)，并求平均值。

(2) UVA防护指数PFA值的测定 最小持续性黑化量（minimal persistent pigment darkening dose，MPPD）即辐照后2～4h，在整个照射部位皮肤上产生轻微黑化所需要的最小紫外线辐照剂量或最短辐照时间。

UVA防护指数（protection factor of UVA，PFA）指引起被防晒化妆品防护的皮肤产生黑化所需的MPPD与未被防护的皮肤产生黑化所需的MPPD之比。

受试者及试验部位：受试者为18～60岁健康人，没有光敏性皮肤病史，并试验前未曾服用药物如抗炎药、抗组胺药等。皮肤类型为Ⅲ、Ⅳ型，即皮肤经紫外线照射后出现不同程度色素沉着者。试验部位选后背，受试部位皮肤色泽均一，没有色素痣或其他色斑等。每次受试者的例数应在10例以上，最大例数为20。

样品涂抹：将样品以$2mg/cm^2$或$2\mu L/cm^2$的剂量准确、均匀地涂抹在受试部位皮肤，并标记边界，样品的涂抹面积约为$30cm^2$以上。涂抹样品后应等待15min以便样品滋润皮肤或在皮肤上干燥。

紫外线照射：选择的光源输出应保持稳定，在光束辐照平面上应保持相对均一，并可发射接近日光的 UVA 区连续光谱。使用适当的滤光片将波长短于 320nm 的紫外光和大于 400nm 的可见光与红外线滤掉。单个光斑的最小辐照面积不应小于 $0.5cm^2$（ϕ8mm），未加保护皮肤和样品保护皮肤的辐照面积应一致。进行多点递增紫外辐照时，增幅最大不超过 25%。

7.4.2 保湿性能评价

(1) 角质层含水量的测定　适当的角质层含水量（stratum corneum hydration，SCH）是维持皮肤基本结构和功能活动的必要条件。一方面角质层中的水从内到外呈递减梯度，使一些与角质形成相关的酶保持适当的活性，从而影响角质形成细胞的主要功能，如丝聚蛋白酶水解、天然保湿因子的合成；另一方面皮肤的柔润、光滑、弹性等视觉观感也与角质层含水量密切相关。

测量 SCH 的方法包括直接测量法和间接测量法。利用核磁共振光谱仪、衰减全反射-傅里叶变换红外光谱法或近红外光谱仪等直接对水分子进行检测的方法准确可靠，其中，活体拉曼共聚焦显微镜能对角质层水分在不同深度的分布状态进行精确分析。

(2) 水分经皮肤散失量的测定

除了出汗外，人体表皮的水分经皮肤散失（transepidermal water loss，TEWL）是持续进行的过程。角质层以外的表皮组分在组织内充满水分，呈饱和状态，但保持水分能力较弱。而角质层则将生物体与外界隔开，在保持水分不流失的前提下保持通透作用。TEWL 值用以体现角质层水分散失的情况，评价角质层屏障的功能的重要参数。

皮肤水分散测试仪的基本原理是，使用特殊设计的两端开放的圆柱形腔体，测量探头在皮肤表面形成相对稳定的测试小环境，通过两级温度、湿度传感器测定近表皮（约 1cm 以内）由角质层水分散失形成的在不同两点的水蒸气压梯度，进而表达 TEWL 值。

被测试者的身体状况、皮肤角质层的特性、部位、测试季节、环境温度、湿度等都影响角质层水分的自然蒸发散失。因此要求被测试者的身体状况正常，一般环境温度要求在 20℃或 25℃、相对湿度为 40%～60%的特定条件下，环境避免空气流动。

TEWL 值高则表明经皮肤散失的水分多，角质层的屏障效果不好。使用化妆品后，TEWL 值应明显降低，差值越大，说明化妆品保湿效果越好，使用化妆品后，角质层的屏障作用明显增强。

7.4.3 抗皱性能评价

(1) 皮肤皱纹测定方法　皱纹形成是皮肤老化最重要的特征，因此皮肤纹理和皱纹的测定是皮肤衰老和抗衰老研究的重要表征手段，也是抗衰老护肤品功能化评价的重要方面。皮肤皱纹测定评价的方法中以非创伤性的评价方法居多，其中为了更为直观地展示皮肤的状态，因此多数是采用仪器实现皮肤粗糙度的成像。目前最常用的皮肤皱纹测定方法主要源于冶金工业中对金属表面粗糙度测定。

仪器的主要原理是采用硅氧烷膜片复制被测者皮肤皱纹，并通过 CCD（电荷耦合器件）摄像镜头收集光线在膜片表面的透过，并通过光电及数字化处理可得到皮肤的三维图像，然后通过专用的软件进行分析，即可得到皮肤皱纹的相应参数。应用这种方式测定皮肤的皱纹可以保证测定结果的准确性和可重复性，而硅氧烷液体甚至可以填充进最小的皮肤皱纹内，也基本保证了结果的高灵敏度性。

由于该方法复杂，细小皱纹无法完全复制，因此，近年来国外开始采用激光扫描或者共聚焦显微镜结合计算机分析来进行皮肤表面结构的更为细致准确的评价，但是由于这些设备的成本较高，且视野较小（$1mm^2$），因此只限于在研究领域的应用。

（2）皮肤弹性测定方法　皮肤弹性下降是皮肤老化的重要的指标，因此皮肤弹性测定也是皮肤老化的测定指标。目前常用皮肤弹性测试仪来直接评价皮肤的弹性。

皮肤弹性测试仪是基于吸力和拉伸原理，在被测试的皮肤表面产生一个负压将皮肤吸进一个特定测试探头内，皮肤被吸进测试探头内的深度通过一个非接触式光学测试系统检测。测试探头内包括光的发射器和接收器，发射光和接收光之比与被吸入皮肤的深度成正比，最后通过软件分析来确定皮肤的弹性性能。

（3）皮肤色素检测　老年性白斑、老年性黑子、黄褐斑等皮肤色素失调是皮肤老化的重要临床表现，通过对皮肤色素量及分布的检测能够很好地反映皮肤光老化的程度及化妆品使用后的效果。滤过紫外光灯（Wood 灯）是普通紫外线通过含镍的玻璃滤光器而制成的，1903 年就开始用于检测皮肤的色素变化，不同状态的皮肤在 Wood 灯的深紫色光照射下呈现不同颜色。正常皮肤呈蓝紫色荧光，角质层明显增厚则为紫色荧光，水分充足皮肤呈黄色与粉红色，水分不足皮肤则出现紫色荧光或淡紫色荧光，油性皮肤显棕色，表皮型色素沉着色泽加深，真皮型不加深，而混合型则呈斑点样加深。目前将 Wood 灯的成像方法和计算机图像分析的定量方法相结合已广泛用于评价皮肤色素的分布和沉着程度，可以为检测皮肤光老化的程度及评价各种治疗手段的疗效提供更准确的依据和很好的记录。

（4）皮肤酸碱度测试　皮肤 pH 值是反映皮肤表面酸碱度的一项客观指

标。一般生理状态下，皮肤表面通常呈弱酸性。随着年龄的增长，维持皮肤弱酸性的皮肤酸性物质生成减少，皮肤 pH 值呈上升趋势。对部分老年人皮肤酸碱度测定，发现这些老年人的 pH 值均超过 6.5，有些已接近 7.0，基本丧失了对外界酸碱变化的缓冲作用和皮肤防护作用。对皮肤酸碱度的测定，不仅对化妆品、洗涤用品和外用药品在皮肤应用方而提供了客观检测指标，同时，通过对皮肤酸碱度测定，观察皮肤老化的动态变化。皮肤酸碱度粗略测定可采用试纸法，而较精确的测定主要参照 pH 计的测定原理进行。

(5) 皮肤油脂测试　皮脂腺分泌的皮脂主要含有三酰甘油、脂肪酸、磷脂、脂化胆固醇，能够与汗腺分泌的汗液在皮肤表面形成一层乳状膜或水脂乳化物，对保持皮肤角质层的柔润、阻隔角质层正常水分挥发、保持细胞组织正常结构和形态特征有重要的生理作用。随着年龄改变，皮脂分泌下降，水脂乳化物形成减少，导致老年人皮肤干燥、粗糙、无光泽等皮肤老化改变，通过对皮肤表面皮脂的测定可初步判断皮肤老化状况。

简单皮肤油脂定性方法包括洗脸测定法、纸巾拭抹法等，而定量方法主要采用消光胶带检测法。消光胶是具有良好透光性的能够快速吸收皮肤表面油脂的 0.1mm 的膜材料，吸收油脂后透光性发生变化，根据透光性的转变测定油脂的含量。

(6) 感官评价方法　感官评价被认可的定义是由美国食品科学技术专家学会感官评定小组于 1975 年提出的，是人们用来唤起、测量、分析及解释通过视觉、嗅觉、味觉、触觉、听觉而感知到的食品及其他物质的特征或者性质的一种科学方法。就是以评价员作为“测试工具”，借助人的眼睛、手、鼻子等感觉器官，通过唤起、测量、分析、解释 4 个环节对样品的特征进行定性、定量的测量与分析，了解人们对这些产品的感受或喜欢程度并测知产品本身的质量特性。

膏霜类、乳液类化妆品的评价指标大致相同，评价过程一般分为 4 个阶段，分别为“外观评价”“挑起阶段评价”“涂抹阶段评价”和“涂后残留外观以及涂后感的评价”。各阶段会对应多个不同的评价指标，并且每个指标都有明确的定义、判定方法和评价尺度。表 7-2 为膏霜产品体系的感官评价指标汇总。

表 7-2　膏霜产品体系感官评价指标汇总

指标	定义	评分范围
光泽度(光亮度)1	产品表面反射光线的量和程度	0(暗)→9(亮)
坚实度	产品保持其自身形态的能力	0(弱)→9(强)
挑起性	从容器中取出产品的容易程度	0(难)→9(易)
拉丝感(峰高)	判定拉伸产品时被拉伸的高度	0(低)→9(高)

续表

指标	定义	评分范围
铺展性	在涂抹制定圈数后，移动产品在皮肤上的难易程度	0(难)→9(易)
湿润度(水润感)	评估产品给予皮肤的水润程度	0(小)→9(大)
滋润度(油润感)	评估产品给予皮肤的油润程度	0(小)→9(大)
厚重感1	指间和皮肤之间感到样品的量，间接反映吸收程度及产品透气程度	0(大)→9(小)
吸收性	通过产品完全吸收所用涂抹圈数间接判断吸收难易程度	0(难)→9(易)
光泽度(光亮度)2	涂抹结束后，产品在皮肤上反射光线的量	0(暗)→9(亮)
滑爽感(滑溜感)	感受手指划过皮肤的容易程度(通过残留膜状态选择其一)	0(难)→9(易)
黏感	产品在完全吸收后赋予皮肤黏感大小	0(大)→9(小)
厚重感2	用来指示涂抹结束后反应样品区域皮肤透气性	0(大)→9(小)
柔软感	感受产品拥有天鹅绒般柔软的程度	0(小)→9(大)
潮湿感保持度	用来指示产品在完全吸收后赋予皮肤长久湿润或滋润感觉的能力	0(弱)→9(强)

7.4.4 美白性能评价

(1) 体外实验法　化妆品美白功效体外评价方法有美白成分分析法、酪氨酸酶活性测定法、细胞中黑色素含量测定法等（表7-3）。传统的体外实验方法具有测定时间短、操作简便、所需费用低的特点，适用于对美白剂进行大通量筛选。但是，它不能全面地反映美白作用，从而在应用中受到限制。

表7-3　美白性能体外评价方法

体外实验法	原理	特征
美白成分分析法	采用高效液相色谱、气相色谱、液质联用、气质联用等方法，检测美白成分(如熊果苷、烟酰胺、曲酸等)	只能确定美白成分，无法确定具体效果
酪氨酸酶活性测定法	放射性同位素法、免疫学法和生化酶学法检测美白成分对酪氨酸酶活性的抑制作用	简单快捷，但是无法反映美白剂能否到达有效作用点，也无法反映美白剂其他作用机理
黑色素含量测定法	采用细胞生物学方法，评价化妆品对黑素瘤细胞的存活状况、外部形态及黑色素合成量的影响	可避免动物实验中个体差别引起的误差。但对细胞数量、温度、时间等因素要求高，操作复杂
分子生物学实验	采用分子生物学方法对黑色素合成过程中相关酶及蛋白调控因子的表达水平及酪氨酸酶合成量进行测定	从分子生物学角度分析美白化妆品的作用机制

续表

体外实验法	原理	特征
人工皮肤模型实验	采用多种皮肤细胞共培养系统或三维皮肤模型模拟了正常皮肤的结构，评估黑色素形成过程中多种细胞相互作用的研究	可反映美白剂的皮肤吸收、皮肤刺激性，研究黑色素抑制作用，提供整体安全和功效评价的全面信息
抗氧化评价实验	采用水杨酸比色法、邻菲罗啉-Cu^{2+}-抗坏血酸-H_2O_2法、碱性邻苯三酚法、二苯代苦味酰基自由基（DPPH·）法等评价化妆品的抗氧化活性	从抗氧化的角度了解化妆品对黑色素合成的抑制作用

（2）动物实验法　豚鼠皮肤黑素细胞和黑素小体的分布近似于人类，实验结果重复性较好。一般采用黑色或棕色成年豚鼠，在其背部两侧剃毛成若干去毛区。每天将化妆品依次涂布，设空白对照。一段时间后，取豚鼠的皮肤组织进行检查，对多巴阳性细胞、基底细胞计数（含黑素颗粒细胞）。也可采用花色豚鼠建立美白功效评价动物模型，如利用紫外线连续照射豚鼠皮肤7天形成皮肤黑化模型，在受试部位涂抹待测样品，利用皮肤生物物理检测技术，同时结合组织化学染色及图像分析技术对皮肤黑素颗粒进行定量分析。但毕竟动物实验的结果与人体实验结果不能完全等同，欧盟自2009年4月1日已禁止在化妆品上进行动物实验。

（3）人体实验法

① 受试对象纳入者。受试对象纳入者标准：按自愿原则遴选一定数量的志愿者，经问诊合格均可进行试用观察。受试对象排除者标准：有严重系统疾病、免疫缺陷或自身免疫性疾病者；有活动性过敏性疾病者；妊娠或哺乳期妇女；实验期间全身应用激素类、免疫制剂类药物者；未按规定使用受试物或资料不全者。

② 检测方法。发放受试化妆品。受试对象连续使用某美白化妆品样品，每天早晚按照实验设定洁面后敷用。在实验期间停用其他美白化妆品。左、右脸颊部，做对照实验。选用紫外线诱导的人工黑化模型作为受试部位进行实验，实验中需要选择一种已知有效的脱色物质作为阳性对照进行比较，来判断待测物质的脱色效果。

客观仪器评价：在使用化妆品前一定时长和使用后一定时长，可采用Lab色度系统光谱光度计测量皮肤颜色的变化；使用Mexameter MX18皮肤色素仪测黑素指数（MI）和红斑指数（EI）；使用VISIA皮肤检测仪进行图像分析（红区、棕色斑、“prop”、紫外UV以及荧光UV-Image等），多种仪器辅助评价化妆品的美白功效。

主观评价：视觉评估和受试者自我评估，自我评估多采用调查问卷形式，视觉评估包括对受试者的肤色和色斑等皮肤情况进行评估。

7.4.5 发用化妆品普通功效评价

（1）洗发水的功能评价

① 常规评价。感官评价：感官评价一般包括外观、黏稠度、泡沫、手感等。外观一般分为透明型与非透明型。透明的洗发水清澈透亮，产生一种美观的视觉效果。不透明的洗发水为珠光外观或亚光奶白的外观，能给人厚实的感觉。洗发水较为合适的黏稠度为8000～15000C. P，黏度太低，产品稳定性较差，使用不便；黏度太高，不易涂抹均匀，通常黏度值控制在10000C. P最佳，且不易受温度影响，黏稠度一般采用黏度计测试。洗发水的泡沫性能是洗发水的必备指标。一般洗发水的泡沫性能通过使用者的主观评价反映，评价标准有泡沫高度、泡沫细腻度、泡沫稳定性等，各项性能设为5个等级（5：好；4：较好；3：一般；2：较差；1：差）。

很多工程师在设计配方时，忽视了洗发中的手感，比较追求头发干后的手感，但这个指标对消费者来说是比较重要的。一款好的洗发水，当消费者在头发上揉搓时，瞬间就会感觉到头发很滋润、很顺滑，冲水时，头发很顺滑不打结，不黏腻而且很容易冲洗干净，这也提高了消费者对该产品的认可度。除此以外，洗发水还需要评价半干时头发的手感、干发梳理性与干发的手感等多方面的感官评价。

洗发水清洗效果评价：头发表面会随时间延续积聚油脂、尘埃和头屑，油脂在细菌的作用下会引起酸败，因此洗发水的清洗效果是最重要的功能性指标。质量法是较为简单的洗发水清洗效果评价方法之一。通常采用羊毛脂模拟头发表面的油脂，木炭粉模拟头发表面的油污，采用氯化钙、硫酸镁水溶液为硬水溶液。通过刷过油污的发束为油污模型，分别通过水和硬水清洗前后的干燥发束的质量评价洗发水的清洗效果和抗硬水效果。除污率（%）按下式计算：

$$除污率(\%)=(W_1-W_2)/(W_1-W)\times 100\%$$

式中 W——头发束的质量，g；

W_1——头发束涂上油污后的质量，g；

W_2——头发束清洗吹干后的质量，g。

洗发水梳理性能评价：头发的梳理性是指当梳子通过头发时遇到阻力的大小，与头发的直径、刚性、卷曲程度、长度、湿度及梳子的材料、疏密和大小性质等因素有关，当然也和洗发水洗过后头发的飘拂性、滑爽性及润泽性等因素有关。头发梳理性的测定就是在头发干发态和湿发态两种状态下，通过测定机械梳子在梳理头发过程中所遇到的阻力及阻力的变化情况，来判断头发的梳理性能。将发束用洗发水清洗干净，使用梳理仪或张力仪测试头发在干态和湿态情况下的梳理性能。基本原理是通过弹簧拉力计测定梳子通过头发束时会产生一定的阻力来评价。如胡真铭等为了评价头发的梳理性能构建了简单的梳理性能测试装置（图 7-1）。

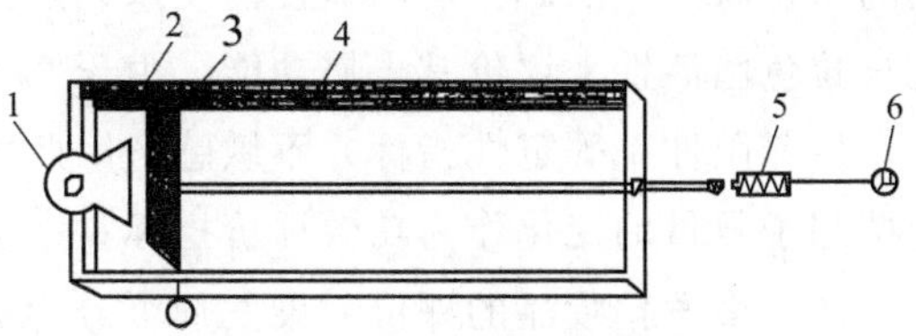

图 7-1 梳理性能测试装置

1—铁夹；2—带柄梳；3—滑轮；4—不锈钢框架；5—弹簧拉力计；6—微型电动机

检测方法：发束用蒸馏水湿润，测试产品捏洗后冲洗干净并吹干后，确定质量并梳顺；并将测试装置放在干净的玻璃板上，夹子固定发束，并使头发每次都均匀地分布在梳子的相同梳齿间；最后采用弹簧拉力计两端分别勾在梳柄，启动电动机，使梳子均匀通过整束头发，读取梳子离起点 5cm 到距离发尾 5cm 之间弹簧计的读数。

② 去屑止痒评价。头皮屑（dandruff）是头部皮肤常见疾患，严重程度与个体和时间有显著的相关性，并与脂溢性皮炎有着共同的致病源。资料显示，将近 50%的人一生中至少有一段时期受头皮屑困扰。中国健康教育协会头皮健康研究中心调查的数据显示，我国 60%以上的成年人的头皮都存在不同程度的健康问题，其中头皮屑是较为普遍的问题。

洗发水中常添加一些角质溶解剂、抗真菌药物、植物提取物来实现去屑止痒的效果（表 7-4）。

表 7-4 洗发水中常见的去屑成分

项目	角质溶解剂	抗真菌药物	植物提取物
种类	水杨酸、丙二醇、硫黄、含煤焦油洗剂	吡啶酮乙醇胺、羟基吡啶硫酮锌(ZPT)、酮康唑	百里香、薄荷、茶树油、蜂蜜
特点	去屑效果欠佳、气味不良、外观性状不雅、对皮肤有一定的刺激	效果显著，不影响气味	控制头屑的生长、减少头皮的刺激；植物中的营养成分能够补充头发所需营养

常见的去屑止痒效果的评价分为临床及实验室评估两方面。

临床评估：在临床评估中，头皮屑严重度评分被认为是最早期、最直接和有效的评价指标。国外的研究中最常采用的是“黏着性头屑十级评分法”，0 级表示无头屑，1～2 级为小片粉状灰白粗糙鳞屑，3～4 级为小至中等大小屑片，5～6 级为与头皮疏松相连的大而薄的屑片，7～8 级为大的黏着性屑片，9～10 级为与头皮紧密附着的白至黄色的较厚鳞屑。评测过程中将头皮分多个区域进行综合评分，或对皮屑最严重的区域评分，并以评分在某界定值以上作为受试者纳入实验标准。

实验室评估：实验室评估的基本原理是基于马拉色菌与头皮屑严重程度之间的密切联系。因此去屑功能性洗发水以及去屑成分的研究过程中，一般通过抗马拉色菌活性来评价其去屑功能。由于97%健康者头皮中均携带马拉色菌，所以培养阳性率等定性指标并不敏感，因此国外学者提出采用单位面积头皮上定植孢子数量的变化作为功效评价指标。

（2）染发化妆品的评价　染发剂可分为氧化型（永久性）染发剂、直接型（暂时性或半永久性）染发剂、金属盐类染发剂、天然植物型染发剂等。天然植物型染发剂的染发原料主要是从植物中提取的有机物质，毒性低，虽然染发效果有一定的局限性，但由于刺激性小而越来越受到人们的欢迎。其中使用最多的是指甲花染料，它从北非一种植物的叶子中提取而来，它的有效成分是2-羟（基）-1，4-萘醌。

随着人们对美和时尚的不断追求，染发已成为世界流行时尚，成千上万的消费者在使用染发剂，并且部分特殊人群在高频率地使用染发剂。鉴于人们接触染发产品的广度和频度，染发剂的安全性评价和染发稳定性评价是较为普遍的评价方式。

① 安全性评价。安全性评价主要包括急性毒性评价、接触性变态性实验、致癌性、生殖毒性评价等，这些安全性评价内容在很多染发产品上市可能只进行了部分评价，而全面的安全性评价则在科研机构的实验室更受关注。

② 染发剂评价。为了能够更好地确定染发化妆品以及其使用的染发剂的安全性，则需要对其使用的染发剂进行定性评价。欧盟和日本规定的染发剂检验方法都是薄层色谱法。我国国家标准中制定了较为丰富和多样化的染发剂检测方法（附录3），其中高效液相色谱检测方法是较为常见的一种方法。

③ 染发稳定性评价。染发稳定性是评价着色效果的一项重要指标，有文献报道采用紫外分光光度计或染色深度检测产品的染色效果。国内报道较多的是以白色的牦牛毛为染色底物，通过仪器检测染色后的色度评价其功效。

具体方法：将白色的牦牛毛清洗干净，自然晾干；染发时用水湿润牦牛毛，擦去多余水分。以柔软小刷子将染发剂涂于样品上，揉搓均匀，敷保鲜膜，一定温度及时间后，冲洗干净；干燥后，在电脑测配色系统上观察上色情况。以洗发水冲洗样品后的掉色情况作为色牢度的考察标准。

7.4.6 抗粉刺功效评价

青春痘中医称为“粉刺”或“痤疮”，是一种毛囊皮脂腺的慢性炎症。产生的原因主要有①痤疮丙酸杆菌增生，产生游离脂肪酸是青春痘形成的主要原因之一；②对雄性激素类固醇（如去氢表雄酮、羟孕酮）反应的不明性加剧，致使皮脂产生增多。囊上皮细胞数量增多，且有黏着性，形成毛囊潴留性角化过度。

一般可通过微生物抑菌实验及人体功效实验等方面检测祛痘产品的祛痘效果。

（1）微生物抑菌实验 微生物抑菌实验主要是通过评价化妆品对痤疮丙酸杆菌抑菌效果来实现的。QB/T 2738—2012《日化产品抗菌抑菌效果的评价方法》、GB/T 7918.5—1987 对日化产品和化妆品中的金黄色葡萄球菌抑制效果评价做了具体的要求，目前并无痤疮丙酸杆菌评价的国家标准和行业标准。因此目前文献中多参考金黄色葡萄球菌抑制率的评价方法。痤疮丙酸杆菌的培养采用厌氧培养箱。评价方法包括悬液定量法和抑菌环测定法。

（2）人体功效实验 志愿者有效人数为 30 人，年龄在 20～35 岁，性别随机。所有志愿者排除条件符合《化妆品接触性皮炎诊断标准及处理原则》。按照固定的要求使用测试产品，并监控使用前以及试用产品过程中的皮肤水分含量 MMV 值、皮肤经皮失水 TEWL 值、皮肤油脂含量、皮肤图像、舒缓测试及志愿者用后自我评价。

7.4.7 育发性能评价

育发性能的功效性评价一般多采用动物水平评价和临床评估，其中动物水平评价多通过给药一段时间后的动物毛发的长度和质量变化来评价育发效果。而临床评估则较为全面。

受试者选择为 18～40 岁斑秃及早秃患者，性别随机。所有志愿者排除条件符合《化妆品接触性皮炎诊断标准及处理原则》。每份样品或对照物用量为 2 个月。试验开始前所有受试者须接受临床检查、脱发部位皮肤毛发图像分析测试及记录；试验结束后（2 个月后）进行同样的临床检查、局部图像分析和满意度评价。比较试验前后的一系列指标变化对育发产品的安全性和功效进行评价。试验期间监控全身不良反应或 2 级以上的皮肤刺激。

皮肤毛发图像分析采用皮肤图像分析系统专用软件测量头部受试部位育发产品试用前后的图像变化，每幅图像测得毛发数密度（毛发根数/目标皮损面积）、毛发面密度（毛发面积/目标皮损面积）、毛发平均直径等三项参数比较试验前后上述参数变化，当三项指标均相差显著时判断有效。

7.4.8 美乳效果评价

美乳效果一般通过受试物使用前后自身对照法来进行评价。按照受试化妆品说明书中推荐的正常使用方法和剂量，指导受试者正确使用一定周期。试验期间定期进行乳房测量，测量的指标主要包括乳房体积、乳房高度、乳房张力、受试者评价等。

(1) 乳房体积　最为常见的方法是 Bouman 氏测量法。此法主要依据是阿基米德定律，此法于 1970 年由 Bouman 最早应用于整形外科中乳房体积的测量，因此得名。一般乳房体积增大 10mL 以上方可判断为有效。

(2) 乳房高度　被测量者呈立正站立位，测量者轻轻将直尺垂直置于乳房下方胸壁的皮肤上，再将直角三角尺垂直紧贴直尺，沿直尺慢慢滑向乳房直至接触乳晕，记录乳房下方胸壁皮肤到乳晕的垂直距离，即为乳房的高度。乳房高度增大 5mm 以上方可判断为有效。

(3) 乳房张力　采用上述高度测量方法分别测量双侧乳房站立位和垂直向下卧位的乳房高度。记录两侧乳房站立位和垂直位高度的差值。差值越小乳房张力越大，差值越大乳房张力越小。当乳房张力增加 3mm 以上方可判断为有效。

附 录

附录 1 化妆品理化性质检验标准

标准号	标准名称
QB/T 1684—2015	化妆品检验规则
GB/T 13531.1—2008	化妆品通用检验方法 pH 值的测定
GB/T 13531.3—1995	化妆品通用检验方法 浊度的测定
GB/T 13531.4—2013	化妆品通用检验方法 相对密度的测定
GB/T 13531.6—2018	化妆品通用检验方法 颗粒度(细度)的测定
GB/T 13531.7—2018	化妆品通用检验方法 折光指数的测定
QB/T 2470—2000	化妆品通用试验方法滴定分析(容量分析)用标准溶液的制备
QB/T 2789—2006	化妆品通用试验方法 色泽三刺激值和色差 ΔE^* 的测定
GB/T 35827—2018	化妆品通用检验方法 乳化类型(W/O 或 O/W)的鉴别
SN/T 0001—2016	出口食品、化妆品理化测定方法标准编写的基本规定

附录 2 化妆品常规有害物质和微生物检验标准

标准号	标准名称
QB/T 1684—2015	化妆品检验规则
GB 7916—1987	化妆品卫生标准
GB 7919—1987	化妆品安全性评价程序和方法
GB/T 33307—2016	化妆品中镍、锑、碲含量的测定 电感耦合等离子体发射光谱法
GB/T 33308—2016	化妆品中游离甲醇的测定 气相色谱法
SN/T 4441—2016	进出口化妆品中甲醇的测定 多维气相色谱-质谱联用法
GB/T 7917.1—1987	化妆品卫生化学标准检验方法 汞
GB/T 7917.2—1987	化妆品卫生化学标准检验方法 砷
GB/T 7917.3—1987	化妆品卫生化学标准检验方法 铅
GB/T 7917.4—1987	化妆品卫生化学标准检验方法 甲醇
GB/T 29660—2013	化妆品中总铬含量的测定
GB/T 35828—2018	化妆品中铬、砷、镉、锑、铅的测定 电感耦合等离子体质谱法
SN/T 2288—2009	进出口化妆品中铍、镉、铊、铬、砷、碲、钕、铅的检测方法 电感耦合等离子体质谱法
SN/T 3827—2014	进出口化妆品中铅、镉、砷、汞、锑、铬、镍、钡、锶含量的测定 电感耦合等离子体原子发射光谱法
SN/T 3479—2013	进出口化妆品中汞、砷、铅的测定方法 原子荧光光谱法

续表

标准号	标准名称
SN/T 3828—2014	进出口化妆品中锑含量的测定 电感耦合等离子体质谱法
SN/T 3821—2014	出口化妆品中六价铬的测定 液相色谱-电感耦合等离子体质谱法
SN/T 3825—2014	化妆品及其原料中三价锑、五价锑的测定
DB51/T 1918—2014	化妆品中甲醛含量的测定 柱前衍生高效液相色谱法
SN/T 3820—2014	出口化妆品中甲醛的测定 液相色谱法
SN/T 3608—2013	进出口化妆品中氟的测定 离子色谱法
SN/T 1949—2016	进出口食品、化妆品检验规程标准编写的基本规则
SN/T 4531—2016	进出口食品、化妆品检测质量控制指南(化学)
SN/T 2649.1—2010	进出口化妆品中石棉的测定 第1部分:X射线衍射-扫描电子显微镜法
SN/T 2649.2—2010	进出口化妆品中石棉的测定 第2部分:X射线衍射-偏光显微镜法
GB/T 7918.1—1987	化妆品微生物标准检验方法 总则
GB/T 7918.2—1987	化妆品微生物标准检验方法 细菌总数测定
GB/T 7918.4—1987	化妆品微生物标准检验方法 绿脓杆菌
GB/T 7918.5—1987	化妆品微生物标准检验方法 金黄色葡萄球菌
GB/T 7918.3—1987	化妆品微生物标准检验方法 粪大肠菌群
GB/T 24404—2009	化妆品中需氧嗜温性细菌的检测和计数法
SN/T 2098—2008	食品和化妆品中的菌落计数检测方法 螺旋平板法
SN/T 2286—2009	进出口化妆品检验检疫规程
SN/T 2359—2009	进出口化妆品良好生产规范
SN/T 3040—2011	化妆品中嗜麦芽寡食单胞菌检测方法
SN/T 4004—2013	进出口化妆品安全卫生项目检测抽样规程
SN/T 4032—2014	进出口化妆品中弗氏柠檬酸杆菌检测方法
SN/T 4033—2014	进出口化妆品中施氏假单胞菌检测方法
SN/T 4455—2016	化妆品微生物风险评估和低风险产品鉴定指南
SN/T 5075—2018	化妆品微生物检验制样规范
SN/T 2206.1—2016	化妆品微生物检验方法 第1部分:沙门氏菌
SN/T 2206.2—2009	化妆品微生物检验方法 第2部分:需氧芽孢杆菌和蜡样芽孢杆菌
SN/T 2206.3—2009	化妆品微生物检验方法 第3部分:肺炎克雷伯氏菌
SN/T 2206.4—2009	化妆品微生物检验方法 第4部分:链球菌
SN/T 2206.5—2009	化妆品微生物检验方法 第5部分:肠球菌
SN/T 2206.6—2010	化妆品微生物检验方法 第6部分:破伤风梭菌
SN/T 2206.7—2010	化妆品微生物检测方法 第7部分:蛋白免疫印迹法检测疯牛病病原
SN/T 2206.8—2013	化妆品微生物检验方法 第8部分:白色念珠菌
SN/T 2206.9—2013	化妆品微生物检验方法 第9部分:胆汁酸耐受革兰氏阴性杆菌

续表

标准号	标准名称
SN/T 2206.10—2014	化妆品微生物检验方法 第10部分:金黄色葡萄球菌 PCR法
SN/T 2206.11—2014	化妆品微生物检验方法 第11部分:金黄色葡萄球菌 多重实时荧光PCR法
SN/T 2206.12—2014	化妆品微生物检验方法 第12部分:绿脓杆菌 PCR法
SN/T 2206.13—2014	化妆品微生物检验方法 第13部分:嗜麦芽窄食单胞菌

附录3 化妆品药理毒理标准

标准号	标准名称
GB/T 17149.1—1997	化妆品皮肤病诊断标准及处理原则 总则
GB/T 17149.2—1997	化妆品接触性皮炎诊断标准及处理原则
GB/T 17149.7—1997	化妆品皮肤色素异常诊断标准及处理原则
GB/T 17149.6—1997	化妆品光感性皮炎诊断标准及处理原则
GB/T 17149.3—1997	化妆品痤疮诊断标准及处理原则
GB/T 17149.5—1997	化妆品甲损害 诊断标准及处理原则
GB/T 17149.4—1997	化妆品毛发损害诊断标准及处理原则
SN/T 2328—2009	化妆品急性毒性的角质细胞试验
SN/T 2329—2009	化妆品眼刺激性/腐蚀性的鸡胚绒毛尿囊试验
SN/T 2330—2009	化妆品胚胎和发育毒性的小鼠胚胎干细胞试验
SN/T 3084.1—2012	进出口化妆品眼刺激性试验 体外中性红吸收法
SN/T 3715—2013	化妆品体外发育毒性试验 大鼠全胚胎实验法
SN/T 3824—2014	化妆品光毒性试验 联合红细胞测定法
SN/T 4029—2014	化妆品皮肤过敏试验 局部淋巴结法
SN/T 4030—2014	香薰类化妆品急性吸入毒性试验
SN/T 3084.2—2014	进出口化妆品眼刺激性试验 角膜细胞试验方法
SN/T 4577—2016	化妆品皮肤刺激性检测 重建人体表皮模型体外测试方法

附录4 化妆品中其他物质的相关标准

标准号	标准名称
GB/T 35916—2018	化妆品中16种准用防晒剂和其他8种紫外线吸收物质的测定 高效液相色谱法
GB/T 35893—2018	化妆品中抑汗活性成分氯化羟锆铝配合物、氯化羟锆铝甘氨酸配合物和氯化羟铝的测定
GB/T 35954—2018	化妆品中10种美白祛斑剂的测定 高效液相色谱法
GB/T 35829—2018	化妆品中4种萘二酚的测定 高效液相色谱法

续表

标准号	标准名称
GB/T 35800—2018	化妆品中防腐剂己脒定和氯己定及其盐类的测定 高效液相色谱法
GB/T 35798—2018	化妆品中香豆素及其衍生物的测定 高效液相色谱法
GB/T 35799—2018	化妆品中吡咯烷酮羧酸钠的测定 高效液相色谱法
GB/T 35951—2018	化妆品中螺旋霉素等8种大环内酯类抗生素的测定 液相色谱-串联质谱法
GB/T 35948—2018	化妆品中7种4-羟基苯甲酸酯的测定 高效液相色谱法
GB/T 35915—2018	化妆品用原料 珍珠提取物
GB/T 35824—2018	染发类化妆品中20种禁限用染料成分的测定 高效液相色谱法
GB/T 35801—2018	化妆品中禁用物质克霉丹的测定 高效液相色谱法
GB/T 35803—2018	化妆品中禁用物质尿刊酸及其乙酯的测定 高效液相色谱法
GB/T 35797—2018	化妆品中帕地马酯的测定 高效液相色谱法
GB/T 35953—2018	化妆品中限用物质二氯甲烷和1,1,1-三氯乙烷的测定 顶空气相色谱法
GB/T 35950—2018	化妆品中限用物质无机亚硫酸盐类和亚硫酸氢盐类的测定
GB/T 35952—2018	化妆品中十一烯酸及其锌盐的测定 气相色谱法
GB/T 35826—2018	护肤化妆品中禁用物质乐杀螨和克螨特的测定
GB/T 35956—2018	化妆品中*N*-亚硝基二乙醇胺(NDELA)的测定 高效液相色谱-串联质谱法
GB/T 35946—2018	眼部化妆品中硫柳汞含量的测定 高效液相色谱法
GB/T 35949—2018	化妆品中禁用物质马兜铃酸A的测定 高效液相色谱法
GB/T 35894—2018	化妆品中10种禁用二元醇醚及其酯类化合物的测定 气相色谱-质谱法
GB/T 35957—2018	化妆品中禁用物质铯-137、铯-134的测定 γ能谱法
GB/T 35837—2018	化妆品中禁用物质米诺地尔的测定 高效液相色谱法
GB/T 34918—2017	化妆品中七种性激素的测定 超高效液相色谱-串联质谱法
GB/T 34806—2017	化妆品中13种禁用着色剂的测定 高效液相色谱法
GB/T 34819—2017	化妆品用原料 甲基异噻唑啉酮
GB/T 34820—2017	化妆品用原料 乙二醇二硬脂酸酯
SN/T 4902—2017	进出口化妆品中邻苯二甲酸酯类化合物的测定 气相色谱-质谱法
GB/T 35771—2017	化妆品中硫酸二甲酯和硫酸二乙酯的测定 气相色谱-质谱法
QB/T 5105—2017	化妆品用原料 碘丙炔醇丁基氨甲酸酯
QB/T 5106—2017	化妆品用原料 苄索氯铵
QB/T 5107—2017	化妆品用原料 尿囊素
GB/T 33309—2016	化妆品中维生素B_6(吡哆素、盐酸吡哆素、吡哆素脂肪酸酯及吡哆醛5-磷酸酯)的测定 高效液相色谱法

续表

标准号	标准名称
GB/T 33306—2016	化妆品用原料 D-泛醇
SN/T 4684—2016	进出口化妆品中洋葱伯克霍尔德菌检验方法
GB/T 32986—2016	化妆品中多西拉敏等9种抗过敏药物的测定 液相色谱-串联质谱法
HG/T 5041—2016	化妆品用氢氧化钠
SN/T 4578—2016	进出口化妆品中9种防晒剂的测定 气相色谱-质谱法
SN/T 4575—2016	出口化妆品中多种禁限用着色剂的测定 高效液相色谱法和液相色谱-串联质谱法
SN/T 4576—2016	出口化妆品中甲基丙烯酸甲酯的测定 顶空气相色谱法
SN/T 4530—2016	进出口食品、化妆品检验专业标准体系
SN/T 4506—2016	进出口化妆品中苯海拉明的测定
SN/T 4504—2016	出口化妆品中氯倍他索、倍氯米松、氯倍他索丙酸酯的测定 液相色谱-质谱/质谱法
SN/T 4505—2016	化妆品中二甘醇残留量的测定 气质联用法
SN/T 4442—2016	进出口化妆品中硝基苯、硝基甲苯、二硝基甲苯的检测方法
QB/T 4947—2016	化妆品用原料 三氯生
QB/T 4950—2016	化妆品用原料 PCA钠
QB/T 4951—2016	化妆品用原料 光果甘草(Glycyrrhiza glabra)根提取物
QB/T 4953—2016	化妆品用原料 熊果苷(β-熊果苷)
QB/T 4948—2016	化妆品用原料 月桂醇磷酸酯
QB/T 4952—2016	化妆品用原料 抗坏血酸磷酸酯镁
QB/T 4949—2016	化妆品用原料 脂肪酰二乙醇胺
SN/T 4392—2015	化妆品和皂类产品中的羟乙磷酸及其盐类的测定 离子色谱法
SN/T 4347—2015	进出口化妆品中氯乙酰胺的测定 气相色谱法
SN/T 4393—2015	进出口化妆品中喹诺酮药物测定 液相色谱-串联质谱法
GB/T 31858—2015	眼部护肤化妆品中禁用水溶性着色剂酸性黄1和酸性橙7的测定 高效液相色谱法
GB/T 31407—2015	化妆品中碘丙炔醇丁基氨甲酸酯的测定 气相色谱法
SN/T 4147—2015	进出口化妆品中利多卡因、丁卡因、辛可卡因的测定 液相色谱-质谱/质谱法
SN/T 4146—2015	化妆品中壬基苯酚的测定 液相色谱-质谱/质谱法
SN/T 4031—2014	出口化妆品中丙烯酰胺残留单体的测定 液相色谱-质谱/质谱法
SN/T 4034—2014	进出口化妆品中萘酚的测定 液相色谱-质谱/质谱法
GB/T 30931—2014	化妆品中苯扎氯铵含量的测定 高效液相色谱法
GB/T 30933—2014	化妆品中防晒剂二乙氨基羟苯甲酰基苯甲酸己酯的测定 高效液相色谱法

续表

标准号	标准名称
GB/T 30926—2014	化妆品中7种维生素C衍生物的测定 高效液相色谱-串联质谱法
GB/T 30927—2014	化妆品中罗丹明B等4种禁用着色剂的测定 高效液相色谱法
GB/T 30932—2014	化妆品中禁用物质二噁烷残留量的测定 顶空气相色谱-质谱法
GB/T 30939—2014	化妆品中污染物双酚A的测定 高效液相色谱-串联质谱法
GB/T 30929—2014	化妆品中禁用物质2,4,6-三氯苯酚、五氯苯酚和硫氯酚的测定 高效液相色谱法
GB/T 30937—2014	化妆品中禁用物质甲硝唑的测定 高效液相色谱-串联质谱法
GB/T 30935—2014	化妆品中8-甲氧基补骨脂素等8种禁用呋喃香豆素的测定 高效液相色谱法
GB/T 30942—2014	化妆品中禁用物质乙二醇甲醚、乙二醇乙醚及二乙二醇甲醚的测定 气相色谱法
GB/T 30930—2014	化妆品中联苯胺等9种禁用芳香胺的测定 高效液相色谱-串联质谱法
GB/T 30940—2014	化妆品中禁用物质维甲酸、异维甲酸的测定 高效液相色谱法
GB/T 30936—2014	化妆品中氯磺丙脲、甲苯磺丁脲和氨磺丁脲3种禁用磺脲类物质的测定方法
GB/T 30934—2014	化妆品中脱氢醋酸及其盐类的测定 高效液相色谱法
GB/T 30938—2014	化妆品中食品橙8号的测定 高效液相色谱法
SN/T 3920—2014	出口化妆品中氢醌、水杨酸、苯酚、苯氧乙醇、对羟基苯甲酸酯类、双氯酚、三氯生的测定 液相色谱法
SN/T 3897—2014	化妆品中四环素类抗生素的测定
SN/T 3822—2014	出口化妆品中双酚A的测定 液相色谱荧光检测法
SN/T 3823—2014	化妆品中多环芳烃的检验方法 气相色谱-质谱法
SN/T 3826—2014	进出口化妆品中硼酸和硼酸盐含量的测定 电感耦合等离子体原子发射光谱法
SN/T 3694.1—2014	进出口工业品中全氟烷基化合物测定 第1部分:化妆品 液相色谱-串联质谱法
QB/T 4617—2013	化妆品中黄芩苷的测定 高效液相色谱法
HG/T 4534—2013	化妆品用云母
HG/T 4532—2013	化妆品用氧化锌
HG/T 4536—2013	化妆品用聚合氯化铝
HG/T 4535—2013	化妆品用硫酸钠
HG/T 4533—2013	化妆品用硫酸钡
GB/T 30088—2013	化妆品中甲基丁香酚的测定 气相色谱/质谱法
GB/T 30089—2013	化妆品中氯磺丙脲、氨磺丁脲、甲苯磺丁脲的测定 液相色谱/串联质谱法

续表

标准号	标准名称
SN/T 3607—2013	化妆品中挥发性亚硝胺的测定 气相色谱-质谱/质谱法
SN/T 3609—2013	进出口化妆品中欧前胡素和异欧前胡素的测定 液相色谱-质谱/质谱法
GB/T 29666—2013	化妆品用防腐剂 甲基氯异噻唑啉酮和甲基异噻唑啉酮与氯化镁及硝酸镁的混合物
GB/T 29668—2013	化妆品用防腐剂 双(羟甲基)咪唑烷基脲
GB/T 29667—2013	化妆品用防腐剂 咪唑烷基脲
GB/T 29664—2013	化妆品中维生素 B_3(烟酸、烟酰胺)的测定 高效液相色谱法和高效液相色谱串联质谱法
GB/T 29663—2013	化妆品中苏丹红Ⅰ、Ⅱ、Ⅲ、Ⅳ的测定 高效液相色谱法
GB/T 29669—2013	化妆品中 N-亚硝基二甲基胺等 10 种挥发性亚硝胺的测定 气相色谱-质谱/质谱法
GB/T 29659—2013	化妆品中丙烯酰胺的测定
GB/T 29670—2013	化妆品中萘、苯并[a]蒽等 9 种多环芳烃的测定 气相色谱-质谱法
GB/T 29662—2013	化妆品中曲酸、曲酸二棕榈酸酯的测定 高效液相色谱法
GB/T 29671—2013	化妆品中苯酚磺酸锌的测定 高效液相色谱法
GB/T 29673—2013	化妆品中六氯酚的测定 高效液相色谱法
GB/T 29661—2013	化妆品中尿素含量的测定 酶催化法
GB/T 29672—2013	化妆品中丙烯腈的测定 气相色谱-质谱法
GB/T 29675—2013	化妆品中壬基苯酚的测定 液相色谱-质谱/质谱法
GB/T 29674—2013	化妆品中氯胺 T 的测定 高效液相色谱法
GB/T 29676—2013	化妆品中三氯叔丁醇的测定 气相色谱-质谱法
GB/T 29677—2013	化妆品中硝甲烷的测定 气相色谱-质谱法
SN/T 3528—2013	进出口化妆品中亚硫酸盐和亚硫酸氢盐类的测定 离子色谱法
GB/T 28599—2012	化妆品中邻苯二甲酸酯类物质的测定
GB 27599—2011	化妆品用二氧化钛
SN/T 2933—2011	化妆品中三氯甲烷、苯、四氯化碳、三氯硝基甲烷、硝基苯和二氯甲苯的检测方法
SN/T 2533—2010	进出口化妆品中糖皮质激素类与孕激素类检测方法
GB/T 24800.10—2009	化妆品中十九种香料的测定 气相色谱-质谱法
GB/T 24800.2—2009	化妆品中四十一种糖皮质激素的测定 液相色谱/串联质谱法和薄层层析法
GB/T 24800.12—2009	化妆品中对苯二胺、邻苯二胺和间苯二胺的测定
GB/T 24800.1—2009	化妆品中九种四环素类抗生素的测定 高效液相色谱法
GB/T 24800.6—2009	化妆品中二十一种磺胺的测定 高效液相色谱法

续表

标准号	标准名称
GB/T 24800.13—2009	化妆品中亚硝酸盐的测定 离子色谱法
GB/T 24800.9—2009	化妆品中柠檬醛、肉桂醇、茴香醇、肉桂醛和香豆素的测定 气相色谱法
GB/T 24800.5—2009	化妆品中呋喃妥因和呋喃唑酮的测定 高效液相色谱法
GB/T 24800.3—2009	化妆品中螺内酯、过氧苯甲酰和维甲酸的测定 高效液相色谱法
GB/T 24800.4—2009	化妆品中氯噻酮和吩噻嗪的测定 高效液相色谱法
GB/T 24800.8—2009	化妆品中甲氨嘌呤的测定 高效液相色谱法
GB/T 24800.7—2009	化妆品中马钱子碱和士的宁的测定 高效液相色谱
GB/T 24800.11—2009	化妆品中防腐剂苯甲醇的测定 气相色谱法
SN/T 2393—2009	进出口洗涤用品和化妆品中全氟辛烷磺酸的测定 液相色谱-质谱/质谱法
SN/T 2289—2009	进出口化妆品中氯霉素、甲砜霉素、氟甲砜霉素的测定 液相色谱-质谱/质谱法
SN/T 2285—2009	化妆品体外替代试验实验室规范
SN/T 2290—2009	进出口化妆品中乙酰水杨酸的检测方法
SN/T 2291—2009	进出口化妆品中氢溴酸右美沙芬的测定 液相色谱法
GB/T 22728—2008	化妆品中丁基羟基茴香醚(BHA)和二丁基羟基甲苯(BHT)的测定 高效液相色谱法
SN/T 2192—2008	进出口化妆品实验室化学分析制样规范
SN/T 2105—2008	化妆品中柠檬黄和桔黄等水溶性色素的测定方法
SN/T 2107—2008	进出口化妆品中一乙醇胺、二乙醇胺、三乙醇胺的测定方法
SN/T 2104—2008	进出口化妆品中双香豆素和环香豆素的测定 液相色谱法
SN/T 2108—2008	进出口化妆品中巴比妥类的测定方法
SN/T 2111—2008	化妆品中 8-羟基喹啉及其硫酸盐的测定方法
SN/T 2106—2008	进出口化妆品中甲基异噻唑酮及其氯代物的测定 液相色谱法
SN/T 2109—2008	进出口化妆品中奎宁及其盐的测定方法
SN/T 2103—2008	进出口化妆品中 8-甲氧基补骨脂素和 5-甲氧基补骨脂素的测定 液相色谱法
SN/T 2051—2008	食品、化妆品和饲料中牛羊猪源性成分检测方法 实时 PCR 法
QB/T 2488—2006	化妆品用芦荟汁、粉
SN/T 1786—2006	进出口化妆品中三氯生和三氯卡班的测定 液相色谱法
SN/T 1784—2006	进出口化妆品中二烷残留量的测定 气相色谱串联质谱法
SN/T 1785—2006	进出口化妆品中没食子酸丙酯的测定 液相色谱法
SN/T 1781—2006	进出口化妆品中咖啡因的测定 液相色谱法
SN/T 1782—2006	进出口化妆品中尿囊素的测定 液相色谱法

续表

标准号	标准名称
SN/T 1783—2006	进出口化妆品中黄樟素和6-甲基香豆素的测定 气相色谱法
SN/T 1780—2006	进出口化妆品中氯丁醇的测定 气相色谱法
SN/T 1478—2004	化妆品中二氧化钛含量的检测方法 ICP-AES法
SN/T 1475—2004	化妆品中熊果苷的检测方法 液相色谱法
SN/T 1500—2004	化妆品中甘草酸二钾的检测方法 液相色谱法
SN/T 1496—2004	化妆品中生育酚及α-生育酚乙酸酯的检测方法 高效液相色谱法
SN/T 1032—2018	进出口化妆品中紫外线吸收剂的测定 液相色谱法
QB/T 2488—2000	化妆品用芦荟制品
QB/T 2408—1998	化妆品中维生素E含量的测定
QB/T 2409—1998	化妆品中氨基酸含量的测定
QB/T 2334—1997	化妆品中紫外线吸收剂定性测定 紫外分光光度计法
QB/T 2333—1997	防晒化妆品中紫外线吸收剂定量测定 高效液相色谱法
QB/T 1864—1993	电位溶出法测定化妆品中铅

参 考 文 献

[1] 尤卓莹．“四物汤”中药美白化妆品的开发及其美白作用机制研究［D］．广州：广东药学院，2015.

[2] 柳伟，肖雪，葛珊珊，等．12种果皮多酚含量及其抗氧化活性研究［J］．食品研究与开发，2016，37（14）：25-29.

[3] 王福海．25种中草药对羟基自由基的消除能力评价［J］．广州化工，2013，41（13）：107-108，133.

[4] 吕少仿，粟学莉，任颐娟，等．AC-SOD防皱抗衰霜的研制［J］．阜阳师范学院学报（自然科学版），1998（2）：32-35.

[5] 马世宏，金玲，揭邃，等．白芨-丹皮酚包合物在化妆品中的应用研究［J］．日用化学品科学，2009，32（6）：30-33.

[6] 孔令姗，俞苓，胡国胜，等．白芨多糖的分子量测定及其吸湿保湿性评价［J］．日用化学工业，2015，45（2）：94-98.

[7] 于清跃，朱新宝．薄荷种植与薄荷精油提取研究进展［J］．安徽农业科学，2012（13）：7911-7913.

[8] 孙淑华．保湿洗面奶及其制备方法［P］．北京：CN106924088A，2017-07-07.

[9] 汪多仁．蓖麻油的应用开发［J］．表面活性剂工业，2000，18（3）：36-41.

[10] 黄晓义，路遥．蓖麻油及其衍生物的制备与应用研究进展［J］．中国油脂，2011，36（3）：52-56.

[11] 赵华，尹月煊．《化妆品安全技术规范》（2015版）内容解读［J］．日用化学品科学，2017（1）：6-10.

[12] 余丽丽、赵婧、张彦，等．化妆品——配方、工艺及设备［M］．北京：化学工业出版社，2018.

[13] 韩国斌，卫慧凯，闰儒峰．蓖麻油及其衍生物在现代化妆品中的应用［J］．精细化工，1995（5）：16-19.

[14] 王晓萌，叶扬，周双，等．藏红花花瓣和雄蕊挥发油化学成分GC-MS分析及比较［J］．天然产物研究与开发，2012，24（9）：1239-1241.

[15] 叶日贵，马超美，高杰，等．超高效液相-串联四极杆质谱联法同时测定并比较甘草各部位8种成分含量［J］．食品科学，2014，35（20）：242-247.

[16] 夏海涛，安红，刘郁芬，等．大豆磷脂的高效液相色谱分析［J］．分析化学，2001，29（9）：1046-1048.

[17] 李雪，王宏伟，郑东然，等．杜香叶多糖的提取及抗氧化和抗肿瘤活性研究［J］．林产化学与工业，2017，37（5）：133-138.

[18] 侯荣山．茶麸洗发液的制作方法［P］．广西：CN107260616A，2017-10-20.

[19] 邓观杰，刘有停，凌沛学．丹皮复方提取液美白功效研究［J］．药学研究，2016，35（5）：260-263.

[20] 张智萍．川芎美白活性成分的提取分离及在化妆品中的应用研究［D］．广州：广东药学院，2014.

[21] 吕辰鹏，何泉泉，董文雪，等．常用花类中药在美白化妆品中的应用前景［J］．香料香精化妆品，2014（2）：62-65.

[22] 赵鑫，鲍其泠，王一宇，等．多元醇与中药提取物组合物在化妆品中的应用［J］．广州化工，

2013，41（24）：70-72.
[23] 刘世丽．蜂化妆品原料——摘选自《化妆品功能性原料》[J]．中国蜂业，2013，64（24）：50-51.
[24] 袁利鹏，刘波，熊波，等．大豆磷脂的制备、功能特性及行业应用研究进展[J]．中国酿造，2013，32（5）：13-15.
[25] 刘云华，屈国乐．丁香花的化学成分、药理作用及经济价值[J]．黑龙江生态工程职业学院学报，2012，25（4）：35-37.
[26] 林翔云．芳樟叶提取物在化妆品中的应用[J]．香料香精化妆品，2011（2）：44-48.
[27] 李丽，吴雪辉，寇巧花．茶油的研究现状及应用前景[J]．中国油脂，2010，35（3）：10-14.
[28] 王富花，沈发治．当归、甘草、芦荟美白护肤霜的研制[J]．广州化工，2009，37（8）：207-209.
[29] 向智男，宁正祥．动物性原料成分在护肤品中的应用[J]．日用化学工业，2006（1）：38-41，45.
[30] 施昌松，郭大仕，张洪广，等．防脱发生发香波的配方研究[J]．日用化学品科学，2005（12）：32-36.
[31] 齐文娟，岳红卫，王伟．大豆磷脂的理化特性及其开发与应用[J]．中国油脂，2005（8）：36-38.
[32] 康建华，陈平娥．发用透明中药香波的研制[J]．山西师范大学学报（自然科学版），2005（2）：61-62.
[33] 纪换平．当归在现代化妆品中的应用[J]．甘肃中医，2003（6）：37-38.
[34] 汪多仁．大豆磷脂的开发与应用进展[J]．中国食品添加剂，2003（2）：78-85.
[35] 裴太蓉，曾祥永，龚元香，等．粉刺消美容霜的制备及临床应用[J]．时珍国医国药，2003（2）：80-81.
[36] 刘元法，王兴国．大豆磷脂的组成[J]．西部粮油科技，2000（4）：40-42.
[37] 庄志勇，周相云，陈凤楼．貂油黑发霜的研制[J]．化工时刊，2000（1）：41-43.
[38] 洋阳．多效天然植物洗发液配方及其工艺[J]．精细与专用化学品，1992（9）：39.
[39] 杨继生，黄双源．蜂花粉在化妆品中的应用[J]．中国养蜂，1989（2）：27-28.
[40] 傅建熙．蜂花粉的综合利用[J]．西北农林科技大学学报（自然科学版），1986（4）：84-87.
[41] 刘雨萌．甘草活性成分提取及其在美白化妆品中的应用研究[D]．开封：河南大学，2015.
[42] 蔡延渠，董碧莲，邓剑壕，等．改良桃胶多糖的吸湿保湿性能及体外透皮吸收研究[J]．广州中医药大学学报，2018，35（4）：711-716.
[43] 袁阳明，黎静雯，宋凤兰，等．复方甘草美白保湿霜的制备[J]．广州化工，2017，45（12）：71-74.
[44] 李苑，宋凤兰，方娆莹，等．复方当归美白淡斑霜的制备及评价[J]．今日药学，2016，26（11）：770-774.
[45] 潘盈伟，于晏同，刘增革，等．橄榄油活性成分的功能研究及加工技术的探讨[J]．粮食与食品工业，2013，20（5）：13-16.
[46] 刘畅，莫思颖，龚盛昭．枸杞水提物在膏霜化妆品中的应用研究[J]．日用化学工业，2013，43（3）：213-216.
[47] 石远琳．高分子添加剂对洗发水调理和悬浮性能的影响[D]．上海：复旦大学，2013.
[48] 赵雅欣，高文远，张连学，等．甘草在化妆品中的应用[J]．香料香精化妆品，2010（4）：

40，45-48.
[49] 李泽锋．枸杞营养成分及综合利用 [J]. 辽宁农业职业技术学院学报，2010，12（3）：24.
[50] 张珉，钟晓红．柑橘功能性成分研究进展 [J]. 中国农学通报，2009，25（11）：137-140.
[51] 赵会科，姜艳．甘草美白日霜的研制 [J]. 精细石油化工进展，2007（6）：31-33.
[52] 吴桂苹，苏学素，焦必宁，等．柑橘活性成分检测技术研究进展 [J]. 食品与发酵工业，2006（9）：116-121.
[53] 赵丽，韩晓妍，景磊，等．柑桔精油的制取与应用 [J]. 天津化工，2006（3）：41-43.
[54] 陈巧华，范世明．复方灵芝孢子霜的制备及质量控制 [J]. 福建中医药，2004（6）：38-39.
[55] 林翔云．功能性香精——化妆品加香用的复配精油调配 [J]. 香料香精化妆品，2004（3）：35-36，41.
[56] 孙丽玫．高级白术、芦荟美容护肤霜的研制 [J]. 牙膏工业，2004（1）：35-36.
[57] 吴泽宏，余汉谋，姜兴涛．海洋活性物质在化妆品中的应用 [C]//2015 中国·上海全国香料香精化妆品专题学术论坛，2015.
[58] 李传茂，向琼彪，刘德海，等．海藻在功能性化妆品中的应用 [J]. 广东化工，2017，44（16）：157-159.
[59] 戴玉梅，王雅云．果胶沐浴露的设计及其检测 [J]. 广东化工，2014，41（11）：30-32.
[60] 如克亚·加帕尔，孙玉敬，等．枸杞植物化学成分及其生物活性的研究进展 [J]. 中国食品学报，2013，13（8）：161-172.
[61] 李福高，倪赟荣，章振东，等．国内外花粉专利及制品研究进展 [J]. 蜜蜂杂志，2011，31（6）：11-15.
[62] 赵峡，杨海，于广利，等．海洋多糖保湿乳剂的制备研究 [J]. 中国海洋大学学报（自然科学版），2007（4）：572，605-608.
[63] 查布立昂．海洋植物与蓝色化妆品 [J]. 日用化学品科学，2006（4）：26-31.
[64] 薛长湖，张永勤，李兆杰，等．果胶及果胶酶研究进展 [J]. 食品与生物技术学报，2005（6）：94-99.
[65] 阚洪玲，孙洪涛，董建军．海藻糖在化妆品中的应用 [J]. 食品与药品，2005（9）：48-50.
[66] 苏宇静，王辉．枸杞籽油开发应用 [J]. 中国油脂，2004（8）：56-58.
[67] 王凌云，岑颖洲，李药兰．海藻的特殊功能及其在化妆品中的应用 [J]. 日用化学工业，2003（4）：258-260.
[68] 徐延梅，白寿宁．枸杞油提取试验与研究 [J]. 日用化学工业，1996（4）：49-51.
[69] 吴娴．何首乌活性成分检测与综合提取纯化工艺研究 [D]. 镇江：江苏大学，2011.
[70] 庞萍萍，陈斌．含有褐藻和红藻精华的化妆品组合物 [P]. 上海：CN105902408A，2016-08-31.
[71] 秦春哲，刘梅琴．黑枸杞花青素在制备化妆品中的应用及含有黑枸杞花青素的化妆品 [P]. 河北：CN104940038A，2015-09-30.
[72] 曾姚，肖潇，于海．何首乌中活性成份的提取及乌发洗发水的配制 [J]. 科技风，2015（15）：39.
[73] 熊智，倪向梅，奚朝晖，等．红景天爽肤水稳定性研究 [J]. 广东化工，2013，40（23）：70-71，94.
[74] 王清霖，张耀谋，李果霖，等．含竹叶黄酮化妆品的研制 [J]. 广东化工，2011，38（8）：27-28.
[75] 于洁，李威．含芦荟多糖与维生素 E 乳状化妆品的制备及其性能 [J]. 日用化学工业，2007

(4)：281-282.

[76] 俞秀玲．花粉的活性成分 [J]. 食品工业科技，2007 (4)：236-238.

[77] 王开发，张盛隆，支崇远，等．花粉化妆品的应用和前景 [J]. 香料香精化妆品，2002 (3)：42-43，49.

[78] 秦剑，杨大坚，曾朝英，等．花丹祛斑美容面膜的研究 [J]．重庆中草药研究，1999 (1)：23-25.

[79] 胡宝娣，徐宝财．花粉及花粉化妆品的防腐 [J]. 精细化工，1993 (04)：6-9.

[80] 林翠英．含有中药桃仁、玫瑰、桃树皮和木瓜提取物的皮肤增白化妆品 [J]. 国外医药（植物药分册），1992，7 (04)：191.

[81] 姚海燕．黑松花粉开发利用研究 [J]. 浙江林业科技，1990 (5)：65-71.

[82] 有田伸吾，庞贵朴．含黄柏提取液的化妆品 [J]. 日用化学品科学，1986 (3)：49-51.

[83] 彭颖，邱松山，莫梓杰，等．化橘红黄酮提取及膏状抗氧化面膜的制备 [J]. 日用化学工业，2016，46 (12)：714-717.

[84] 吕辰鹏，何泉泉，刘健，等．花类中药在抗衰老化妆品中的应用前景 [J]. 轻工科技，2013，29 (10)：31-35.

[85] 付陈梅，阚建全，陈宗道，等．花椒的成分研究及其应用 [J]. 中国食品添加剂，2003 (4)：83-85，122.

[86] 贺洪．花粉美容霜的制法 [J]. 养蜂科技，1993 (1)：31-32.

[87] 林斌．花粉及其提取物在化妆品中的应用 [J]. 日用化学工业，1986 (5)：28-30.

[88] 冯兰宾，袁铁彪．化妆品　第七讲　香粉类化妆品 [J]. 日用化学工业，1981 (6)：29，36-38.

[89] 袁铁彪．化妆品　第五讲　膏霜类化妆品 [J]. 日用化学工业，1981 (4)：42-50.

[90] 李彩霞，郑雪，高海宁，等．槐角多糖表征及抗氧化吸湿保湿性能研究 [J]. 食品与机械，2017，33 (12)：17-22.

[91] 林宇华．化妆品抗粉刺（祛痘）的抑菌效果评价 [J]. 广州化工，2015，43 (23)：149-150，194.

[92] 李馨恩，何秋星，区梓聪，等．化妆品用微生物源天然防腐剂的抑菌效能研究 [J]. 日用化学工业，2015，45 (11)：639-642，652.

[93] 谢艳君，孔维军，杨美华，等．化妆品中常用中草药原料研究进展 [J]. 中国中药杂志，2015，40 (20)：3925-3931.

[94] 陈昭斌，刘晓娟．化妆品中防腐剂的应用 [J]. 中国消毒学杂志，2015，32 (10)：1020-1022.

[95] 陶丽莉，刘洋，吴金昊，等．化妆品美白功效评价方法研究进展 [J]. 日用化学品科学，2015，38 (3)：15-21.

[96] 孙吉龙，李传茂，向琼彪，等．化妆品中防腐剂的使用现状及趋势 [J]. 广东化工，2015，42 (4)：57-58.

[97] 王文，黄继红，游倩倩，等．化妆品用变性淀粉的研究进展 [J]. 日用化学工业，2014，44 (7)：402-405.

[98] 郭芳，胡国胜，奚朝晖，等．化妆品用原花青素脂质体的制备及应用性能研究 [J]. 日用化学工业，2014，44 (3)：143-146，150.

[99] 崔浣莲，曹蕊，尹家振，等．美白类化妆品的功效评价 [J]. 香料香精化妆品，2012 (2)：37-40.

[100] 周泽琳，冯俊，李勤．化妆品原料使用频率情况调查 [J]. 香料香精化妆品，2011 (6)：

29-32.

[101] 陈屹，章银珠，孙石磊，等．槐花精油的化学成分及其抑菌活性的研究 [J]．现代食品科技，2008 (4)：318-321.

[102] 廖杰．化妆品类花粉有效成分的提取 [J]．四川师范大学学报（自然科学版），1997 (6)：93-95.

[103] 孙永瑞．化妆品用原料—油脂及蜡、醇、酯、皂类 [J]．香料香精化妆品，1989 (2)：8，68-73.

[104] 毛利华，李世周，杨哲，等．金银花活性成分及其产品开发研究进展 [J]．江苏科技信息，2018，35 (17)：47-49.

[105] 赵悦，孙庆元，孙琦．橘黄酮的提取及其抑菌特性 [J]．化工进展，2016，35 (8)：2528-2532.

[106] 黄永红．基于“当归补血汤”的美白化妆品的开发及其美白作用机制研究 [D]．广州：广东药科大学，2016.

[107] 杨晓杰．金银花的成分及药理作用分析 [J]．世界最新医学信息文摘，2015，15 (24)：176-177.

[108] 殷培峰．琅琊山树舌多糖的抑菌及抗氧化性研究 [J]．安徽农业科学，2013，41 (36)：14032-14034.

[109] 方向，周小理，张婉萍．苦荞萌发物中黄酮的防晒性研究 [J]．日用化学工业，2013，43 (5)：362-366.

[110] 姜泽群．几种中药有效成分促黑色素生成的机制研究 [D]．武汉：华中科技大学，2009.

[111] 孙凤娇，廖克俭，丛玉凤，等．黄芩苷防晒霜制备工艺的研究 [J]．日用化学工业，2009，39 (4)：257-259.

[112] 苏伟，赵利，刘建涛，等．黄精多糖抑菌及抗氧化性能研究 [J]．食品科学，2007 (8)：55-57.

[113] 董银卯，王昌涛，喻海荣．黄瓜化妆品功效的初步研究 [J]．香料香精化妆品，2007 (3)：14-16.

[114] 李春霞．霍霍巴油在化妆品中的应用 [J]．日用化学品科学，2007 (2)：35-36.

[115] 郭瑞，丁恩勇．黄原胶的结构、性能与应用 [J]．日用化学工业，2006 (1)：42-45.

[116] 张秀芳，贺文英，常彦景，等．几种中草药美白护肤化妆品的研制 [J]．内蒙古农牧学院学报，1997 (4)：60-63.

[117] 袁敏之．几种植物精油的提取及其在化妆品中的应用 [J]．日用化学品科学，1996 (5)：39-41.

[118] 夏邦旗．黄芩精的提取及其系列化妆品的配制 [J]．中外技术情报，1994 (6)：37.

[119] 景永帅，张丹参，吴兰芳，等．荔枝低分子量多糖的分离纯化及抗氧化吸湿保湿性能分析[J]．农业工程学报，2016，32 (9)：277-283.

[120] 覃炎锋．利用桑枝、药渣等废弃物在灵芝栽培及灵芝提取物在化妆品开发中的应用研究 [D]．广州：广东药科大学，2016.

[121] 杨伟丽，刘青．芦荟多糖乳膏的制备及其性能研究 [J]．西部中医药，2016，29 (1)：44-47.

[122] 杨正和．芦荟成分的生理功能与功效 [J]．畜牧与饲料科学，2012，33 (7)：8-10.

[123] 董银卯，刘宇红，王云霞．芦荟保湿性能的研究 [J]．中国农村科技，2006 (8)：35-36.

[124] 钱和，张添，刘长虹．芦荟凝胶冷冻干燥粉生产技术的研究 [J]．食品与发酵工业，2002 (6)：49-52.

[125] 胡建华．芦荟面膜的制备与应用 [J]. 时珍国医国药，2000，11 (3)：217.
[126] 凌宁生．灵芝晚霜的研究 [J]. 中成药，1994 (6)：4-5.
[127] 李小迪．芦荟与化妆品 [J]. 香料香精化妆品，2001 (1)：22-25.
[128] 李来丙，龚必珍．芦荟在护肤化妆品中的保湿性的研究 [J]. 浙江化工，2003，34 (8)：25-26.
[129] 孙宇梅，马洁峰，高小东．芦荟在化妆品中的应用 [J]. 中国科技产业，1998 (9)：30.
[130] 张美玲．芦荟中芦荟甙的提取、分离、纯化及其在化妆品中的应用 [D]. 无锡：江南大学，2006.
[131] 高彤彤，晏志勇．绿茶提取物茶多酚在化妆品中的抗氧化效果研究 [J]. 中国美容医学，2015，24 (24)：26-29.
[132] 王刚，董从超，夏明珠．麦冬多糖的提取分离及在护肤品中的应用 [J]. 香料香精化妆品，2015 (3)：38-42.
[133] 王慧英，王金亭．玫瑰精油的研究与应用现状 [J]. 粮食与油脂，2015 (10)：5-9.
[134] 佚名．美乳类化妆品人体安全性和美乳作用检验方法 [J]. 中国化妆品，2001 (2)：30-31.
[135] 吴蒙，徐晓军，等．迷迭香化学成分及药理作用最新研究进展 [J]. 生物质化学工程，2016，50 (3)：51-57.
[136] 郭雷，朱文成，刘超．密蒙花化学成分及生物活性研究进展 [J]. 食品研究与开发，2012，33 (7)：222-225.
[137] 钱学射，张卫明，顾龚平，等．蜜源花粉的保健、美容与药膳 [J]. 中国野生植物资源，2006，25 (3)：16-18.
[138] 张换换，李明霞，李文飞，等．明胶的制备及其在日用化学品中的应用 [J]. 中国洗涤用品工业，2010，21 (3)：29-31.
[139] 汪茹，侯秀良，高海燕，等．膜分离后的儿茶色素染发性能研究 [J]. 天然产物研究与开发，2011，23 (1)：131-135.
[140] 叶秋萍，金心怡，徐小东．茉莉花精油提取技术的研究进展 [J]. 热带作物学报，2014，35 (2)：406-412.
[141] 林玲．茉莉花药用研究进展 [J]. 海峡药学，2016，28 (9)：33-35.
[142] 韩立敏．木瓜有效成分的研究 [J]. 安徽农业科学，2009，37 (23)：10969-10970.
[143] 张丽苹，张颂培，胡燕霞，等．牛油果脂在化妆品中的应用 [J]. 日用化学工业，2004，34 (3)：184-186.
[144] 李欣，李爱国．皮肤的抗衰老机理及护理 [J]. 日用化学品科学，2013，36 (4)：18-21.
[145] 魏少敏．皮肤衰老和抗衰老研究与化妆品的科研开发对策 [J]. 日用化学品科学，1997 (3)：33-38.
[146] 来吉祥，何聪芬，董银卯．皮肤衰老机理及延缓衰老化妆品的研究进展 [J]. 中国美容医学杂志，2009，18 (8)：1208-1212.
[147] 关英杰，金锡鹏．皮肤衰老研究进展 [J]. 中国老年学杂志，2003，23 (6)：396-397.
[148] 周勤．评价洗发水的方法 [J]. 广东化工，2012，39 (11)：110.
[149] 武长柱．苹果多酚的功效研究及应用展望 [J]. 徐州工程学院学报（社会科学版），1999 (4)：92-93.
[150] 刘杰超，焦中高，张春岭，等．苹果多酚提取物对酪氨酸酶的抑制作用 [J]. 日用化学工业，2013，43 (6)：414-417.

[151] 吴嘉慧，袁春龙，宋洋波．葡萄籽功能性成分及其应用 [J]. 日用化学工业，2011，41（3）：216-221.

[152] 孙芳艳，王萌，王建梓，等．普鲁兰多糖的吸湿、保湿性及其黏度稳定性 [J]. 天津科技大学学报，2016，31（4）：20-24.

[153] 张彩华．浅谈芦荟在化妆品中的应用 [J]. 萍乡学院学报，2002（4）：45-47.

[154] 唐月英．浅谈祛痘化妆品的配方设计与研发创新 [J]. 科学与财富，2010（9）：34-35.

[155] 龚盛昭，陈秋基，曾海宇，等．羟基化大豆磷脂在乳化类化妆品中的应用研究 [J]．日用化学品科学，2004，27（4）：32-33.

[156] 牛庆华，蒋诚．清洁类有机化妆品配方原料选择原则 [J]. 香料香精化妆品，2017（2）：68-72.

[157] 朱杰连，广丰．祛痘产品的配方设计 [J]. 中国化妆品：专业版，2006（7）：74-77.

[158] 叶张章，王然，谢小元，等．去头屑化妆品的功效评价方法 [J]. 皮肤性病诊疗学杂志，2009，16（5）：336-339.

[159] 朱会卷，朱英．染发剂的安全性及其检测方法研究进展 [J]. 中国卫生检验杂志，2006，16（7）：888-890.

[160] 李慧萍．人参 AFG 系列化妆品开发研究 [D]. 长春：吉林农业大学，2014.

[161] 张智萍，关建云，何秋星．人参果提取物的美白保湿功效及安全性研究 [J]. 日用化学品科学，2013，36（10）：33-37.

[162] 刘宏群，曲正义．人参化妆品研究进展 [J]. 人参研究，2017（3）：45-47.

[163] 万玉华，蒋日琼，刘丹丹，等．人参活性物质的提取及人参柔顺洗发水的研制 [J]. 香料香精化妆品，2011（5）：29-32.

[164] 张瑞，闫梅霞，许世泉，等．人参美容护发功效研究现状 [J]. 日用化学工业，2014，44（3）：163-166.

[165] 姜锐，孙立伟，赵大庆．人参美容护肤作用机制及应用研究进展 [J]. 世界科学技术：中医药现代化，2016，18（11）：1988-1992.

[166] 方芳．柔肤水的研制 [J]. 香料香精化妆品，1997（4）：39-41.

[167] 刘晓艳，白卫东．肉桂油抑菌及抗氧化作用的研究进展 [J]. 食品与机械，2010，26（5）：169-172.

[168] 李建林，魏冰，孟橘，等．乳木果油制取工艺及设备探讨 [J]. 粮食与食品工业，2015，22（6）：22-26.

[169] 田玉平．乳液化妆品基体标准物质的制备及质量控制 [J]. 化学世界，2015，56（4）：197-200.

[170] 夏鹏国，张顺仓，梁宗锁，等．三七化学成分的研究历程和概况 [J]. 中草药，2014，45（17）：2564-2570.

[171] 甘烦远，郑光植．三七化学成分研究概况 [J]. 中国药学杂志，1992，27（3）：138-143.

[172] 王萍，罗渝杰，罗开珍，等．三七活性成分应用于化妆品的产业化生产 [C]. 2010 全国中医特色诊疗方法暨适宜技术学术研讨会．2010.

[173] 杨娟，袁一怔，尉广飞，等．三七植物化学成分及药理作用研究进展 [J]. 世界科学技术-中医药现代化，2017（10）：1641-1647.

[174] 詹冬梅，王翔宇，辛美丽，等．三种马尾藻的营养组成分析 [J]. 广西科学院学报，2016，32（3）：221-225.

[175] 廖玉婷．桑叶的抑菌作用及其活性物质的提取分离研究 [D]. 无锡：江南大学，2007.
[176] 李晓花，孔令学，刘洪章．沙棘有效成分研究进展 [J]. 吉林农业大学学报，2007，29 (2)：162-167.
[177] 倪同汉．神奇的化妆品原料—芦荟 [J]. 香料香精化妆品，1988 (2)：17-20.
[178] 高合意，陈正珍，梁宗言．生物防腐技术在化妆品中的应用 [J]. 化工管理，2015 (3)：72.
[179] 夏咏梅，蓝鸽，章克昌，等．生物制品与壳聚糖及其在膏霜中的保湿性能评价 [J]. 日用化学工业，2001，31 (6)：48-49.
[180] 叶景春，朱行帆，李正明．水解明胶在化妆品中的应用——“明胶霜”试制小结 [J]. 香料香精化妆品，1985 (4)：58-61.
[181] 杨亚云．四种大型海藻在化妆品上综合应用研究 [D]. 上海：上海海洋大学，2016.
[182] 刘月恒．松茸美白活性成分提取及其多糖分离纯化 [D]. 北京：北京工商大学，2011.
[183] 朱洁，李美瑛，丁瑞．酸石榴提取物用于系列化妆品的生产工艺研究 [J]. 云南化工，2010，37 (3)：42-45.
[184] 朱洁，陈旭红，李美瑛，等．酸石榴汁红色素的树脂吸附及石榴提取物的抗氧化作用研究[J]. 香料香精化妆品，2011 (2)：38-39.
[185] 孙丽华，陈铭学．天然产物中透明质酸酶抑制剂的研究 [J]. 天然产物研究与开发，2001，13 (4)：42-44.
[186] 王宇，昝丽霞，胡琳琳，等．天麻多糖润肤霜工艺配方研究 [J]. 亚太传统医药，2016，12 (17)：21-23.
[187] 杨根源．天然化妆品原料及其应用 [J]. 化工时刊，1988 (7)：15-20.
[188] 李季萍．天然抗衰老成分 [J]. 日用化学品科学，2008，31 (1)：40-41.
[189] 毕云枫，宋凤瑞，刘志强．天然酪氨酸酶抑制剂的种类及其对酪氨酸酶抑制作用的研究进展 [J]. 吉林大学学报 (医学版)，2014，40 (2)：454-459.
[190] 刘薇．天然美白成分在美白化妆品中的应用研究 [J]. 广东化工，2016，43 (13)：47-49，53.
[191] 杨继生．天然美容剂—花粉化妆品的制造方法 [J]. 蜜蜂杂志，1987 (3)：11-12.
[192] 王丹，谢小丽，胡璇，等．天然香料在化妆品中的应用现状 [J]. 现代生物医学进展，2013，13 (31)：6189-6193.
[193] 李楚忠，高红军，丛琳．天然植物保湿成分在护肤品中的应用概况 [J]. 日用化学品科学，2014，37 (7)：24-26.
[194] 王雨来．天然植物在化妆品中的功效 [J]. 轻工科技，1996 (1)：49-51.
[195] 韩向晖，李经才．脱发发病机理与防治药物新进展 [J]. 沈阳药科大学学报，2001，18 (3)：223-227.
[196] 李英华，胡福良，朱威，等．我国花粉化学成分的研究进展 [J]. 养蜂科技，2005 (4)：7-16.
[197] 张纪宁．我国化妆品原料及其性能 [J]. 伊犁师范学院学报 (社会科学汉文版)，2003 (2)：103-105.
[198] 王领，何聪芬，董银卯，等．西印度樱桃冻干粉水提液抗氧化性的研究 [J]. 香料香精化妆品，2009 (6)：14-16.
[199] 胡真铭，颜发广．洗发水功能评价方法探讨 [J]. 日用化学工业，2002，32 (5)：65-68.
[200] 孙旭．鲜人参在洗护产品中的应用 [J]. 口腔护理用品工业，2011 (6)：42-44.
[201] 孟君，彭秀丽，庄勤，等．新、陈大蒜提取物抑菌活性的研究 [J]. 中国调味品，2017，42 (11)：35-39.

[202] 付建红，郭丽艳．新疆石榴皮多酚的提取及其对酪氨酸酶的抑制作用 [J]. 生物加工过程，2015 (3)：59-63.
[203] 马玉花，赵忠，李科友，等．杏仁油的理化性质及脂肪酸组成的试验研究 [J]. 中国粮油学报，2008，23 (1)：99-102.
[204] 张秋霞，江英，张志强．薰衣草精油的研究进展 [J]. 香料香精化妆品，2006，2006 (6)：21-24.
[205] 唐瑶，曹婉鑫，陈洋．薰衣草精油的研究进展及在日用品中的应用 [J]. 中国洗涤用品工业，2014 (10)：70-73.
[206] 尹鸿萍，盛玉青．盐藻多糖体内抑菌及抗炎作用的研究 [J]. 中国生化药物杂志，2006，27 (6)：361-363.
[207] 安杨，柴玉超，赵统德，等．羊栖菜多糖的提取及其在化妆品中的应用 [J]. 香料香精化妆品，2017 (1)：58-61.
[208] 张剑，李喆，李作平．药用植物中神经酰胺及神经鞘苷的研究概况 [J]. 河北医科大学学报，2008，29 (6)：956-960.
[209] 段岢君，陈卫军，宋菲，等．椰子油的精深加工与综合利用 [J]. 热带农业科学，2013，33 (5)：67-72.
[210] 万玫．椰子油作为化妆品的用途 [J]. 中国保健营养，2016，26 (17).
[211] 王珊珊．一款祛痘化妆品的效果评估 [J]. 香料香精化妆品，2018 (3)：50-53.
[212] 季迪新，裴培．以蒸参水、刷参水为主要原料研制优质人参化妆品 [J]. 日用化学工业，1987 (5)：13-15.
[213] 单士军．苡仁提取物对中波紫外线照射后 HaCaT 细胞水通道蛋白 3 表达的调节及意义 [D]. 沈阳：中国医科大学，2009.
[214] 张凯，孟祥艳，孙永，等．银耳、透骨草、谷精草提取物的制备及其复配物的功效评价 [J]. 日用化学品科学，2013，36 (3)：28-32.
[215] 周建新，汪海峰，姚明兰，等．银杏叶提取物 (EGb) 抗菌特性的研究 [J]. 食品科学，2002，23 (9)：118-121.
[216] 佚名．营养洗面水 [J]. 技术与市场，2001 (1)：11-12.
[217] 王敏．用黄瓜油制化妆品 [J]. 日用化学品科学，1998 (4)：36.
[218] 白明．油松花粉黄酮分离纯化及提取物研制化妆品 [D]. 天津：天津科技大学，2009.
[219] 郭丽梅，白明，姚培正，等．油松花粉黄酮和小肽润肤霜的制备及性能评价 [J]. 香料香精化妆品，2008 (6)：23-25.
[220] 李升军，冯韧，陈瑾，等．油松花粉小肽及多功能化妆品的制备 [J]. 中国洗涤用品工业，2009 (1)：84-86.
[221] 佚名．育发类化妆品人体安全性和育发作用检验方法 [J]. 中国化妆品 (行业版)，2001 (3)：52-53.
[222] 欧阳玉祝，吕程丽，易银辉，等．植物多酚复配物对于水包油型膏霜化妆品抗氧化性能的影响 [J]. 日用化学工业，2010，40 (3)：190-193.
[223] 车景俊，李明，金哲雄．植物多酚作为护肤因子在化妆品领域的研究进展 [J]. 黑龙江医药，2006，19 (2)：97-99.
[224] 杨孝延，孙玉军，邓世尧．植物多糖的提取及其在化妆品中的应用研究进展 [J]. 长江大学学报 (自科版)，2017 (22)：54-59.

[225] 王鹏．植物美白提取物的筛选及作用机理探索［D］．天津：天津商业大学，2010.
[226] 姜家东，陈保华，张金涛．植物提取物与角蛋白复合物在沐浴液中的应用研究［J］．中国洗涤用品工业，2014（8）：29-33.
[227] 李小和．植物油在化妆品中的应用［J］．香料香精化妆品，1985（2）：32-35.
[228] 蒋勇，何聪芬，祝钧．植物源防腐剂及其在化妆品中的应用［J］．日用化学品科学，2011，34（5）：34-36.
[229] 石军，陈安国，张云刚．植物甾醇制备、生理功能及应用研究进展［J］．粮食与油脂，2002（5）：38-39.
[230] 易忠跃．中草药化妆品［J］．精细化工，1989（5）：31-35.
[231] 潘媛媛，王淑波，敖宏伟，等．中草药美白防晒霜制备工艺的优化研究［J］．香料香精化妆品，2009（2）：22-25.
[232] 赵争鸣．中草药去屑防脱发香波的研制［J］．五邑大学学报（自然科学版），2002，16（1）：63-66.
[233] 吴久阳，曾衍生，何海鸥，等．中草药提取液在防脱生发洗发水中的应用［J］．精细与专用化学品，2016，24（10）：41-44.
[234] 肖子英．中国化妆品的定义与分类研究［J］．日用化学品科学，2001，24（6）：39-42.
[235] 肖子英，广丰．中国去头皮屑香波［J］．中国化妆品，2008（6）：86-91.
[236] 郭瑛琏．中药当归提取物在化妆品中应用［J］．浙江化工，1991（3）：59-61.
[237] 吕育齐，齐欢．中药多功能香波的研制［J］．日用化学工业，1998（1）：57-58.
[238] 王忠雷，杨丽燕，张小华，等．中药黄酮类抗氧化活性成分研究进展［J］．世界科学技术-中医药现代化，2013（3）：551-554.
[239] 吕海珍．中药美白护肤霜的研制［J］．中国中医药现代远程教育，2012（19）：159-161.
[240] 赵冰怡，陈庆生，龚盛昭．中药美白组合物的制备及其在化妆品中的应用［J］．日用化学品科学，2017（12）：30-36.
[241] 刘丹丹，张榕文，蒋日琼，等．中药洗发香波的研制［J］．应用化工，2011，40（10）：1807-1810.
[242] 张盛．竹叶黄酮的抗炎作用及物质基础研究［D］．武汉：湖北中医药大学，2016.
[243] 王文渊，蔡民，龙红萍．竹叶黄酮在护肤品中防晒功效的初步评价［J］．香料香精化妆品，2012（1）：35-38.
[244] 张仲源，张笑意．紫草唇膏的制备［J］．中医外治杂志，2003，12（5）：38.
[245] 刘新民．紫胶蜡及其在化妆品的应用［J］．轻工科技，1995（2）：11-16.
[246] 张汝国，张弘，郑华，等．紫胶树脂的应用与展望［J］．西南林业大学学报，2010，30（2）：89-94.
[247] 来文毫．一种美白霜及其制备方法［P］．广东：CN108113899A，2018-06-05.
[248] 吴锡祺．一种水感霜后乳及其制备方法［P］．福建：CN107456421A，2017-12-12.
[249] 亓金亮，王鹏．一种防辐射淡纹的护肤组合物及其制备方法［P］．山东：CN107412137A，2017-12-01.
[250] 王雷．一种海藻护发素的制备方法［P］．山东：CN107362074A，2017-11-21.
[251] 吴锡祺．一种精华源素及其制备方法［P］．福建：CN107362098A，2017-11-21.
[252] 亓金亮，王鹏．一种化妆品用复合添加剂及其制备方法［P］．山东：CN107362117A，2017-11-21.

[253] 不公告发明人．一种含螺旋藻属提取物的面霜 [P]. 北京：CN107308068A，2017-11-03.
[254] 陈秀德．一种具有洗发养发功能洗发的植物洗发水 [P]. 天津：CN107213071A，2017-09-29.
[255] 程平．一种除皱化妆品及其制备方法 [P]. 广东：CN107184474A，2017-09-22.
[256] 王吉鹏．一种荞麦甘草复合润肤乳液的制备方法 [P]. 安徽：CN106963703A，2017-07-21.
[257] 顾银凤．一种具有防衰老、美白、保湿功效的化妆品 [P]. 陕西：CN106880526A，2017-06-23.
[258] 严超．一种酵素除皱乳液的配制方法 [P]. 湖南：CN106860095A，2017-06-20.
[259] 颜东零．一种中草药洗发浸膏和洗发粉 [P]. 广西：CN106727004A，2017-05-31.
[260] 李国良．一种洗发护发液 [P]. 浙江：CN106619384A，2017-05-10.
[261] 汪屹．一种蚕丝抗菌化妆品及其制备方法 [P]. 江苏：CN106511230A，2017-03-22.
[262] 王东，索有瑞．一种含有黑果枸杞提取物的化妆品组合物及面膜 [P]. 青海：CN106420443A，2017-02-22.
[263] 王东，索有瑞．一种含有黑果枸杞提取物的化妆品组合物及喷雾 [P]. 青海：CN106377452A，2017-02-08.
[264] 王东，索有瑞．一种含有黑果枸杞提取物的化妆品组合物及精华液 [P]. 青海：CN106361629A，2017-02-01.
[265] 索有瑞，王东．一种含有黑果枸杞提取物的化妆品组合物及素颜霜 [P]. 青海：CN106265437A，2017-01-04.
[266] 王东，索有瑞．一种含有黑果枸杞提取物的化妆品组合物及眼霜 [P]. 青海：CN106265286A，2017-01-04.
[267] 索有瑞，王东．一种含有黑果枸杞提取物的化妆品组合物及洁面膏 [P]. 青海：CN106265289A，2017-01-04.
[268] 索有瑞，王东．一种含有黑果枸杞提取物的化妆品组合物及免洗睡眠面膜 [P]. 青海：CN106214581A，2016-12-14.
[269] 朱乐毅．一种生物酶养发洗发液及其制备方法 [P]. 浙江：CN106265245A，2017-01-04.
[270] 胡文静，裴运林，聂艳峰，等．一种具有保湿和抗氧化功效的护肤基质及其制备方法与应用 [P]. 广东：CN106420445A，2017-02-22.
[271] 杨安树，陈红兵，吴志华，等．一种含胶原蛋白抗氧化肽美容养颜化妆品及其制备方法 [P]. 江西：CN106176345A，2016-12-07.
[272] 高爱民．一种含有竹质活性炭的去屑洗发液及其制备方法 [P]. 四川：CN106109360A，2016-11-16.
[273] 刘儒华．一种具有美白效果的植物提取物及其制备方法与应用 [P]. 江西：CN106038395A，2016-10-26.
[274] 郭宗卫．一种含活性肽的化妆品 [P]. 河北：CN105982831A，2016-10-05.
[275] 杨业，黎思结．一种含纳米硫的祛痘化妆品 [P]. 广东：CN105708770A，2016-06-29.
[276] 李志华．一种含有熊果苷、橘子粉和柠檬提取物的美白化妆品 [P]. 山东：CN105534781A，2016-05-04.
[277] 陈黎维．一种抗衰老护肤霜 [P]. 重庆：CN105395392A，2016-03-16.
[278] 赵雪霞．一种提取柑橘果皮天然成分制备的化妆水及其制备方法 [P]. 甘肃：CN105232406A，2016-01-13.
[279] 徐显琦．一种迷迭香精油浴盐及其制备方法 [P]. 广东：CN105232435A，2016-01-13.

[280] 孔庆显，周林．一种含海藻提取物的抗衰老化妆品及其制备方法［P］．海南：CN105030587A，2015-11-11.

[281] 公衍玲，王宏波，金宏，等．一种天然物质组合物及其在美白化妆品中的应用［P］．山东：CN104840380A，2015-08-19.

[282] 王鑫，李艳妮，陈芬．一种含有海藻提取物角叉菜的洗护用化妆品［P］．山东：CN104434696A，2015-03-25.

[283] 孔庆显．一种海藻胶水剂类化妆品及其制备方法［P］．海南：CN103976925A，2014-08-13.

[284] 蔡春尔，杨亚云，何培民，等．一种铜藻粗多糖护肤霜及其制备方法［P］．上海：CN103860425A，2014-06-18.

[285] 蔡义文，杨广群．一种含有苹果干细胞提取物的两相化妆品及其制备方法［P］．广东：CN103735470A，2014-04-23.

[286] 杨立新，许刚，刘爱忠，等．皱皮木瓜提取物及以其为活性成分的化妆品［P］．云南：CN105287779A，2016-02-03.

[287] 苏晋峰，陈志盛．一种无硅油洗发水［P］．广东：CN107982110A，2018-05-04.

[288] 朱敏．基于茶油的抗衰老化妆品的研究开发［D］．合肥：合肥工业大学，2017.

[289] 王东．《化妆品安全技术规范》的新变化［J］．口腔护理用品工业，2015，25（6）：50-52.

[290] 赵小敏，赵云珊，瞿欣．图像分析法在化妆品功效评价中的应用［J］．日用化学品科学，2016，39（1）：29-33.

[291] 吴佩慧，于春媛，刘东红，等．化妆品安全风险概述［J］．首都食品与医药，2016，23（6）：6.

[292] 王楠，吴金昊，李昂，等．松茸化妆品的美白功效评价［J］．日用化学工业，2016，46（5）：279-283.

[293] 王莹，董怡，许宝宁．植物提取物在化妆品中的应用及展望［J］．杭州化工，2016，46（2）：11-14，19.

[294] 张蓓蓓，刁婷婷，戴明珠，等．传统活血类中药的美容药理及其作为植物提取物在现代化妆品中的应用［J］．中国现代应用药学，2016，33（9）：1221-1226.

[295] 杨慧敏，封棣．化妆品功效评价研究综述［J］．日用化学品科学，2016，39（11）：26-31.

[296] 小兵．生物发酵护肤品袭来全球进入化妆品4.0时代［J］．中国化妆品，2016（Z5）：6-13.

[297] 胡国胜．天然化妆品市场发展现状与趋势浅析［J］．日用化学品科学，2017，40（5）：14-15.

[298] 徐亦萍，陈群，刘红莉．化妆品质量安全标准和风险监测系统建设研究［J］．中国标准化，2017（7）：76-79.

[299] 邢书霞，吴景，张凤兰，等．《化妆品安全技术规范》修订工作介绍及建议［J］．环境与健康杂志，2017，34（5）：456-460.

[300] 邢书霞．欧盟和我国化妆品安全性评价体系的比较研究［J］．中国卫生检验杂志，2017，27（17）：2581-2584.

[301] 洪晓云．几种植物天然产物在化妆品上的应用［J］．亚热带植物科学，2017，46（3）：297-300.

[302] 江琴琴，孟凡辉．浅谈化妆品生产企业的质量安全风险管控［J］．广州化工，2017，45（19）：189-191.

[303] 邢书霞，王钢力．我国化妆品监管体系现状、问题与建议［J］．中国卫生检验杂志，2017，27（22）：3341-3344.

[304] 广丰，李宏．天然和有机化妆品成为流行新趋势［J］．中国化妆品（行业），2007（7）：38-43.
[305] 广丰，李宏．2007年天然化妆品新趋势［J］．中国化妆品（行业），2007（9）：40-45.
[306] 尚尔和．动物性成分及其提取物在化妆品中的应用［J］．日用化学工业，1985（1）：29-33.
[307] 向智男，宁正祥．动物性原料成分在护肤品中的应用［J］．日用化学工业，2006（1）：38-41，45.
[308] 程艳，祁彦，王超，等．保湿化妆品功效评价与发展展望［J］．香料香精化妆品，2006（3）：31-34.
[309] 叶永茂．我国化妆品安全及政府监管对策建议［J］．药品评价，2006（5）：321-324，357.
[310] 程艳，王超，王星，等．祛斑化妆品功效评价［J］．日用化学工业，2006（6）：384-387.
[311] 祁彦，郑洪艳．化妆品功效评价的生物物理学方法［J］．香料香精化妆品，2006（6）：28-33.
[312] 杜孝元，赵广，蔡瑞康，等．应用酶催化动力学—吸光光度法评价美白化妆品功效实验中几个问题的解决方法［J］．中国化妆品，2006（8）：86-87.
[313] 赵华，广丰．保湿化妆品功效评价［J］．中国化妆品，2006（11）：86-87.
[314] 姚金成，曾令贵，林新文，等．我国化妆品安全监测体系的现状及相关对策［J］．中国药房，2014，25（9）：775-777.
[315] 赵华．化妆品安全和风险控制［J］．日用化学品科学，2014，37（3）：30-33.
[316] 宇．化妆品安全和风险控制措施［J］．福建轻纺，2014（10）：25-26.
[317] 李霁云，李向阳．关注化妆品质量安全［J］．日用化学品科学，2014，37（11）：17-20.
[318] 施昌松．天然活性化妆品的现状与发展趋势［J］．日用化学品科学，2012，35（2）：1-5.
[319] 郭华山，赵毅．国内外化妆品市场观察［J］．日用化学品科学，2012，35（4）：45-49，54.
[320] 崔浣莲，曹蕊，尹家振，等．美白类化妆品的功效评价［J］．香料香精化妆品，2012（2）：37-40.
[321] 谢惠英，陈保华，张金涛．几种植物提取物在化妆品中的应用现状［J］．香料香精化妆品，2012（3）：50-53.
[322] 张进才，吴峥，杜泰然．天然化妆品市场及未来发展［J］．日用化学品科学，2012，35（12）：43-46.
[323] 张婉萍．化妆品领域的市场、安全性和新技术发展趋势［J］．香料香精化妆品，2012（6）：45-48.
[324] 张建友，方艳燕，吴晓琴，等．天然活性美白化妆品研究现状及发展前景［J］．精细化工，2008（1）：72-76.
[325] 裴鸿，李向阳．国内外化妆品市场现状及未来发展趋势（待续）［J］．日用化学品科学，2008（8）：7-8.
[326] 裴鸿，李向阳．国内外化妆品市场现状及未来发展趋势（续前）［J］．日用化学品科学，2008（9）：1-5，13.
[327] 王谦．全天然/有机化妆品市场［J］．日用化学品科学，2008（10）：5-9.
[328] 佚名．牙膏“入列”化妆品？没定［J］．口腔护理用品工业，2017，27（6）：56-57.
[329] 吕瑛，谢嘉颖，曾庆杰．化妆品对人体皮肤刺激的风险分析［J］．质量与认证，2018（1）：88-89.
[330] 尹月煊，赵华．化妆品功效评价（Ⅰ）——化妆品功效宣称的科学支持［J］．日用化学工业，2018，48（1）：8-13.
[331] 王春晓，赵华．化妆品功效评价（Ⅱ）——保湿功效宣称的科学支持［J］．日用化学工业，2018，48（2）：67-72.

[332] 赵华，王楠．化妆品功效评价（Ⅲ）——美白功效宣称的科学支持［J］．日用化学工业，2018，48（3）：129-133，139．
[333] 李诚桐，赵华．化妆品功效评价（Ⅳ）——延缓皮肤衰老功效宣称的科学支持［J］．日用化学工业，2018，48（4）：188-195．
[334] 王欢，盘瑶．化妆品功效评价（Ⅴ）——舒缓功效宣称的科学支持［J］．日用化学工业，2018，48（5）：247-254．
[335] 盘瑶，赵华．化妆品功效评价（Ⅵ）——化妆品人体功效评价的实验设计［J］．日用化学工业，2018，48（6）：314-321．
[336] 郭立群，王敏．化妆品功效评价（Ⅶ）——细胞生物学在化妆品功效评价中的应用［J］．日用化学工业，2018，48（7）：371-377．
[337] 顾宇翔，葛宇，姜怡．化妆品等日化产品中潜在安全风险物质争议及应对建议［J］．香料香精化妆品，2018（3）：73-78．
[338] 刘宏宇．试论化妆品生产企业的质量安全风险管控［J］．科技创新与应用，2018（11）：183-184．
[339] 李振玉，李东阳，程劲芝，等．天然产物在护肤品中的应用研究进展［J］．轻工科技，2018，34（5）：50-53．
[340] 董银卯，邓小锋．化妆品植物原料现状、应用与发展趋势［J］．轻工学报，2016，31（4）：30-38．
[341] 刘瑞林．天然化妆品现状与发展［J］．中国林副特产，2002（4）：56-57．
[342] 孟如松，蔡瑞康，赵广，等．皮肤图像分析系统对祛斑类化妆品功效评价的研究［J］．CT 理论与应用研究，2002（1）：20-25．
[343] 龚盛昭．天然活性化妆品的概况和发展前景［J］．香料香精化妆品，2002（2）：16-19．
[344] 陶丽莉，刘洋，吴金昊，等．化妆品美白功效评价方法研究进展［J］．日用化学品科学，2015，38（3）：15-21．
[345] 王卫国，张仟伟，赵永亮，等．天然色素的理化特性及其应用研究进展［J］．河南工业大学学报（自然科学版），2015，36（3）：109-117．
[346] 谢艳君，孔维军，杨美华，等．化妆品中常用中草药原料研究进展［J］．中国中药杂志，2015，40（20）：3925-3931．
[347] 李想，胡君姣，李琼，等．抗衰老化妆品及其功效评价［J］．香料香精化妆品，2013（5）：58-62．
[348] 罗敏．化妆品功效性评价方法综述［J］．广东化工，2013，40（7）：63-64．
[349] 孙玥，张艳丽．植物提取物在化妆品中的功效及应用［J］．日用化学品科学，2013，36（6）：35-38．
[350] 樊豫萍．防晒化妆品功效性评价与发展趋势［J］．香料香精化妆品，2013（4）：49-54．
[351] 耿二欢．天然化妆品概述［J］．日用化学品科学，2013，36（9）：10-12．
[352] 刘玮，张新华，蔡瑞康，等．特殊用途化妆品功效评价和检验方法①——健美类化妆品人体安全性和减肥作用检验方法［J］．中国化妆品，2001（1）：30-31．
[353] 阎世翔．中国化妆品功效性评价及安全质量管理展望［J］．日用化学品科学，2005（6）：37-40．
[354] 宋廷生．发展中国特色的天然化妆品［J］．日用化学工业，1990（6）：29-34．
[355] 彭义福．天然化妆品中药用植物的有效成分及其提取［J］．江西林业科技，1993（5）：38-

40，42.
[356] 周明海．有机化妆品市场亟需规范 [J]. 日用化学品科学，2011，34 (1)：13-15.
[357] 钟娜．有机化妆品的市场及发展前景 [J]. 中国高新技术企业，2011，(6)：108-109.
[358] 张学军．皮肤性病学 [M]. 8 版．北京：人民卫生出版社，2013.
[359] 黄长征，朱冠男，赵华．英汉皮肤性病学 [M]. 武汉：华中科技大学出版社，2010.
[360] 张学军．皮肤性病学教师辅导用书 [M]. 北京：人民卫生出版社，2013.
[361] 张学军．皮肤性病学高级教程 [M]. 北京：人民军医出版社，2010.
[362] 丛林，廖勇，杨蓉娅．敏感性皮肤治疗进展 [J]. 中国美容医学，2018 (1)：140-144.
[363] 刘德军．现代中药化妆品制作工艺及配方 [M]. 北京：化学工业出版社，2009.
[364] 裴培，曹太定．天然化妆品 [M]. 合肥：安徽科学技术出版社，1988.
[365] 高溥超．天然美容化妆品古今配方精选 700 例 [M]. 广州：广东科技出版社，1996.
[366] 肖子英．中国药物化妆品 [M]. 北京：中国医药科技出版社，1992.
[367] 陈三斌，等．新编 240 种实用化工产品配方与制造 [M]. 北京：金盾出版社，2004.
[368] 周春山．新编实用化工小商品配方与生产 [M]长沙：中南工业大学出版社，1994.
[369] 刘玮，张怀亮．皮肤科学与化妆品功效评价 [M]. 北京：化学工业出版社，2005.
[370] 王建新．化妆品天然功能成分 [M]. 北京：化学工业出版社，2007.
[371] 徐艳萍，杜薇薇．化妆品 [M]. 北京：科学技术文献出版社，2002.
[372] 董云发，凌晨．植物化妆品及配方 [M]. 北京：化学工业出版社，2005.
[373] 李明阳．化妆品化学 [M]. 北京：科学出版社，2002.
[374] 李东光，翟怀风．精细化学品配方．[M]. 江苏：江苏科学技术出版社，2004.
[375] 董银卯．化妆品配方设计与生产工艺 [M]. 北京：中国纺织出版社，2007.
[376] 王利卿，孟力凯．化妆品用主要动物性特殊添加成分 [J]. 当代化工，2002，31 (1)：28-31.
[377] 董泉洲，尚尔和．羊胎盘营养液的制备及其在化妆品中的应用 [J]. 日用化学工业，1998 (1)：12-13.
[378] 李芳怀．珍珠在化妆品中的应用 [J]. 日用化学品科学，2002，25 (5)：45-46.
[379] 高畅，张传奇，郑毅男，等．鹿产品护肤作用的研究 [J]. 人参研究，2014，26 (2)：26-30.
[380] 南伟，孙爱兰．壳聚糖及低聚壳聚糖在日用化妆品中的应用 [J]. 化工进展，2003，22 (12)：1304-1307.
[381] 张文清，柴平海．壳聚糖及其衍生物在化妆品中的应用 [J]. 高分子通报，1999 (2)：73-76.
[382] 杨韵，徐波．牡蛎的化学成分及其生物活性研究进展 [J]. 中国现代中药，2015 (12)：1345-1349.
[383] 王昱琳．胶原蛋白在化妆品中的应用研究进展 [J]. 明胶科学与技术，2012，32 (1)：8-12.
[384] 周敬，于天浩，陈萍，等．马油的生物活性及在化妆品的开发利用 [J]. 北京日化，2013 (4)：24-27.
[385] 何秋星．天然表面活性剂卵磷脂在化妆品中的应用 [J]. 韶关大学学报，1995，16 (2)：133-139.
[386] 任舒文，管华诗．海洋生物活性提取物在化妆品中的应用 [J]. 中国海洋药物，2007，26 (2)：47-51.
[387] 张丽华，王建龙，梅海平，等．珍珠的美容保健功效 [J]. 日用化学品科学，2002，25 (4)：33-36.
[388] 贾延华．蚕丝新用途-化妆品添加剂 [J]. 辽宁丝绸，1998 (4)：32-32.

[389] 伍文享. 一种马油手工皂及其制备方法 [P]. 中国, CN106479762A, 2017-03-08.
[390] 胡小军. 一种马油防皱乳 [P]. 中国, CN106562899A, 2017-04-19.
[391] 史欣祥. 一种马油雪花膏的制备方法 [P]. 中国, CN106821797A, 2017-06-13.
[392] 成佳骏. 一种沐浴露 [P]. 中国, CN106726966A, 2017-05-31.
[393] 李新民, 张雅素, 杨雪, 等. 一种抗过敏中药手工皂 [P]. 中国, CN106244357A, 2016-12-21.
[394] 王仙. 一种马油涂液及其制作方法 [P]. 中国, CN108210664A, 2018-06-29.
[395] 周游. 淡化妊娠纹的乳木果复合马油护肤品及其制备方法 [P]. 中国, CN107412019A, 2017-12-01.
[396] 舒均中, 钟振飞, 陈然, 等. 一种含马油的无硅油头发护理组合物 [P]. 中国, CN107440940A, 2017-12-08.
[397] 丁三姣. 一种马油防皱乳 [P]. 中国, CN107432838A, 2017-12-05.
[398] 刘永东, 陈竹飞. 一种婴童马油保湿霜及其制备方法 [P]. 中国, CN104257536A, 2015-01-07.
[399] 李易春. 一种含马油的功效性护肤品及其制备方法 [P]. 中国, CN105748393A, 2016-07-13.
[400] 吴边, 孔志国, 胡林枝, 等. 一种补水保湿护手霜及其制备方法 [P]. 中国, CN107823038A, 2018-03-23.
[401] 方政. 一种滋润型保湿面霜及其制备方法 [P]. 中国, CN107714630A, 2018-02-23.
[402] 梁宗贵. 一种芳香型护手霜及制备方法 [P]. 中国, CN107875108A, 2018-04-06.
[403] 贾敏尔. 一种抗皱美白的沐浴露 [P]. 中国, CN107998060A, 2018-05-08.
[404] 王丹. 一种活力祛斑精华液及其制备方法 [P]. 中国, CN108125866A, 2018-06-08.
[405] 金基洙, 陈秀玉, 金庚泰, 等. 一种发酵马油蛋白护发素及其制备方法 [P]. 中国, CN108175714A, 2018-06-19.
[406] 彭继先. 一种主要成分为马油和香紫苏精油的护肤品及其制备方法 [P]. 中国, CN105267090A, 2016-01-27.
[407] 李大兴. 一种含马油的修护润唇膏及其制备方法 [P]. 中国, CN104784073A, 2015-07-22.
[408] 刘大学, 李永超, 郭玉芹. 敏感皮肤用润肤霜及其制备方法 [P]. 中国, CN104688631A, 2015-06-10.
[409] 王前行. 含杏仁的膏状美白面膜 [P]. 中国, CN106880545A, 2017-06-23.
[410] 夏国顺. 一种多功能防晒霜及其制备方法 [P]. 中国, CN106726795A, 2017-05-31.
[411] 周晓浩. 天然瘦脸营养精华乳液 [P]. 中国, CN106309265A, 2017-01-11.
[412] 谢志辉, 廖云麒, 许亮, 等. 一种保湿组合物及其制备方法和应用 [P]. 中国, CN106727164A, 2017-05-31.
[413] 龚灿锋. 一种增白防晒护肤品及其制备方法 [P]. 中国, CN105078872A, 2015-11-25.
[414] 陈松彬, 易萍, 倪彦艳, 等. 一种含有叶绿素的舒敏保湿水 [P]. 中国, CN106236696A, 2016-12-21.
[415] 朱鹏播, 冯献华. 一种含有壳聚糖的化妆品 [P]. 中国, CN103784372A, 2014-05-14.
[416] 田鹏新. 一种剥离型苹果酵素面膜及其制备方法 [P]. 中国, CN106974843A, 2017-07-25.
[417] 郭志惠. 一种美白化妆品 [P]. 中国, CN103099760A, 2013-05-15.
[418] 宋文东, 洪鹏志, 许燕丽, 等. 含牡蛎壳粉的海洋药物美容防晒霜 [P]. 中国, CN101161231, 2008-04-16.

[419] 曹大旭．一种去湿疹爽身粉 [P]. 中国，CN106821911A，2017-06-13.
[420] 董早霞．海洋药物美容防晒霜 [P]. 中国，CN104906017A，2015-09-16.
[421] 单筱慧．一种含鹿茸胶原蛋白的皮肤修复肥皂的制备方法 [P]. 中国，CN107267318A，2017-10-20.
[422] 王风云．一种基于鹿茸提取液的化妆水及其制备方法 [P]. 中国，CN108210440A，2018-06-29.
[423] 单增瑞．一种新型化妆品组合物的配方 [P]. 中国，CN107714627A，2018-02-23.
[424] 陈海佳，葛啸虎，王一飞，等．一种含地丁树干细胞提取物的祛斑护肤品及其制备方法 [P]. 中国，CN107789314A，2018-03-13.
[425] 刘鹏飞．一种修复精华液 [P]. 中国，CN107157907A，2017-09-15.
[426] 章云，张贝尼．一种含中草药的祛痘精华液 [P]. 中国，CN107362092A，2017-11-21.
[427] 章云，张贝尼．一种含精油的祛痘修复乳液 [P]. 中国，CN107412107A，2017-12-01.
[428] 张弘，王桂荣，李文梅，等．鹿油与鹿茸多肽配伍的美容保健护肤品、制备方法和应用 [P]. 中国，CN106109269A，2016-11-16.
[429] 范超，张晶，李冰，等．一种含人参和鹿茸的美白霜 [P]. 中国，CN106344458A，2017-01-25.
[430] 林贤文．一种护肤霜 [P]. 中国，CN103690459A，2014-04-02.
[431] 章云，张贝尼．一种含鹿茸胶原蛋白的祛痘精华液的制备方法 [P]. 中国，CN107440944A，2017-12-08.
[432] 景金发．含珍珠粉的营养面霜 [P]. 中国，CN108210430A，2018-06-29.
[433] 叶珉．一种酵素水解珍珠粉精华液及其制备方法和用途 [P]. 中国，CN107126406A，2017-09-05.
[434] 何维．一种美紧修复液 [P]. 中国，CN107320433A，2017-11-07.
[435] 张挺．一种含珍珠粉的中药增白美容膏及其制备方法 [P]. 中国，CN107296785A，2017-10-27.
[436] 王耀斌．一种珍珠粉复合面膜的制备方法 [P]. 中国，CN106511240A，2017-03-22.
[437] 林湧．一种含水解珍珠成分的修复液 [P]. 中国，CN106924163A，2017-07-07.
[438] 林湧．一种具有美白祛斑作用的珍珠霜剂及其制备方法 [P]. 中国，CN106974877A，2017-07-25.
[439] 周树立．一种添加纳米珍珠粉的裸妆透白隔离霜及其制备方法 [P]. 中国，CN107157900A，2017-09-15.
[440] 徐晓可，唐槐秋，杨艳华，等．一种天然健康的唇釉及制备方法 [P]. 中国，CN107898745A，2018-04-13.
[441] 赵子姣．一种护发素及其制备方法 [P]. 中国，CN107737079A，2018-02-27.
[442] 齐明．一种含天然纯植物提取化妆品及其制备方法 [P]. 中国，CN107281087A，2017-10-24.
[443] 汪屹．一种蚕丝消斑化妆品及其制备方法 [P]. 中国，CN106727212A，2017-05-31.
[444] 谢菊荣．一种美容祛皱膏 [P]. 中国，CN106562917A，2017-04-19.
[445] 成进学，成钢，陆小新．天然动植物营养乌发止痒香波 [P]. 中国，CN106038442A，2016-10-26.
[446] 成钢，成进学．天然植物功效性浴液 [P]. 中国，CN106389272A，2017-02-15.
[447] 成钢，成进学．防皲裂的润肤滋养霜 [P]. 中国，CN107693437A，2018-02-16.

[448] 成进学，成钢．天然植物功效性纳米按摩乳［P］．中国，CN107582495A，2018-01-16.
[449] 秦俊法，李增禧，楼蔓藤．中国的泥土疗法：美容篇（Ⅰ）［J］．广东微量元素科学，2012，19（4）：1-46.
[450] 秦俊法，李增禧，楼蔓藤．中国的泥土疗法：美容篇（Ⅱ）［J］．广东微量元素科学，2012，19（5）：7-26.
[451] 秦俊法，李增禧，楼蔓藤．中国的泥土疗法：美容篇（Ⅲ）［J］．广东微量元素科学，2012，19（6）：1-20.
[452] 秦俊法，李增禧，楼蔓藤．中国的泥土疗法：美容篇（Ⅳ）［J］．广东微量元素科学，2012，19（7）：7-27.
[453] 马洁徽，黄文忠．海洋资源与美容化妆品［J］．日用化学品科学，1995（3）：12-14.
[454] 李军．死海矿物质化妆品的现状和未来［J］．中国洗涤用品工业，2008（4）：32-35.
[455] 刘景华．海洋深层水的开发及其在食品、化妆品和美容制品中的应用［J］．香料香精化妆品，2002（1）：26-28.
[456] 王雪琴，李珍，杨友生．海泡石的改性及应用研究现状［J］．中国非金属矿工业导刊，2003（3）：11-14.
[457] 梁凯，唐丽永，王大伟．海泡石活化改性的研究现状及应用前景［J］．化工矿物与加工，2006（4）：5-9，32.
[458] 郭跃伟．海洋天然产物的应用前景展望［J］．中国海洋药物，2000（02）：51-55.
[459] 刘培，李传茂，刘德海，等．海洋天然产物在化妆品中的应用［J］．广东化工，2015，42（6）：98-99.
[460] 杨涛，吴辉辉，罗红宇．滩涂海泥美容功效体系制备条件的研究［J］．日用化学工业，2010，40（2）：90-93，115.
[461] 罗红宇，杨涛，吴辉辉．海泥美容功效体系制备条件的研究［J］．浙江海洋学院学报（自然科学版），2009，28（4）：415-419.
[462] 陈铭．海洋护肤金矿潜力无限［N］．经济日报，2017-03-31（010）.
[463] 闵磊．取自海洋生物的护肤化妆品［J］．中外轻工科技，1997（1）：10.
[464] 曹蕊．一种含有脱盐海泉水的化妆品［P］．广东：CN201610532024.0，2018-08-21.
[465] 周丽．一种用死海盐制成的磨砂膏［P］．江苏：CN106727086A，2017-05-31.
[466] 佛山市芊茹化妆品有限公司．一种柔嫩肌肤的死海泥面膜［P］．广东：CN108451855A，2018-04-26.
[467] 王天民．几种菌类美容化妆品的配方和制备［J］．安徽科技，1996（3）：31-32.
[468] 刘惠知，吴胜莲，张德元，等．茯苓药物成分提取分离及其药用价值研究进展［J］．中国食用菌，2015，34（6）：1-6.
[469] 倪志华，李云凤，徐陞梅，等．茯苓多糖吸湿保湿性能的研究［J］．山东化工，2015，44（21）：17-18.
[470] 林世和，周利，周秀莉．山药茯苓药对用于治疗黄褐斑的研究概况［J］．光明中医，2014，29（1）：208-211.
[471] 杨萍，张震，等．银耳的功能性及发展前景［J］．食品研究与开发，2009，30（7）：179-180.
[472] 张建军，谢丽源，赵树海，等．不同产地银耳抗氧化活性物质及抗氧化能力分析［J］．西南农业学报，2015，28（1）：333-338.
[473] 陈丹．浅论食用酵素［J］．食品研究与开发，2016，37（12）：210-214.

[474] 任清，于晓艳，潘妍，等．微生物酵素美白抗衰老功效研究 [J]. 香料香精化妆品，2008，2008 (3)：28-32.
[475] 毛建卫，吴元锋，方晟．微生物酵素研究进展 [J]. 发酵科技通讯，2010，39 (3)：42-44.
[476] 李晓光．细致毛孔的樱花精油洗面奶 [P]. 安徽：CN106726904A，2017-05-31.
[477] 兰晶，陈光．祛斑美白乳液 [P]. 北京：CN103385838A，2013-11-13.
[478] 白志惠，曹毓琳，刘俊江，等．一种含有胎盘干细胞提取物的化妆品及其制备方法 [P]. 中国，CN108096180A，2018-06-01.
[479] 罗东文．一种具有抗辐射及改善皮肤水分的温和液体化妆品 [P]. 中国，CN102920634A，2013-02-13.
[480] 陈光，张莹玲，谢名贵．一种复合糖肽美乳霜及其制备方法 [P]. 中国，CN104398399A，2015-03-11.
[481] 曾万祥．一种护发止痒洗发水 [P]. 中国，CN102716061A，2012-10-10.
[482] 吴龙梅，王兰生，吴道祥．一种含骨胶原的祛斑面膜液及其制备方法 [P]. 中国，CN107823104A，2018-03-23.
[483] 李婷，孙志强．一种活性肽面膜 [P]. 中国，CN107823095A，2018-03-23.
[484] 王兰生，吴龙梅，吴道祥．一种长效保湿修复的补水液及其制备方法 [P]. 中国，CN107875110A，2018-04-06.
[485] 彭友莲．一种美白洗面奶以及制备方法 [P]. 中国，CN106309313A，2017-01-11.
[486] 任卫东，汤丹丹，杨晨捷．一种蜂胶护手霜及其制备方法 [P]. 中国，CN107184533A，2017-09-22.
[487] 何会平．一种具有美白保湿功效的精华乳液 [P]. 中国，CN108379210A，2018-08-10.
[488] 朱魁花．一种富含左旋 VC 雪肤因子能够改善肤色提亮光彩的面膜 [P]. 中国，CN105726447A，2016-07-06.
[489] 黄美风．一种美颜面膜及其制备方法 [P]. 中国，CN107213069A，2017-09-29.
[490] 胡伟，赵静．一种深层补水面膜配方及制备方法 [P]. 中国，CN107970192A，2018-05-01.
[491] 赵文忠，陈贤鹰，林学镁，等．一种头发防脱营养液 [P]. 中国，CN106420554A，2017-02-22.
[492] 蒋敬，王成菊，蒋福峻，等．一种蜂蜜美白保湿面膜及其制备方法 CN107115265A，2017-09-01.
[493] 覃克明．一种富硒黄瓜蜂蜜面膜 [P]. 中国，CN106983678A，2017-07-28.
[494] 许艳巧．一种玉容抗衰祛皱面霜及其制备方法 CN106551888A，2017-04-05.
[495] 吴润秀，卢辉，吴瑜，等．水貂油护肤液制备方法 [P]. 中国，CN106539740A，2017-03-29.
[496] 张敏娟，王霞，冷婧，等．婴儿用防皴防冻霜及其制备方法 [P]. 中国，CN107184506A，2017-09-22.
[497] 吴润秀，卢辉，吴瑜，等．水貂油洗发水 [P]. 中国，CN106420418A，2017-02-22.
[498] 吴润秀，卢辉，吴瑜，等．卵磷脂香波 [P]. 中国，CN106539713A，2017-03-29.
[499] 王晓燕．香叶天竺葵精华面霜 [P]. 中国，CN107080714A，2017-08-22.
[500] 张旭东．一种保湿护手霜 [P]. 中国，CN105326758A，2016-02-17.
[501] 刘艺鹏．含光果甘草的美白化妆品 [P]. 中国，CN105362166A，2016-03-02.
[502] 姚晓明．一种祛痘护肤水 [P]. 中国，CN105411915A，2016-03-23.
[503] 徐健．一种粉刺露及其制备方法 [P]. 中国，CN105267072A，2016-01-27.

[504] 李津，何乃元，贺龙彬，等．一种化妆水及其制备方法［P］．中国，CN107242981A，2017-10-13.
[505] 杨安树，陈红兵，吴志华，等．一种含胶原蛋白抗氧化肽美容养颜化妆品及其制备方法［P］．中国，CN106176345A，2016-12-07.
[506] 郑鹏，卢晓菲．一种修复激素依赖性皮炎的脂质体抗过敏剂及化妆品［P］．中国，CN107115347A，2017-09-01.
[507] 廖胜旗．一种祛痘印霜及其制备方法［P］．中国，CN107137281A，2017-09-08.
[508] 崔巍．一种卸妆啫喱及其制备方法［P］．中国，CN106902029A，2017-06-30.
[509] 杨翠兰，钟丽玉，李美停．一种温和舒缓面膜敷前精华［P］．中国，CN107595764A，2018-01-19.
[510] 曾家荣，杨翠兰．一种利针对敏感皮肤的舒缓修复面膜［P］．中国，CN107648177A，2018-02-02.
[511] 刘玲．一种婴儿适用的丝肽保湿护肤品及其制备方法［P］．中国，CN105411987A，2016-03-23.
[512] 汪屹．一种蚕丝中药化妆品及其制备方法［P］．中国，CN106539723A，2017-03-29.
[513] 金仲恩，全春兰，张帆．一种丝肽貂油润肤膏的制备方法［P］．中国，CN107440938A，2017-12-08.
[514] 汪屹．一种蚕丝保湿护肤品及其制备方法［P］．中国，CN106491494A，2017-03-15.
[515] 吴克．一种抗过敏乳液及其制备方法［P］．中国，CN104274364A，2015-01-14.
[516] 汪祖华．一种丝素面膜及其制作方法［P］．中国，CN102743318A，2012-10-24.
[517] 刘派然．一种婴儿爽身粉［P］．中国，CN102362840A，2012-02-29.